住房城乡建设部土建类学科专业“十三五”规划教材
国家示范性高职院校工学结合系列教材

建筑材料与检测

（第二版）

（建筑工程技术专业）

卢经扬　解恒参　朱　超　编

中国建筑工业出版社

图书在版编目(CIP)数据

建筑材料与检测/卢经扬等编. —2版. —北京：中国建筑工业出版社，2017.11
住房城乡建设部土建类学科专业“十三五”规划教材. 国家示范性高职院校工学结合系列教材（建筑工程技术专业）
ISBN 978-7-112-21406-8

Ⅰ.①建… Ⅱ.①卢… Ⅲ.①建筑材料-检测-高等职业教育-教材 Ⅳ.①TU502

中国版本图书馆CIP数据核字(2017)第257008号

本书是高等职业教育建筑工程类工学结合系列教材之一。教材按照建筑类专业的职业要求，根据建筑工程类施工一线技术与管理人员所必须的应用知识，从实用性、职业性、可塑性及一专多能性相结合的出发点，以施工现场必需的知识、技能为基础，通过工学结合的方式，介绍了常用的建筑材料和目前已推广应用的新型建筑材料的基本组成、简单生产工艺、性质、应用，以及质量标准和检验方法等。内容包括建筑材料质量标准、胶凝材料、混凝土材料、建筑砂浆、砌筑建筑材料、金属材料、建筑防水材料等建筑材料的相关知识，选择与应用，见证取样送样，性能检测及质量评定等方面的内容。为方便教师教学及扩大学生知识面，提高学生实际应用能力，各单元后均附有实用习题。

本书定位于培养高等技术应用型人才，重在突出职业技术教育特点，旨在培养学生从事与建筑材料有关的检测、使用及管理方面的能力，展现现代的新理论、新技术、新方法、新工艺、新仪器和新材料，以体现应用性、推广性和实用性。

本书可作为高职高专、应用型本科、成人高校、本科院校二级学院及民办高校的土木工程专业、工业与民用建筑专业、建筑材料检测技术专业、村镇建设专业以及建筑施工专业的教材，也可作为土建类其他专业的教学用书，同时可供建筑企事业单位的工程技术人员学习参考。

为便于本课程教学，作者自制免费课件资源，请发送邮件至10858739@qq.com索取。

责任编辑：朱首明　刘平平
责任校对：李美娜　刘梦然

住房城乡建设部土建类学科专业“十三五”规划教材
国家示范性高职院校工学结合系列教材
建筑材料与检测
（第二版）
（建筑工程技术专业）
卢经扬　解恒参　朱　超　编
*
中国建筑工业出版社出版、发行（北京海淀三里河路9号）
各地新华书店、建筑书店经销
北京科地亚盟排版公司制版
北京富生印刷厂印刷
*
开本：787×1092毫米　1/16　印张：21　字数：468千字
2018年1月第二版　2018年1月第六次印刷
定价：**46.00**元（赠课件）
ISBN 978-7-112-21406-8
（31111）

版权所有　翻印必究
如有印装质量问题，可寄本社退换
（邮政编码　100037）

本系列教材编委会

主　任： 袁洪志

副主任： 季　翔

编　委： 沈士德　王作兴　韩成标　陈年和　孙亚峰
陈益武　张　魁　郭起剑　刘海波

序

20世纪90年代起，我国高等职业教育进入快速发展时期，高等职业教育占据了高等教育的半壁江山，职业教育迎来了前所未有的发展机遇，特别是国家启动示范性高职院校建设项目计划，促使高职院校更加注重办学特色与办学质量、深化内涵、彰显特色。我校自2008年成为国家示范性高职院校建设单位以来，在课程体系与教学内容、教学实验实训条件、师资队伍、专业及专业群、社会服务能力等方面进行了深化改革，探索建设具有示范特色的教育教学体制。

本系列教材是在工学结合思想指导下，结合“工作过程系统化”课程建设思路，突出“实用、适用、够用”特点，遵循高职教育的规律编写的。本系列教材的编者大部分具有丰富的工程实践经验和较为深厚的教学理论水平。

本系列教材的主要特点有：（1）突出工学结合特色。邀请施工企业技术人员参与教材的编写，教材内容大多采用情境教学设计和项目教学方法，所采用案例多来源于工程实践，工学结合特色显著，以培养学生的实践能力。（2）突出实用、适用、够用特点。传统教材多采用学科体系，将知识切割为点。本系列教材以工作过程或工程项目为主线，将知识点串联，把实用的理论知识和实践技能在仿真情境中融会贯通，使学生既能掌握扎实的理论知识，又能学以致用。（3）融入职业岗位标准、工作流程，体现职业特色。在本系列教材编写中根据行业或者岗位要求，把国家标准、行业标准、职业标准及工作流程引入教材中，指导学生了解、掌握相关标准及流程。学生掌握最新的知识、熟知最新的工作流程，具备了实践能力，毕业后就能够迅速上岗。

根据国家示范性建设项目计划，学校开展了教材编写工作。在编写工作中得到了中国建筑工业出版社的大力支持，在此，谨向支持或参与教材编写工作的有关单位、部门及个人表示衷心感谢。

本系列教材的付梓出版也是学校示范性建设项目成果之一，欢迎提出宝贵意见，以便在以后的修订中进一步完善。

江苏建筑职业技术学院

第二版前言

本教材第一版出版以来，许多建筑材料的技术标准进一步更新，逐步与国际接轨，为了适应新形势下我国建筑材料的发展要求，在第一版的基础上，修订、编写第二版。在此过程中注重参考最新规范和标准。如《建筑生石灰》JC/T 479—2013、《彩色硅酸盐水泥》JC/T 870—2012、《混凝土结构工程施工质量验收规范》GB 50204—2015、《烧结空心砖和空心砌块》GB/T 13545—2014、《普通混凝土小型砌块》GB/T 8239—2014、《混凝土砌块和砖试验方法》GB/T 4111—2013、《钢筋混凝土用余热处理钢筋》GB 13014—2013、《聚氨酯防水涂料》GB/T 19250—2013 等。

本教材仍然以建筑材料的主要技术性能和应用为重点，在修订、编写过程中，注重突出高等职业教育特色，加大实践教学力度，突出实用性，每单元所涉及的建筑材料试验均编排在各单元之后，以便理论与实际的紧密结合。为了便于能力训练，各单元都配有能力训练题。本书可作为高职高专土建类各专业及相关专业成人教育的教学用书，也可作为施工员、材料员等职业的岗位培训、自学自考用书。本书是按照高等职业技术教育的要求和建筑类专业的培养目标以及“建筑材料与检测”课程标准编写而成。本教材改变了高职以往的“本科压缩形”教材偏重逻辑性，应用性不够的“劣根性”，基础理论以必须、够用为度，编写内容以职业岗位核心技能培养为中心，注重学生的基本实践能力与操作技能、专业技术应用能力与专业技能、综合实践能力与综合技能的培养，并且符合学生的认识和学习规律，注意循序渐进，便于自学，是一本体现职业岗位核心技能要求和工学结合特点的教材，适用教学时数为 60～70 学时。

本书将有关行业技术标准融入教材内容中，让学生在校期间接受“标准”教育，增强“标准”意识。通篇以施工现场必需的知识、技能为基础，通过工学结合的方式，主要阐述常用建筑材料和新型建筑材料的基本组成、性质、应用以及质量标准、见证取样送样、检验方法、储运和保管知识等。为方便教学，各单元后均附有实用习题。本书的具体体例如下：

【引　　言】本单元的主要内容、应用要点。

【学习目标】能够达到的知识水平和职业技能。

【关键概念】核心，重点。

【本章小结】重点内容回顾。

【练 习 题】巩固提高所学知识。

本书具有以下特点：

（1）按照高等职业技术教育培养生产、服务、管理第一线的技术应用型人才的总目标，根据施工、生产实践所需的基本知识、基本理论和基本技能，精选教学内容，并更新和适当扩大了知识面：充分体现改革精神，体现高等职业教育的特点；突出应用性、加强实践性；强调针对性、注意灵活性。在基础理论的教学安排上以应用为目的，以必需、够用为度，以掌握概念、强化应用、培养技能为教学重点，减少讲课学时，增加实验、实习课时，不片面追求本课程的系统性和完整性。

（2）各单元尽量与工程实际相结合，加强工程应用，以培养工程意识及创新思想。

（3）教材内容翔实、深入浅出、难点分散，便于学生自学。

本书由江苏建筑职业技术学院卢经扬、解恒参、朱超编写。编写人员如下：卢经扬编写了第1、3、5、7单元，解恒参编写了第2、6单元，朱超编写了第4单元。

由于编者水平有限，书中难免有错误、不当之处，恳请读者批评指正。

前　言

本书是按照高等职业技术教育的要求和建筑工程类专业的培养目标以及《建筑材料与检测》课程标准编写而成。本教材改变了高职以往的“本课压缩形”教材偏重逻辑性，应用性不够的劣根性，基础理论以必须、够用为度，编写内容以职业岗位核心技能培养为中心，注重学生的基本实践能力与操作技能、专业技术应用能力与专业技能、综合实践能力与综合技能的培养，并且符合学生的认识和学习规律，注意循序渐进，便于自学。是一本体现职业岗位核心技能要求和工学结合特点的教材。适用教学时数为60～70学时。

本书将有关行业技术标准融入教材内容中，让学生在校期间接受“标准”教育，增强“标准”意识。通篇以施工现场必需的知识、技能为基础，通过工学结合的方式，主要阐述常用建筑材料和新型建筑材料的基本组成、性质、应用以及质量标准、见证取样送样、检验方法、储运和保管知识等。为方便教学，各单元后均附有实用习题和课业实训。具体体例如下：

【引　　言】本单元的主要内容、应用要点。

【学习目标】能够达到的知识水平和职业技能。

【关键概念】核心，重点。

【单元小结】重点内容回顾。

【练 习 题】巩固提高所学知识。

【单元课业】单相技能和综合技能训练。

本书具有以下特点：

（1）按照高等职业技术教育培养生产、服务、管理第一线的技术应用性人才的总目标，根据施工、生产实践所需的基本知识、基本理论和基本技能，精选教学内容，并更新和适当扩大了知识面。充分体现改革精神，体现高等职业教育的特点。突出应用性、加强实践性、强调针对性、注意灵活性。在基础理论的教学安排上以应用为目的，以必须、够用为度，以掌握概念、强化应用、培养技能为教学重点，减少讲课学时，增加实验、实习课时，不片面追求本课程的系统性和完整性。

（2）各单元尽量与工程实际相结合，加强工程应用，以培养工程意识及创新思想。

（3）各单元均采用国家现行的新标准和新规范，如《建筑石膏》GB/T 9776—2008、《通用硅酸盐水泥》GB 175—2007、《钢筋混凝土用钢带肋钢筋》GB 1499.2—2007、《冷轧带肋钢筋》GB 13788—2008、《低合金高强度结构钢》GB/T 1591—2008及《建筑砂浆基本性能试验方法》JGJ/T 70—2009等。

（4）教材内容翔实、深入浅出、难点分散，便于学生自学。

本书由徐州建筑职业技术学院卢经扬、解恒参、朱超编写。编写人员如下：卢经扬（第一、三、五、七单元）、解恒参（第二、六单元）、朱超（第四、八、九单元）。

由于编者水平有限，书中难免有错误、不当之处，恳请读者批评指正。

目　录

单元1

建筑材料质量标准

引　言

标准是构成国家核心竞争力的基本要素，是规范经济和社会发展的重要技术制度。本单元在介绍标准类别、作用、构成与应用的基础上，主要介绍建筑材料常规技术指标，进而介绍如何判定建筑材料的等级。

学习目标

通过本单元的学习你将能够：

理解标准对于材料质量的控制要点；

解读建筑材料技术指标的确定含义；

正确判定建筑材料的质量等级；

根据各种材料的检测报告，正确、合理、经济的选择建筑材料。

1.1 建筑材料标准

学习目标

标准的类别、作用、构成与应用。

关键概念

强制性标准；推荐性标准。

标准的制定和类型按使用范围划分有国际标准、区域标准、国家标准、专业标准、企业标准。

我国标准分为国家标准、行业标准、地方标准和企业标准，并将标准分为强制性标准和推荐性标准两类。

建筑材料标准的制定和适用标准的目的是为了正确评定材料品质，合理使用材料，以保证建筑工程质量、降低工程造价。

建筑材料标准通常包含以下内容：主题内容和适用范围、引用标准、定义与代号、等级、牌号、技术要求、试验方法、检验规则以及包装、标志、运输与贮存标准等。

建筑材料试验和检验标准系根据不同的材料和试验、检验的内容而定，通常包括取样方法、试样制备、试验设备、试验和检验方法、试验结果分析等内容。

质量控制标准包括《混凝土质量控制标准》GB 50164—2011、《混凝土结构工程施工质量验收规范》GB 50204—2015 等。

对于各种建筑材料，其形状、尺寸、质量、使用方法以及试验方法，都必须有一个统一的标准。这既能使生产单位提高生产率和企业效益，又能使产品与产品之间进行比较；也能使设计和施工标准化，材料使用合理化。

根据技术标准的发布单位与适用范围不同，建筑材料技术标准可分为国家标准、行业标准和企业及地方标准三级。各种技术标准都有自己的代号、编号和名称。标准代号反映该标准的等级、含义或发布单位，用汉语拼音字母表示，见表 1-1。

我国现行建材标准代号表 表 1-1

所属行业	标准代号	所属行业	标准代号
国家标准化管理委员会	GB	交通部	JT
中国建筑材料工业协会	JC	中国石油和化学工业协会	SY
住房和城乡建设部	JG	中国石油和化学工业协会	HG
中国钢铁工业协会	YB	国家环境保护总局	HJ

具体标准由代号、顺序号和颁布年份号组成；名称反映该标准的主要内容。例如：

GB 13545—2014 烧结空心砖和空心砌块

代号 顺序号 批准年份 名称

编号

表示国家标准（强制性）13545 号，2014 年批准执行的烧结空心砖和空心砌块标准。

GB/T 8239—2014 普通混凝土小型砌块

代号 顺序号 批准年份 名称

编号

表示国家标准（推荐性）8239 号，2014 年批准执行的普通混凝土小型砌块标准。

1.2 建筑材料技术指标含义

学习目标

物理性质指标；力学性能指标；耐久性指标。

关键概念

强度；检测。

1.2.1 物理性质指标

1. 与质量有关的性质

(1) 密度

指材料在绝对密实状态下，单位体积的质量。用式（1-1）表示。

$$\rho=\frac{m}{V} \tag{1-1}$$

式中　ρ——材料的密度，g/cm^3；

m——材料的绝干质量，g；

V——材料在绝对密度状态下的体积，简称为绝对体积或实体积，cm^3。

（2）表观密度

指材料在自然状态下，单位体积的质量。用式（1-2）表示：

$$\rho_0=\frac{m}{V_0} \tag{1-2}$$

式中　ρ_0——材料的表观密度，亦称体积密度，g/cm^3 或 kg/m^3；

m——材料的质量，g 或 kg；

V_0——材料在自然状态下的体积，简称自然体积或表观体积（包括材料的实体积和所含孔隙体积），cm^3 或 m^3。

（3）堆积密度

在建筑工程中，经常使用大量的散粒材料或粉状材料，如砂、石子、水泥等，它们都直接以颗粒状态使用，不再加工成块状材料，这些材料也可按上述方法求出它们的密度，但工程意义不大，使用时一般不需考虑每个颗粒内部的孔隙，而是要知道其堆积密度。

堆积密度是指散粒材料或粉状材料，在自然堆积状态下单位体积的质量。用式（1-3）表示：

$$\rho_0'=\frac{m}{V_0'} \tag{1-3}$$

式中　ρ_0'——材料的堆积密度，kg/m^3；

m——材料的质量，kg；

V_0'——材料的自然（松散）堆积体积（包括颗粒体积及颗粒之间空隙的体积）m^3，也即按一定方法装入一定容器的容积。

2. 与构造状态有关的性质

（1）孔隙率

孔隙率是指材料内部孔隙体积占其总体积的百分率。用式（1-4）表示：

$$P=\frac{V_0-V}{V_0}\times100\%=\left(1-\frac{V}{V_0}\right)\times100\%=\left(1-\frac{\rho_0}{\rho}\right)\times100\% \tag{1-4}$$

式中　P——材料的孔隙率，%；

V_0——材料的自然体积，cm^3 或 m^3；

V——材料的绝对密实体积，cm^3 或 m^3。

（2）空隙率

空隙率是指散粒或粉状材料颗粒之间的空隙体积占其自然堆积体积的百分率。用式（1-5）表示：

$$P'=\frac{V_0'-V_0}{V_0'}\times100\%=\left(1-\frac{\rho_0'}{\rho_0}\right)\times100\% \tag{1-5}$$

式中 P'——材料的空隙率，%；

V_0'——材料的自然堆积体积，cm^3 或 m^3；

V_0——材料的颗粒体积，cm^3 或 m^3。

在上述各参数中，密度并不能反映材料的性质，但可以大致了解材料的品质，并可用它计算材料的孔隙率，以及进行混凝土配合比的计算。

表观密度建立了材料自然体积与质量之间的关系，在建筑工程中可用来计算材料用量、构件自重、确定材料堆放空间等。

孔隙率反映材料的密实程度，并和材料的许多性质都有密切关系，如强度、吸水性、保温性、耐久性等。

空隙率在配制混凝土时可作为控制砂、石级配与计算配合比时的重要依据。

由上可见，材料的密度、表观密度、孔隙率或空隙率等是认识材料、了解材料性质与应用的重要指标，所以常称为材料的基本物理性质。

常用建筑材料的密度、表观密度、堆积密度和孔隙率见表 1-2。

常用建筑材料的密度、表观密度、堆积密度和孔隙率 **表 1-2**

项目 材料名称	密度 $\rho(g/cm^3)$	表观密度 $\rho_0(kg/m^3)$	堆积密度 $\rho_0'(kg/m^3)$	孔隙率 P 或 空隙率 P'(%)
钢	7.85	7850	—	0
花岗岩	2.70～3.00	2500～2900	—	0.5～1.0
石灰岩	2.40～2.60	1800～2600	—	0.6～3.0
砂	2.60～2.80	2500～2600	1400～1700	35～40
水泥	2.80～3.10	—	1200～1300	50～55
普通黏土砖	2.50～2.70	1600～1900	—	20～40
黏土空心砖	2.50～2.70	1000～1400	—	50～60
普通混凝土	2.60～2.80	2200～2600	—	5～20
松木	1.55～1.60	400～800	—	55～75
泡沫塑料	0.95～2.60	20～50	—	98

3. 与水有关的性质

(1) 吸水性

材料浸入水中吸收水分的能力称为吸水性。吸水性的大小常以吸水率表示。有以下两种表示方法：

1) 质量吸水率

指材料吸水饱和时，吸水量占材料绝干质量的百分率。用式 (1-6) 表示如下：

$$W_m=\frac{m_{sw}}{m}\times100\%=\frac{m_1-m}{m}\times100\% \tag{1-6}$$

式中 W_m——材料的质量吸水率，%；

m_{sw}——材料吸饱水时所吸入的水量，g 或 kg；

m_1——材料吸饱水时质量，g 或 kg；

m——材料的绝干质量，g 或 kg。

2）体积吸水率

指材料吸水饱和时，吸收水分的体积占绝干材料自然体积的百分率。用式（1-7）表示为：

$$W_v=\frac{V_{sw}}{V_0}\times100\%=\frac{m_1-m}{V_0}\times\frac{1}{\rho_w}\times100\% \tag{1-7}$$

式中　W_v——材料的体积吸水率，%；

V_{sw}——材料吸饱水时所吸入的水的体积，cm^3 或 m^3；

V_0——绝干材料在自然状态下的体积，cm^3 或 m^3；

ρ_w——水的密度，g/cm^3。常温下取 $\rho_w=1g/cm^3$。

质量吸水率与体积吸水率的关系为：

$$W_v=W_m\times\rho_0 \tag{1-8}$$

式中 ρ_0 为材料的干表观密度，g/cm^3。

W_v 可用来说明材料内部孔隙被水充满的程度，而在材料中，只有开口孔隙能吸水，故体积吸水率即为材料的开口孔隙率。体积吸水率概念比较清楚，但为方便起见，在工程应用上常用质量吸水率表示材料的吸水性。

由于材料的吸水率是表示材料吸收水分的能力，所以是一固定值。

(2) 吸湿性

材料在潮湿空气中吸收水分的性质称为吸湿性。材料的吸湿性常以含水率表示。可用式（1-9）表示：

$$W_{含}=\frac{m_{含}-m}{m}\times100\% \tag{1-9}$$

式中　$W_{含}$——材料的含水率，%；

$m_{含}$——材料含水时的质量，g 或 kg；

m——材料的绝干质量，g 或 kg。

含水率表示材料在某一时间的含水状态，不是固定值，它随环境温度和空气湿度的变化而改变。当与大气湿度相平衡时的含水率称为平衡含水率（或称气干含水率）。

材料的吸水性和吸湿性，不仅取决于材料本身是亲水的还是憎水的，还与材料的孔隙率和孔隙特征有关。一般来说，孔隙率大，则吸水性大。但若是闭口孔隙，水分则不易吸入；而粗大的开口孔隙，水分虽容易渗入，但不易存留，仅能润湿孔壁表面，不易吸满。只有当材料具有微小而连通的孔隙（如毛细孔）时，其吸水性和吸湿性才很强。

材料吸水后，对材料性质将产生一系列不良影响，它会使材料的表观密度增大，体积膨胀、强度下降、保温性下降、抗冻性变差等，所以吸水率大对材料性质是不利的。

(3) 耐水性

材料长期在饱和水作用下不破坏，其强度也不显著降低的性质称为耐水性。材料的耐水性用软化系数表示。可按式 (1-10) 计算：

$$K_{so}=\frac{f_w}{f_d} \tag{1-10}$$

式中　K_{so}——材料的软化系数；

f_w——材料在吸水饱和状态下的抗压强度，MPa；

f_d——材料在干燥状态下的抗压强度，MPa。

软化系数 K_{so}的大小表明材料在浸水饱和后强度降低的程度。一般材料随着含水量的增加，其质点间的结合力有所减弱，强度会有不同程度的降低。如果材料中含有某些可溶性物质（如黏土、石灰等），则强度降低更为严重，即使是致密的石材也不能避免这种影响，如花岗岩长期浸泡在水中，强度将下降 3%，烧结普通砖和木材所受影响更大。

软化系数值一般在 0～1 之间。软化系数愈小，表明材料的耐水性愈差。根据 K_{so}大小可以判断各种材料的使用场合，所以 K_{so}值常成为处于水中或潮湿环境中选择材料的依据。

工程上，通常将 $K_{so}\geqslant 0.85$ 的材料称为耐水性材料。长期处于水中或潮湿环境中的重要结构，必须选用 $K_{so}\geqslant 0.85$ 的材料。对于处于受潮较轻或次要结构的材料，其 K_{so}不应小于 0.75。

材料的耐水性主要与其组成成分在水中的溶解度和材料的孔隙率有关。溶解度很小或不溶的材料，则软化系数一般较大，如金属材料 $K_{so}=1$；若材料可溶于水且具有较大的孔隙率，则其软化系数较小或很小，如黏土的$K_{so}=0$。

(4) 抗渗性

材料抵抗压力水或其他液体渗透的性质称为抗渗性（不透水性）。

由于材料具有不同程度的渗透性，当材料两侧存在不同水压时，一切破坏因素（如腐蚀性介质等）都可通过水或气体进入材料内部，然后把所分解的产物带出材料，使材料逐渐破坏；如地下建筑、基础、压力管道、容器、水工建筑等经常受到压力水或水头差的作用。故所用材料应具有一定的抗渗性。对于各种防水材料，则要求具有更高的抗渗性。

材料的抗渗性可用以下两种指标表示：

1) 渗透系数

材料的透水遵守达西定律：在一定的时间 t 内，透过材料试件的水量 W，与试件的渗水面积 A 及水头差 H 成正比，与渗透距离（试件厚度）d 成反比，见图 1-1，可用公式表示如下：

$$W=K_p\frac{A\cdot t\cdot H}{d}，则$$

$$K_p=\frac{W\cdot d}{A\cdot t\cdot H} \tag{1-11}$$

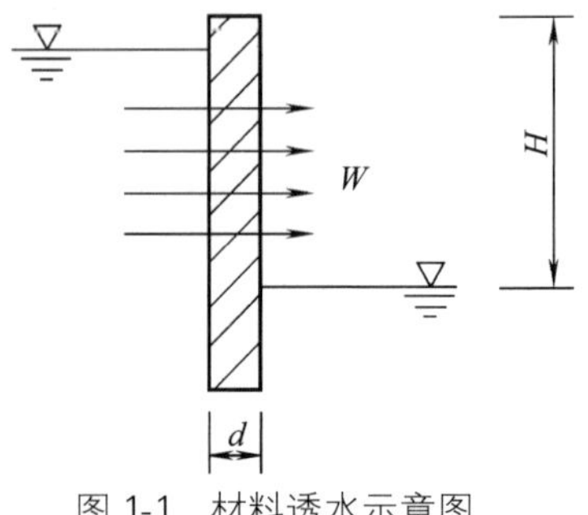

图 1-1　材料透水示意图

式中　K_p——材料的渗透系数，cm/h；

W——总渗透水量，cm^3；

A——渗水面积，cm^2；

H——水头差，cm；

t——渗水时间，h；

d——材料的厚度，cm。

渗透系数 K_p 值愈大，表示材料渗透的水量愈多，即抗渗性差。

一些防渗、防水材料，如油毡、瓦、水工沥青混凝土等，其防水性常用渗透系数表示。

2）抗渗等级

建筑工程中大量使用的砂浆、混凝土等材料，其抗渗性能常用抗渗等级来表示。

抗渗等级是指材料在标准试验方法下进行透水试验，以规定的试件在透水前所能承受的最大水压力来确定的，用符号“P”和材料透水前所能承受的最大水压力的（MPa）数值表示。如 P4、P6、P8 等分别表示材料能承受 0.4、0.6、0.8MPa 的水压而不渗水。所以，抗渗等级愈高，材料的抗渗性能愈好。

材料抗渗性好坏，与其孔隙率和孔隙特征有关。绝对密实的材料和具有闭口孔隙的材料，或具有极细孔隙（孔径小于 1μm）的材料，实际上可认为是不透水的。开口大孔最易渗水，故其抗渗性最差。此外，材料的抗渗性还与其亲水性或憎水性有关，亲水性材料的毛细孔由于毛细作用而有利于水的渗透。

（5）抗冻性

材料在吸水饱和状态下，能经受多次冻融循环作用而不破坏，同时也不严重降低强度的性质称为抗冻性。简言之，抗冻性是指材料在吸水饱和状态下，抵抗冻融循环作用的能力。

在比较寒冷的北方地区，夏秋两季材料常受雨水浸湿饱和，冬季结冰，春、夏季开冻融化，年复一年，如此反复遭受冻融循环的作用。水在材料孔隙中结冰时，体积约增大 9%，如此时孔隙内充满水（吸水饱和状态），当水变成冰时将会给孔壁造成很大的静水压力（称为冰晶压力），该压力可高达 100MPa，可使孔壁开裂。冰在融化时是从表面先开始融化，然后向内逐层进行，因而外层的冰晶压力先消失。可见，无论是结冰、还是融化的过程，都会在材料的内外层产生明显的应力差和温度差，对材料起破坏作用，使材料碎裂、质量损失、强度下降。冻融循环次数愈多，这种破坏作用愈严重。材料的抗冻性主要取决于材料的孔隙率、孔隙特征，另外还与材料吸水饱和的程度、材料本身的强度以及冻结条件（如冻结温度、冻结速度及冻融循环作用的频繁程度）等有关。

工程上材料的抗冻性用抗冻等级表示。抗冻等级是将材料吸水饱和后，按规定方法进行冻融循环试验，以质量损失不超过 5%、强度下降不超过 25%时，所能经受的最大冻融循环次数来确定的，用符号“F”和最大冻融循环次数表示，如 F25、F50、

F100 等。抗冻等级愈高，材料的抗冻性愈好。

对材料抗冻性的要求，视工程种类、结构部位、所处环境、使用条件以及建筑物等级而定。

4. 材料与热有关的性质

在建筑中，建筑材料除了需满足必要的强度及其他性能的要求外，为了节约建筑物的使用能耗，以及为生产和生活创造适宜的环境，常要求建筑材料具有一定的热工性质，以维持室内温度。

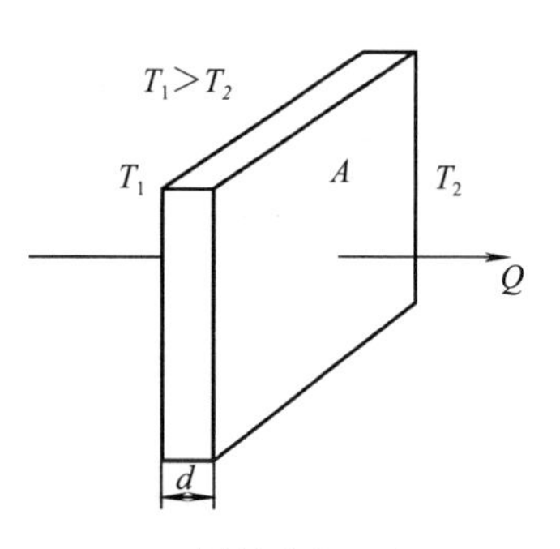

图 1-2　材料传热示意图

(1) 导热性与热阻

当材料两侧存在温度差时，热量从温度高的一侧向温度低的一侧传导的性质称为导热性，材料的导热性常用导热系数“λ”表示。材料传导热量的示意图如图 1-2 所示。

匀质材料导热系数的计算公式为：

$$Q=\lambda\frac{(T_1-T_2)\cdot A\cdot t}{d} \tag{1-12}$$

$$\lambda=\frac{Q\cdot d}{(T_1-T_2)\cdot A\cdot t} \tag{1-13}$$

式中　λ——材料的导热系数，W/(m·K)；

Q——总传热量，J；

d——材料厚度，m；

(T_1-T_2)——材料两侧绝对温度之差，K；

A——传热面积，m^2；

t——传热时间，s。

导热系数的物理意义是：单位厚度的材料，当两侧温度差为 1K 时，在单位时间内通过单位面积的热量。

若用 q 表示单位时间（s）内通过单位面积（m^2）的热流量（J），即：

$$q=\frac{Q}{A\cdot t}，则 q=\frac{\lambda}{d}(T_1-T_2) \tag{1-14}$$

在上式中，温度（T_1-T_2）是决定热流量 q 的大小和传递方向的外因，而材料的导热系数与材料层厚度的比值 λ/d，则是决定 q 值大小的内因。在建筑热工上，把 λ/d 的倒数 d/λ 叫做材料层的热阻，用 R 表示，单位为（m^2·K）/W，这样式（1-14）可改写为：

$$q=\frac{1}{R}(T_1-T_2) \tag{1-15}$$

热阻也是材料层本身的一个热性能指标，它说明材料层抵抗热流通过的能力，或者说明热流通过材料层时所遇到的阻力。在同样的温差条件下，热阻越大，通过材料层的热量少。在多层导热条件下，应用热阻概念计算十分方便。

导热系数或热阻是评定材料保温绝热性能好坏的主要指标。R 值越大则表示该物体（如墙体、楼板）或构件的绝热性能越好。

影响建筑材料导热系数的主要因素有：

1）材料的组成与结构。一般地说，金属材料、无机材料、晶体材料的导热系数分别大于非金属材料、有机材料、非晶体材料。

2）孔隙率大，含空气多，则材料表观密度小，其导热系数也就小。因为，空气的导热系数只有 0.025W/(m·K)，所以，表观密度小的材料，主要是空气的导热系数起着重要的作用。

3）细小孔隙、闭口孔隙组成的材料比粗大孔隙、开口孔隙的材料导热系数小，因为避免了对流传热。

4）材料含水或含冰时，会使导热系数急剧增加。

5）导热时的温度越高，导热系数越大（金属材料除外）。

(2) 热容量

材料在加热时吸收热量、冷却时放出热量的性质称为热容量。墙体、屋面或其他部位采用高热容量材料时，可以长时间保持室内温度的稳定。热容量大小用比热（也称热容量系数）表示。

比热表示单位质量的材料温度升高 1K 时所吸收的热量（J）或降低 1K 时所放出的热量（J）。

材料在加热（或冷却）时，吸收（或放出）的热量与质量、温度差成正比，可用式（1-16）表示：

$$Q=C\cdot m(T_1-T_2) \tag{1-16}$$

式中　Q——材料的热容量，J；

C——材料的比热，J/(g·K)；

m——材料的质量，g；

(T_1-T_2)——材料受热或冷却前后的绝对温度差（K）。

由式（1-16）可得比热为：

$$C=\frac{Q}{m(T_1-T_2)} \tag{1-17}$$

比热是反映材料吸热或放热能力大小的物理量。不同材料的比热不同，即使是同一材料，由于所处物态不同，比热也不同。例如水的比热是 4.19J/(g·K)，而结冰后的比热是 2.05J/(g·K)。

材料的导热系数和比热是设计建筑物围护结构（墙体、屋盖）、进行热工计算时的重要参数，设计时应选用导热系数较小而热容量较大的建筑材料，以使建筑物保持室内温度的稳定性。同时，导热系数也是工业窑炉热工计算和确定冷藏库绝热层厚度时的重要数据。常用建筑材料的导热系数和比热指标见表 1-3。

常用建筑材料的导热系数和比热指标　　表 1-3

材料名称＼项目	导热系数 W/(m·K)	比热 J/(g·K)
建筑钢材	58	0.48
花岗岩	3.49	0.92
普通混凝土	1.51	0.84
水泥砂浆	0.93	0.84
白灰砂浆	0.81	0.84
普通黏土砖	0.80	0.88
黏土空心砖	0.64	0.92
松木	0.17～0.35	2.51
泡沫塑料	0.035	1.30
冰	2.33	2.05
水	0.58	4.19
密闭空气	0.023	1.00

(3) 耐热性

材料长期在高温作用下，不失去使用功能的性质称为耐热性，亦称耐高温性或耐火性。一些材料在高温作用下会发生变形或变质。

耐火材料的耐火性是指材料抵抗融化的性质，用耐火度来表示，即材料在不发生软化时所能抵抗的最高温度。耐火材料一般要求材料能长期抵抗高温或火的作用，具有一定的高温力学强度、高温体积稳定性、抗热震性等。

(4) 耐燃性

在发生火灾时，材料抵抗或延缓燃烧的性质称为耐燃性（或称防火性）。材料的耐燃性是影响建筑物防火和耐火等级的重要因素。建筑材料按其燃烧性质分为四级：

1）不燃性材料（A)。即在空气中受高温作用不起火、不微燃烧、不碳化的材料。

2）难燃性材料（B_1)。即在空气中受高温作用难起火、难微燃、难碳化，当火源移开后燃烧会立即停止的材料。

3）可燃性材料（B_2)。在空气中受高温作用会自行起火或微燃，当火源移开后仍能继续燃烧或微燃的材料。

4）易燃性材料（B_3)。在空气中容易起火燃烧的材料。

为了使可燃或易燃材料有较好的防火性，多采用表面涂刷防火涂料的措施。组成防火涂料的成膜物质可分为不燃性材料（如水玻璃）或是有机含卤素的树脂，该树脂在受热时能分解并释放出气体，气体中含有较多卤素（F、Cl、Br 等）和氮（N）的有机化合物，它们具有自消火性。

常用材料的极限耐火温度见表 1-4。

常用材料的极限耐火温度 **表 1-4**

材料	温度(℃)	注解	材料	温度(℃)	注解
普通黏土砖砌体	500	最高使用温度	预应力混凝土	400	火灾时最高允许温度
普通钢筋混凝土	200	最高使用温度	钢材	350	火灾时最高允许温度
普通混凝土	200	最高使用温度	木材	260	火灾危险温度
页岩陶粒混凝土	400	最高使用温度	花岗石（含石英）	575	相变发生急剧膨胀温度
普通钢筋混凝土	500	火灾时最高允许温度	石灰岩、大理石	750	开始分解温度

【实训】

称取堆积密度为 $1400kg/m^3$ 的干砂 200g，装入广口瓶中，再把瓶子注满水，此时称重为 500g。已知空瓶加满水时的质量为 377g。求该砂的表观密度及空隙率。

【课后讨论】

密度和表观密度的区别在哪里?

1.2.2 建筑材料的力学性能标准

1. 材料的强度

材料在外力或应力作用下，抵抗破坏的能力称为材料的强度，并以材料在破坏时的最大应力值来表示。

材料的实际强度，常通过对标准试件在规定的实验条件下的破坏试验来测定。根据受力方式不同，可分为抗压强度、抗拉强度、抗剪强度、抗弯（折）强度等。受力状态见图 1-3。

抗压强度、抗拉强度、抗剪强度的计算公式如下：

$$f=\frac{F}{A} \tag{1-18}$$

式中 f——材料的强度，MPa；

F——破坏时的最大荷载，N；

A——材料的受力面积，mm^2。

材料的抗弯强度与材料受力情况、截面形状及支承条件等有关。对矩形截面的条

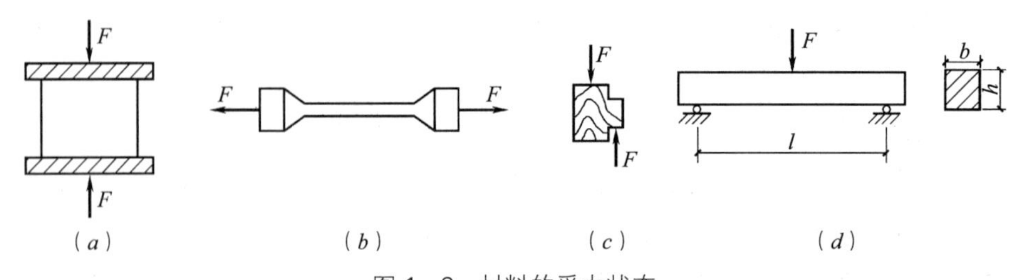

图 1-3 材料的受力状态

(a) 抗压；(b) 抗拉；(c) 抗剪；(d) 抗弯

形试件（或小梁），在两端支承，中间作用集中荷载的情况下，抗弯强度按下式计算：

$$f=\frac{3Fl}{2bh^2} \tag{1-19}$$

式中　f——抗弯强度，MPa；

F——受弯时破坏荷载，N；

l——两支点间的距离，mm；

b、h——材料截面宽度、高度，mm。

材料的强度和它的成分、结构等因素有关。不同种类的材料，有不同的抵抗外力的力。

同一种材料随其孔隙率及结构特征不同，强度也有较大差异。一般情况下，材料的表观密度愈小、孔隙率愈大，其强度愈低。

材料的强度值还与测试条件有很大关系，具体说来就是与试件的形状、尺寸、表面状态、含水程度、温度及加载速度等因素有关。因此，国家规定了试验方法，测定强度时应严格遵守。

为便于合理使用材料，对于以强度为主要指标的材料，通常按材料强度值的高低划分为若干个等级，称为材料的强度等级。脆性材料主要以抗压强度来划分，塑性材料和韧性材料主要以抗拉强度来划分。

比强度是材料强度与表观密度的比值。比强度是衡量材料轻质高强性能的一项重要指标。比强度越大，则材料的轻质高强性能越好。

2. 弹性与塑性

(1) 弹性

材料在外力作用下产生变形，当外力取消后能完全恢复到原来状态的性质称为材料的弹性。这种能够完全恢复的变形称为弹性变形。明显具备这种特性的材料称为弹性材料。受力后材料应力与应变的比值称为材料的弹性模量。其值愈大，材料受外力作用时越不易产生变形。

(2) 塑性

材料在外力作用下产生变形，当外力取消后，材料仍保持变形后的形状且不产生破裂的性质称为材料的塑性。这种不能恢复的变形称为塑性变形（永久变形）。具备较高塑性变形的材料称为塑性材料。

实际上，单纯的弹性或塑性材料都是不存在的，各种材料在不同应力下，表现出不同的变形性质。

(3) 脆性与韧性

1) 脆性

脆性是材料受外力作用，在无明显塑性变形的情况下即突然破裂的性质。具有这种性质的材料称为脆性材料，如天然石材、混凝土、普通砖等。脆性材料的抗压能力很强，抗拉强度则比抗压强度小很多倍。脆性材料抗振动、冲击荷载的能力差，因而脆性材料常用于承受静压力作用的建筑部位，如基础、墙体、柱子、墩座等。

2）韧性

材料在冲击、振动荷载作用下，能承受很大的变形而不致发生突发性破坏的性质称为韧性（或冲击韧性）。具有这种性质的材料称为韧性材料，如建筑钢材、沥青混凝土等。韧性材料的特点是变形大，特别是塑性变形大，抗拉强度接近或高于抗压强度。路面、桥梁、吊车梁以及有抗震要求的结构都要考虑材料的韧性。材料的韧性用冲击试验来检验。

1.2.3 材料的耐久性

材料在使用环境中，长期在各种破坏因素的作用下，不破坏、不变质，而保持原有性质的能力称为材料的耐久性。耐久性是材料的一项综合性质，它包括材料的抗渗性、抗冻性、耐腐蚀性、抗老化性、抗碳化性、耐热性、耐磨性等。

1. 影响材料耐久性的因素

材料在使用过程中，除受到各种外力作用外，还会受到物理、化学和生物作用而破坏。金属材料易被氧化腐蚀；无机非金属材料因碳化、溶蚀、热应力、干湿交替而破坏，如混凝土的碳化、水泥石的溶蚀、砖和混凝土的冻融以及处于水中或水位升降范围内的混凝土、石材、砖等因受环境水的化学侵蚀而被破坏等；木材、竹材等其他有机材料，常因生物作用而遭受破坏；沥青等材料因受阳光、空气和热应力的作用而逐渐老化。

材料的组成、结构与性质不同时，其耐久性也不同。当材料的组成易溶于水或其他液体，或易与其他物质发生化学反应时，则材料的耐水性、耐化学腐蚀性等较差。无机非金属脆性材料在温度剧变时易产生开裂，即耐急冷急热性差。当材料的孔隙率，特别是开口孔隙率较大时，则耐久性往往较差。对有机材料，因含有不饱和键等，抗老化性较差。当材料强度较高时，则耐久性往往较好。

材料的用途不同时，对耐久性要求的内容也不相同，如结构材料要求强度不显著降低；装饰材料则主要要求颜色、光泽等不发生显著的变化；寒冷地区室外工程的材料应考虑其抗冻性；处于有压力水作用的水工工程所用材料应有抗渗性；地面材料应有良好的耐磨性等等。

2. 提高材料耐久性的措施

为了提高材料的耐久性，首先应努力提高材料本身对外界作用的抵抗能力（如提高密实度、改变孔隙构造、改变成分等）；其次选用其他材料对主体材料加以保护（如作保护层、刷涂料、作饰面等）；此外还应设法减轻大气或其他介质对材料的破坏作用（如降低湿度，排除侵蚀性物质等）。

对材料耐久性性能的判断应在使用条件下进行长期观测，但这需要很长的时间。通常是根据使用条件和要求，在实验室进行快速试验，如干湿循环、冻融循环、碳化、化学介质浸渍等，并据此对材料的耐久性做出评价。

【实训】

用直径为 18mm 的钢筋做拉伸试验，测得最大拉力为 137kN，确定其抗拉强度。

【课后讨论】

材料抵抗外力破坏所能承受的最大作用力和材料强度的区别在哪里?

1.3 材料质量等级的判定

学习目标

质量等级指标；强度等级指标；质量等级应用。

关键概念

质量；评定。

材料质量等级的判定依据，是指材料的技术指标满足相关的标准要求。

1.3.1 材料质量等级举例

1. 水泥

(1) 水泥质量等级的评定原则

1) 评定水泥质量等级的依据是产品所遵照的标准水平和实物质量达到的水平。

2) 为使产品质量水平达到相应的等级要求，企业应具有生产相应等级产品的质量保证能力。

(2) 水泥质量等级的划分

1) 优等品

水泥产品标准必须达到国际先进水平，且水泥实物质量水平与国外同类产品相比达到近 5 年内的先进水平。

2) 一等品

水泥产品必须达到国际一般水平，且水泥实物质量水平达到国际同类产品的一般水平。

3) 合格品

按我国现行水泥产品标准组织生产，水泥实物质量水平必须达到产品标准的要求。

(3) 通用水泥实物质量等级的技术要求

1) 水泥实物质量在符合相应标准的技术要求基础上，进行实物质量水平的分等。

2) 通用水泥系指符合《通用硅酸盐水泥》GB 175—2007 标准的各类水泥。

3) 通用水泥的实物质量水平根据 3 天抗压强度、28 天抗压强度和终凝时间进行分等。

4）通用水泥的实物质量应符合表1-5的要求。

通用水泥的实物质量等级　　表1-5

项目 \ 品种 \ 水泥等级	优等品		一等品		合格品
	硅酸盐水泥 普通硅酸盐水泥 复合硅酸盐水泥 石灰石硅 酸盐水泥	矿渣硅酸盐水泥 火山灰质硅 酸盐水泥 粉煤灰硅 酸盐水泥	硅酸盐水泥 普通硅酸盐水泥 复合硅酸盐水泥 石灰石硅 酸盐水泥	矿渣硅酸盐水泥 火山灰质硅 酸盐水泥 粉煤灰硅 酸盐水泥	通用水泥 各品种
抗压强度，MPa 3天 不小于 28天 不小于 不大于	 24.0 46.0 1.1R	 21.0 46.0 1.1R	 19.0 36.0 1.1R	 16.0 36.0 1.1R	符合通用水泥各品种的要求
终凝时间，h 不大于	 6∶30	 6∶30	 6∶30	 8∶00	

注：R为同品种同强度等级水泥28天抗压强度上月平均值，至少以20个编号平均，不足20个编号时，可二个月或三个月合并计算。对于62.5（含62.5）以上水泥，28天抗压强度不大于1.1R的要求不作规定。

2. 混凝土强度等级评定

(1) 混凝土立方体试件抗压强度按式（1-18）计算（精确至0.1MPa)。

(2) 以三个试件测值的算术平均值作为该组试件的抗压强度值（精确至0.1MPa)；如果三个测定值中的最大值或最小值有一个与中间值的差值超过中间值的15%时，则计算时舍弃最大值和最小值，取中间值作为该组试件的抗压强度值；如有最大值和最小值两个测值与中间值的差均超过中间值的15%，则该组试件的试验结果无效。

(3) 混凝土抗压强度是以150mm×150mm×150mm立方体试件的抗压强度为标准值，用其他尺寸试件测得的强度值均应乘以尺寸换算系数，200mm×200mm×200mm试件的换算系数为1.05，100mm×100mm×100mm试件的换算系数为0.95。

(4) 将混凝土立方体强度测试的结果记录在试验报告中，并按规定评定强度等级。

1.3.2　建筑材料的选择

建筑材料的选择的基本原则如下：

1. 安全适用；
2. 造价合理；
3. 施工方便。

要根据建筑物所在的地区，使用条件等具体来定。

单元小结

建筑材料品种繁多，大到巨型构件，小至五金螺钉，均属建筑材料的范围。但其质量好坏、合理选用，都离不开相关技术标准。因此本单元是学习建筑材料与检测的基础。通过本单元的学习，你将能够理解建筑材料技术指标的确定含义，从而能够根据材料标准评定质量等级，根据检测报告正确合理经济的选用建筑材料。

练习题

一、基础题

（一）名词解释

密度、表观密度、堆积密度、孔隙率、空隙率、吸水性、吸湿性、含水率、耐水性、抗冻性、抗渗性、导热性、热容量、强度、比强度、弹性、塑性、脆性、韧性、耐久性

（二）是非题

1. 同一种材料，其表观密度愈大，则其密度也就愈大。（　　）
2. 同一种材料，其表观密度愈大，则其孔隙率愈小。（　　）
3. 将某种含孔的材料，置于不同湿度的环境中，分别测得其密度，其中以干燥条件下的密度为最小。（　　）
4. 具有粗大孔隙的材料，吸水率较大；具有细微而连通孔隙的材料，吸水率较小。（　　）
5. 软化系数愈大的材料，愈容易被水软化。（　　）
6. 吸水率小的材料，其孔隙率一定小。（　　）
7. 材料的孔隙率愈大，材料的抗冻性愈差。（　　）

8. 建筑材料的抗渗等级愈高，表明其抗渗性愈强。(　　)
9. 相同种类的材料，其孔隙率愈大，则其强度愈低。(　　)
10. 对于需要长时间保持室内温度稳定的建筑，其墙体、屋顶等部位可以采用比热容高的材料。(　　)
11. 材料受潮或受冻后，其导热性降低，导热系数增大。(　　)
12. 承受动荷载作用的结构，应考虑材料的韧性。(　　)
13. 憎水材料比亲水材料适宜做防水材料。(　　)
14. 脆性材料适宜承受动荷载，而不宜承受静荷载。(　　)
15. 材料的吸水性用含水率来表示。(　　)
16. 孔隙率大的材料，其耐水性不一定不好。(　　)
17. 材料的抗渗性主要决定于材料的密实度和孔隙特征。(　　)
18. 材料的吸湿性用含水率来表示。(　　)
19. 绝热材料在施工和使用中，应保证其经常处于潮湿状态。(　　)
20. 对于任何一种材料，其密度都大于其表观密度。(　　)
21. 对保温材料，若厚度增加可提高其保温效果，故墙体材料的导热系数降低。(　　)
22. 材料的含水率越高，其表观密度越大。(　　)
23. 耐燃性好的材料耐火性一定好。(　　)
24. 材料的孔隙率越大，吸水率越高。(　　)
25. 凡是含孔材料其体积吸水率都不能为零。(　　)
26. 软化系数越大，说明材料的抗渗性越好。(　　)
27. 密实材料因其 V、V_0、V'相近，所以同种材料的 ρ、ρ_0、ρ_0'相差不大。(　　)
28. 松散材料的 ρ_0、ρ_0'相近。(　　)
29. 材料的体积吸水率就是材料的开口孔隙率。(　　)
30. 对于多孔的绝热材料，一般吸水率均大于 100%，故宜用体积吸水率表示。(　　)
31. 吸水率就是含水率。(　　)

(三) 填空题

1. 材料的吸水性大小用________表示，吸湿性大小用________表示。
2. 材料的耐水性的强弱可以用________表示，其值=________，材料的耐水性愈差，该值愈________。
3. 同种材料，孔隙率愈________，材料的强度愈高；当材料的孔隙率一定时，________孔隙愈多，材料的绝热性能愈好。
4. 通常，当材料的孔隙率增大时，其密度__________，表观密度__________，吸水率________，强度________，抗冻性________，耐水性________，导热性________，耐久性________。
5. 根据外力作用的形式不同，建筑材料的强度有______、______、________及______等。

6. 脆性材料适宜承受____荷载，而不宜承受____荷载。
7. 当孔隙率相同时，分布均匀而细小的封闭孔隙含量愈多，则材料的吸水率____、保温性____、耐久性____。
8. 在水中或长期处于潮湿状态下使用的材料，应考虑材料的________性。
9. 软化系数大于________材料认为是耐水的。
10. 材料的弹性模量反映材料的________的能力。
11. 材料的孔隙率恒定时，孔隙尺寸愈小，材料的强度愈____，耐久性愈____，保温性愈____。
12. 保温隔热材料应选择导热系数__________，比热容和热容______________的材料。
13. 建筑材料的体积吸水率和质量吸水率之间的关系是______________。
14. 当材料的表观密度与密度相同时，说明该材料______________。
15. F100 是表示材料抗冻性的指标，其中“100”表示__________________________。
16. 量取 10L 气干状态的卵石，称重为 14.5kg；又取 500g 烘干的该卵石，放入装有 500mL 水的量筒中，静置 24h 后，水面升高为 685mL。则该卵石的堆积密度为__________，表观密度为__________，空隙率为__________。

(四) 选择题

1. 通常，材料的软化系数为 (　　) 时，可以认为是耐水材料。
   A. ≥0.85　　B. <0.85　　C. =0.75
2. 某种岩石的密度为 ρ，破碎成石子后表观密度为 ρ_0，堆积密度为 ρ_0'，则存在下列关系 (　　)。
   A. $\rho>\rho_0>\rho_0'$　　B. $\rho_0>\rho>\rho_0'$　　C. $\rho>\rho_0'>\rho_0$
3. 材质相同的 A、B 两种材料，已知 $\rho_{0A}>\rho_{0B}$，则 A 材料的保温效果比 B 材料 (　　)。
   A. 好　　B. 差　　C. 相同
4. 材料的抗冻性是指材料在标准试验后，(　　) 的性质。
   A. 质量损失小于某个值　　B. 强度损失小于某个值
   C. 质量损失和强度损失各小于某个值　　D. 质量和强度均无损失
5. 含水率为 5%的湿砂 220g，将其干燥后的重量是 (　　) g。
   A. 209.00　　B. 209.52　　C. 210.00　　D. 210.52
6. 材料的塑性变形是指外力取消后 (　　)。
   A. 能完全消失的变形　　B. 不能完全消失的变形
   C. 不能消失的变形　　D. 能消失的变形
7. 当材料的润湿边角。为 (　　) 时，称为憎水性材料。
   A. >90°　　B. <90°　　C. =0°　　D. ≥90
8. 测定材料强度时，可使测得的材料强度值较标准值偏高的因素是 (　　)。
   A. 较大的试件尺寸和较快的加载速度

B. 较小的试件尺寸和较快的加载速度
C. 较大的试件尺寸和较慢的加载速度
D. 较小的试件尺寸和较慢的加载速度

9. 材料在潮湿空气中吸收水分的性质称为（　　）。
A. 吸水性　　B. 吸湿性　　C. 吸潮性　　D. 亲水性

10. 材料吸水后，将使材料的（　　）提高。
A. 耐久性　　B. 强度和导热系数
C. 密度　　D. 体积密度和导热系数

11. 为使建筑物节能并保持室内温度稳定，其围护结构应选用（　　）的材料。
A. 导热系数大，比热容大　　B. 导热系数小，比热容小
C. 导热系数小，比热容大　　D. 导热系数大，比热容小

12. 最能体现材料是否经久耐用的性能指标是（　　）。
A. 抗渗性　　B. 抗冻性　　C. 抗蚀性　　D. 耐水性

13. 下列材料中，属于韧性材料的是（　　）。
A. 烧结普通砖　　B. 混凝土　　C. 花岗岩　　D. 钢材

14. 某一材料的下列指标中为常数的是（　　）。
A. 密度　　B. 表观密度　　C. 导热系数　　D. 强度

15. 评价材料抵抗水的破坏能力的指标是（　　）。
A. 抗渗等级　　B. 渗透系数　　C. 软化系数　　D. 抗冻等级

（五）问答题

1. 材料的吸水性、吸湿性、耐水性、抗渗性、抗冻性、导热性的含义各是什么？各用什么指标表示？
2. 简述材料的孔隙率和孔隙特征与材料的表观密度、强度、吸水性、抗渗性、抗冻性及导热性等性质的关系。
3. 材料的耐久性包括哪些内容？
4. 什么是材料的强度？影响材料强度试验结果的因素有哪些？
5. 为什么新建房屋的墙体保暖性能较差，尤其是在冬季？
6. 密实度和孔隙率有什么关系？孔隙率和空隙率有何区别？

（六）计算题

1. 某工程用钢筋混凝土预制梁尺寸为 600cm×50cm×50cm，共 12 根，若钢筋混凝土的体积密度为 2500kg/m^3，其总质量为多少吨？
2. 某工程共需普通黏土砖 50000 块，用载重量 5t 的汽车分两批运完，每批需汽车多少辆？每辆车应装多少砖（砖的体积密度为 1800kg/m^3，每立方米按 684 块计）？
3. 收到含水率 5%的砂子 500t，实为干砂多少 t？需要干砂 500t，应进含水率 5%的砂子多少 t？

4. 已知某材料的密度为 2.50g/cm^3，表观密度为 2.00g/cm^3，材料质量吸水率为 9%。试求该材料的孔隙率、开口孔隙率和闭口孔隙率。
5. 某材料的体积为 100mm×100mm×100mm 的立方体，其在室内长期放置后测得的质量为 2400g，吸水饱和后的质量为 2500g，烘干后的质量为 2300g。试求该材料的体积密度、含水率、体积吸水率、质量吸水率和开口孔隙率。

二、试验题

(一) 判断题

在进行材料抗压强度试验时，大试件较小试件的试验结果值偏小；加荷速度快者较加荷速度慢者的试验结果值偏小。(　　)

(二) 选择题

1. 测定外形不规则材料的表观密度的方法是 (　　)。
   A. 李氏瓶法　　B. 磨细排液法
   C. 蜡封排液法　　D. 直接测量法
2. 含水率为 10%的湿砂 2200g，其中含有水分的质量为 (　　)。
   A. 200g　　B. 220g　　C. 198g　　D. 202g

(三) 计算题

1. 在质量为 6.6kg，容积为 10L 的容器中，装满气干状态的卵石后称得总质量为 21.6kg，卵石的空隙率为 42%。求卵石的表观密度。
2. 河砂 1000g，烘干至恒重后称重 988g，求此砂的含水率。
3. 某材料的密度为 2600kg/m^3，干燥状态体积密度为 1600kg/m^3，现将一重 954g 的该材料浸入水中，吸水饱和后取出称重为 1086g。试求该材料的孔隙率、质量吸水率、开口孔隙率和闭口孔隙率。
4. 某工地所用碎石的密度为 2650kg/m^3，堆积密度为 1680kg/m^3，表观密度为 2610kg/m^3。求该碎石的空隙率。
5. 一块烧结普通砖，外形尺寸标准，吸水饱和后质量为 2900g，烘干至恒重为 2500g，今将该砖磨细过筛再烘干后取 50g，用李氏瓶测得其体积为 18.5cm^3。试求该砖的吸水率、密度、体积密度及孔隙率。
6. 岩石在气干、绝干、吸水饱和情况下测得的抗压强度分别为 172MPa，178MPa，168MPa。求该岩石的软化系数，并指出该岩石可否用于水下工程。
7. 已知混凝土试件的尺寸为 150mm×150mm×150mm，质量为 8.1kg。其体积密度为多少？若测得其最大的破坏压力为 540kN，求其抗压强度。
8. 一质量为 4.10kg、体积为 10.0L 的容量筒，内部装满最大粒径为 20mm 的干燥碎石，称得总质量为 19.81kg。向筒内注水，待石子吸水饱和后加满水，称得总质量为 23.91kg。将此吸水饱和的石子用湿布擦干表面，称得其质量为 16.02kg。试求该碎石的堆积密度、质量吸水率、表观密度、体积密度和空隙率。

9. 某岩石试样干燥时的质量为 250g，将该岩石试样放入水中，待岩石试样吸水饱和后，排开水的体积为 $100cm^3$。将该岩石试样用湿布擦干表面后，再次投入水中，此时排开水的体积为 $125cm^3$。试求该岩石的表观密度、吸水率及开口孔隙率。

单元课业

课业名称：编制一份建筑材料检测报告
学生姓名：
自评成绩：
任课教师：
时间安排：安排在开课 2 周后，用 2 天时间完成。
开始时间：
截止时间：

一、课业说明

本课业是为了完成正确编制、填写、识读检测报告而制定的。根据“建筑材料质量标准”的能力要求，需要根据标准正确实施材料检测，编制填写检测报告，依据检测报告提出实施意见。

二、背景知识

教材：单元 1　建筑材料质量标准
1.1　建筑材料标准
1.2　建筑材料技术指标含义
1.3　材料质量等级的判定

根据所学内容，查阅建筑用砂标准，写出检测步骤，经指导教师审核后，进行砂密度试验，填写检测报告，就这一项指标，评定试验用砂是否符合标准要求。

三、任务内容

包括：建筑材料用砂标准查阅，标准中砂密度指标及其检测方法的正确解读，制定检测步骤，编制检测报告，实施砂密度检测，填写检测报告。

小组任务：

全班可分若干个小组，每组 5～6 名成员，集体协商，分工负责，群策群力，搞好课业工作。

组内每个成员的任务：

每个人都必须在自己的课业中完成以下方面的内容：

1. 查阅建筑材料标准，并且要求是最新颁布实施。

2. 根据标准制定检测方法、步骤，需要引用其他标准时，应当继续追踪查阅。

3. 编制检测报告。

4. 进行砂密度实验，填写检测报告。

四、课业要求

具体完成时间、上交时间、上交地点、是否打印及格式等，让学生自己制定计划表上交。

完成时间：

上交时间：

打　　印：A4 纸打印。

五、检测报告参考样本

检测报告封面和内容样本如下：

1. 检测报告封面

检验报告

TEST REPORT

中心编号（No)：201605287

委托单位：________________________

样品名称：________________________

检验类别：________________________

国家建筑材料测试中心

National Research Center of Testing Techniques for Building Materials

2. 检测报告内容

国家建筑材料测试中心

National Research Center of Testing Techniques for Building Materials

检验报告

(Test Report)

中心编号：201605287 第 1 页 共 2 页

样品名称	建筑用砂	检验类别	委托检验
委托单位	江苏邳州黄沙有限公司	来样编号	001—002
生产单位	江苏邳州黄沙有限公司	商标	
来样时间	2016 年 5 月 28 日	型号规格	河沙中砂
检验依据	GB/T 14684—2011	产品类型	建筑用砂
检验项目	表观密度	生产日期	2016. 05. 18
检验结论			
附注：			

国家建筑材料测试中心

National Research Center of Testing Techniques for Building Materials

检验报告

(Test Report)

中心编号：201605287 第 2 页 共 2 页

序号	检验项目	标准指标	检验值	单项判定
1	颗粒级配			
2	含泥量			
3	泥块含量			
4	有害物质含量			
5	坚固性			
6	表观密度	>2500kg/m³	2590	合格
7				
8				
9				
10				
11				
12				
备注：				

审 核： 主 检：

检验单位地址：北京市朝阳区管庄中国建材院南楼 电话：65728538 邮编：100024

六、评价

评价内容与标准

技　能	评价内容	评价标准
查阅建筑材料标准	1. 查阅标准准确、可靠、实用 2. 能够迅速、准确、及时的查阅跟踪标准	1. 标准要新，不能过时、失效 2. 跟踪标准是主标准的必要补充
制定检测方法、步骤	检测方法合理、实用、可行	能够准确、无误的确定性能指标
编制检测报告	报告形式简洁、规范、明晰	报告内容、格式一目了然，版面均衡
进行密度实验，填写检测报告	实验正确、报告规范	操作仪器正确，检测数据准确，填写报告精确

能力的评定等级

4	C. 能高质、高效的完成此项技能的全部内容，并能指导他人完成 B. 能高质、高效的完成此项技能的全部内容，并能解决遇到的特殊问题 A. 能高质、高效的完成此项技能的全部内容
3	能圆满完成此项技能的全部内容，并不需任何指导
2	能完成此项技能的全部内容，但偶尔需要帮助和指导
1	能完成此项技能的部分内容，但须在现场的指导下，能完成此项技能的全部内容

课业成绩评定

教师评语及改进意见	学生对课业成绩的反馈意见

注：不合格：不能达到 3 级。　　合格：全部项目都能达到 3 级水平。

良好：60%项目能达到 4 级水平。　　优秀：80%项目能达到 4 级水平。

单元2

胶凝材料检测与应用

引　言

建筑上能将砂、石子、砖、石块、砌块等散粒或块状料粘结为一整体的材料，统称为胶凝材料。胶凝材料品种繁多，可分为有机与无机两大类，其中石灰、石膏、水玻璃等材料均属无机胶凝材料中的气硬性胶凝材料，它们能在空气中硬化，并在空气中保持或发展其强度；而水泥不仅能够在空气中凝结、硬化，而且能够在水中保持和发展强度，这类材料在建筑中有极其广泛的用途。本章主要介绍胶凝材料的知识、检测与应用。

学习目标

通过本章的学习你将能够：

具有气硬性胶凝材料应用、评价的一般能力；

具有水硬性胶凝材料应用、检测和评价的一般能力；

具有选购、保存、管理胶凝材料的能力；

具有进行胶凝材料见证取样、送检的能力。

2.1　气硬性胶凝材料

学习目标

石灰性质指标；石膏性能；水玻璃性能。

关键概念

组成；水化；硬化。

2.1.1　石灰

石灰是在建筑中使用较早的一种矿物胶凝材料。石灰的原料是石灰岩，主要成分为碳酸钙（$CaCO_3$），其次为碳酸镁（$MgCO_3$）。石灰岩经煅烧后生成生石灰，系轻质的块状物质，颜色白至灰或黄绿色。视氧化镁含量的多少，可把石灰分为钙质石灰和镁质石灰。

钙质、镁质石灰的分类界限　　**表 2-1**

品　种	类　别	
	钙质石灰	镁质石灰
	氧化镁含量（%）	
生石灰	≤5	>5
消石灰粉	≤4	>4

建筑用石灰有：生石灰（块灰），生石灰粉，熟石灰粉（又称消解石灰粉、水化石灰）和石灰膏等几种形态。

1. 石灰的生产

石灰的生产原理是将石灰岩受热分解为生石灰与二氧化碳，其反应式如下：

$$CaCO_3 \xrightarrow{900\sim1100℃} CaO + CO_2\uparrow$$

煅烧温度应高于 900℃，一般常在 1000～1200℃，当煅烧温度达到 700℃时，石灰岩中的次要成分碳酸镁开始分解为氧化镁，反应式如下：

$$MgCO_3 \xrightarrow{>700℃} MgO + CO_2\uparrow$$

石灰岩在窑内煅烧常会产生不熟化的欠火和熟化过度的过火石灰。欠火石灰产生的原因是石灰岩块的尺寸过大或窑中温度不够均匀，本身尚未分解；过火石灰是由于煅烧温度过高，煅烧时间过长或原料中的二氧化硅和三氧化二铝等杂质发生熔结而造成的。过火石灰熟化十分缓慢，其细小颗粒可能在石灰应用之后熟化，体积膨胀，致使已硬化的砂浆产生“崩裂”或“鼓泡”现象，影响工程质量。

根据《建筑生石灰》JC/T 479—2013 的规定，将钙质生石灰划分为 CL90、CL85 和 CL75 三个等级，镁质生石灰划分为 ML85 和 ML80 两个等级，各等级的技术性能指标见表 2-2。

建筑生石灰各等级的技术指标 JC/T 479—2013　　表 2-2

项　目	钙质生石灰			镁质生石灰	
	CL90	CL85	CL75	ML85	ML80
CaO+MgO 含量（%），≥	90	85	75	85	80
CO_2 含量（%），≤	4	7	12	7	7
产浆量（L/10kg），≥	26	26	26	不做要求	不做要求

2. 石灰的熟化

生石灰（块灰）加水熟化为熟石灰 $Ca(OH)_2$，这个过程称为石灰的熟化或消解，工地称为“淋灰”。生石灰与水作用是放热反应，可用下式表示：

$$CaO+H_2O \longrightarrow Ca(OH)_2+64.8J$$

生石灰在熟化过程中，体积膨胀，质纯且煅烧良好的生石灰体积增大 3～3.5 倍，含杂质且煅烧不良的生石灰体积增大 1.5～2 倍。

石灰熟化作用的快慢有很大的差异。块小多孔的块灰容易与水接触，故熟化较快；钙石灰比镁石灰熟化快；过火或欠火石灰熟化慢；杂质含量增多，熟化速度减慢。

石灰按其熟化速度可分为：

(1) 快熟石灰：熟化速度在 10min 内。

(2) 中熟石灰：熟化速度在 10～30min。

(3) 慢熟石灰：熟化速度在 30min 以上。

工地上熟化石灰是在化灰池内进行。熟化方法视石灰熟化速度而定。待生石灰加水粉化后，搅拌成浆，通过 6mm 筛网过滤（除渣），流入淋灰坑内呈膏状材料。为保证石灰完全熟化，石灰膏必须在坑中保存两星期以上，这个过程称为“陈伏”。否则未熟化的颗粒，将混入砂浆中，有碍工程质量。

熟化石灰粉的品质与有效物质和水分的相对含量及细度有关，熟石灰粉颗粒愈细，有效成分愈多，其品质愈好。熟石灰粉按《建筑消石灰粉》JC/T 481—2013 标准规定也可分为 HCL90、HCL85 和 HCL75 三个钙质消石灰等级（见表 2-3）及 HML85 和 HML80 两个镁质消石灰等级。

建筑熟石灰粉的技术指标 JC/T 481—2013　　表 2-3

项目		钙质消石灰粉			镁质消石灰粉	
		HCL90	HCL85	HCL75	HML85	HML80
Cao+MgO 含量/%，≥		90	85	75	85	80
游离水/%		2	2	2	2	2
体积安定性		合格	合格	合格	合格	合格
细度	0.2mm 筛筛余/%，≤	2	2	2	2	2
	0.09mm 筛筛余/%，≤	7	7	7	7	7

3. 石灰的硬化

石灰浆体在空气中逐渐硬化，是由下面两个过程同时进行完成的。

(1) 结晶作用：游离水分蒸发，氢氧化钙逐渐从饱和溶液中结晶。

(2) 碳化作用：氢氧化钙与空气中的二氧化碳化合生成碳酸钙结晶，释放出水分并被蒸发：

$$Ca(OH)_2+CO_2+H_2O \longrightarrow CaCO_3+2H_2O$$

碳化作用实际是二氧化碳与水形成碳酸，然后与氢氧化钙反应生成碳酸钙。所以这个作用不能在没有水分的全干状态下进行。而且，碳化作用在长时间内只限于表面，氢氧化钙两种不同的晶体作用则主要在内部发生。所以，石灰浆硬化后，是由碳酸钙和氢氧化钙两种不同的晶体组成。

一般纯石灰浆，在较长时间内经常处于湿润状态，不易硬化，强度，硬度不高，收缩得很慢，同时表面的石灰一旦碳化以后，所生成的碳酸钙的坚硬外壳，又阻碍了二氧化碳的进一步透入，而且内部水分不易析出，对结晶作用无法较快进行，所以纯石灰浆不能单独使用，必须掺填充材料，如掺入砂子配成石灰浆使用。掺入砂子减少收缩，更主要的是砂掺入能在石灰浆内形成连通的毛细孔道使内部水分蒸发并进一步碳化，以加速硬化。为了避免收缩裂缝，常加纤维材料，制成石灰麻刀灰，石灰纸筋灰等。

4. 石灰的应用与保管

石灰的用途很广，可制造各种无熟料水泥及碳化制品、硅酸盐制品等。在建筑工程中，以石灰为原料可制成石灰砂浆、石灰水泥砂浆及石灰麻刀、石灰纸筋等材料，用于砌筑与抹面工程及作墙面涂料（刷白）。利用熟石灰粉与黏性土、砂、碎砖、粉煤灰、碎石等材料可制成灰土、碎砖三合土、粉煤灰石灰土、粉煤灰碎石等材料，大量应用于建筑的基础、地面、道路及堤坝等工程。

生石灰吸水性、吸湿性极强，所以应注意防潮，运输过程中应有防雨措施。不应与易燃易爆及液体物品共存、运输，避免发生火灾和引起爆炸。另外，石灰的保管期不宜超过一个月。

2.1.2 石膏

我国石膏资源极其丰富，储量大、分布广，在建材工业中用来生产各种建筑制品，如石膏板、建筑装饰制品等。另外，石膏作为重要的外加剂，还广泛应用于水泥、水泥制品及硅酸盐制品中。

石膏主要成分是硫酸钙。在自然界中硫酸钙以两种稳定形态存在，一种是未水化的，叫做天然无水石膏，另一种是水化程度最高的，叫做生石膏。

生石膏即二水石膏（又称天然石膏），是含有两个结晶水的硫酸钙（$CaSO_4 \cdot 2H_2O$）。生石膏按其纯度可呈各种结晶状态，其品种有：

(1) 宏观结晶形态：透明石膏、云母石膏、透镜状石膏、玫瑰花式石膏等。

(2) 微观结晶形态或粒状形态：雪花石膏、纤维石膏、粉状石膏等。

生石膏硬度为 2，密度 $2.3g/cm^3$，微溶于水，具有较低导热率。

熟石膏是将生石膏加热至 107～170℃，部分结晶水脱出，即成半水石膏（$CaSO_4 \cdot 1/2H_2O$）。若温度升高至 190℃ 以上，可失去全部水分而变为硬石膏，即无水石膏（$CaSO_4$）。半水石膏与无水石膏统称为熟石膏。熟石膏品种很多，建筑上常用的有建筑石膏、模型石膏、地板石膏、高强度石膏四种。

1. 建筑石膏

建筑石膏是将半水石膏经磨细而成。遇水时，将重新水化成二水石膏，形成坚硬的石状物体，反应如下：

$$CaSO_4 \cdot \frac{1}{2}H_2O + \frac{3}{2}H_2O \longrightarrow CaSO_4 \cdot 2H_2O$$

(1) 凝结硬化

建筑石膏与适量的水混合，最初成为可塑的浆体，但很快失去塑性，这个过程称为凝结，以后迅速产生强度，并发展成为坚硬的固体，这个过程称为硬化。

石膏的凝结硬化是一个连续的溶解、水化、胶化、结晶过程。

半水石膏极易溶于水（溶解度达 8.5g/L），加水后，溶液很快即达到饱和状态而分解出溶解度低的二水石膏（溶解度 2.05g/L），二水石膏呈细颗粒胶质状态。由于二水石膏的析出，溶液中的半水石膏下降为非饱和状态，新的一批半水石膏又被溶解，溶液又达到饱和而分解出第二批二水石膏，如此循环进行，直到半水石膏全部溶解为止。同时，二水石膏迅速结晶，结晶体彼此联结，使石膏具有了强度。随着干燥而排出内部的游离水分，结晶体之间的摩擦力及粘结力逐渐增大，石膏强度也随之增加，最后成为坚硬的固体。

建筑石膏在凝结硬化过程中，将其从加水开始拌和一直到浆体刚开始失去可塑性的过程称为浆体的初凝，对应的这段时间称为初凝时间；将其从加水拌合一直到浆体完全失去可塑性，并开始产生强度的过程称为浆体的硬化，对应的这段时间称为浆体的终凝时间。

（2）建筑石膏的技术性质及特点

建筑石膏色白、密度 2.6～2.75g/cm³、堆积密度为 800～1000kg/m³。建筑石膏按其凝结时间、细度及强度指标分为三级，见表 2-4。

建筑石膏的技术指标 GB/T 9776—2008　　表 2-4

技术指标		产品等级		
		优等品	一级品	合格品
强度/MPa	抗折强度≥	2.5	2.1	1.8
	抗压强度≥	4.9	3.9	2.9
细度/%	0.2mm 方孔筛筛余≤	5.0	10.0	15.0
凝结时间/min	初凝时间≥	6		
	终凝时间≤	30		

注：表中强度以 2h 强度为标准。

建筑石膏其特点是：

1）孔隙率大（约达总体的 50%～60%）。石膏理论需水为 18.6%，为使石膏浆具有必要的可塑性，通常须加 60%～80%的水，硬化后，由于多余水分的蒸发，内部具有很大的孔隙率。

2）凝结硬化快，掺水 3～5min 内即可凝结，终凝不超过 30min。根据施工需要凝结时间可作调整：若需加速凝固可掺入少量磨细的未经煅烧的石膏；需缓凝可掺入水重 0.1%～0.2%的动物胶或亚硫酸盐纸浆废液、硼砂等。

3）硬化后体积微膨胀。膨胀率约 1%。

4）耐水性、抗冻性差。因建筑石膏硬化后具有很强的吸湿性，在潮湿环境中，晶体间粘结力削弱，强度显著降低，遇水则晶体溶解易破坏，吸水后受冻，将因孔隙中水分结冰而崩裂。

5）耐火性好。遇火时由于石膏中结晶水蒸发，吸取热量，表面生成的无水物为良好的热绝缘体。

6）密度小、导热性差。

在建筑工程中，建筑石膏用来调制石膏砂浆，制造建筑艺术配件及建筑装饰、彩色石膏制品、石膏墙板、石膏砖、石膏空心砖、建筑构件及生产人造大理石等。

2. 高强石膏

半水石膏晶体有两种形状：α 型和 β 型。建筑石膏是在非密闭的情况下加热制成的，为 β 型半水石膏。如果将二水石膏在 1.3 大气压（124℃）的压锅蒸锅内蒸炼，则生成 α 型半水石膏，即为高强度石膏。由于高强度石膏晶体较粗，调成可塑的浆体的需水量为 35%～40%（占半水石膏质量），比建筑石膏需水量（60%～80%）小得多，因此硬化后具有较高的密实度和强度，硬化 7d 后的抗压强度可达 15～40MPa。

根据高强石膏结晶良好、坚实、晶体较粗、强度高的特点，掺入砂或纤维材料制成砂浆，可用于建筑装饰抹灰，制成石膏制品（如石膏吸声板、石膏装饰板、纤维石膏板、石膏蜂窝及微孔石膏、泡沫石膏、加气石膏等多孔石膏制品），也可用来制作模型等。

3. 建筑石膏的应用

石膏具有上述诸多优良性能，主要用于室内抹灰、粉刷、制造建筑装饰制品、石膏板等。

(1) 室内抹灰及粉刷

将建筑石膏加水及缓凝剂拌合成浆体，可用作室内粉刷材料。石膏浆中还可以掺入部分石灰，或将建筑石膏加水、砂拌合成石膏砂浆，用于室内抹灰，抹灰后的表面光滑、细腻、洁白美观。石膏砂浆也可作为油漆等的打底层。

(2) 建筑装饰制品

由于石膏凝结快和体积稳定的特点，常用于制造建筑雕塑和花样、形状不同的装饰制品。鉴于石膏制品具有良好的装饰功能，而且具有不污染、不老化、对人体健康无害等优点，近年来备受青睐。

(3) 石膏板

石膏板材具有轻质、隔热保温、吸声、不燃以及施工方便等性能，其应用日渐广泛。但石膏板具有长期徐变的性质，在潮湿的环境中更为严重，且建筑石膏自身强度较低，又因其显微酸性，不能配加强钢筋，故不宜用于承重结构。常用的石膏板主要有纸面石膏板、纤维石膏板、装饰石膏板和空心石膏板等。另外，还有穿孔石膏板、嵌装式装饰石膏板等，各种新型石膏板材也在不断涌现。

在建筑中应用石膏已有很久的历史。我国石膏资源丰富，分布较广，由于其具有轻质、高强、隔热、耐火、吸声、容易加工等一系列优良性能，因而在建筑材料中占有重要地位。近年来，石膏板、建筑饰面板等石膏制品发展很快，展示十分广阔的应用前景。

2.1.3 水玻璃

1. 水玻璃的组成和生产

水玻璃，又名泡花碱，可溶于水，由碱金属氧化物和二氧化硅结合而成的硅酸盐材料。建筑上常用钠水玻璃（$Na_2O \cdot nSiO_2$）。

水玻璃的主要原料是石英砂、纯碱。将原料磨细，按比例配合，在玻璃熔炉内加热至 1300～1400℃，熔融而生成硅酸钠，冷却后即成固态水玻璃：

$$Na_2CO_3 + nSiO_2 \xrightarrow{1300\sim1400℃} Na_2O \cdot nSiO_2 + CO_2\uparrow$$

固态水玻璃在 0.3～0.8MPa 的蒸压锅内加水加热，溶解为无色、淡黄或青灰色透明或半透明黏稠液体，即成为液态水玻璃。

水玻璃与普通玻璃不同，它能溶解于水中，并能在空气中凝结、硬化。在水中溶解的难易随水玻璃模数 n（二氧化硅与氧化钠摩尔数之比，称为水玻璃模数）的大小而异。n 值大，水玻璃黏度大，较难溶于水，但较易分解、硬化。建筑上常用水玻璃的 n，一般为 2.5～2.8。

水玻璃的浓度，(即水玻璃在其水溶液中的含量）用密度（D）或波美度（°B′e）表示。建筑中常用的液体水玻璃的密度为 1.36～1.50g/cm³，(波美度为 38.4～48.3°B′e)。一般情况下，密度大，表明溶液中水玻璃含量高，其黏度大，水玻璃的模数也大。

2. 水玻璃的硬化

水玻璃在空气中吸收二氧化碳，析出二氧化硅凝胶，凝胶因干燥而逐渐硬化：

$$Na_2O \cdot nSiO_2 + CO_2 + mH_2O \longrightarrow Na_2CO_3 + nSiO_2 \cdot mH_2O$$

上述硬化过程很慢，为加速硬化，可掺入适量的固化剂，如氟硅酸钠(Na_2SiF_6)，以加速二氧化硅凝胶的析出和硬化。氟硅酸钠的适宜掺量为水玻璃质量的 12%～15%。

3. 水玻璃的性质及应用

水玻璃的粘结强度，抗拉和抗压强度较高。耐热性好，耐酸性强，它能经受大多数无机酸与有机酸的作用。

水玻璃在建筑中常用于：

配制耐热砂浆、耐热混凝土；涂刷于混凝土结构表面，可提高混凝土不透水性和抗风化性；可用来加固地基土，提高基础承载力和增强不透水性。

以水玻璃为胶结料，加入氟硅酸钠固化剂和一定级配的耐酸粉料和耐酸粗细骨料配制成的耐酸胶泥、砂浆、混凝土和水磨石可用于耐腐蚀工程。如铺砌耐酸块材、抹耐酸整体面层、浇筑地面整体面层、设备基础、耐酸楼（地）面、墙裙、踏脚板等。

这类水玻璃耐酸材料，在凝固后，应进行酸化处理（酸洗)。即用中浓度的酸，如 40%的硝酸或 15%～25%的盐酸，或 30%～35%的硫酸等涂刷（耐酸水磨石宜用盐酸)。涂刷一般不少于 4 次，每遍间隔不应少于 8h。每次涂刷前，应把表面析出的结晶物清刷干净。酸化处理的目的是使水玻璃在酸的作用下分解出氧化硅凝胶，促进水玻璃耐酸材料的硬化。析出的硅胶堵塞内部孔隙，增大密实度，从而提高了其表面的抗渗、抗稀酸和耐水性能。

除此而外，水玻璃还可用于配制防水剂等。目前市场上低模数硅酸钾新型水玻璃已面市。木材织物浸过水玻璃后，具有防腐性能且不易着火。以水泥、水玻璃、沥青、树脂等作胶结剂，可以制成绝热制品板管。

水玻璃是一种建筑胶凝材料，常用来配制水玻璃胶泥和水玻璃砂浆、水玻璃混凝土，以及单独使用水玻璃为主要原料配制涂料。水玻璃在防酸工程和耐热工程中的应用甚为广泛。

2.2 水硬性胶凝材料

学习目标

硅酸盐水泥的矿物组成；硅酸盐水泥的水化及特性；硅酸盐水泥的性质及应用；通用硅酸盐水泥的性能。

关键概念

矿物组成；水化；硬化。

水硬性胶凝材料的代表物质是水泥。水泥泛指加水拌合成塑性浆体，能胶结砂、石等适当材料并能在空气和水中硬化的粉状水硬性胶凝材料。

水泥是建筑工程中最基本的建筑材料，不仅大量应用于工业与民用建筑，还广泛应用于公路、铁路、水利、海港及国防等工程建设中。

水泥的品种很多，按其性能和用途可分为：通用水泥、专用水泥及特性水泥三大类。通用水泥指一般土木建筑工程通常采用的水泥，即目前常用的硅酸盐水泥、普通硅酸盐水泥、矿渣硅酸盐水泥、火山灰质硅酸盐水泥、粉煤灰硅酸盐水泥及复合硅酸盐水泥；专用水泥指专门用途的水泥，主要有油井水泥、道路水泥、砌筑水泥等；特性水泥指某种性能比较突出的水泥，主要有快硬硅酸盐水泥、膨胀水泥、抗硫酸盐硅酸盐水泥等。按其主要水硬性物质名称可分为硅酸盐水泥、铝酸盐水泥、硫铝酸盐水泥、铁铝酸盐水泥和氟铝酸盐水泥等。

2.2.1 硅酸盐水泥

1. 硅酸盐水泥的定义

我国现行国家标准《通用硅酸盐水泥》GB 175—2007 规定：凡是由硅酸盐水泥熟料，0～5%的石灰石或粒化高炉矿渣、适量的石膏磨细制成的水硬性胶凝材料，称为硅酸盐水泥。

硅酸盐水泥可分为两种类型：

Ⅰ型硅酸盐水泥，是不掺混合材料的水泥，其代号为P·Ⅰ。

Ⅱ型硅酸盐水泥，是在硅酸盐水泥熟料粉磨时掺加不超过水泥质量5%的石灰石或粒化高炉矿渣混合材料的水泥，其代号为P·Ⅱ。

2. 硅酸盐水泥生产工艺简介

生产硅酸盐水泥的关键是有高质量的硅酸盐水泥熟料。目前国内外多以石灰石、黏土为主要原料（有时需加入校正原料），将其按一定比例混合磨细，首先制得具有适当化学成分的生料；然后将生料在水泥窑（回转窑或立窑）中经过 1400～1450℃的高温煅烧至部分熔融，冷却后即得到硅酸盐水泥熟料；最后将适量的石膏和 0～5%的石灰石或粒化高炉矿渣混合磨细制成硅酸盐水泥。因此硅酸盐水泥生产工艺概括起来简称为“两磨一烧”。

该过程如图 2-1 所示。

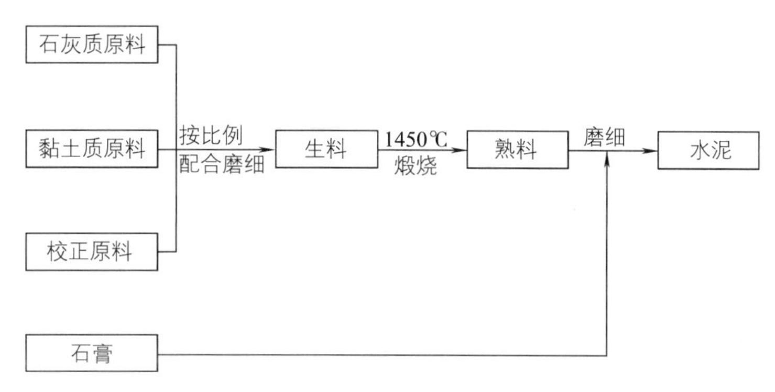

图 2-1　硅酸盐水泥生产过程示意图

3. 硅酸盐水泥熟料的矿物组成

生料在煅烧过程中，首先是石灰石和黏土分别分解成 CaO、SiO_2、Al_2O_3 和 Fe_2O_3，然后在一定的温度范围内相互反应，经过一系列的中间过程后，生成硅酸三钙（$3CaO \cdot SiO_2$）、硅酸二钙（$2CaO \cdot SiO_2$）、铝酸三钙（$3CaO \cdot Al_2O_3$）和铁铝酸四钙（$4CaO \cdot Al_2O_3 \cdot Fe_2O_3$），称为水泥的熟料矿物。

水泥具有许多优良的建筑技术性能，这些性能取决于水泥熟料的矿物成分及其含量，各种矿物单独与水作用时，表现出不同的性能。详见表 2-5。

水泥熟料矿物的组成、含量及特性　　　　**表 2-5**

特　性	硅酸三钙（C_3S）	硅酸二钙（C_2S）	铝酸三钙（C_3A）	铁铝酸四钙（C_4AF）
含量（%）	37～60	15～37	7～15	10～18
水化速度	快	慢	最快	快
水化热	高	低	最高	中
强度	高	早期低，后期高	中	中（对抗折有利）
耐化学侵蚀	差	良	最差	中
干缩性	中	小	大	小

由表 2-5 可知，C_3S 支配水泥的早期强度，而 C_2S 对水泥后期强度影响明显。C_3A 本身强度不高，对硅酸盐水泥的整体强度影响不大，但其凝结硬化快。如果水泥中 C_3A 含量过高，会使水泥形成急凝，来不及施工，而且具有破坏性。由于 C_3A 的

水化热大，易引起干燥收缩，硅酸盐水泥中 C_3A 含量不能过高。C_4AF 的强度和硬化速度一般，其主要特性是干缩小，耐磨性强，抗折性能较好，并有一定的耐化学腐蚀性。在水泥熟料煅烧时，C_4AF 和 C_3A 的形成能降低烧成温度，有利于熟料的煅烧，在硅酸盐水泥中是不可缺少的矿物成分。因此，改变熟料矿物的相对含量，水泥的性质即发生相应的变化。如提高 C_3S 的含量，可制得早强硅酸盐水泥；提高 C_2S 和 C_4AF 的含量，降低 C_3A 和 C_3S 的含量，可制得水化热低的水泥，如大坝水泥；由于 C_3A 能与硫酸盐发生化学作用，产生结晶，体积膨胀，易产生裂缝破坏，因此在抗硫酸盐水泥中，C_3A 含量应小于 5%。

4. 硅酸盐水泥的凝结与硬化

水泥用适量的水调和后，最初形成具有可塑性的浆体，由于水泥的水化作用，随着时间的增长，水泥浆逐渐变稠失去流动性和可塑性（但尚无强度），这一过程称为凝结；随后产生强度逐渐发展成为坚硬的水泥石的过程称之为硬化。水泥的凝结和硬化是人为划分的两个阶段，实际上是一个连续而复杂的物理化学变化过程，这些变化决定了水泥石的某些性质，对水泥的应用有着重要意义。

(1) 硅酸盐水泥的水化作用

水泥加水后，水泥颗粒被水包围，其熟料矿物颗粒表面立即与水发生化学反应，生成了一系列新的化合物，并放出一定的热量。其反应如下：

$$2(3CaO \cdot SiO_2)+6H_2O = 3CaO \cdot 2SiO_2 \cdot 3H_2O+3Ca(OH)_2$$

硅酸三钙　　　　　　水化硅酸钙　　　　　氢氧化钙

$$2(2CaO \cdot SiO_2)+4H_2O = 3CaO \cdot 2SiO_2 \cdot 3H_2O+Ca(OH)_2$$

硅酸二钙　　　　　　水化硅酸钙　　　　　氢氧化钙

$$3CaO \cdot Al_2O_3+6H_2O = 3CaO \cdot Al_2O_3 \cdot 6H_2O$$

铝酸三钙　　　　　　水化铝酸钙

$$4CaO \cdot Al_2O_3 \cdot Fe_2O_3+7H_2O = 3CaO \cdot Al_2O_3 \cdot 6H_2O+CaO \cdot Fe_2O_3 \cdot H_2O$$

铁铝酸四钙　　　　　　水化铝酸钙　　　　　水化铁酸钙

为了调节水泥的凝结时间，在熟料磨细时应掺加适量（3%左右）石膏，这些石膏与部分水化铝酸钙反应，生成难溶的水化硫铝酸钙，呈针状晶体并伴有明显的体积膨胀。

$$3CaO \cdot Al_2O_3 \cdot 6H_2O+3(CaSO_2 \cdot 2H_2O)+19H_2O = 3CaO \cdot Al_2O_3 \cdot 3CaSO_4 \cdot 31H_2O$$

水化铝酸钙　　　　　　石膏　　　　　　水化硫铝酸钙

综上所述，硅酸盐水泥与水作用后，生成的主要水化产物有水化硅酸钙、水化铁酸钙凝胶体；氢氧化钙、水化铝酸钙和水化硫铝酸钙晶体。在完全水化的水泥石中，水化硅酸钙约占 50%，氢氧化钙约占 25%。

(2) 硅酸盐水泥的凝结和硬化

硅酸盐水泥的凝结硬化过程非常复杂，人类对其研究的历史已有 100 年之久。随着现代测试技术的发展，对水泥凝结硬化过程的认识逐渐深入，当前常把硅酸盐水泥凝结硬化划分为以下几个阶段，如图 2-2 所示。

当水泥加水拌合后，在水泥颗粒表面立即发生水化反应，生成的胶体状水化产物聚集在颗粒表面，使化学反应减慢，未水化的水泥颗粒分散在水中，成为水泥浆体。此时水泥浆体具有良好的可塑性，如图 2-2（*a*）所示。随着水化反应继续进行，新生成的水化物逐渐增多，自由水分不断减少，水泥浆体逐渐变稠，包有凝胶层的水泥颗粒凝结成多孔的空间网络结构。由于此时水化物尚不多，包有水化物膜层的水泥颗粒相互间引力较小，颗粒之间尚可分离，如图 2-2（*b*）所示。水泥颗粒不断水化，水化产物不断生成，水化凝胶体含量不断增加，生成的胶体状水化产物不断增多并在某些点接触，构成疏松的网状结构，使浆体失去流动性及可塑性，水泥逐渐凝结，如图 2-2（*c*）所示。此后由于生成的水化硅酸钙凝胶、氢氧化钙和水化硫铝酸钙晶体等水化产物不断增多，它们相互接触连生，到一定程度，建立起较紧密的网状结晶结构，并在网状结构内部不断充实水化产物，使水泥具有初步的强度。随着硬化时间（龄期）的延续，水泥颗粒内部未水化部分将继续水化，使晶体逐渐增多，凝胶体逐渐密实，水泥石就具有愈来愈高的胶结力和强度，最后形成具有较高强度的水泥石，水泥进入硬化阶段，如图 2-2（*d*）所示。这就是水泥的凝结硬化过程。

硬化后的水泥石是由晶体、胶体、未水化完的水泥熟料颗粒、游离水分和大小不等的孔隙组成的不均质结构体，如图 2-2（*d*）所示。

由上述过程可知，水泥的凝结硬化是从水泥颗粒表面逐渐深入到内层的，在最初的几天（1～3d）水分渗入速度快，所以强度增加越快，大致 28d 可完成这个过程基本部分。随后，水分渗入越来越难，所以水化作用就越来越慢。另外强度的增长还与温度、湿度有关。温、湿度越高，水化速度越快，则凝结硬化快；反之则慢。若水泥石处于完全干燥的情况下，水化就无法进行，硬化停止，强度不再增长。所以，混凝土构件浇筑后应加强洒水养护；当温度低于 0℃时，水化基本停止。因此冬期施工时，需要采取保温措施，保证水泥凝结硬化的正常进行。实践证明，若温度和湿度适宜，未水化的水泥颗粒仍将继续水化，水泥石的强度在几年甚至几十年后仍缓慢增长。

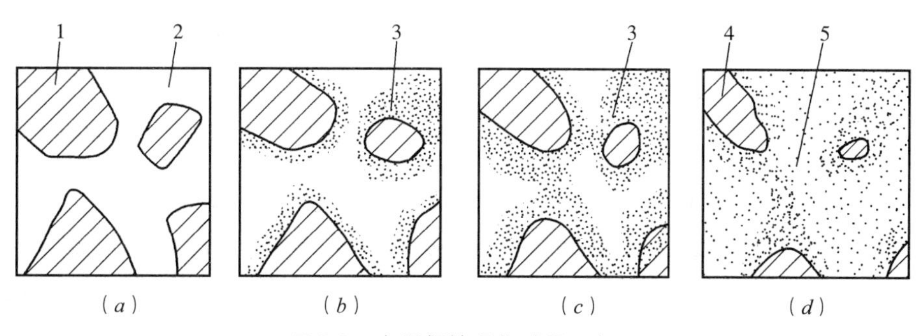

图 2-2 水泥凝结硬化过程示意图

（*a*）分散在水中未水化的水泥颗粒；（*b*）在水泥颗粒表面形成水化物膜层；
（*c*）膜层长大并互相连接（凝结）；（*d*）水化物进一步发展，填充毛细孔（硬化）
1—水泥颗粒；2—水分；3—凝胶；4—水泥颗粒的未水化内核；5—毛细孔

(3) 影响硅酸盐水泥凝结硬化的主要因素

1) 水泥矿物组成和水泥细度的影响

水泥的矿物组成及各组分的比例是影响水泥凝结硬化的最主要因素。不同矿物成分单独和水起反应时所表现出来的特点是不同的，其强度发展规律也必然不同。如在水泥中提高 C_3A 的含量，将使水泥的凝结硬化加快，同时水化热也大。一般来讲，若在水泥熟料中掺加混合材料，将使水泥的抗侵蚀性提高，水化热降低，早期强度降低。

水泥颗粒的粗细直接影响水泥的水化、凝结硬化、强度及水化热等。这是因为水泥颗粒越细，总表面积越大，与水的接触面积也大，因此水化迅速，凝结硬化也相应增快，早期强度也高。但水泥颗粒过细，易与空气中的水分及二氧化碳反应，致使水泥不宜久存，过细的水泥硬化时产生的收缩亦较大，水泥磨得越细，耗能越多，成本越高。通常，水泥颗粒的粒径在 7～200μm 范围内。

2) 石膏掺量的影响

石膏称为水泥的缓凝剂，主要用于调节水泥的凝结时间，是水泥中不可缺少的组分。

水泥熟料在不加入石膏的情况下与水拌合会立即产生凝结，同时放出热量。其主要原因是由于熟料中的 C_3A 的水化活性比水泥中其他矿物成分的活性高，很快溶于水中，在溶液中电离出三价铝离子 (Al^{3+})，在胶体体系中，当存在高价电荷时，可以促进胶体的凝结作用，使水泥不能正常使用。石膏起缓凝作用的机理是：水泥水化时，石膏很快与 C_3A 作用产生很难溶于水的水化硫铝酸钙 (钙矾石)，它沉淀在水泥颗粒表面，形成保护膜，从而阻碍了 C_3A 过快的水化反应，并延缓了水泥的凝结时间。

石膏的掺量太少，缓凝效果不显著；过多地掺入石膏，其本身会生成一种促凝物质，反而使水泥快凝。适宜的石膏掺量主要取决于水泥中 C_3A 的含量和石膏中 SO_3 的含量，同时也与水泥细度及熟料中 SO_3 的含量有关。石膏掺量一般为水泥重量的 3%～5%。若水泥中石膏掺量超过规定的限量时，还会引起水泥强度降低，严重时会引起水泥体积安定性不良，使水泥石产生膨胀性破坏。所以国家标准规定硅酸盐水泥中 SO_3 不得超过 3.5%。

3) 水灰比的影响

水泥水灰比的大小直接影响新拌水泥浆体内毛细孔的数量，拌和水泥时，用水量过大，新拌水泥浆体内毛细孔的数量就要增大。由于生成的水化物不能填充大多数毛细孔，从而使水泥总的孔隙率不能减少，必然使水泥的密实程度不大，强度降低。在不影响拌和、施工的条件下，水灰比小，则水泥浆稠，水泥石的整体结构内毛细孔减少，胶体网状结构易于形成，促使水泥的凝结硬化速度快，强度显著提高。

4) 养护条件 (温度、湿度) 的影响

养护环境有足够的温度和湿度，有利于水泥的水化和凝结硬化过程，有利于水泥的早期强度发展。如果环境十分干燥时，水泥中的水分蒸发，导致水泥不能充分水化，同时硬化也将停止，严重时会使水泥石产生裂缝。

通常，养护时温度升高，水泥的水化加快，早期强度发展也快。若在较低的温度下硬化，虽强度发展较慢，但最终强度不受影响。当温度低于 5℃时，水泥的凝结硬化速度大大减慢；当温度低于 0℃时，水泥的水化将基本停止，强度不但不增长，甚至会因水结冰而导致水泥石结构破坏。实际工程中，常通过蒸汽养护、压蒸养护来加快水泥制品的凝结硬化过程。

5）养护龄期的影响

水泥的水化硬化是一个较长时期内不断进行的过程，随着水泥颗粒内各熟料矿物水化程度的提高，凝胶体不断增加，毛细孔不断减少，使水泥石的强度随龄期增长而增加。实践证明，水泥一般在 28d 内强度发展较快，28d 后增长缓慢。

此外，水泥中外加剂的应用，水泥的贮存条件等，对水泥的凝结硬化以及强度，都有一定的影响。

5. 硅酸盐水泥的技术标准

(1) 细度

细度是指水泥颗粒的粗细程度。细度对水泥性质影响很大。一般情况下，水泥颗粒越细，总表面积越大，与水接触的面积越大，则水化速度越快，凝结硬化越快，水化产物越多，早期强度也越高，在水泥生产过程中消耗的能量越多，机械损耗也越大，生产成本增加，且水泥在空气中硬化时收缩也增大，易产生裂缝，所以细度应适宜。国家标准规定：硅酸盐水泥的细度采用比表面积测定仪检验，其比表面积应大于 $300m^2/kg$。

(2) 凝结时间

水泥从加水开始到失去流动性，即从可塑状态发展到固体状态所需的时间叫凝结时间。用水量的多少，即水泥浆的稀稠对水泥浆体的凝结时间影响很大，因此国家标准规定水泥的凝结时间必须采用标准稠度的水泥净浆，在标准温度、湿度的条件下用水泥凝结时间测定仪测定。水泥凝结时间分初凝时间和终凝时间。

初凝时间是从水泥加水拌合起至水泥浆开始失去可塑性所需的时间；从加水拌合起至水泥浆完全失去塑性的时间为水泥的终凝时间。水泥的凝结时间，对施工有重大意义。如凝结过快，混凝土会很快失去流动性，以致无法浇筑，所以初凝不宜过快，以便有足够的时间完成混凝土的搅拌、运输、浇筑和振捣等工序的施工操作；但终凝亦不宜过迟，以便混凝土在浇捣完毕后，尽早完成凝结并开始硬化，具有一定强度，以利下一步施工的进行，并可尽快拆去模板，提高模板周转率。水泥的凝结时间与水泥矿物成分和细度有关。国家标准规定：初凝不早于 45min，终凝不迟于 390min。

需要注意的是水泥在使用中，有时会发生不正常的快凝现象，即假凝或瞬凝：

假凝：是指水泥与水调和几分钟后就发生凝固，并没有明显放热现象。出现假凝后无需加水，而将已凝固的水泥浆继续搅拌，便可恢复塑性，对强度无明显影响。

瞬凝：又称急凝，是水泥加水调和后立即出现的快凝现象。浆体很快凝结成为一种很粗糙且和易性差的拌合物，并在大量放热的情况下很快凝结，使施工不能进行。

发生瞬凝的水泥用于混凝土和砂浆中会严重降低其强度。

（3）标准稠度用水量

使水泥净浆达到一定的可塑性时所需的水量，称为水泥的用水量。不同水泥在达到一定稠度时，需要的水量不一定相同。水泥加水量的多少，直接影响水泥的各种性质。为了测定水泥的凝结时间、体积安定性等性能，使其具有可比性，必须在一定的稠度下进行，这个规定的稠度，称为标准稠度。水泥净浆达到标准稠度时所需的拌合水量，称为水泥净浆标准稠度用水量。一般以占水泥质量的百分数表示。常用水泥净浆标准稠度用水量为22%～32%。水泥熟料矿物成分、细度、混合材料的种类和掺量不同时，其标准稠度用水量亦有差别。

国家标准《水泥标准稠度用水量、凝结时间、安定性检验方法》GB/T 1346—2001规定，水泥标准稠度用水量可采用“标准法”或“代用法”进行测定。

（4）体积安定性

水泥的体积安定性是指水泥浆体硬化过程中体积变化的稳定性。不同水泥在凝结硬化过程中，几乎都产生不同程度的体积变化。水泥石均匀轻微的体积变化，一般不致影响混凝土的质量，但如果水泥在硬化以后产生不均匀的体积变化，即体积安定性不良，使构件产生膨胀性裂缝，就会危及建筑物的安全。

水泥的安定性不良，是由于其某些成分缓慢水化，产生膨胀的缘故。在熟料的矿物组成中，游离的CaO和MgO含量过多是导致安定性不良的主要原因，此外，所掺的石膏超量，也是一个不容忽视的因素。熟料中所含过烧的游离氧化钙（f-CaO）和氧化镁水化很慢，往往在水泥硬化后才开始水化，这些氧化物在水化时体积剧烈膨胀，使水泥石开裂。当石膏掺入过多时，在水泥硬化后，多余的石膏与水化铝酸钙反应生成含水硫铝酸钙（$3CaO \cdot Al_2O_3 \cdot 3CaSO_4 \cdot 31H_2O$），使体积膨胀，也会引起水泥石开裂。国家标准规定：水泥体积安定性用沸煮法检验（f-CaO），必须合格。

体积安定性不良的水泥应作废品处理，严禁用于工程中。

（5）强度及强度等级

水泥的强度是评定水泥质量的重要指标，是划分强度等级的依据。

《水泥胶砂强度检验标准方法》GB/T 17671—1999规定：水泥、标准砂及水按1∶3∶0.5的比例混合，按规定的方法制成40mm×40mm×160mm的试件，在标准条件下（温度（20±1)℃，相对湿度在90%以上）进行养护，分别测其3天、28天的抗压强度和抗折强度，以确定水泥的强度等级。

根据3d、28d抗折强度和抗压强度划分硅酸盐水泥强度等级，并按照3d强度的大小分为普通型和早强型（用R表示）。

硅酸盐水泥分为：42.5、42.5R、52.5、52.5R、62.5、62.5R六个强度等级。各强度等级水泥的各龄期强度值不得低于国家标准《通用硅酸盐水泥》GB 175—2007规定（见表2-6），如有一项指标低于表中数值，则应降低强度等级。直至四个数值都满足表中规定为止。

硅酸盐水泥的强度指标 **表 2-6**

强度等级	抗压强度（MPa）		抗折强度（MPa）	
	3d	28d	3d	28d
42.5	17.0	42.5	3.5	6.5
42.5R	22.0	42.5	4.0	6.5
52.5	23.0	52.5	4.0	7.0
52.5R	27.0	52.5	5.0	7.0
62.5	28.0	62.5	5.0	8.0
62.5R	32.0	62.5	5.5	8.0

除上述技术要求外，国家标准还对硅酸盐水泥的不溶物、烧失量等化学指标做了明确规定。

6. 硅酸盐水泥石的腐蚀与防止

(1) 水泥石的腐蚀

硅酸盐水泥配制成各种混凝土用于不同的工程结构，在正常使用条件下，水泥石强度会不断增长，具有较好的耐久性。但在某些侵蚀介质（软水、含酸或盐的水等）作用下，会引起水泥石强度降低，甚至造成建筑物结构破坏，这种现象称为水泥石的腐蚀。引起水泥石腐蚀的主要原因有：

1) 软水腐蚀（溶出性侵蚀）

雨水、雪水、蒸馏水、工业冷凝水及含重碳酸盐很少的河水及湖水都属于软水。硅酸盐水泥属于典型的水硬性胶凝材料，对于一般的江、河、湖水等具有足够的抵抗能力。但是当水泥石长期受到软水浸泡时，水泥的水化产物就将按照溶解度的大小，依次逐渐被水溶解，产生溶出性侵蚀，最终导致水泥石破坏。

在硅酸盐水泥的各自水化物中，$Ca(OH)_2$ 的溶解度最大，最先被溶出（每升水中能溶解 $Ca(OH)_2$1.3g 以上）。在静水及无压力水作用下，由于周围的水易被溶出的 $Ca(OH)_2$ 所饱和而使溶解作用停止，溶出仅限于表面，所以影响不大。但是，若水泥石在流动的水中特别是有压力的水中，溶出的 $Ca(OH)_2$ 不断被冲走，而且，由于石灰浓度的继续降低，还会引起其他水化物的分解溶解，侵蚀作用不断深入内部，使水泥空隙增大，强度下降，使水泥石结构遭受进一步破坏，以致全部溃裂。

实际工程中，将与软水接触的水泥构件事先在空气中硬化，形成碳酸钙外壳，可对溶出性侵蚀作用起到防止作用。

2) 酸性腐蚀

当水中溶有无机酸或有机酸时，水泥石就会受到溶析和化学溶解的双重作用。酸类离解出来的 H^+ 离子和酸根 R^- 离子，分别与水泥石中 $Ca(OH)_2$ 的 OH^- 和 Ca^{2+} 结合成水和钙盐。各类酸中对水泥石腐蚀作用最快的是无机酸中的盐酸、氢氟酸、硝酸、硫酸和有机酸中的醋酸、蚁酸和乳酸。

例如，盐酸与水泥石中的 $Ca(OH)_2$ 作用：

$$2HCl+Ca(OH)_2 = CaCl_2+2H_2O$$

生成的氯化钙易溶于水，其破坏方式为溶解性化学腐蚀。

硫酸与水泥石中的氢氧化钙作用：

$$H_2SO_4+Ca(OH)_2 = CaSO_4 \cdot 2H_2O$$

生成的二水石膏或者直接在水泥石孔隙中结晶产生膨胀，或者再与水泥石中的水化铝酸钙作用，生成高硫型水化硫铝酸钙，其破坏性更大。

在工业污水、地下水中常溶解有较多的 CO_2。水中的 CO_2 与水泥石中的 $Ca(OH)_2$ 反应生成不溶于水的 $CaCO_3$，如 $CaCO_3$ 继续与含碳酸的水作用，则变成易溶解于水的 $Ca(HCO_3)_2$，由于 $Ca(OH)_2$ 的溶解以及水泥石中其他产物的分解而使水泥石结构破坏。其化学反应如下：

$$Ca(OH)_2+CO_2+H_2O = CaCO_3+2H_2O$$

$$CaCO_3+CO_2+H_2O = Ca(HCO_3)_2$$

3）盐类腐蚀

A. 硫酸盐的腐蚀

绝大部分硫酸盐都有明显的侵蚀性，当环境水中含有钠、钾、铵等硫酸盐时，它们能与水泥石中的 $Ca(OH)_2$ 起置换作用，生成硫酸钙 $CaSO_4 \cdot 2H_2O$，并能结晶析出。且硫酸钙与水泥石中固态的水化铝酸钙作用，生成高硫型水化硫铝酸钙（即钙矾石），其反应式如下：

$$3CaO \cdot Al_2O_3 \cdot 6H_2O+3(CaSO_4 \cdot 2H_2O)+19H_2O = 3CaO \cdot Al_2O_3 \cdot 3CaSO_4 \cdot 31H_2O$$

高硫型水化硫铝酸钙呈针状晶体，比原体积增加 1.5 倍以上，俗称“水泥杆菌”，对水泥石起极大的破坏作用。

当水中硫酸盐浓度较高时，硫酸钙将在孔隙中直接结晶成二水石膏，使体积膨胀，导致水泥石破坏。

综上所述，硫酸盐的腐蚀实质上是膨胀性化学腐蚀。

B. 镁盐的腐蚀

当环境水是海水及地下水时，常含有大量的镁盐，如硫酸镁和氯化镁等。它们与水泥石中的 $Ca(OH)_2$ 起如下反应：

$$MgSO_4+Ca(OH)_2+2H_2O = CaSO_4 \cdot 2H_2O+Mg(OH)_2$$

$$MgCl_2+Ca(OH)_2 = CaCl_2+Mg(OH)_2$$

上式反应生成的 Mg $(OH)_2$ 松软而无胶凝能力，$CaCl_2$ 易溶于水，$CaSO_4 \cdot 2H_2O$ 则引起硫酸盐的破坏作用。因此，硫酸镁对水泥石起着镁盐和硫酸盐双重腐蚀作用。

4）强碱腐蚀

碱类溶液如浓度不大时一般是无害的。但铝酸盐含量较高的硅酸盐水泥遇到强碱作用后也会被破坏。如 NaOH 可与水泥石中未水化的铝酸盐作用，生成易溶的铝酸钠：

$$3CaO \cdot Al_2O_3+6NaOH = 3Na_2O \cdot Al_2O_3+3Ca(OH)_2$$

当水泥石被 NaOH 液浸透后又在空气中干燥，会与空气中的 CO_2 作用生成

Na_2CO_3：

$$2NaOH + CO_2 = Na_2CO_3 + H_2O$$

碳酸钠在水泥石毛细孔中结晶沉积，而使水泥石胀裂。

除上述各种腐蚀类型外，还有一些如糖类、动物脂肪等，亦会对水泥石产生腐蚀。

实际上水泥石的腐蚀是一个极为复杂的物理化学作用过程，在它遭受的腐蚀环境中，很少是一种侵蚀作用，往往是几种同时存在，互相影响。产生水泥石腐蚀的根本原因是：

A. 水泥石中存在易被腐蚀的氢氧化钙和水化铝酸钙。

B. 水泥石本身不密实，存在很多毛细孔通道，使侵蚀性介质易于进入其内部。

C. 水泥石外部存在着侵蚀性介质。

硅酸盐水泥熟料硅酸三钙含量高，水化产物中氢氧化钙和水化铝酸钙的含量多，所以抗侵蚀性差，不宜在有腐蚀性介质的环境中使用。

(2) 防止水泥石腐蚀的方法

1）根据侵蚀环境特点，合理选用水泥品种，改变水泥熟料的矿物组成或掺入活性混合材料。例如选用水化产物中氢氧化钙含量较少的水泥，可提高对软水等侵蚀作用的抵抗能力；为抵抗硫酸盐的腐蚀，采用铝酸三钙含量低于5%的抗硫酸盐水泥。

2）提高水泥石的密实度。为了提高水泥石的密实度，应严格控制硅酸盐水泥的拌和用水量，合理设计混凝土的配合比，降低水灰比，认真选取骨料，选择最优施工方法。此外，在混凝土和砂浆表面进行碳化或氟硅酸处理，生成难溶的碳酸钙外壳，或氟化钙及硅胶薄膜，提高表面密实度，也可减少侵蚀性介质渗入内部。

3）加作保护层。当腐蚀作用较大时，可在混凝土或砂浆表面敷设耐腐蚀性强且不透水的保护层。例如用耐腐蚀的石料、陶瓷、塑料、防水材料等覆盖于水泥石的表面，形成不透水的保护层，以防止腐蚀介质与水泥石直接接触。

2.2.2　掺混合材料的硅酸盐水泥

凡在硅酸盐水泥熟料中，掺入一定量的混合材料和适量石膏共同磨细制成的水硬性胶凝材料均属于掺混合材料的硅酸盐水泥。在硅酸盐水泥熟料中掺加一定量的混合材料，能改善水泥的性能，增加水泥品种，提高产量，调节水泥的强度等级，扩大水泥的使用范围。掺混合材料的硅酸盐水泥有：普通硅酸盐水泥、矿渣硅酸盐水泥、火山灰质硅酸盐水泥、粉煤灰硅酸盐水泥及复合硅酸盐水泥。

1. 混合材料

用于水泥中的混合材料分为活性混合材料和非活性混合材料两大类。

(1) 活性混合材料

磨成细粉掺入水泥后，能与水泥水化产物的矿物成分起化学反应，生成水硬性胶凝材料，凝结硬化后具有强度并能改善硅酸盐水泥的某些性质，称为活性混合材料。常用活性混合材料有：粒化高炉矿渣、火山灰质混合材料和粉煤灰。

1）粒化高炉矿渣

粒化高炉矿渣是将炼铁高炉的熔融矿渣经急速冷却而成的质地疏松、多孔的颗粒状材料。粒化高炉矿渣中的活性成分，主要是活性 Al_2O_3 和 SiO_2，即使在常温下也可与 $Ca(OH)_2$ 起化学反应并产生强度。在含 CaO 较高的碱性矿渣中，因其中还含有 $2CaO \cdot SiO_2$ 等成分，故本身具有弱的水硬性。

2）火山灰质混合材料

这类材料是具有火山灰活性的天然的或人工的矿物质材料，火山灰、凝灰岩、硅藻石、烧黏土、煤渣、煤矸石渣等都属于火山灰质混合材料。这些材料都含有活性的 Al_2O_3 和 SiO_2，经磨细后，在 $Ca(OH)_2$ 的碱性作用下，可在空气中硬化，尔后在水中继续硬化增加强度。

3）粉煤灰

是发电厂锅炉用煤粉做燃料，从其烟气中排出的细颗粒废渣，称为粉煤灰。粉煤灰中含有较多的活性 Al_2O_3、SiO_2，与 $Ca(OH)_2$ 化合能力较强，具有较高的活性。

(2) 非活性混合材料

经磨细后加入水泥中，不具有活性或活性很微弱的矿质材料，称为非活性混合材料。它们掺入水泥中仅起提高产量、调节水泥强度等级，节约水泥熟料的作用，这类材料有：磨细石英砂、石灰石、黏土、慢冷矿渣及各种废渣。

上述的活性混合材料都含有大量活性的 Al_2O_3 和 SiO_2，它们在 $Ca(OH)_2$ 溶液中，会发生水化反应，在饱和的 $Ca(OH)_2$ 溶液中水化反应更快，生成水化硅酸钙和水化铝酸钙：

$$xCa(OH)_2 + SiO_2 + mH_2O = xCaO \cdot SiO_2 \cdot nH_2O$$

$$yCa(OH)_2 + Al_2O_3 + mH_2O = yCaO \cdot Al_2O_3 \cdot nH_2O$$

当液相中有 $CaSO_4 \cdot 2H_2O$ 存在时，将与 $CaO \cdot Al_2O_3 \cdot nH_2O$ 反应生成水化硫铝酸钙。水泥熟料的水化产物 $Ca(OH)_2$，以及水泥中石膏具备了使活性混合材料发挥活性的条件。即 $Ca(OH)_2$ 和 $CaSO_4 \cdot 2H_2O$ 起着激发水化、促进水泥硬化的作用，故称为激发剂。常用的激发剂有碱性激发剂和硫酸盐激发剂两类。硫酸盐激发剂的激发作用必须在有碱性激发剂的条件下，才能充分发挥。

2. 普通硅酸盐水泥

凡由硅酸盐水泥熟料、6%～20%混合材料、适量石膏磨细制成的水硬性胶凝材料，称为普通硅酸盐水泥（简称普通水泥），代号 P·O。

掺活性混合材料时，最大掺量不得超过 20%，其中允许用不超过水泥质量 5%的窑灰或不超过水泥质量 8%的非活性混合材料来代替。掺非活性混合材料，最大掺量不得超过水泥质量的 8%。

由于普通水泥混合料掺量很小，因此其性能与同等级的硅酸盐水泥相近。但由于掺入了少量的混合材料，与硅酸盐水泥相比，普通水泥硬化速度稍慢，其 3d、28d 的抗压强度稍低，这种水泥被广泛应用于各种强度等级的混凝土或钢筋混凝土工程，是我国水泥的主要品种之一。

普通水泥按照国家标准《通用硅酸盐水泥》GB 175—2007 规定，其强度等级分为：42.5、42.5R、52.5、52.5R 四个强度等级，各强度等级水泥的各龄期强度不得低于表 2-7 中的数值，其他技术性能的要求见表 2-8。

普通硅酸盐水泥各龄期的强度要求（GB 175—2007）　　表 2-7

强度等级	抗压强度（MPa）		抗折强度（MPa）	
	3d	28d	3d	28d
42.5	17.0	42.5	3.5	6.5
42.5R	22.0	42.5	4.0	6.5
52.5	23.0	52.5	4.0	7.0
52.5R	27.0	52.5	5.0	7.0

注：R—早强型。

普通硅酸盐水泥的技术指标（GB 175—2007）　　表 2-8

项目	细度比表面积（m^2/kg）	凝结时间		安定性（沸煮法）	抗压强度（MPa）	水泥中 MgO（%）	水泥中 SO_3（%）	烧失量（%）	水泥中碱含量（%）
		初凝（min）	终凝（h）						
指标	>300	≥45	≤10	必须合格	见表 2—7	≤5.0	≤3.5	≤5.0	0.60
试验方法	GB/T 8074—2008	GB/T 1346—2011			GB/T 17671—1999	GB/T 176—2008			

3. 矿渣硅酸盐水泥、火山灰质硅酸盐水泥和粉煤灰硅酸盐水泥

（1）定义

1）矿渣硅酸盐水泥

凡由硅酸盐水泥熟料和粒化高炉矿渣、适量石膏磨细制成的水硬性胶凝材料称为矿渣硅酸盐水泥（简称矿渣水泥），代号 P·S（A 或 B）。水泥中粒化高炉矿渣掺量按质量百分比计为 21%～50%者，代号为 P·S·A；水泥中粒化高炉矿渣掺量按质量百分比计为 51%～70%者，代号为 P·S·B。允许用石灰石、窑灰、粉煤灰和火山灰质混合材料中的一种材料代替矿渣，代替数量不得超过水泥质量的 8%。

矿渣硅酸盐水泥的水化分两步进行，首先是熟料矿物的水化，生成水化硅酸钙、水化铝酸钙、水化铁酸钙、氢氧化钙、水化硫铝酸钙等水化物，其次是 $Ca(OH)_2$ 起着碱性激发剂的作用，与矿渣中的活性 Al_2O_3 和活性 SiO_2 作用生成水化硅酸钙、水化铝酸钙等水化物，两种反应交替进行又相互制约。矿渣中的 C_2S 也和熟料中的 C_2S 一样参与水化作用，生成水化硅酸钙。

矿渣硅酸盐水泥中的石膏，一方面可以调节水泥的凝结时间；另一方面又是矿渣的激发剂，与水化铝酸钙起反应，生成水化硫铝酸钙。故矿渣硅酸盐水泥中的石膏掺量可以比硅酸盐水泥的多一些，但若掺量过多，会降低水泥的质量，故 SO_3 的含量不

得超过 4%。

2）火山灰质硅酸盐水泥

凡由硅酸盐水泥熟料和火山灰质混合材料、适量石膏磨细制成的水硬性胶凝材料称为火山灰质硅酸盐水泥（简称火山灰水泥），代号 P·P。水泥中火山灰质混合材料掺量按质量百分比计为 21%～40%。

火山灰质硅酸盐水泥的水化、硬化过程及水化产物与矿渣硅酸盐水泥相类似。水泥加水后，先是熟料矿物的水化，生成水化硅酸钙、水化铝酸钙、水化铁酸钙、氢氧化钙、水化硫铝酸钙等水化物，其次是 $Ca(OH)_2$ 起着碱性激发剂的作用，再与火山灰质混合材料中的活性 Al_2O_3 和活性 SiO_2 作用生成水化硅酸钙、水化铝酸钙等水化物。火山灰质混合材料品种多，组成与结构差异较大，虽然各种火山灰水泥的水化、硬化过程基本相同，但水化速度和水化产物等却随着混合材料、硬化环境和水泥熟料的不同而发生变化。

3）粉煤灰硅酸盐水泥

凡由硅酸盐水泥熟料和粉煤灰、适量石膏磨细制成的水硬性胶凝材料称为粉煤灰硅酸盐水泥（简称粉煤灰水泥），代号 P·F。水泥中粉煤灰掺量按质量百分比计为 21%～40%。

粉煤灰硅酸盐水泥的水化、硬化过程与矿渣硅酸盐水泥相似，但也有不同之处。粉煤灰的活性组成主要是玻璃体，这种玻璃体比较稳定而且结构致密，不易水化。在水泥熟料水化产物 $Ca(OH)_2$ 的激发下，经过 28 天到 3 个月的水化龄期，才能在玻璃体表面形成水化硅酸钙和水化铝酸钙。

(2) 强度等级与技术要求

矿渣硅酸盐水泥、火山灰硅酸盐水泥、粉煤灰硅酸盐水泥按照我国现行标准《通用硅酸盐水泥》GB 175—2007 规定，其强度等级分为：32.5、32.5R、42.5、42.5R、52.5、52.5R 六个强度等级，各强度等级水泥的各龄期强度不得低于表 2-9 中的数值，其他技术性能的要求见表 2-10。

矿渣水泥、火山灰水泥、粉煤灰水泥各龄期的强度要求（GB 175—2007）　　表 2-9

强度等级	抗压强度（MPa）		抗折强度（MPa）	
	3d	28d	3d	28d
32.5	10.0	32.5	2.5	5.5
32.5R	15.0	32.5	3.5	5.5
42.5	15.0	42.5	3.5	6.5
42.5R	19.0	42.5	4.0	6.5
52.5	21.0	52.5	4.0	7.0
52.5R	23.0	52.5	4.5	7.0

注：R—早强型。

矿渣水泥、火山灰水泥、粉煤灰水泥技术指标（GB 175—2007）　　表 2-10

项目	细度（80μm方孔筛）的筛余量（%）	凝结时间		安定性（沸煮法）	抗压强度（MPa）	水泥中MgO（%）	水泥中 SO_3（%）		碱含量按 Na_2O+$0.658K_2O$ 计（%）
		初凝（min）	终凝（h）				矿渣水泥	火山灰、粉煤灰水泥	
指标	≤10%	≥45	≤10	必须合格	见表 2-9	≤6.0①	≤4.0	≤3.5	供需双方商定②
试验方法	GB/T 1345—2005	GB/T 1346—2011			GB/T 17671—1999	GB/T 176—2008			

注：① 如果水泥中氧化镁的含量（质量分数）大于6.0%时，需进行水泥压蒸安定性试验并合格。
② 若使用活性骨料需要限制水泥中碱含量时，由供需双方商定。

(3) 矿渣水泥、火山灰水泥、粉煤灰水泥特性与应用

1）三种水泥的共性

三种水泥均掺有较多的混合材料，所以这些水泥有以下共性：

A. 凝结硬化慢，早期强度低，后期强度增长较快

三种水泥的水化过程较硅酸盐水泥复杂。首先是水泥熟料矿物与水反应，所生成的氢氧化钙和掺入水泥中的石膏分别作为混合材料的碱性激发剂和硫酸盐激发剂；其次是与混合材料中的活性氧化硅、氧化铝进行二次化学反应。由于三种水泥中熟料矿物含量减少，而且水化分两步进行，所以凝结硬化速度减慢，不宜用于早期强度要求较高的工程。

B. 水化热较低

由于水泥中熟料的减少，使水泥水化时发热量高的 C_3S 和 C_3A 含量相对减少，故水化热较低，可优先使用于大体积混凝土工程，不宜用于冬季施工。

C. 耐腐蚀能力好，抗碳化能力较差

这类水泥水化产物中 $Ca(OH)_2$ 含量少，碱度低，故抗碳化能力较差，对防止钢筋锈蚀不利，不宜用于重要的钢筋混凝土结构和预应力混凝土。但抗溶出性侵蚀、抗盐酸类侵蚀及抗硫酸盐侵蚀的能力较强，宜用于有耐腐蚀要求的混凝土工程。

D. 对温度敏感，蒸汽养护效果好

这三种水泥在低温条件下水化速度明显减慢，在蒸汽养护的高温高湿环境中，活性混合材料参与二次水化反应，强度增长比硅酸盐水泥快。

E. 抗冻性、耐磨性差

与硅酸盐水泥相比较，由于加入较多的混合材料，用水量增大，水泥石中孔隙较多，故抗冻性、耐磨性较差，不适用于受反复冻融作用的工程及有耐磨要求的工程。

2）三种水泥的特性

矿渣水泥、火山灰水泥、粉煤灰水泥除上述的共性外，各自的特点如下：

A. 矿渣水泥

由于矿渣水泥硬化后氢氧化钙的含量低，矿渣又是水泥的耐火掺料，所以矿渣水泥具有较好的耐热性，可用于配制耐热混凝土。同时，由于矿渣为玻璃体结构，亲水

性差，因此矿渣水泥保水性差，易生产泌水、干缩性较大，不适用于有抗渗要求的混凝土工程。

B. 火山灰水泥

火山灰水泥需水量大，在硬化过程中的干缩较矿渣水泥更为显著，在干热环境中易产生干缩裂缝。因此，火山灰水泥不适用于干燥环境中的混凝土工程，使用时必须加强养护，使其在较长时间内保持潮湿状态。

火山灰水泥颗粒较细，泌水性小，故具有较高的抗渗性，适用于有一般抗渗要求的混凝土工程。

C. 粉煤灰水泥

粉煤灰水泥的主要特点是干缩性比较小，甚至比硅酸盐水泥及普通水泥还小，因而抗裂性较好；由于粉煤灰的颗粒多呈球形微粒，吸水率小，所以粉煤灰水泥的需水量小，配制的混凝土和易性较好。

4. 复合硅酸盐水泥

凡由硅酸盐水泥熟料、两种或两种以上规定的混合材料、适量石膏磨细制成的水硬性胶凝材料，称为复合硅酸盐水泥（简称复合水泥），代号 P·C。水泥中混合材料总掺加量按质量百分比计应大于 20%，但不超过 50%。允许用不超过 8%的窑灰代替部分混合材料；掺矿渣时混合材料掺量不得与矿渣硅酸盐水泥重复。

复合硅酸盐水泥中掺入两种或两种以上的混合材料，可以明显地改善水泥的性能，克服了掺加单一混合材料水泥的弊端，有利于水泥的使用与施工。复合硅酸盐水泥的性能一般受所用混合材料的种类、掺量及比例等因素的影响，早期强度高于矿渣硅酸盐水泥、火山灰质硅酸盐水泥、粉煤灰硅酸盐水泥，大体上的性能与上述三种水泥相似，适用范围较广。

按照国家标准《通用硅酸盐水泥》GB 175—2007 的规定，水泥熟料中氧化镁的含量、三氧化硫的含量、细度、安定性、凝结时间等指标与火山灰硅酸盐水泥、粉煤灰硅酸盐水泥相同。复合硅酸盐水泥分为 32.5、32.5R、42.5、42.5R、52.5、52.5R 六个强度等级，各强度等级水泥的各龄期强度不得低于表2-11数值。

复合硅酸盐水泥各龄期的强度要求（GB 175—2007）　　表 2-11

强度等级	抗压强度（MPa）		抗折强度（MPa）	
	3d	28d	3d	28d
32.5	10.0	32.5	2.5	5.5
32.5R	15.0	32.5	3.5	5.5
42.5	15.0	42.5	3.5	6.5
42.5R	19.0	42.5	4.0	6.5
52.5	21.0	52.5	4.0	7.0
52.5R	23.0	52.5	4.5	7.0

注：R—早强型。

2.2.3 水泥的应用、验收与保管

1. 六种常用水泥的特性与应用

硅酸盐水泥、普通水泥、矿渣水泥、火山灰水泥、粉煤灰水泥及复合水泥等水泥是在工程中应用最广的品种，此六种水泥的特性见表 2-12；它们的应用如表 2-13 所示。

常用水泥的特性 **表 2-12**

性质	硅酸盐水泥	普通水泥	矿渣水泥	火山灰水泥	粉煤灰水泥	复合水泥
凝结硬化	快	较快	慢	慢	慢	与所掺两种或两种以上混合材料的种类、掺量有关，其特性基本与矿渣水泥、火山灰水泥、粉煤灰水泥的特性相似
早期强度	高	较高	低	低	低	
后期强度	高	高	增长较快	增长较快	增长较快	
水化热	大	较大	较低	较低	较低	
抗冻性	好	较好	差	差	差	
干缩性	小	较小	大	大	较小	
耐蚀性	差	较差	较好	较好	较好	
耐热性	差	较差	好	较好	较好	
泌水性			大	抗渗性较好		
抗碳化能力			差			

常用水泥的选用 **表 2-13**

混凝土工程特点及所处环境条件			优先选用	可以选用	不宜选用
普通混凝土	1	在一般气候环境中的混凝土	普通水泥	矿渣水泥、火山灰水泥、粉煤灰水泥和复合水泥	
	2	在干燥环境中的混凝土	普通水泥	矿渣水泥	火山灰水泥、粉煤灰水泥
	3	在高温环境中或长期处于水中的混凝土	矿渣水泥、火山灰水泥、粉煤灰水泥、复合水泥	普通水泥	
	4	厚大体积的混凝土	矿渣水泥、火山灰水泥、粉煤灰水泥、复合水泥		硅酸盐水泥普通水泥
有特殊要求的混凝土	1	要求快硬、高强（＞C60）的混凝土	硅酸盐水泥	普通水泥	矿渣水泥、火山灰水泥、粉煤灰水泥、复合水泥
	2	严寒地区的露天混凝土、寒冷地区处于水位升降范围的混凝土	普通水泥	矿渣水泥（强度等级＞32.5）	火山灰水泥、粉煤灰水泥
	3	严寒地区处于水位升降范围的混凝土	普通水泥（强度等级＞42.5）		矿渣水泥、火山灰水泥、粉煤灰水泥、复合水泥

续表

混凝土工程特点及所处环境条件			优先选用	可以选用	不宜选用
有特殊要求的混凝土	4	有抗渗要求的混凝土	普通水泥、火山灰水泥		矿渣水泥
	5	有耐磨性要求的混凝土	硅酸盐水泥、普通水泥	矿渣水泥（强度等级＞32.5）	火山灰水泥、粉煤灰水泥
	6	受侵蚀性介质作用的混凝土	矿渣水泥、火山灰水泥、粉煤灰水泥、复合水泥		硅酸盐水泥

2. 水泥的验收

水泥可以采用袋装或者散装，袋装水泥每袋净含量 50kg，且不得少于标志质量的 99%，随机抽取 20 袋水泥，其总质量不得少于 1000kg。

水泥袋上应清楚标明下列内容：执行标准、水泥品种、代号、强度等级、生产者名称、生产许可证标志（QS）及编号、出厂编号、包装日期、净含量。包装袋两侧应根据水泥的品种采用不同的颜色印刷水泥名称和强度等级，硅酸盐水泥和普通硅酸盐水泥采用红色，矿渣硅酸盐水泥采用绿色；火山灰质硅酸盐水泥、粉煤灰硅酸盐水泥和复合硅酸盐水泥采用黑色或蓝色。

散装水泥发运时应提交与袋装水泥标志相同内容的卡片。

建设工程中使用水泥之前，要对同一生产厂家、同期出厂的同品种、同强度等级的水泥，以一次进场的、同一出厂编号的水泥为一批，按照规定的抽样方法抽取样品，对水泥性能进行检验。袋装水泥以每一编号内随机抽取不少于 20 袋水泥取样；散装水泥于每一编号内采用散装水泥取样器随机取样。重点检验水泥的凝结时间、安定性和强度等级，合格后方可投入使用。存放期超过 3 个月的水泥，使用前必须重新进行复验，并按复验结果使用。

3. 水泥的保管

水泥在运输和储存时不得受潮和混入杂物，不同品种和强度等级水泥应分别储存，不得混杂。使用时应考虑先存先用，不可储存过久。

储存水泥的库房必须干燥，库房地面应高出室外地面 30cm。若地面有良好的防潮层并以水泥砂浆抹面，可直接存放，否则应用木料垫高地面 20cm。袋装水泥堆垛不宜过高，一般为 10 袋，如储存时间短、包装质量好可堆至 15 袋。袋装水泥垛一般应离开墙壁和窗户 30cm 以上。水泥垛应设立标示牌，注明生产厂家、水泥品种、强度等级、出厂日期等。应尽量缩短水泥的储存期，通用水泥不宜超过 3 个月，否则应重新测定强度等级，按实际强度使用。

露天临时储存袋装水泥，应选择地势高、排水条件好的场地，并应进行垫盖处理，以防受潮。

2.2.4 其他品种的水泥

1. 白色硅酸盐水泥

(1) 白色硅酸盐水泥

在氧化铁含量少的硅酸盐水泥熟料中加入适量的石膏，磨细制成的水硬性胶凝材料称为白色硅酸盐水泥简称白水泥，代号P·W。磨细水泥时，允许加入不超过水泥质量10%的石灰石或窑灰作为外加物，水泥粉磨时，允许加入不损害水泥性能的助磨剂，加入量不得超过水泥质量的1%。

白水泥与常用水泥的主要区别在于氧化铁含量少，因而色白。白水泥与常用水泥的生产制造方法基本相同，关键是严格控制水泥原料的铁含量，严防在生产过程中混入铁质。此外，锰、铬等的氧化物也会导致水泥白度的降低，必须控制其含量。

白水泥的性能与硅酸盐水泥基本相同。根据国家标准《白色硅酸盐水泥》GB/T 2015—2005的规定，白色硅酸盐水泥分为32.5、42.5和52.5三个强度等级，各强度等级水泥各规定龄期的强度不得低于表2-14的数值。

白水泥的技术要求中与其他品种水泥最大的不同是有白度要求，白度的测定方法按《建筑材料与非金属矿产品白度测量方法》GB/T 5950—2008进行，水泥白度值不低于87。

白色硅酸盐水泥强度等级要求（GB 2015—2005）　　表2-14

强度等级	抗压强度（MPa）		抗折强度（MPa）	
	3d	28d	3d	28d
32.5	12.0	32.5	3.0	6.0
42.5	17.0	42.5	3.5	6.5
52.5	22.0	52.5	4.0	7.0

白水泥其他各项技术要求包括：细度要求为0.080mm方孔筛筛余量不超过10%；其初凝时间不得早于45min，终凝时间不迟于10h；体积安定性用沸煮法检验必须合格，同时熟料中氧化镁的含量不得超过5.0%，三氧化硫含量不得超过3.5%。

(2) 彩色硅酸盐水泥

彩色硅酸盐水泥根据其着色方法不同，有三种生产方式：一是直接烧成法，在水泥生料中加入着色原料而直接煅烧成彩色水泥熟料，再加入适量石膏共同磨细；二是染色法，将白色硅酸盐水泥熟料或硅酸盐水泥熟料、适量石膏和碱性着色物质共同磨细制得彩色水泥；三是将干燥状态的着色物质直接掺入白水泥或硅酸盐水泥中。当工程使用量较少时，常用第三种办法。

彩色硅酸盐水泥有红色、黄色、蓝色、绿色、棕色、黑色等。根据行业标准《彩色硅酸盐水泥》JC/T 870—2012的规定，彩色硅酸盐水泥强度等级分为27.5、32.5和42.5三个等级。各级彩色水泥各规定龄期的强度不得低于表2-15的数据。

彩色硅酸盐水泥的强度等级要求（JC/T 870—2012）　　表 2-15

强度等级	抗压强度（MPa）		抗折强度（MPa）	
	3d	28d	3d	28d
27.5	7.5	27.5	2.0	5.0
32.5	10.0	32.5	2.5	5.5
42.5	15.0	42.5	3.5	6.5

彩色硅酸盐水泥其他各项技术要求为：细度要求 0.080mm 方孔筛筛余不得超过 6.0%；初凝时间不得早于 1h，终凝时间不得迟于 10h；体积安定性用沸煮法检验必须合格，彩色水泥中三氧化硫的含量不得超过 4.0%。

白色和彩色硅酸盐水泥主要应用于建筑装饰工程中，常用于配制各类彩色水泥浆、水泥砂浆，用于饰面刷浆或陶瓷铺贴的勾缝，配制装饰混凝土、彩色水刷石、人造大理石及水磨石等制品，并以其特有的色彩装饰性，用于雕塑艺术和各种装饰部件。

2. 快硬硅酸盐水泥

凡以硅酸盐水泥熟料和适量石膏磨细制成的，以 3d 抗压强度表示强度等级的水硬性胶凝材料，称为快硬硅酸盐水泥（简称快硬水泥）。

快硬硅酸盐水泥生产方法与硅酸盐水泥基本相同，只是要求 C_3S 和 C_3A 含量高些。通常快硬硅酸盐水泥熟料中 C_3S 含量为 50%～60%，C_3A 的含量为 8%～14%，二者总含量应不小于 60%～65%。为加快硬化速度，可适当增加石膏的掺量（可达 8%）和提高水泥的细度，水泥的比表面积一般控制在 3000～4000cm^3/g。

根据国家标准《快硬硅酸盐水泥》GB 199—1990 的规定，快硬硅酸盐水泥以 3d 抗压强度表示强度等级，分为 32.5、37.5、42.5 三个等级。各级快硬水泥各规定龄期的强度不得低于表 2-16 的数据。

快硬硅酸盐水泥的强度等级要求（GB 199—1990）　　表 2-16

强度等级	抗压强度（MPa）			抗折强度（MPa）		
	1d	3d	28d	1d	3d	28d
32.5	15.0	32.5	52.5	3.5	5.0	7.2
37.5	17.0	37.5	57.5	4.0	6.0	7.6
42.5	19.0	42.5	62.5	4.5	6.4	8.0

快硬酸盐水泥其他各项技术要求为：细度要求 0.080mm 方孔筛的筛余百分率不得超过 10%；初凝时间不得早于 45min，终凝时间不得迟于 10h；体积安定性用沸煮法检验必须合格。

快硬水泥水化放热速度快，水化热较高，早期强度高，但干缩性较大。主要用于抢修工程、军事工程、冬期施工工程、预应力钢筋混凝土构件，适用于配制干硬混凝土等，可提高早期强度，缩短养护周期，但不宜用于大体积混凝土工程。

3. 膨胀水泥

由胶凝物质和膨胀剂混合而成的胶凝材料称为膨胀水泥，在水化过程中能产生体积膨胀，在硬化过程中不仅不收缩，而且有不同程度的膨胀。使用膨胀水泥能克服和改善普通水泥混凝土的一些缺点（常用水泥在硬化过程中常产生一定收缩，造成水泥混凝土构件裂纹、透水和不适宜某些工程的使用），能提高水泥混凝土构件的密实性，能提高混凝土的整体性。

膨胀水泥水化硬化过程中体积膨胀，可以达到补偿收缩、增加结构密实度以及获得预加应力的目的。由于这种预加应力来自于水泥本身的水化，所以称为自应力，并以“自应力值”（MPa）来表示其大小。按自应力的大小，膨胀水泥可分为两类：当自应力值≥2.0MPa 时，称为自应力水泥；当自应力值＜2.0MPa 时，则称为膨胀水泥。

膨胀水泥按主要成分划分为硅酸盐型、铝酸盐型、硫铝酸盐型和铁铝酸钙型，其膨胀机理都是水泥石中所形成的钙矾石的膨胀。其中硅酸盐膨胀水泥凝结硬化较慢；铝酸盐膨胀水泥凝结硬化较快。

(1) 硅酸盐膨胀水泥

它是以硅酸盐水泥为主要成分，外加铝酸盐水泥和石膏为膨胀组分配制而成的膨胀水泥。其膨胀值的大小通过改变铝酸盐水泥和石膏的含量来调节。

(2) 铝酸盐膨胀水泥

铝酸盐膨胀水泥由铝酸盐水泥熟料，二水石膏为膨胀组分混合磨细或分别磨细后混合而成，具有自应力值高以及抗渗、气密性好等优点。

(3) 硫铝酸盐膨胀水泥

它是以无水硫铝酸钙和硅酸二钙为主要成分，以石膏为膨胀组分配制而成。

(4) 铁铝酸钙膨胀水泥

它是以铁相、无水硫铝酸钙和硅酸二钙为主要成分，以石膏为膨胀组分配制而成。

以上四种膨胀水泥通过调整各种组成的配合比例，就可得到不同的膨胀值，制成不同类型的膨胀水泥。膨胀水泥的膨胀作用基于硬化初期，其膨胀源均来自于水泥水化形成的钙矾石，产生体积膨胀。由于这种膨胀作用发生在硬化初期，水泥浆体尚具备可塑性，因而不至于引起膨胀破坏。

膨胀水泥适用于配制补偿收缩混凝土，用于构件的接缝及管道接头、混凝土结构的加固和修补、防渗堵漏工程、机器底座及地脚螺钉的固定等。自应力水泥适用于制造自应力钢筋混凝土压力管及配件。

4. 中低热水泥

中低热水泥包括：中热硅酸盐水泥、低热硅酸盐水泥及低热矿渣硅酸盐水泥三个品种，在《中热硅酸盐水泥、低热硅酸盐水泥及低热矿渣硅酸盐水泥》GB 200—2003 中，对这 3 种水泥做出了相应的规定。

(1) 定义与代号

1) 中热硅酸盐水泥

以适当成分的硅酸盐水泥熟料，加入适量石膏，磨细而成的具有中等水化热的水硬性胶凝材料，称为中热硅酸盐水泥（简称中热水泥），代号 P·MH。

2) 低热硅酸盐水泥

以适当成分的硅酸盐水泥熟料，加入适量石膏，磨细而成的具有低水化热的水硬性胶凝材料，称为低热硅酸盐水泥（简称低热水泥），代号 P·LH。

3) 低热矿渣硅酸盐水泥

以适当成分的硅酸盐水泥熟料，加入粒化高炉矿渣、适量石膏，磨细而成的具有低水化热的水硬性胶凝材料，称为低热矿渣硅酸盐水泥（简称低热矿渣水泥），代号 P·SLH。低热矿渣水泥中粒化高炉矿渣掺量按质量百分数计为20%～60%，允许用不超过混合材料总量 50%的粒化电炉磷渣或粉煤灰代替部分粒化高炉矿渣。

(2) 硅酸盐水泥熟料的要求

1) 中热硅酸盐水泥熟料要求硅酸三钙（$3CaO \cdot SiO_2$）的含量不超过 55%，铝酸三钙（$3CaO \cdot Al_2O_3$）的含量应不超过 6%，游离氧化钙（CaO）的含量应不超过 1.0%。

2) 低热硅酸盐水泥熟料要求硅酸二钙（$2CaO \cdot SiO_2$）的含量不小于 40%，铝酸三钙（$3CaO \cdot Al_2O_3$）的含量应不超过 6%，游离氧化钙（CaO）的含量应不超过 1.0%。

3) 低热矿渣硅酸盐水泥要求铝酸三钙（$3CaO \cdot Al_2O_3$）的含量应不超过 8%，游离氧化钙（CaO）的含量应不超过 1.2%，氧化镁（MgO）的含量不宜超过 5.0%；如果水泥经压蒸安定性试验合格，则熟料中氧化镁（MgO）的含量允许放宽到 6.0%。

(3) 技术要求

现行规范《中热硅酸盐水泥、低热硅酸盐水泥及低热矿渣硅酸盐水泥》GB 200—2003 对三种中低热水泥提出了一系列的技术要求，列于表 2-17 和表 2-18。

中热硅酸盐水泥、低热硅酸盐水泥及低热矿渣硅酸盐水泥技术要求　　表 2-17

<table>
<tr><th rowspan="3">水泥品种</th><th colspan="9">技术标准</th></tr>
<tr><th rowspan="2">细度比表面积 (m²/kg)</th><th colspan="2">凝结时间</th><th rowspan="2">安定性（沸煮法）</th><th rowspan="2">抗压强度 (MPa)</th><th rowspan="2">水泥中 MgO (%)</th><th rowspan="2">水泥中 SO₃ (%)</th><th rowspan="2">烧失量 (%)</th><th rowspan="2">水泥中碱含量 (%)</th></tr>
<tr><th>初凝</th><th>终凝</th></tr>
<tr><td>中热水泥</td><td rowspan="3">≥250</td><td rowspan="3">≥60min</td><td rowspan="3">≤10h</td><td rowspan="3">必须合格</td><td rowspan="3"></td><td rowspan="3">≤5.0①</td><td rowspan="3">≤3.5</td><td rowspan="3">≤3.0</td><td rowspan="2">≤0.60②</td></tr>
<tr><td>低热水泥</td></tr>
<tr><td>低热矿渣水泥</td><td>≤1.0</td></tr>
<tr><td>试验方法</td><td>GB/T 8074—2008</td><td colspan="3">GB/T 1346—2011</td><td>GB/T 17671—1999</td><td colspan="4">GB/T 176—2008</td></tr>
</table>

注：① 如果水泥经压蒸安定性合格，则水泥中 MgO 含量允许放宽到 6.0%。

② 水泥中碱含量以 $Na_2O+0.658K_2O$ 的计算值来表示，由供需双方商定。若使用活性骨料或用户提出低碱要求时，中热及低热水泥中碱含量不得大于 0.60%，低热矿渣中碱含量不得大于 1.0%。

中热硅酸盐水泥、低热硅酸盐水泥及低热矿渣硅酸盐水泥强度等级要求　　　　**表 2-18**

品种	强度等级	抗压强度（MPa）			抗折强度（MPa）		
		3d	7d	28d	3d	7d	28d
中热水泥	42.5	12.0	22.0	42.5	3.0	4.5	6.5
低热水泥	42.5	—	13.0	42.5	—	3.5	6.5
低热矿渣水泥	32.5	—	12.0	32.5	—	3.0	5.5

三种中低热水泥各龄期的水化热应不大于表 2-19 的数值，且低热水泥 28d 的水化热应不大于 310kJ/kg。

水泥强度等级的各龄期水化热　　　　**表 2-19**

品种	强度等级	水化热（kJ/kg）	
		3d	7d
中热水泥	42.5	251	293
低热水泥	42.5	230	260
低热矿渣水泥	32.5	197	230

中低热水泥主要用于要求水化热较低的大坝和大体积工程。中热水泥主要适用于大坝溢流面的面层和水位变动区等要求耐磨性和抗冻性的工程，低热水泥和低热矿渣水泥主要适用于大坝或大体积建筑物内部及水下工程。

5. 道路硅酸盐水泥

(1) 定义与代号

由道路硅酸盐水泥熟料，适量石膏，或加入规范规定的混合材料，磨细制成的水硬性胶凝材料，称为道路硅酸盐水泥（简称道路水泥），代号 P·R。

(2) 道路硅酸盐水泥熟料的要求

道路硅酸盐水泥熟料要求铝酸三钙（$3CaO \cdot Al_2O_3$）的含量应不超过 5.0%，铁铝酸四钙（$4CaO \cdot Al_2O_3 \cdot Fe_2O_3$）的含量应不低于 16.0%，游离氧化钙（CaO）的含量，旋窑生产应不大于 1.0%，立窑生产应不大于 1.8%。

(3) 技术要求

现行规范《道路硅酸盐水泥》GB 13693—2005 对道路硅酸盐水泥提出了一系列的技术要求，见表 2-20 和表 2-21。

道路硅酸盐水泥技术要求（GB 13693—2005）　　　　**表 2-20**

水泥品种	技术标准										
	细度比表面积（m^2/kg）	凝结时间		安定性（沸煮法）	强度（MPa）	水泥中 MgO（%）	水泥中 SO_3（%）	烧失量（%）	水泥中碱含量（%）	干缩性（28d 干缩率）（%）	耐磨性（28d 磨耗量）（%）
		初凝	终凝								
道路水泥	300～450	≥1.5h	≤10h	必须合格		≤5.0	≤3.5	≤3.0	≤0.60	≤0.10	≤3.00

续表

水泥品种	技术标准										
	细度比表面积(m^2/kg)	凝结时间		安定性(沸煮法)	强度(MPa)	水泥中MgO(%)	水泥中SO_3(%)	烧失量(%)	水泥中碱含量(%)	干缩性(28d干缩率)(%)	耐磨性(28d磨耗量)(%)
		初凝	终凝								
试验方法	GB/T 8074—2008	GB/T 1346—2011			GB/T 17671—1999	GB/T 176—2008				JC/T 603—2004	JC/T 421—2004

注：水泥中碱含量以Na_2O+0.658K_2O的计算值来表示，由供需双方商定。若使用活性骨料或用户提出低碱要求时，水泥中碱含量不得大于0.60%。

道路硅酸盐水泥强度等级要求（GB 13693—2005） **表 2-21**

强度等级	抗压强度（MPa）		抗折强度（MPa）	
	3d	28d	3d	28d
32.5	16.0	32.5	3.5	6.5
42.5	21.0	42.5	4.0	7.0
52.5	26.0	52.5	5.0	7.5

道路水泥是一种强度高，特别是抗折强度高，耐磨性好，干缩性小，抗冲击性好，抗冻性和抗硫酸性比较好的水泥。它适用于道路路面、机场跑道道面、城市广场等工程。

6. 砌筑水泥

(1) 定义与代号

凡由一种或一种以上的水泥混合材料，加入适量硅酸盐水泥熟料和石膏，共同磨细制成的工作性较好的水硬性胶凝材料，称为砌筑水泥，代号 M。水泥中混合材料掺加量按质量百分比计应大于 50%，允许掺入适量的石灰石或窑灰。

(2) 技术要求

现行规范《砌筑水泥》GB/T 3183—2003 对砌筑水泥提出一系列的技术要求，见表 2-22 和表 2-23。

砌筑水泥技术要求（GB/T 3183—2003） **表 2-22**

项目	细度（80μm方孔筛）的筛余量（%）	凝结时间		安定性（沸煮法）	强度（MPa）	保水率（%）	水泥中SO_3（%）
		初凝（min）	终凝（h）				
指标	≤10%	≥60	≤12	必须合格		≥80	≤4.0
试验方法	GB/T 1345—2005	GB/T 1346—2011			GB/T 17671—1999	GB/T 3183—2003	GB/T 176—2008

砌筑水泥强度等级要求 **表 2-23**

强度等级	抗压强度（MPa）		抗折强度（MPa）	
	7d	28d	7d	28d
12.5	7.0	12.5	1.5	3.0
22.5	10.0	22.5	2.0	4.0

砌筑水泥主要用于砌筑和抹面砂浆、垫层混凝土等，不应用于结构混凝土。

7. 铝酸盐水泥

(1) 定义与代号

凡由铝酸钙为主的铝酸盐水泥熟料，磨细制成的水硬性胶凝材料称为铝酸盐水泥，代号 CA。

铝酸盐水泥按 Al_2O_3 含量百分数分为四类：

CA-50　　$50\% \leqslant Al_2O_3 < 60\%$；

CA-60　　$60\% \leqslant Al_2O_3 < 68\%$；

CA-70　　$68\% \leqslant Al_2O_3 < 77\%$；

CA-80　　$77\% \leqslant Al_2O_3$

(2) 技术性质

根据国家标准《铝酸盐水泥》GB 201—2000 的规定，铝酸盐水泥的细度：比表面积不小于 $300m^2/kg$ 或通过 0.045mm 方孔筛上的筛余不大于 20%，两种方法由供需双方商订，发生争议时以比表面积为准。

1）凝结时间：CA-50、CA-70、CA-80 型铝酸盐水泥初凝时间不得早于 30min，终凝时间不得迟于 6h；CA-60 型铝酸盐水泥初凝时间不得早于 60min，终凝时间不得迟于 18h。

2）强度：各类型铝酸盐水泥各龄期强度值不得低于表 2-24 数值。

铝酸盐水泥各龄期强度（GB 201—2000） **表 2-24**

水泥类型	抗压强度（MPa）				抗折强度（MPa）			
	6h①	1d	3d	28d	6h①	1d	3d	28d
CA-50	20	40	50	—	3.0	5.5	6.5	—
CA-60	—	20	45	85	—	2.5	5.0	10.0
CA-70	—	30	40	—	—	5.0	6.0	—
CA-80	—	25	30	—	—	4.0	5.0	—

注：①当用户需要时，生产厂应提供结果。

(3) 铝酸盐水泥的主要特性和应用

1）快凝早强。早期强度很高，后期强度增长不显著。所以铝酸盐水泥主要用于工期紧急（如筑路、桥）的工程、抢修工程（如堵漏）等；也可用于冬期施工的工程。

2）水化热大。与一般高强度硅酸盐水泥大致相同，但其放热速度特别快，且放热量集中，1d 内即可放出水化热总量的 70%～80%。铝酸盐水泥不宜用于大体积混凝土工程。

3）抗矿物水和硫酸盐作用的能力很强。

4）铝酸盐水泥抗碱性极差，不得用于接触碱性溶液的工程。

5）较高的耐热性。当采用耐火粗细骨料（如铬铁矿等）时，可制成使用温度达 1300～1400℃的耐热混凝土，且强度能保持 53%。

6）配制膨胀水泥、自应力水泥，也可以作为化学建材的添加料使用。

7）自然条件下，长期强度及其他性能略有降低的趋势。因此，铝酸盐水泥不宜用于长期承重的结构及处于高温高湿环境的工程中。

还应注意，铝酸盐水泥制品不能进行蒸汽养护；铝酸盐水泥不得与硅酸盐水泥或石灰相混，以免引起闪凝和强度下降；铝酸盐水泥也不得与尚未硬化的硅酸盐水泥混凝土接触使用。

此外，在运输和储存过程中要注意铝酸盐水泥的防潮，否则吸湿后强度下降快。

2.3 胶凝材料的技术指标检测

学习目标

通用硅酸盐水泥检验的一般规定；通用硅酸盐水泥检验的检查项目；通用硅酸盐水泥的见证送样。

关键概念

水泥取样；水泥检测；见证送样。

2.3.1 水泥检验的一般规定

1. 取样方法

散装水泥以同一水泥厂、同一强度等级、同一品种、同一编号、同期到达的水泥为一批，采用散装水泥取样器随机取样。取样应有代表性，可连续取，也可从 20 个以上不同部位分别抽取等量水泥，总数至少 12kg；袋装水泥取样于每一个编号内随机抽取不少于 20 袋水泥，采用袋装水泥取样器取样，每次抽取的单样量应尽量一致。水泥试样应充分拌匀，通过 0.9mm 方孔筛并记录筛余物情况，当试验水泥从取样至试验要保持 24h 以上时，应把它贮存在基本装满和气密的容器里，这个容器应不与水泥起反应。试验用水应是洁净的淡水，仲裁试验或其他重要试验用蒸馏水，其他试验可用饮用水。仪器、用具和试模的温度与试验室一致。

2. 养护条件

试验室温度应为（20±2）℃，相对湿度应大于50%。养护箱温度为（20±1）℃，相对湿度应大于90%。

3. 对试验材料的要求

（1）水泥试样应充分拌匀。

（2）试验用水必须是洁净的淡水。

（3）水泥试样、标准砂、拌和用水等温度应与试验室温度相同。

2.3.2　水泥细度试验

1. 试验目的

检验水泥颗粒的粗细程度。由于水泥的许多性质（凝结时间、收缩性、强度等）都与水泥的细度有关，因此必须检验水泥的细度，以它作为评定水泥质量的依据之一，因此必须进行细度测定。

2. 主要仪器设备

试验筛：试验筛由圆形筛框和筛网组成（筛网孔边长为80μm），其结构尺寸如图2-3、图2-4所示；负压筛析仪（装置示意图见图2-5）；水筛架和喷头：水筛架上筛座内径为140mm。喷头直径55mm，面上均匀分布90个孔，孔径0.5～0.7mm（水筛架和喷头见图2-6）；天平（最大称量为200g，感量0.05g）；搪瓷盘、毛刷等。

3. 试样准备

将用标准取样方法取出的水泥试样，取出约200g通过0.9mm方孔筛，盛在搪瓷盘中待用。

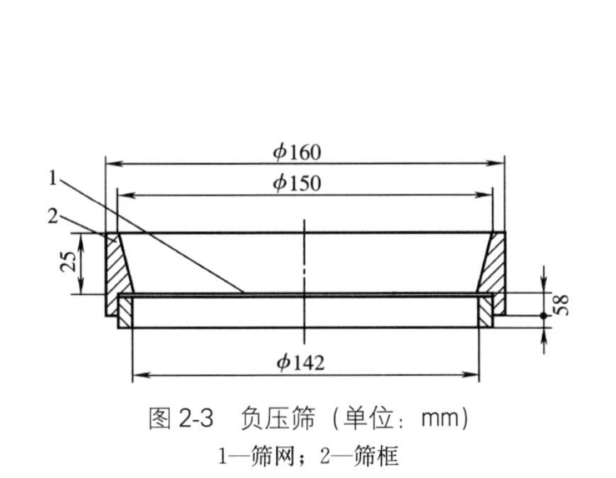

图2-3　负压筛（单位：mm）

1—筛网；2—筛框

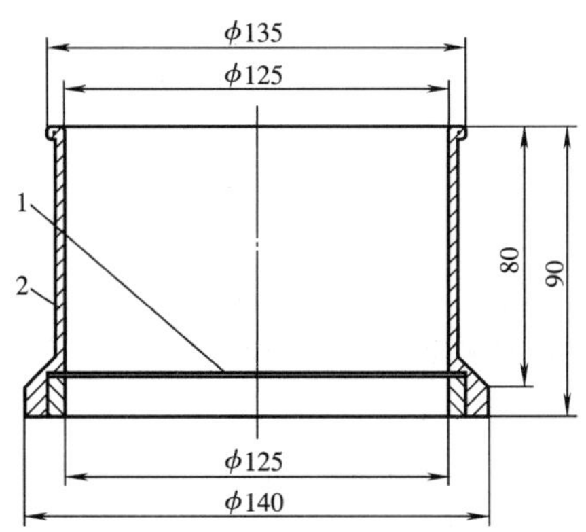

图2-4　水筛（单位：mm）

1—筛网；2—筛框

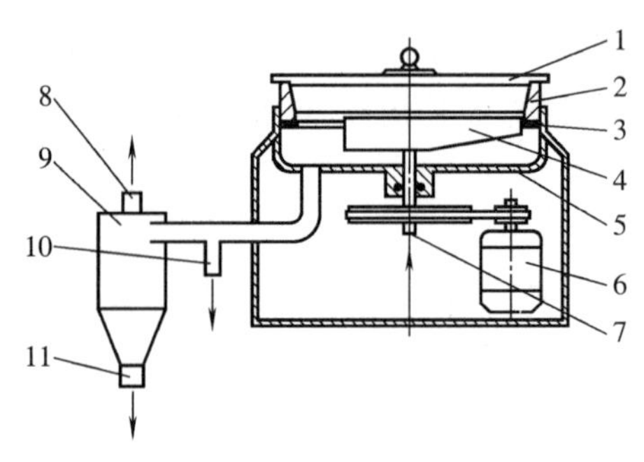

图 2-5 负压筛析仪示意图

1—有机玻璃盖；2—0.080mm 方孔筛；3—橡胶垫圈；4—喷气嘴；5—壳体；6—微电机；7—压缩空气进口；8—抽气口（接负压泵）；9—旋风收尘器；10—风门（调节负压）；11—细水泥出口

4. 试验方法与步骤

(1) 负压筛析法《水泥细度检验方法标准》GB 1345—2005

负压筛析法测定水泥细度，采用图 2-5 所示装置。

1）筛析试验前，应把负压筛放在筛座上，盖上筛盖，接通电源，检查控制系统，调节负压至 4000～6000Pa 范围内。

2）称取试样 25g，置于洁净的负压筛中，盖上筛盖，放在筛座上，开动筛析仪连续筛析 2min；在此期间如有试样附着在筛盖上，可轻轻地敲击，使试样落下。筛毕，用天平称量筛余物。

3）当工作负压小于 4000Pa 时，应清理吸尘器内水泥，使负压恢复正常。

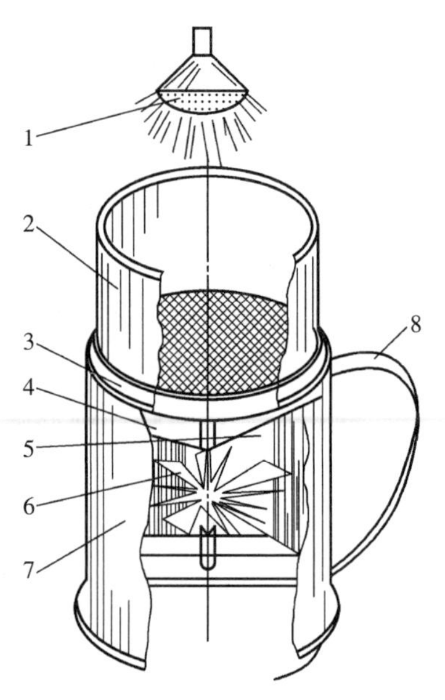

图 2-6 水筛法装置系统图

1—喷头；2—标准筛；3—旋转托架；4—集水斗；5—出水口；6—叶轮；7—外筒；8—把手

(2) 水筛法

水筛法测定水泥细度，采用图 2-6 所示装置。

1）筛析试验前，检查水中应无泥沙，调整好水压及水压架的位置，使其能正常运转喷头，底面和筛网之间距离为 35～75mm。

2）称取试样 50g，置于洁净的水筛中，立即用洁净淡水冲洗至大部分细粉通过后，再将筛子置于水筛架上，用水压为 (0.05±0.02)MPa 的喷头连续冲洗 3min。筛毕，用少量水把筛余物冲至蒸发皿中，等水泥颗粒全部沉淀后小心倒出清水，烘干并用天平称量筛余物，称准至 0.1g。

(3) 干筛法

在没有负压筛仪和水筛的情况下，允许用手工干筛法测定。

1）称取水泥试样 50g 倒入符合《水泥物理检验仪器标准筛》GB 3350.7—1982 要求的干筛内。

2）用一只手执筛往复摇动，另一只手轻轻拍打，拍打速度每分钟约 120 次，每

40次向同一方向转动60°，使试样均匀分布在筛网上，直至每分钟通过的试样量不超过0.05g为止。用天平称量筛余物，称准至0.1g。

5. 结果计算与数据处理

水泥试样筛余百分数用下式计算：

$$F=\frac{R_s}{m_c}\times 100\% \tag{2-1}$$

式中　F——水泥试样的筛余百分数，%；

R_s——水泥筛余的质量，g；

m_c——水泥试样的质量，g。

负压筛法、水筛法或干筛法均以一次检验测定值作为鉴定结果。在采用负压筛法与水筛法或手工干筛法测定的结果发生争议时，以负压筛法为准。

按试验方法将检测数据及试验计算结果（精确至0.1%）填入试验报告中。

2.3.3　水泥标准稠度用水量测试

1. 试验目的

水泥的凝结时间和安定性都与用水量有关，为了消除试验条件的差异而有利于比较，水泥净浆必须有一个标准的稠度。本试验的目的就是测定水泥净浆达到标准稠度时的用水量，以便为进行凝结时间和安定性试验做好准备。

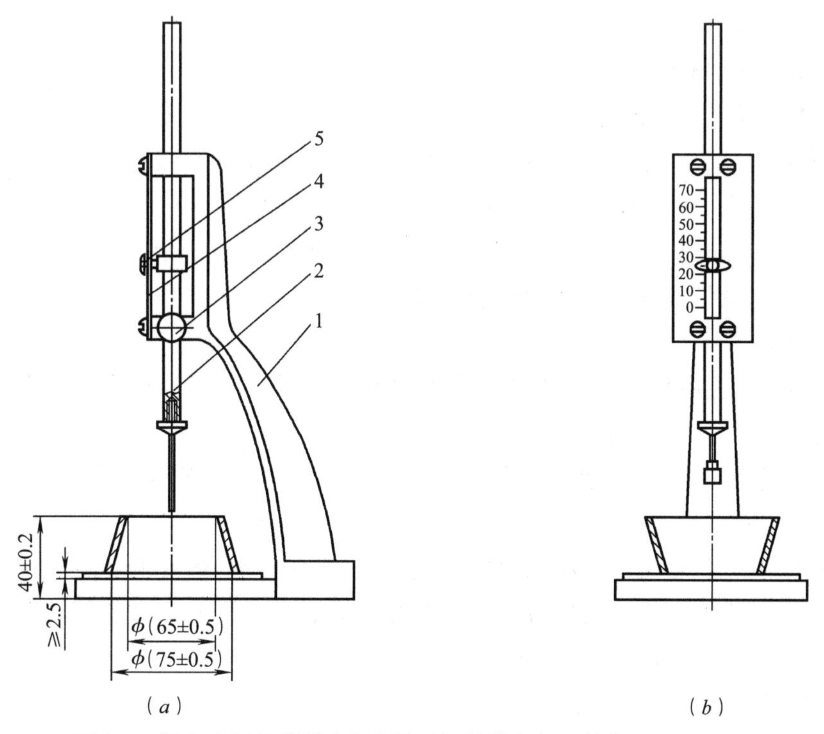

图2-7　测定水泥标准稠度和凝结时间的维卡仪（单位：mm）（一）

（a）初凝时间测定用立式试模的侧视图；（b）终凝时间测定用仅转试模的前视图

1—铁座；2—金属滑杆；3—松紧螺钉旋钮；4—标尺；5—指针

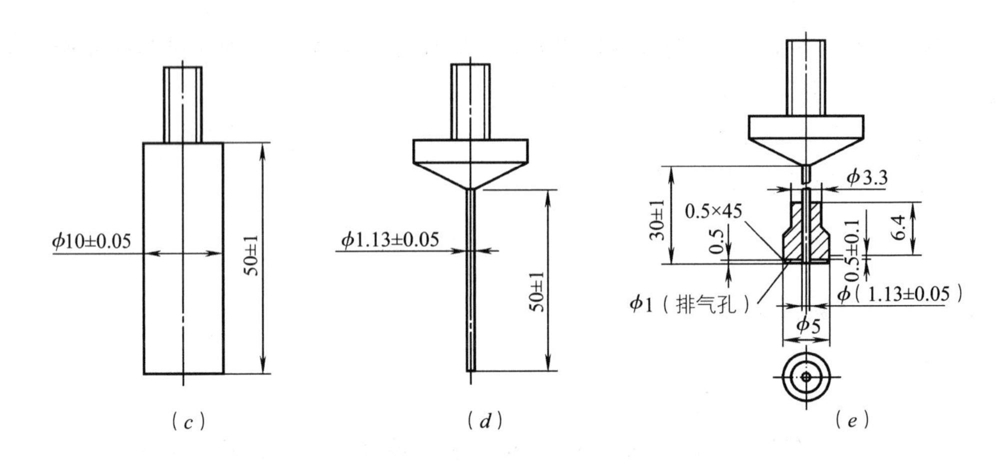

图 2-7　测定水泥标准稠度和凝结时间的维卡仪（单位：mm）（二）
（c）标准稠度试杆；（d）初凝用试针；（e）终凝用试针

2. 主要仪器设备

测定水泥标准稠度和凝结时间的维卡仪（图 2-7），试模：采用圆模（图 2-8）；水泥净浆搅拌机（图 2-9）；搪瓷盘；小插刀；量水器（最小可读为 0.1mL，精度 1%）；天平；玻璃板（150mm×150mm×5mm）等。

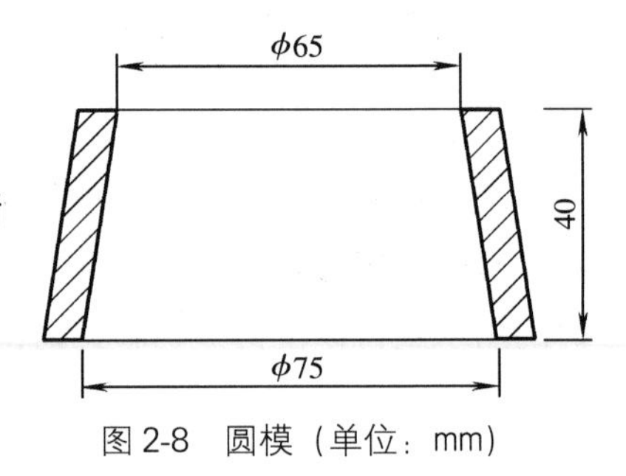

图 2-8　圆模（单位：mm）

3. 主要仪器设备简介

（1）标准法维卡仪

如图 2-7 所示，标准稠度测定用试杆有效长度为（50±1）mm，由直径为（10±0.05）mm 的圆柱形耐腐蚀金属制成。测定凝结时间时取下试杆，用试针（图 2-7（*d*）、图 2-7（*e*））代替试杆。试针由钢制成，其有效长度初凝针为（50±1）mm，终凝针为（30±1）mm，直径为（1.13±0.05）mm 的圆柱体。滑动部分的总质量为（300±1）g。与试杆、试针联结的滑动杆表面应光滑，能靠重力自由下落，不得有紧涩和摇动现象。

（2）盛装水泥净浆的试模（图 2-8）应由耐腐蚀的，有足够硬度的金属制成。试模为深（40±0.2）mm，顶内径为（65±0.5）mm，底内径为（75±0.5）mm 的截顶圆锥体。每只试模应配备一个大于试模、厚度≥2.5mm 的平板玻璃底板。

（3）水泥净浆搅拌机

NJ—160B 型符合《水泥净浆搅拌机》JC/T 729—2005 的要求。如图 2-9 所示。

NJ—160B 型水泥净浆搅拌机主要结构由底座 17、立柱 16、减速箱 21、滑板 15、搅拌叶片 14、搅拌锅 13、双速电电动机 1 组成。

主要技术参数

搅拌叶宽度　111mm

搅拌叶转速　低速挡：（140±5）r/min（自转）；（62±5）r/min（公转）

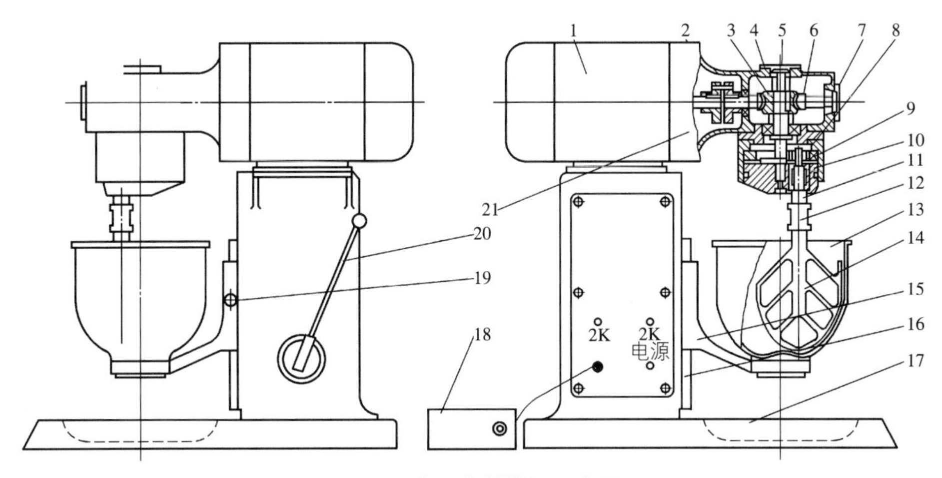

图 2-9　水泥浆搅拌机示意图

1—双速电机；2—连接法兰；3—涡轮；4—轴承盖；5—涡杆轴；6—涡轮轴；7—轴承盖；
8—行星齿轮；9—内齿圈；10—行星定位套；11—叶片轴；12—调节螺母；13—搅拌锅；
14—搅拌叶片；15—滑板；16—立柱；17—底座；18—时间控制器；19—定位螺钉；
20—升降手柄；21—减速器

高速挡：(285±10)r/min（自转）；(125±10)r/min（公转）

净重　　　45kg

其工作原理是双速电动机轴由连接法兰 2 与减速箱内蜗杆轴 6 连接，经蜗轮轴副减速使蜗轮轴 5 带动行星定位套同步旋转。固定在行星定位套上偏心位置的叶片轴 11 带动叶片 14 公转，固定在叶片轴上端的行星齿轮 8 围绕固定的内齿圈 9 完成自转运动，由双速电机经时间继电器控制自动完成一次慢转→停→快转的规定工作程序。

本机器安装不需特别基础及地脚螺钉，只需将设备放置在平整的水泥平台上，并垫一层厚 5～8mm 的橡胶板。

本机将电源线插入，红灯亮表示接通电源，将钮子开关拨到程控位置，即自动完成一次慢转 120s→停 15s→快转 120s 的程序，若置钮子开关于手动位置，则手动三位开关分别完成上述动作，左右搬动升降手柄 20 即可使滑板 15 带动搅拌锅 13 沿立柱 16 的燕尾导轨上下移动，向上移动用于搅拌，向下移动用于取下搅拌锅。搅拌锅与滑板用偏心槽旋转锁紧。

机器出厂前已将搅拌叶片与搅拌锅之间的工作间隙调整到（2±1)m。时间继电器也已调整到工作程序要求。

4. 试样的制备

称取 500g 水泥，洁净自来水（有争议时应以蒸馏水为准)。

5. 试验方法与步骤

(1) 标准法测定

1) 试验前必须检查维卡仪器金属棒是否能自由滑动；当试杆降至接触玻璃板时，将指针应对准标尺零点；搅拌机应运转正常等。

2）水泥净浆的拌合

用水泥净浆搅拌机搅拌，搅拌锅和搅拌叶片先用湿布擦过，将拌合水倒入搅拌锅内，在5～10s内将称好的500g水泥全部加入水中，防止水和水泥溅出；拌合时，先将锅放在搅拌机的锅座上，升至搅拌位置，旋紧定位螺钉，连接好时间控制器，将净浆搅拌机右侧的快→停→慢扭拨到“停”；手动→停→自动拨到“自动”一侧，启动控制器上的按钮，搅拌机将自动低速搅拌120s，停15s，接着高速搅拌120s停机。

拌合结束后，立即将拌制好的水泥净浆装入已置于玻璃底板上的试模中，用小刀插捣，轻轻振动数次，刮去多余的净浆；抹平后速将试模和底板移到维卡仪上，并将其中心定在标准稠度试杆下，降低试杆直至与水泥净浆表面接触，拧紧松紧螺钉旋钮1～2s后，突然放松，使标准稠度试杆垂直自由地沉入水泥净浆中。在试杆停止沉入或释放试杆30s时记录试杆距底板之间的距离，升起试杆后，立即擦净；整个操作应在搅拌后1.5min内完成，以试杆沉入净浆并距底板（6±1)mm的水泥净浆为标准稠度净浆。此时的拌合水量为该水泥的标准稠度用水量（P)，按水泥质量的百分比计。

（2）代用法测定：

1）标准稠度用水量可用调整水量和不变水量两种方法中的任一种测定。如有争议，以前者为准。

2）试验前必须检查维卡仪器金属棒应能自由滑动；当试锥接触锥模顶面时，将指针应对准标尺零点；搅拌机应运转正常等。

3）此处介绍不变用水量法。

A. 先用湿布擦摸水泥浆拌合用具。将142.5mL拌合用水倒入搅拌锅内，然后在5～10s内小心将称好的500g水泥试样倒入搅拌锅内。

B. 将装有试样的锅放到搅拌机锅座上的搅拌位置，开动机器，慢速搅拌120s，停拌15s，接着快速搅拌120s后停机。

C. 拌合完毕，立即将净浆一次装入锥模中（图2-10)，用小刀插捣并振动数次，刮去多余的净浆，抹平后，迅速放到测定仪试锥下面的固定位置上。将试锥降至净浆表面，拧紧螺钉1～2s，然后突然放松螺钉，让试锥沉入净浆中，到停止下沉或释放试锥30s时记录下沉深度，整个操作应在1.5min内完成。

D. 记录试锥下沉深度S(mm)。以锥下沉深度S(mm)=(28±2)mm为标准稠度净浆。若试锥下沉深度S(mm)不在此范围内，则根据测得的下深S(mm)，按以下经验式计算标准稠度用水量P(%)：

$$P=33.4-0.185S \tag{2-2}$$

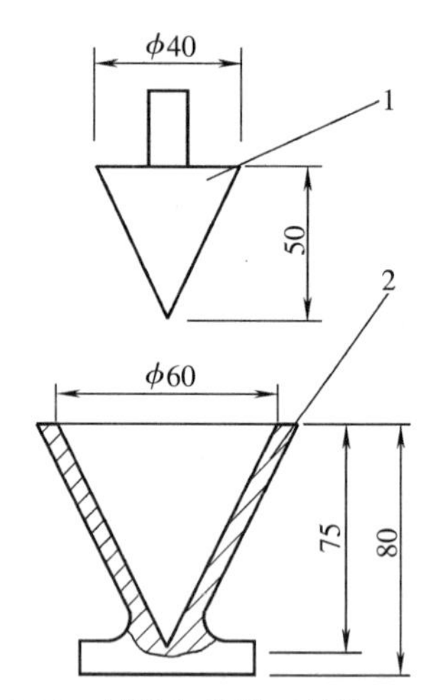

图2-10　试锥和锥模（单位：mm)
1—试锥；2—锥模

这个经验公式是由调整水量法的结果总结出来的，当试锥下沉深度小于13mm时，应采用调整水量法测定。

6. 结果计算与数据处理

（1）用标准法测定时，以试杆沉入净浆并距底板（6±1)mm 的水泥净浆为标准稠度净浆。其拌合水量为该水泥的标准稠度用水量，按水泥质量的百分比计。

$$P=(\text{拌合用水量}/\text{水泥质量})\times 100\% \tag{2-3}$$

如超出范围，须另称试样，调整水量，重做试验，直至达到杆沉入净浆并距底板(6±1)mm 时为止。

（2）按所用的试验方法，将试验过程记录和计算结果填入试验报告中。

2.3.4　水泥净浆凝结时间检验

1. 试验目的

测定水泥加水后至开始凝结（初凝）以及凝结终了（终凝）所用的时间，用以评定水泥性质。

2. 主要仪器设备

测定仪与测定标准稠度用水量时所用的测定仪相同，只是将试杆换成试针（如图 2-7（d)、图 2-7（e）所示)，试模（图 2-8)，湿气养护箱（养护箱应能将温度控制在（20±1)℃，湿度大于 90%的范围)，玻璃板（150mm×150mm×5mm)。

3. 试样的制备

以标准稠度用水量制成标准稠度净浆，将自水泥全部加入水中的时刻（t_1）记录在试验报告中。将标准稠度净浆一次装满试模，振动数次刮平，立即放入湿气养护箱中。水泥全部加入水中的时间为凝结时刻的起始时间。

4. 试验方法与步骤

（1）将圆模内侧稍许涂上一层机油，放在玻璃板上，调整凝结时间测定仪的试针，当试针接触玻璃板时，指针应对准标尺零点。

（2）初凝时间的测定：试样在湿气养护箱中养护至加水后 30min 时进行第一次测定。测定时，从湿气养护箱中取出试模放到试针下，降低试针与水泥净浆表面接触。拧紧定位螺钉（如图 2-7（a)）1～2s 后，突然放松（最初测定时应轻轻扶持金属棒，使徐徐下降，以防试针撞弯，但结果以自由下落为准)，试针垂直自由地沉入水泥净浆。观察试针停止下沉或释放试针 30s 时指针的读数，临近初凝时，每隔 5min 测定一次。当试针沉至距底板（4±1)mm 时，为水泥达到初凝状态，到达初凝时应立即重复测一次，两次结论相同时才能定为到达初凝状态。将此时刻（t_2）记录在试验报告中。

（3）终凝时间的测定：为了准确观测试针沉入的状况，在终凝针上安装了一个环形附件（图 2-7（e)）。在完成初凝时间测定后，立即将试模连同浆体以平移的方式从玻璃板取下，翻转 180°，直径大端向上，小端向下放在玻璃板上（如图 2-7（b）所示)，再放入湿气养护箱中继续养护，临近终凝时间时每隔 15min 测定一次，当试针沉入试体 0.5mm 时，即环形附件开始不能在试体上留下痕迹时，为水泥达到终凝状态，到达终凝时应立即重复测一次，两次结论相同时才能定为到达终凝状态。将此时刻（t_3）记录在试验报告中。

（4）注意事项：每次测定不能让试针落入原针孔，每次测试完毕须将试针擦拭干净并将试模放回湿气养护箱内，在整个测试过程中试针贯入的位置至少要距圆模内壁10mm，且整个测试过程要防止试模受震。

5．结果计算与数据处理

（1）计算时刻 t_1 至时刻 t_2 时所用时间，即初凝时间 $t_{初}=t_2-t_1$（用 min 表示）。

（2）计算时刻 t_1 至时刻 t_3 时所用时间，即终凝时间 $t_{终}=t_3-t_1$（用 min 表示）。

（3）将计算结果填入试验报告中。

2.3.5 水泥安定性检验

1．试验目的

当用含有游离 CaO、MgO 或 SO_3 较多的水泥拌制混凝土时，会使混凝土出现龟裂、翘曲，甚至崩溃，造成建筑物的漏水，加速腐蚀等危害。所以必须检验水泥加水拌和后在硬化过程中体积变化是否均匀，是否因体积变化而引起膨胀、裂缝或翘曲。

水泥安定性用雷氏夹法（标准法）或试饼法（代用法）检验，有争议时以雷氏夹法为准。雷氏夹法是观测由两个试针的相对位移所指示的水泥标准稠度净浆体积膨胀的程度，即水泥净浆在雷氏夹中沸煮后的膨胀值。试饼法是观察水泥净浆试饼沸煮后的外形变化来检验水泥的体积安定性。

2．主要仪器设备

（1）雷氏沸腾箱

雷氏沸腾箱的内层由不易锈蚀的金属材料制成。箱内能保证试验用水在 30min±5min 由室温升到沸腾，并可始终保持沸腾状态 3h 以上。整个试验过程无需增添试验水量。箱体有效容积为 410mm×240mm×310mm，一次可放雷氏夹试样 36 件或试饼 30～40 个。篦板与电热管的距离大于 50mm。箱壁采用保温层以保证箱内各部位温度一致。

（2）雷氏夹

雷氏夹由铜质材料制成，其结构如图 2-11 所示。当一根指针的根部悬挂在一根金属丝或尼龙丝上，另一根指针的根部再挂上 300g 质量的砝码时，两根指针的针尖距离增加应在（17.5±2.5）mm 范围（图 2-12 的 $2x$）以内，当去掉砝码后针尖的距离能恢复到挂砝码前的状态。

（3）雷氏夹膨胀测定仪

如图 2-13 所示，雷氏夹膨胀测定仪标尺最小刻度为 0.5mm。

（4）玻璃板

每个雷氏夹需配备质量约 75～80g 的玻璃板两块。若采用试饼法（代用法）时，一个样品需准备两块约 100mm×100mm×4mm 的玻璃板。

（5）水泥净浆搅拌机：水泥浆搅拌机如图 2-9 所示。

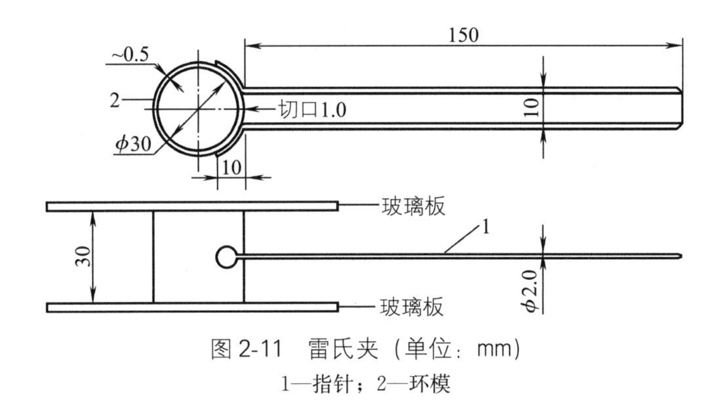

图 2-11　雷氏夹（单位：mm）

1—指针；2—环模

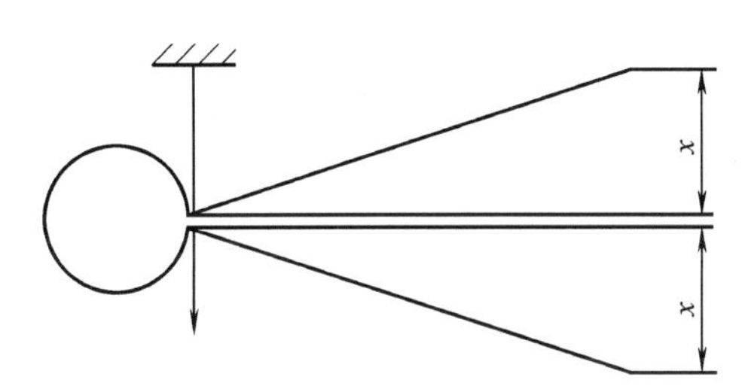

图 2-12　雷氏夹受力示意图

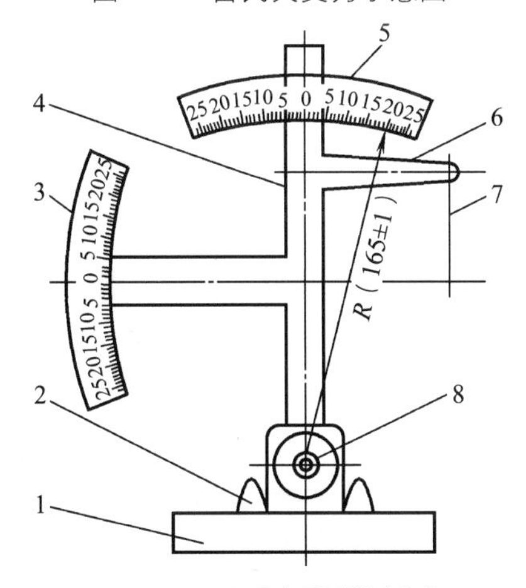

图 2-13　雷氏夹膨胀测定仪

1—底座；2—模子座；3—测弹性标尺；4—立柱；5—测膨胀标尺；6—悬臂；7—悬丝；8—弹簧顶扭

3. 试样的制备

（1）雷氏夹试样（标准法）的制备

将雷氏夹放在已准备好的玻璃板上，并立即将已拌和好的标准稠度净浆装满试模。装模时一手扶持试模，另一手用宽约 10mm 的小刀插捣 15 次左右，然后抹平，盖上玻璃板，立刻将试模移至湿气养护箱内，养护（24±2)h。

（2）试饼法试样（代用法）的制备

1）从拌好的净浆中取约 150g，分成两份，放在预先准备好的涂抹少许机油的玻璃板上，呈球形，然后轻轻振动玻璃板，水泥净浆即扩展成试饼。

2）用湿布擦过的小刀，由试饼边缘向中心修抹，并随修抹随将试饼略作转动，中间切忌添加净浆，做成直径为70～80mm、中心厚约10mm边缘渐薄、表面光滑的试饼。接着将试饼放入湿气养护箱内。自成型时起，养护（24±2)h。

4. 试验方法与步骤

沸煮：

用雷氏夹法（标准法）时，先测量试样指针尖端间的距离，精确到0.5mm，然后将试样放入水中篦板上。注意指针朝上，试样之间互不交叉，在（30±5）min内加热试验用水至沸腾，并恒沸3h±5min。在沸腾过程中，应保证水面高出试样30mm以上。煮毕将水放出，打开箱盖，待箱内温度冷却到室温时，取出试样进行判别。

用试饼法（代用法）时，先调整好沸煮箱内的水位，使能保证在整个沸煮过程中都超过试件，不需中途添补试验用水，同时又能保证在（30±5)min内升至沸腾。脱去玻璃板取下试饼，在试饼无缺陷的情况下将试饼放在沸煮箱中的篦板上，在（30±5)min内加热升至沸腾并沸腾（180±5)min。

5. 试验结果处理

(1) 雷氏夹法

煮后测量指针端的距离，记录至小数点后一位。当两个试样煮后增加距离的平均值不大于5.0mm时，即认为该水泥安定性合格。当两个试样的增加距离值相差超过5mm时，应用同一样品立即重做一次试验。在试验报告中记录试验数据并评定结果。

(2) 试饼法

煮后经肉眼观察未发现裂纹，用直尺检查没有弯曲，称为体积安定性合格。反之，为不合格（图2-14)。当两个试饼判别结果有矛盾时，该水泥的体积安定性也为不合格。

图2-14　安定性不合格的试饼

安定性不合格的水泥禁止使用。在试验报告后记录试验情况并评定结果。

2.3.6　水泥胶砂强度检验

1. 试验目的

检验水泥各龄期强度，以确定强度等级；或已知强度等级，检验强度是否满足原强度等级规定中各龄期强度数值。

2. 主要仪器设备

水泥胶砂搅拌机、水泥胶砂试体成型振实台、水泥胶砂试模、抗折试验机、抗压夹具、金属直尺、抗压试验机、抗压夹具、量水器等。

主要仪器设备简介

(1) 水泥胶砂搅拌机

应符合（ISO法）《水泥胶砂强度检验方法》GB/T 17671—1999要求（图2-15）。工作时搅拌叶片既绕自身轴线转动，又沿搅拌锅周边公转，运动轨道似行星式的水泥胶砂搅拌机。

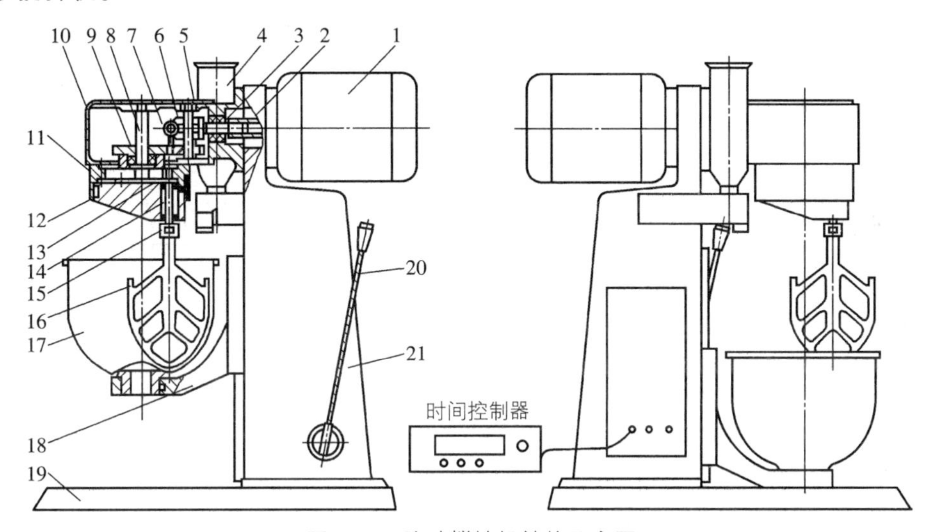

图2-15 胶砂搅拌机结构示意图

1—电机；2—联轴套；3—蜗杆；4—砂罐；5—传动箱盖；6—涡轮；7—齿轮Ⅰ；8—主轴；9—齿轮Ⅱ；10—传动箱；11—内齿轮；12—偏心座；13—行星齿轮；14—搅拌叶轴；15—调节螺母；16—搅拌叶；17—搅拌锅；18—支座；19—底座；20—手柄；21—立柱

主要技术参数

搅拌叶宽度 135mm

搅拌锅容量 5L

搅拌叶转速 低速挡：(140±5)r/min(自转)；(62±5)r/min(公转)

高速挡：(285±10)r/min(自转)；(125±10)r/min(公转)

净重 70kg

(2) 水泥胶砂试体成型振实台

应符合（ISO法）GB/T 17671—1999要求（图2-16）。

主要技术参数

振动部分总重量（不含制品）	20kg
振实台振幅	15mm
振动频率	60次/min
台盘中心至臂杆轴中心距离	800mm
净重	50kg

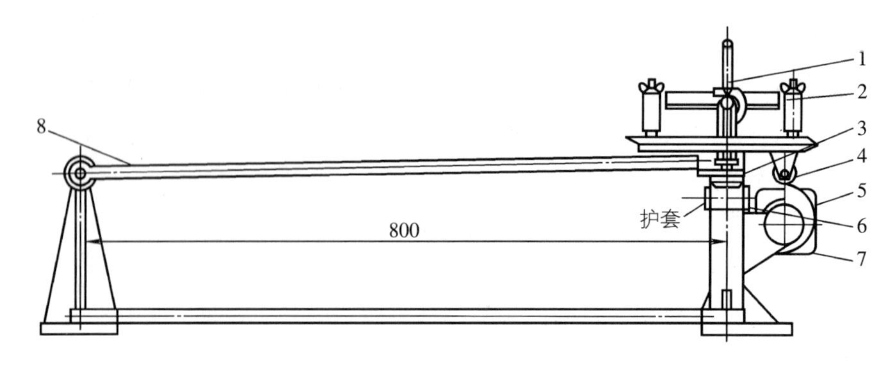

图 2-16　胶砂振实台

1—卡具；2—模套；3—突头；4—随动轮；5—凸轮；6—止动器；
7—同步电机；8—臂杆

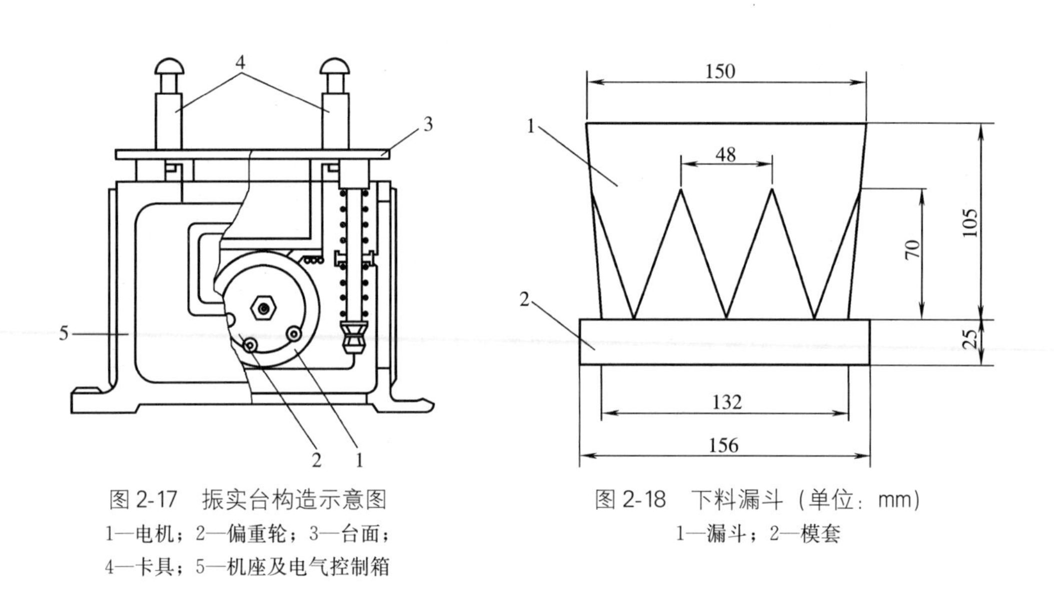

图 2-17　振实台构造示意图

1—电机；2—偏重轮；3—台面；
4—卡具；5—机座及电气控制箱

图 2-18　下料漏斗（单位：mm）

1—漏斗；2—模套

振实台应安装在高度约 400mm 的混凝土基座上。混凝土体积约为 0.25m^3，重约 600kg。需防外部振动影响振实效果时，可在整个混凝土基座下放一层厚约 5mm 天然橡胶弹性衬垫。

当无振实台时，可用全波振幅（0.75±0.02)mm，频率为 2800～3000 次/min 的振动台代用，其结构和配套漏斗如图 2-17 与图 2-18 所示。

(3) 胶砂振动台

胶砂振动台如图 2-16 所示。台面面积为 360mm×360mm，台面装有卡住试模的卡具，振动台中的制动器能使电动机在停车后 5 秒内停止转动。

(4) 试模

试模为可装卸的三联模，由隔板、挡板、底板组成（图 2-19)，组装后内壁各接触面应互相垂直。试模可同时成型三条为 40mm×40mm×160mm 的菱形试体，其材质和制造应符合《水泥胶砂试模》JC/T 726—2005 要求。

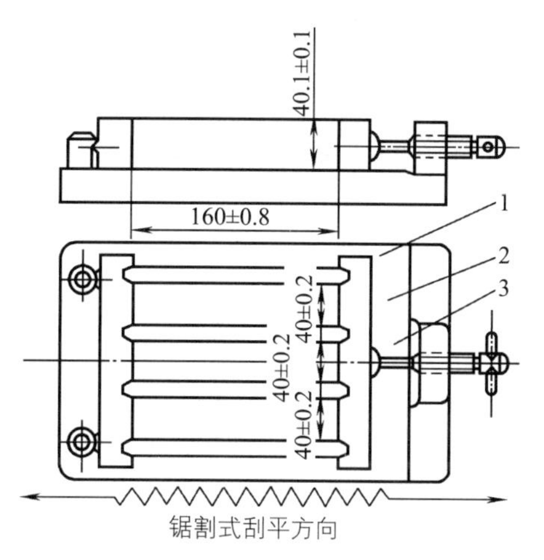

图 2-19　水泥胶砂强度检验试模

1—隔板；2—端板；3—底板

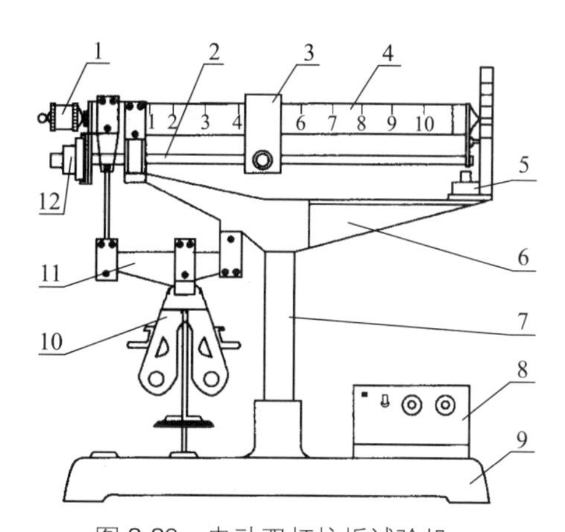

图 2-20　电动双杠抗折试验机

1—平衡锤；2—传动丝杠；3—游动砝码；4—上杠杆；5—启动开关；6—机架；7—立柱；8—电器控制箱；9—底座；10—抗折夹具；11—下杠杆；12—电动机

(5) 抗折试验机

电动双杠杆抗折试验机见图 2-20。抗折夹具的加荷与支撑圆柱直径均为 (10±0.1)mm，两个支撑圆柱中心距为 (100±0.2)mm。

抗折强度试验机应符合《水泥胶砂电动抗折试验》JC/T 724—2005 的要求。

通过三根圆柱轴的三个竖向平面应该平行，并在试验时继续保持平行和等距离垂直试体的方向，其中一根支撑圆柱和加荷圆柱能轻微地倾斜使圆柱与试体完全接触，以便荷载沿试体宽度方向均匀分布，同时不产生任何扭转应力。

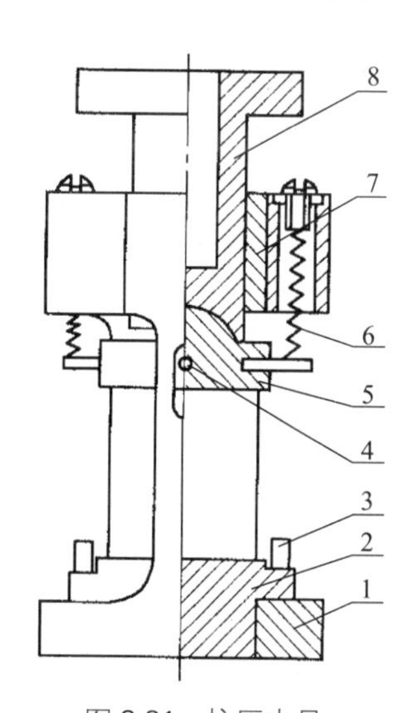

图 2-21　抗压夹具

1—框架；2—下压板；3—定位销；4—定向销；5—上压板和球座；6—吊簧；7—铜套；8—传压柱

(6) 抗压试验机

抗压试验机以 100～300kN 为宜，误差不得超过 2%。

(7) 抗压夹具

抗压夹具由硬质钢材制成，加压板长为 (40±0.1)mm，宽不小于 40mm，加压面必须磨平 (图 2-21)。

3. 水凝胶砂试验用砂

ISO 基准砂是由含量不低于 98%的天然的圆形硅质砂组成，其颗粒分布见表 2-25 的规定。

ISO 基准砂颗粒分布　　**表 2-25**

方孔边长/mm	累计筛余/%	方孔边长/mm	累计筛余/%	方孔边长/mm	累计筛余/%
2.0	0	1.0	33±5	0.16	87±5
1.6	75	0.5	67±5	0.08	99±1

砂的筛析试验应用有代表性的样品来进行，每个筛子的筛析试验应进行至每分钟通过量小 0.5g 为止。砂的湿含量是在 105～110℃下用代表性砂样烘 2h 的质量损失来测定，以干基的质量百分数表示，应小于 0.2%。颗粒分布和湿含量的测定每天应至少进行一次。

水泥胶砂强度用砂应使用中国 ISO 标准砂。ISO 标准砂由 1～2mm 粗砂，0.5～1.0mm 中砂，0.08～0.5mm 细砂组成，各级砂质量为 450g（即各占 1/3），通常以(1350±5)g 混合小包装供应。灰砂比为 1∶3，水灰比为 0.5。

4. 试样成型步骤及养护

(1) 将试模（图 2-19）擦净，四周模板与底板接触面上应涂黄油，紧密装配，防止漏浆。内壁均匀刷一薄层机油。

(2) 每成型三条试样材料用量为水泥 (450±2)g，ISO 标准砂 (1350±5)g，水(225±1)g。适用于硅酸盐水泥、普通硅酸盐水泥、矿渣硅酸盐水泥、粉煤灰硅酸盐水泥、复合硅酸盐水泥和火山灰质灰硅酸盐水泥。

(3) 用搅拌机搅拌砂浆的拌和程序为：先使搅拌机处于等待工作状态，然后按以下程序进行操作：先把水加入锅内，再加水泥，把锅安放在搅拌机固定架上，上升至上固定位置。然后立即开动机器，低速搅拌 30s 后，在第二个 30s 开始的同时，均匀地将砂子加入。把机器转至高速再拌 30s。停拌 90s，在第一个 15s 内用一胶皮刮具将叶片和锅壁上的胶砂刮入锅中间。在高速下继续搅拌 60s。各个搅拌阶段，时间误差应在 1s 以内。停机后，将粘在叶片上的胶砂刮下，取下搅拌锅。

(4) 在搅拌砂的同时，将试模和模套固定在振实台上。待胶砂搅拌完成后，取下搅拌锅，用一个适当的勺子直接从搅拌锅里将胶砂分两层装入试模，装第一层时，每个槽里约放 300g 胶砂，用大播料器垂直架在模套顶部，沿每个模槽来回一次将料层播平，接着振实 60 次。再装第二层胶砂，用小播料器播平，再振实 60 次。移开模套，从振实台上取下试模，用一金属直尺以近似 90°的角度架在试模模顶的一端，沿试模长度方向以横向锯割动作慢慢向另一端移动，一次将超过试模部分的胶砂刮去，并用同一直尺在近乎水平的情况下将试体表面抹平。

(5) 在试模上做标记或加字条标明试样编号和试样相对于振实台的位置。

(6) 试样成型试验室的温度应保持在 (20±2)℃，相对湿度不低于 50%。

(7) 试样养护

1) 将做好标记的试模放入雾室或湿箱的水平架子上养护，湿空气（温度保持在(20±1)℃，相对湿度不低于 90%）应能与试模各边接触。一直养护到规定的脱模时间（对于 24h 龄期的，应在破型试验前 20min 内脱模；对于 24h 以上龄期的应在成型后 20～24h 之间脱模）时取出脱模。脱模前用防水墨汁或颜色笔对试体进行编号和其他标记，两个龄期以上的试体，在编号时应将同一试模中的三条试体分在两个以上龄期内。

2) 将做好标记的试样立即水平或竖直放在 (20±1)℃水中养护，水平放置时刮平面应朝上。养护期间试样之间间隔或试体上表面的水深不得小于 5mm。

5. 强度检验

试样从养护箱或水中取出后，在强度试验前应用湿布覆盖。

(1) 抗折强度测试

1) 检验步骤

A. 各龄期必须在规定的时间3d±2h、7d±3h、28d±3h（表2-26）内取出三条试样先做抗折强度测定。测定前须擦去试样表面的水分和砂粒，消除夹具上圆柱表面粘着的杂物。试样放入抗折夹具内，应使试样侧面与圆柱接触。

不同龄期的试样强度试验必须在下列时间内进行　　表2-26

龄期	24h	48h	3d	7d	28d
试验时间	±15min	±30min	±45min	±2h	±8h

B. 采用杠杆式抗折试验机时（图2-20），在试样放入之前，应先将游动砝码移至零刻度线，调整平衡砣使杠杆处于平衡状态。试样放入后，调整夹具，使杠杆有一仰角，从而在试样折断时尽可能地接近平衡位置。然后，起动电机，丝杆转动带动游动砝码给试样加荷；试样折断后从杠杆上可直接读出破坏荷载和抗折强度。

C. 抗折强度测定时的加荷速度为（50±10）N/s。

D. 抗折强度按下式计算，精确到0.1MPa。

2) 试验结果

A. 抗折强度值，可在仪器的标尺上直接读出强度值。也可在标尺上读出破坏荷载值，按下式计算，精确至0.1N/mm²。

$$f_V=\frac{3F_PL}{2bh^2}=0.00234F_P \tag{2-4}$$

式中　f_V——抗折强度（MPa），计算精确至0.1MPa；

F_P——折断时放加于棱柱体中部的荷载，N；

L——支撑圆柱中心距（mm），即100mm；

b、h——试样正方形截面宽（mm），均为40mm。

B. 抗折强度测定结果取三块试样的平均值并取整数，当三个强度值中有超过平均值的10%，应予剔除后再取平均值作为抗折强度试验结果。

(2) 抗压强度测试

1) 检验步骤

A. 抗折试验后的两个断块应立即进行抗压试验。抗压试验须用抗压夹具进行。试样受压面为40mm×40mm。试验前应清除试样的受压面与加压板间的砂粒或杂物，检验时以试样的侧面作为受压面，试样的底面靠紧夹具定位销，并使夹具对准压力机压板中心。

B. 抗压强度试验在整个加荷过程中以（2400±200）N/s的速率均匀地加荷直至破坏。

2）检验结果

A. 抗压强度按下式计算，计算精确至 0.1MPa。

$$f_c=\frac{F_P}{A}=0.000625F_P \tag{2-5}$$

式中 f_c——抗压强度，MPa；

F_P——破坏荷载，N；

A——受压面积（mm^2），即 $40mm\times40mm=1600mm^2$。

B. 抗压强度以一组三个棱柱体上得到的六个抗压强度测定值的算术平均值为试验结果。如果六个测定值中有一个超出六个平均值的±10%，应剔除这个结果，剩下五个的平均数为结果。如果五个测定值中再有超过它们平均数±10%的，则此组结果作废。

C. 将试验过程记录和计算结果填入试验报告。

2.3.7 工程现场水泥的见证送样

为了保证工程试样监测工作的科学性、代表性和准确性，确保建设工程质量，根据有关规定各地都在工程质量检测中实行了见证取样送样制度。即在业主或监理单位人员的见证下，由施工人员在现场抽取试样并共同送至检测机构进行检测的制度。这一制度的实施，可以说最大限度地保证了监测数据的真实性、代表性和对提高建设工程的质量打下了良好的基础。

1. 见证人应严格遵守见证取样送样的范围和程序

见证人员指对取样送样进行见证的人员。见证人必须是业主或监理单位人员，并且具有初级以上技术职称或具有建筑施工专业知识，且经考核合格取得“见证人员证书”的人员。见证人对试样的代表性、真实性负有法定的责任。

见证人在工作中应严格遵守见证取样送样的范围和程序，控制好这一关键环节。见证取样送样的范围为：①钢筋及焊接试样；②水泥、沙子、石子等原材料；③混凝土、砂浆试块；④防水材料；⑤其他必要的项目。

见证取样送样的程序：①业主向检测机构递交“见证单位和见证人员授权书”；②施工人员进行取样或制作试样时，见证人必须在场；③见证人应对试样进行监护，并和施工企业取样人员一起将试样送至检测单位或采取有效的封样措施送样；④检测单位接受委托时，需有送检单位填写委托单，见证人员在委托单上签名认证；⑤送检单位在实验过程中若出现试样不合格现象，应首先通知质量监督部门和见证单位。

2. 见证人应提高认识，切实担负起自己的职责

在见证取样送样制度中，见证人具有举足轻重的作用。见证人的重视程度和责任心直接关系到试样和监测数据的真实性和代表性。但在现实中，许多见证人并没有充分认识到见证的重要性和后果的严重性，应该到现场取样时不到现场，或只管取样不管送样，给工程的质量留下了隐患。因此，业主或监理单位必须加强对见证人的管理、教育和业务培训，同时建立取样员和见证人工作台账，用严格的制度对见证取样

送样进行管理和规范。同时，见证人本身也应该提高认识，加强职业道德学习和专业技术学习，切实担负起自己应负的责任，为工程质量保驾护航。

3. 水泥的见证送样

见证送样必须逐项填写检验委托单中的各项内容，如委托单位、建设单位、施工单位、工程名称、工程部位、见证单位、见证人、送样人、水泥生产厂名、商标、水泥品种、强度等级、出厂编号或出厂日期、进场日期、取样数量、检验项目、执行标准等。必要时应提供产品质量保证书。

单元小结

当今世界各国都在研究和发展专用水泥及特种水泥。水泥已从单一的含硅酸盐矿物的品种发展到各种化学成分矿物组成、性能与应用范围不同的品种。到目前为止，我国已成功研制了特种水泥及专用水泥 100 余种，经常生产的有 30 余种，约占水泥总产量的 25%。然而硅酸盐水泥仍然是土木建筑行业的基础，我国自 1985 水泥产量居世界第一以来，连续二十多年雄居世界首位，2008 年水泥产量超过 14 亿 t，达到 14.5 亿 t。因此合理选择、应用水泥是建筑工程技术人员必须的能力。

练习题

一、基础题

（一）名词解释

气硬性胶凝材料、水硬性胶凝材料、建筑石膏、过火石灰、欠火石灰、石灰陈伏、钙质石灰、石灰熟化、水玻璃模数、硅酸盐水泥、普通水泥、矿渣水泥、火山灰水泥、粉煤灰水泥、复合水泥、活性混合材料、非活性混合材料、快硬水泥、低热水泥、膨胀水泥、道路硅酸盐水泥、水泥细度、初凝、终凝、标准稠度用水量、体积安定性、水泥试件的标准养护、水化热、水泥石的腐蚀、过期水泥、六大品种水泥

(二) 是非题

1. 气硬性胶凝材料只能在空气中硬化，而水硬性胶凝材料只能在水中硬化。(　　)
2. 建筑石膏的化学成分是 $CaSO_4 \cdot 2H_2O$。(　　)
3. 建筑石膏最突出的性质是凝结硬化快，并且在硬化时体积略有膨胀。(　　)
4. 石灰硬化时的碳化反应式是：
   $Ca(OH)_2 + CO_2 + H_2O = CaCO_3 + 2H_2O$。(　　)
5. 石灰陈伏是为了降低石灰熟化时的发热量。(　　)
6. 石灰的干燥收缩值大，这是石灰不宜单独生产石灰制品和构件的主要原因。(　　)
7. 在空气中贮存过久的生石灰，可以照常使用。(　　)
8. 石灰是气硬性胶凝材料，故由熟石灰配制的灰土和三合土均不能用于受潮的工程中。(　　)
9. 生石灰因其水化迅速，完全可以直接用于配制混合砂浆。(　　)
10. 水玻璃的模数 n 值越大，则其黏度越大，在水中的溶解度越大。(　　)
11. 水玻璃的凝结硬化慢，可加入 Na_2SiF_6 促凝。(　　)
12. 硅酸盐水泥中 C_2S 早期强度低，后期强度高；而 C_3S 正好相反。(　　)
13. 硅酸盐水泥中含有氧化钙，氧化镁及过多的石膏，都会造成水泥的体积安定性不良。(　　)
14. 用沸煮法可以全面检验硅酸盐水泥的体积安定性是否良好。(　　)
15. 硅酸盐水泥的初凝时间为 45min。(　　)
16. 因水泥是水硬性胶凝材料，所以运输和贮存时不怕受潮。(　　)
17. 影响硬化水泥石强度的最主要因素是水泥熟料的矿物组成，与水泥的细度，与拌和加水量的多少关系不大。(　　)
18. 高铝水泥的水化热大，所以不宜采用蒸汽养护。(　　)
19. 用粒化高炉矿渣加入少量石膏共同磨细，可制得矿渣硅酸盐水泥。(　　)
20. 测定水泥强度用的水泥胶砂质量配合比为：水泥：普通砂：水＝1：3：0.5。(　　)
21. 安定性不良的水泥应作为废品处理，不能用于任何工程。(　　)
22. 有耐磨性要求的混凝土不能使用火山灰水泥。(　　)
23. 厚大体积的混凝土应优先选用硅酸盐水泥。(　　)
24. 水泥石组成中凝胶体含量增加，水泥石强度提高。(　　)
25. 矿渣水泥的抗渗性较好。(　　)
26. 水泥的强度主要取决于矿物组成和细度。(　　)
27. 干燥环境中的混凝土工程，宜选用普通水泥。(　　)
28. 硅酸盐水泥熟料矿物成分中，水化速度最快的是 C_3A。(　　)
29. 有抗渗性要求的混凝土不宜选用矿渣硅酸盐水泥。(　　)
30. C_3S 的早期强度比 C_2S 的高。(　　)
31. 泌水性较大的水泥是粉煤灰水泥。(　　)

32. 水玻璃在硬化后具有较高的耐酸性。(　　)
33. 硫酸镁对水泥石不具有腐蚀作用。(　　)
34. 粒化高炉矿渣是一种非活性混合材料。(　　)
35. 水泥强度的确定是以其 28d 为最后龄期强度，但 28d 后强度是继续增长的。(　　)
36. 水泥储存超过 3 个月，应重新检测，才能决定如何使用。(　　)
37. 生石灰使用前的陈伏处理是为了消除欠火石灰。(　　)
38. 生石灰硬化时体积产生收缩。(　　)
39. 硅酸盐水泥不适用于有防腐要求的混凝土工程。(　　)
40. 硅酸盐水泥抗冻性好，因此特别适用于冬期施工。(　　)
41. 体积安定性检验不合格的水泥可以降级使用或作混凝土掺合料。(　　)
42. 强度检验不合格的水泥可以降级使用或作混凝土掺合料。(　　)
43. 石膏硬化时体积不产生收缩。(　　)
44. 水玻璃硬化后耐水性好，因此可以涂刷在石膏制品的表面，以提高石膏制品的耐久性。(　　)
45. 三合土可用于建筑物基础、路面和地面的垫层。(　　)
46. 建筑石膏制品具有一定的调温调湿性。(　　)
47. 硅酸盐水泥的耐磨性优于粉煤灰水泥。(　　)
48. 我国北方有低浓度硫酸盐侵蚀的混凝土工程宜优先选用矿渣水泥。(　　)
49. 建筑石膏制品防火性能良好，可以在高温条件下长期使用。(　　)
50. 粉煤灰水泥与硅酸盐水泥相比，因为掺入了大量的混合材，故其强度也降低了。(　　)
51. 火山灰水泥适合于有抗渗要求的混凝土工程。(　　)
52. 火山灰水泥虽然耐热性差，但可用于蒸汽养护。(　　)
53. 提高水泥石的密实度，可以提高抗腐蚀能力。(　　)
54. 强度不合格的水泥应作废品处理。(　　)
55. 石灰熟化的过程又称为石灰的消解。(　　)
56. 石灰膏在储液坑中存放两周以上的过程称为“淋灰”。(　　)

(三) 填空题

1. 写出下列分子式代表的建筑材料的名称：$Ca(OH)_2$ ______、CaO ______、$CaCO_3$ ______、$CaSO_4 \cdot 2H_2O$ ______、$CaSO_4 \cdot 1/2H_2O$ ______、$Na_2O \cdot nSiO_2$ ______。
2. 石灰熟化时放出大量的______，体积发生显著______；石灰硬化时放出大量的______、体积发生明显______。
3. 建筑石膏的化学成分是______，其凝结硬化速度______，硬化时体积______，硬化后孔隙率______，表观密度______，导热性______，耐水性______。

4. 建筑石膏具有许多优点，但存在最大的缺点是________。
5. 水玻璃的模数 n 值越大，其溶于水的温度越高，粘结力越________。常用水玻璃的模数 n=________。
6. 建筑石膏板不能用做外墙板，主要原因是它的________性差。
7. 硅酸盐水泥熟料的主要矿物组成为________、________、________及 C_4AF。其中，________是决定水泥早强的组分，________凝结硬化最快，________是保证水泥后期强度的主要组分，________水化热最大，________是决定水泥颜色的组分。
8. 硅酸盐水泥的主要水化产物是__________、__________、__________、__________及__________。水泥石之所以受到腐蚀，其内因之一是由于水泥石中含有水化产物________和________。
9. 生产硅酸盐水泥时必须掺入适量石膏，其目的是________。当石膏掺量过多时，会导致________；当石膏掺量不足时，会发生________。
10. 影响硅酸盐水泥凝结硬化的因素有________、________、________、________、________等。
11. 常见的水泥石腐蚀的类型有__________、__________、__________、________、________。防止腐蚀的措施有________、________、________等。
12. 矿渣水泥与普通水泥相比，其早强___________，后强___________，水化热________，抗腐蚀性________，抗冻性________。
13. 石灰浆陈伏的目的是________，石灰的耐水性______，不宜用于________环境。
14. 石膏制品的耐水性________、防火性________。
15. 通用硅酸盐水泥中__________水泥的抗渗性较好。
16. 水泥强度发展的规律是早期______、后期______。
17. 建筑石膏的耐水性与抗冻性________，故不宜用于____________环境。
18. 水玻璃在硬化后具有较高的__________性。
19. 建筑石膏的水化过程是____石膏转变为二水石膏的过程。
20. 通用水泥中______水泥的耐热性最好。
21. 干燥环境中的混凝土工程，不宜选用________水泥。
22. 水玻璃硬化后，具有较高的强度、________、__________等性能。
23. 硅酸盐水泥的水化产物中有两种凝胶，即水化铁酸钙和________。
24. 提高环境的温度和湿度，则水泥的强度发展______。
25. 建筑石膏硬化后，在潮湿环境中，其强度显著________，遇水则________，受冻后破坏 。
26. 石灰浆体在空气中硬化，是由______作用和______作用同时进行的过程来完成，故石灰属于______胶凝材料。
27. 石膏的硬化时体积是________，硬化后孔隙率较________。
28. 硅酸盐水泥熟料中四种矿物成分的分子式简式是______、______、________、________。

29. 建筑石膏的化学成分为________。

30. 与建筑石灰相比，建筑石膏凝结硬化后体积__________。

31. 石灰的耐水性__________，用石灰和黏土配制的灰土耐水性较__________。

32. 水玻璃硬化后的主要化学组成是__________。

33. 活性混合材料中含有活性________和________成分。

34. 矿渣水泥抗硫酸盐侵蚀性比硅酸盐水泥____，其原因是矿渣水泥水化产物中________含量少。

35. 半水石膏的结晶体有两种，其中______型为普通建筑石膏；______型为高强建筑石膏。

36. 水泥的凝结时间分为初凝时间和终凝时间，国家标准中规定普通硅酸盐水泥的初凝不早于______________，终凝不迟于______________。

37. 为了防止和消除墙上石灰砂浆抹面的爆裂现象，可采取________的措施。

38. 水泥细度越细，水化放热量越________，凝结硬化后收缩越________。

（四）选择题

1. 建筑石膏的分子式是（　　）。

   A. $CaSO_4 \cdot 2H_2O$　　B. $CaSO_4 \cdot 1/2H_2O$

   C. $CaSO_4$　　D. $3CaO \cdot Al_2O_3 \cdot 3CaSO_4 \cdot 3H_2O$

2. （　　）浆体在凝结硬化过程中，体积发生微小膨胀。

   A. 石灰　　B. 石膏　　C. 水玻璃

3. 石灰硬化的理想环境条件是在（　　）中进行。

   A. 水　　B. 潮湿环境　　C. 空气

4. 生石灰的分子式是（　　）。

   A. $CaCO_3$　　B. CaO　　C. $Ca(OH)_2$

5. 石灰在硬化过程中，体积产生（　　）。

   A. 微小收缩　　B. 不收缩也不膨胀　　C. 膨胀

   D. 较大收缩

6. 石灰陈伏的目的是为了（　　）。

   A. 有利于结晶　　B. 蒸发多余水分　　C. 消除过火石灰的危害

   D. 降低发热量

7. 高强石膏的强度较高，这是因其调制浆体时的需水量（　　）。

   A. 大　　B. 小　　C. 中等　　D. 可大可小

8. 水玻璃中常掺用的硬化剂是（　　）。

   A. NaF　　B. Na_2SO_4　　C. Na_2SiF_6　　D. $NaOH$

9. 生产硅酸盐水泥，在粉磨熟料时一定要加入适量的石膏，是为了对水泥起（　　）作用。

   A. 缓凝　　B. 促凝　　C. 助磨

10. 水泥的安定性是指水泥浆在硬化时（　　）的性质。

A. 产生高密实度　　B. 体积变化均匀　　C. 不变形

11. 引起硅酸盐水泥体积安定性不良的原因之一是水泥熟料中（　　）含量过多。

A. CaO　　B. f-CaO　　C. $Ca(OH)_2$

12. 硅酸盐水泥熟料中，（　　）矿物含量最高。

A. C_3S　　B. C_2S　　C. C_3A　　D. C_4AF

13. 用沸煮法检验水泥体积安定性，只能检查出（　　）的影响。

A. f-CaO　　B. f-MgO　　C. 石膏

14. 大体积混凝土施工，当只有硅酸盐水泥供应时，为降低水化热，可采取（　　）的措施。

A. 将水泥进一步磨细　　B. 掺入一定量磨细的活性混合材料

C. 增加拌合用水量

15. 硅酸盐水泥硬化的水泥石，长期处在硫酸盐浓度较低的环境水中，将导致膨胀开裂，这是由于反应生成了（　　）所致。

A. $CaSO_4$　　B. $CaSO_4 \cdot 2H_2O$　　C. $3CaO \cdot Al_2O_3 \cdot 3CaSO_4 \cdot 31H_2O$

16. 冬期施工现浇钢筋混凝土工程，宜选用（　　）水泥。

A. 矿渣　　B. 普通　　C. 高铝

17. 对于干燥环境中的工程，应优先选用（　　）水泥。

A. 火山灰　　B. 矿渣　　C. 普通

18. 有抗冻要求的混凝土工程，应优先选用（　　）水泥。

A. 矿渣　　B. 普通　　C. 高铝

19. 大体积混凝土施工，应选用（　　）水泥。

A. 矿渣　　B. 普通　　C. 硅酸盐

20. 硅酸盐水泥适用于下列（　　）混凝土工程。

A. 大体积　　B. 预应力钢筋　　C. 耐热　　D. 受海水侵蚀

21. 紧急抢修工程宜选用（　　）水泥。

A. 硅酸盐　　B. 普通　　C. 膨胀　　D. 快硬

22. 不宜采用蒸汽养护的水泥是（　　）水泥。

A. 矿渣　　B. 火山灰　　C. 硅酸盐　　D. 快硬

E. 高铝

23. 实际工程中使用的生石灰粉、消石灰粉、石灰膏的主要成分分别为（　　）。

A. $CaCO_3$、CaO、$Ca(OH)_2$　　B. CaO、$Ca(OH)_2$、$CaCO_3$

C. CaO、$Ca(OH)_2$、$Ca(OH)_2$　　D. $Ca(OH)_2$、$Ca(OH)_2$、CaO

24. 水泥中的碱含量，主要指（　　）的含量。

A. Na_2O+K_2O　　B. Na_2O+CaO　　C. $CaO+K_2O$　　D. $Ca(OH)_2$

25. 硅酸盐水泥不宜用于（　　）。

A. 大体积混凝土　　B. 耐热混凝土

C. 抗渗混凝土　　D. 耐硫酸盐混凝土

26. 下列关于石灰特性的描述中，错误的是（　　）。
A. 可塑性和保水性好　　B. 硬化时体积微膨胀
C. 耐水性差　　D. 硬化后强度较低

27. 高铝水泥（　　）与硅酸盐水泥或石灰混合使用。
A. 可以　　B. 不可以
C. 在低温下可以　　D. 在一定量以内可以

28. 粉煤灰水泥耐腐蚀性较强，其主要原因是水泥石中（　　）。
A. $Ca(OH)_2$ 含量少　　B. $Ca(OH)_2$ 含量多
C. 水化铝酸钙含量少　　D. A、C 两项均选

29. 水玻璃在硬化后具有（　　）等特点。
A. 粘结力高　　B. 耐热性好　　C. 耐酸性差　　D. A、C 两项均选

30. 高铝水泥的早期强度（　　）相同强度等级的硅酸盐水泥。
A. 高于　　B. 低于　　C. 近似等同于　　D. 高于或低于

31. 矿渣水泥适合于（　　）混凝土工程。
A. 与海水接触的　　B. 低温施工的
C. 寒冷地区与水接触　　D. 抗碳化性要求高的

32. 粉煤灰水泥后期强度发展快的原因是（　　）间的水化反应产生了越来越多的水化产物。
A. 活性 SiO_2 与 $Ca(OH)_2$
B. 活性 $Si0_2$ 和 $A1_20_3$ 与 $CaS0_4 \cdot 2H_2O$
C. 活性 $A1_20_3$ 与 $Ca(OH)_2$ 和 $CaS0_4 \cdot 2H_2O$
D. A、B 两项均选

33. 某批硅酸盐水泥，经检验其体积安性不良，则该水泥（　　）。
A. 不得使用　　B. 可用于次要工程
C. 可降低等级使用　　D. 可用于工程中，但必须提高用量

34. 优先选用火山灰质硅酸盐水泥的混凝土是（　　）。
A. 干燥环境中的混凝土　　B. 早期强度要求高的混凝土
C. 有耐磨要求的混凝土　　D. 有抗渗要求的混凝土

35. 高铝水泥适用于（　　）。
A. 紧急抢修的混凝土工程　　B. 夏季施工的混凝土工程
C. 大体积混凝土工程　　D. 预制混凝土构件

36. 以下哪种材料硬化后耐水性最差?（　　）。
A. 灰土　　B. 石膏　　C. 三合土　　D. 水泥

37. 下述材料在凝结硬化时体积发生微膨胀的是（　　）。
A. 石灰　　B. 石膏　　C. 普通水泥　　D. 水玻璃

38. 建筑石膏硬化后强度不高，其原因是（　　）。

A. $CaSO_4$ 强度低　　B. β晶型强度低

C. 结构中孔隙率大　　D. 杂质含量高

39. 硅酸盐水泥石在遭受破坏的各种腐蚀机理中，与反应产物 $Ca(OH)_2$ 无关的是（　　）。

A. 硫酸盐腐蚀　　B. 镁盐腐蚀

C. 碳酸腐蚀　　D. 强碱腐蚀

40. 硅酸盐水泥熟料矿物组成中，对水泥石抗折强度贡献最大的是（　　）。

A. C_3S　　B. C_2S　　C. C_3A　　D. C_4AF

41. 硅酸盐水泥硬化水泥石，长期处在硫酸盐浓度较低的环境水中，将导致膨胀开裂，这是由于反应生成了（　　）所致。

A. $CaSO_4$　　B. $CaSO_4 \cdot 2H_2O$

C. $3CaO \cdot Al_2O_3 \cdot CaSO_4 \cdot 31H_2O$　　D. $CaO \cdot Al_2O_3 \cdot 3CaSO_4 \cdot 11H_2O$

42. 下述说法中正确的是（　　）。

A. 石灰的耐水性较差，石灰与黏土配制而成的灰土耐水性也较差

B. 建筑石膏强度不如高强石膏，是因为两者水化产物不同，前者水化产物强度小于后者水化产物强度

C. 水玻璃属于气硬性胶凝材料，因此，将其用于配制防水剂是不可行的

（五）问答题

1. 什么是气硬性胶凝材料？什么是水硬性胶凝材料？二者有何区别？
2. 建筑石膏有哪些主要特性？其用途如何？
3. 为什么建筑石膏可不加骨料而能制成纯石膏制品？
4. 为什么说石膏板是一种良好的内墙材料？但不能用作外墙围护结构？
5. 石膏板为什么具有吸声性和耐火性？
6. 用于内墙面抹灰时，建筑石膏与石灰相比具有哪些优点？为什么？
7. 过火石灰、欠火石灰对石灰的性能有何影响？如何消除？
8. 建筑上使用石灰为什么一定要预先进行熟化陈伏？
9. 水玻璃的主要性质和用途有哪些？
10. 硅酸盐水泥的主要矿物组成有哪些？它们单独与水作用时的特性如何？水泥的生产可概括为哪几个字？
11. 制造硅酸盐水泥为什么必须掺入适量的石膏？其掺量太多或太少时，将发生什么情况？
12. 水泥石的腐蚀方式有哪些？怎样防止水泥石的腐蚀？
13. 何为活性混合材料和非活性混合材料？它们加入硅酸盐水泥中各起什么作用？硅酸盐水泥中常掺入哪几种活性混合材料？
14. 为什么软水能够腐蚀水泥石而硬水及含重碳酸盐多的水对水泥石无腐蚀作用？
15. 简述快硬硅酸盐水泥、中低热水泥、道路硅酸盐水泥、明矾石膨胀水泥、铝酸盐

水泥、白色硅酸盐水泥的定义、特性及用途。

二、试验题

1. 硅酸盐水泥、普通水泥的主要技术性质有哪些？国家标准中对它们是如何规定的？
2. 国家标准中，为何要限制水泥的细度？为什么初凝时间和终凝时间必须在一定范围内？
3. 硅酸盐水泥产生安定性不良的原因有哪些？安定性不合格的水泥怎么办？
4. 测得硅酸盐水泥标准试件的抗折强度和抗压破坏荷载见表 2-27，试评定其强度等级。

表 2-27

试件龄期（d）	抗折强度（MPa）	抗压破坏荷载（kN）
3	4.0、4.2、4.2	30、32、34、32、36、36
28	7.6、8.1、8.2	72、70、72、71、83、74

5. 已测得某批普通水泥的标准试件 3 天的抗折和抗压强度达到 42.5 级的指标，现又测得其 28 天的破坏荷载见表 2-28，试确定该批水泥的强度等级。

表 2-28

抗折破坏荷载（kN）	2.91、3.08、3.64
抗压破坏荷载（kN）	84、85、85、86、86、89

6. 工地入库的 42.5 级矿渣水泥，存放六个月后，取样送实验室检验，结果见表2-29：

表 2-29

龄期	抗折强度（MPa）	抗压破坏荷载（kN）
3 天	3.6、4.0、3.6	23、25、24、28、26、26
28 天	6.6、6.3、6.8	63、59、69、71、66、72

问该水泥的强度等级已降为多少？

7. 某工地购买一批 42.5R 型普通水泥，因存放期超过三个月，需试验室重新检验强度等级。已测得该水泥试件 3d 的抗折、抗压强度，均符合 42.5R 的规定指标，又测得 28d 的抗折、抗压强度破坏荷载见表 2-30，求该水泥实际强度等级？

表 2-30

试件编号	抗折破坏荷载/N×10^3	抗压破坏荷载/N×10^3
Ⅰ	2.8	69.7
		69.4
Ⅱ	2.78	67.9
		71.8
Ⅲ	2.76	70.2
		69.9

若将表中 69.9 改为 50.0，则结果如何？若将表中 2.76 改为 2.20，则结果又如何？

8. 水泥通过检验后，什么叫合格品？什么叫不合格品？什么叫降级使用品？

9. 试验室对某施工单位的水泥来样进行强度测试，测得 28d 的抗压荷载分别为 90、92、87、83、91、70kN，另假定测得该水泥的 3d 抗折和抗压强度以及 28d 抗折强度能满足 32.5、42.5 和 52.5 级水泥的强度要求，试评定该水泥的强度等级。

三、应用题

1. 石灰本身不耐水，但用它配制的灰土或三合土却可用于基础的垫层、道路的基层等潮湿部位，为什么?
2. 某多层住宅楼室内抹灰采用的是石灰砂浆，交付使用后出现墙面普遍鼓包开裂，试分析其原因。欲避免这种情况发生，应采取什么措施?
3. 为什么石灰除粉刷外，不单独使用?
4. 某建筑的内墙使用石灰砂浆抹面，数月后墙面上出现了许多不规则的网状裂纹，同时个别部位还有一部分凸出的呈放射状裂纹。试分析上述现象产生的原因。
5. 硅酸盐水泥有哪些特性? 主要适用于哪些工程? 在使用过程中应注意哪些问题?
6. 与硅酸盐水泥相比，掺大量混合材料的水泥在组成、性能和应用等方面有何不同?
7. 矿渣水泥、火山灰水泥和粉煤灰水泥这三种水泥在性能及应用方面有何异同?
8. 通用水泥的强度等级划分的依据是什么? 六大品种水泥分别有哪些强度等级?
9. 水泥在运输和贮存时应注意哪些事项?
10. 硅酸盐水泥和熟石灰混合使用会不会引起体积安定性不良? 为什么?
11. 为什么生产硅酸盐水泥时掺入适量石膏对水泥不起破坏作用，而硬化水泥石在有硫酸盐的环境介质中生成石膏时就有破坏作用?
12. 某工地建筑材料仓库内存有白色胶凝材料三桶，原分别标明为磨细的生石灰、建筑石膏和白水泥，后因保管不妥，标签脱落。问可用什么简易方法来加以辨别?
13. 有下列混凝土构件和工程，试分别选用合适的水泥，并说明其理由：
    ① 现浇楼梁、板、柱；② 采用蒸汽养护预制构件；③ 紧急抢修的工程或紧急军事工程；④ 大体积混凝土坝、大型设备基础；⑤ 有硫酸盐腐蚀的地下工程；⑥ 高炉基础；⑦ 海港码头工程。

单元课业

课业名称：编制一份水泥检测报告

学生姓名：

自评成绩：

任课教师：
时间安排：安排在开课 4～6 周后，用 3 天时间完成。
开始时间：
截止时间：

一、课业说明

本课业是为了完成正确编制、填写、识读具体的建筑材料检测报告而制定的。根据“胶凝材料”的能力要求，需要根据标准正确实施水泥材料检测，编制、填写检测报告，依据检测报告提出实施意见。

二、背景知识

教材：单元 2　胶凝材料检测与应用
2.2　水硬性胶凝材料
2.3　胶凝材料的技术指标检测

根据所学内容，查阅通用硅酸盐水泥标准，写出检测步骤，经指导教师审核后，进行水泥主要技术指标试验，填写检测报告，就各项指标，评定试验用水泥是否符合标准要求。

三、任务内容

包括：通用硅酸盐水泥标准查阅，标准中各项技术指标及其检测方法的正确解读，制定检测步骤，编制检测报告，实施通用硅酸盐水泥的检测，填写检测报告。

小组任务：

全班可分若干个小组，每组 5～6 名成员，集体协商，分工负责，群策群力，搞好课业工作。

组内每个成员的任务：

每个人都必须在自己的课业中完成以下方面的内容：

1. 查阅通用硅酸盐水泥的标准，并且要求是最新颁布实施。
2. 根据标准制定检测方法、步骤，需要引用其他标准时，应当继续追踪查阅。
3. 编制检测报告。
4. 进行各项技术指标实验，填写检测报告。

四、课业要求

具体完成时间、上交时间、上交地点、是否打印及格式等，让学生自己制订计划表上交。

完成时间：
上交时间：

打　　印：A4 纸打印。

五、检测报告参考样本

水泥试验报告

一、试验内容

二、主要仪器设备及规格型号

三、试验记录

水泥品种：________________　强度等级：________________

产品及名称：______________　出厂日期：________________

（一）水泥细度测试

试验日期：__________气温/室温：__________湿度：__________

1. 负压筛析法

水泥细度记录表　　表 2-31

编号	试样质量/g	筛余量/g	筛余百分数/%	细度平均值/%	结果评定
1					
2					
3					

2. 水筛法

水泥细度记录表　　表 2-32

编号	试样质量/g	筛余量/g	筛余百分数/%	细度平均值/%	结果评定
1					
2					
3					

3. 手工干筛法

水泥细度记录表　　表 2-33

编号	试样质量/g	筛余量/g	筛余百分数/%	细度平均值/%	结果评定
1					
2					
3					

（二）水泥标准稠度测试

试验日期：＿＿＿＿＿　气温 / 室温：＿＿＿＿＿　湿度：＿＿＿＿＿

1. 标准法

标准稠度用水量测定记录表　　表 2-34

水泥用量 /g	拌合用水量 /mL	试杆距底板高度 /mm	标准稠度用水量 P /%

2. 代用法

（1）调整水量法

标准稠度用水量测定记录表　　表 2-35

水泥用量 /g	拌合用水量 /mL	试锥下沉深度 /mm	标准稠度用水量 P /%

（2）不变水量法

标准稠度用水量测定记录表　　表 2-36

水泥用量 /g	拌合用水量 /mL	试锥下沉深度 /mm	标准稠度用水量 P /%

（三）水泥凝结时间测试

试验日期：＿＿＿＿＿　气温 / 室温：＿＿＿＿＿　湿度：＿＿＿＿＿

水泥凝结时间记录表　　表 2-37

标准稠度用水量 P /%	加水时刻 t_1 /（时：分）	初凝时刻 t_2 /（时：分）	初凝时间 (t_2-t_1) /min	终凝时刻 t_3 /（时：分）	终凝时间 (t_3-t_1) /min

结论：

（四）水泥安定性测试

试验日期：＿＿＿＿＿　气温 / 室温：＿＿＿＿＿　湿度：＿＿＿＿＿

1. 标准法（雷氏夹法）

水泥安定性记录表　　表 2-38

试样编号	煮前指针距离 /mm	煮后指针距离 /mm	平均值	结论
1				
2				

2. 代用法（试饼法）

沸煮前试饼情况形容：直径约＿＿＿＿＿＿＿＿；厚度＿＿＿＿＿＿＿＿；

沸煮后目测试饼情况：＿＿＿＿＿＿＿＿＿＿＿＿＿＿＿＿。

结论：

（五）水泥胶砂强度测试

试验日期：__________ 气温 /室温：__________ 湿度：__________

水泥胶砂强度测试记录表 **表 2-39**

受力种类	编号	3d			28d		
		荷载 /N	强度 /MPa	平均强度 /MPa	荷载 /N	强度 /MPa	平均强度 /MPa
抗折	1						
	2						
	3						
抗压	1						
	2						
	3						
	4						
	5						
	6						

结论：

根据国家标准，该水泥强度等级为：____________________。

四、试验小结

实际检测报告封面和内容样本如下：

1. 检测报告封面

检验报告

TEST REPORT

中心编号（No）：201605287

委托单位：____________________

样品名称：____________________

检验类别：____________________

国家建筑材料测试中心

National Research Center of Testing Techniques for Building Materials

2. 检测报告内容

国家建筑材料测试中心

National Research Center of Testing Techniques for Building Materials

检验报告

(Test Report)

中心编号：201605287 第1页 共2页

样品名称	粉煤灰水泥	检验类别	委托检验
委托单位	江苏徐州巨龙集团有限公司	来样编号	005—006
生产单位	江苏徐州巨龙集团有限公司	商标	巨龙
来样时间	2016年5月28日	型号规格	32.5
检验依据	GB 175—2007	产品类型	粉煤灰水泥
检验项目	细度、标准稠度加水量、凝结时间、体积安定性、水泥胶砂强度试验	生产日期	2016.05.25
检验结论			
附注:			

国家建筑材料测试中心

National Research Center of Testing Techniques for Building Materials

检验报告

(Test Report)

中心编号：201605287 第2页 共2页

序号	检验项目	标准指标	检验值	单项判定
1	细度			
2	标准稠度用水量			
3	凝结时间			
4	体积安定性			
5	水泥胶砂强度试验			
6				
7				
8				
9				
10				
11				
12				
备注:				

审核：　　　　　　　　　　　　　　　　主检：

检验单位地址：北京市朝阳区管庄中国建材院南楼　电话：65728538
邮编：100024

六、评价

评价内容与标准

技　能	评价内容	评价标准
查阅通用硅酸盐水泥标准	1. 查阅标准准确、可靠、实用 2. 能够迅速、准确、及时的查阅跟踪标准	1. 标准要新，不能过时、失效 2. 跟踪标准是主标准的必要补充
制定检测方法、步骤	检测方法合理、实用、可行	能够准确、无误的确定性能指标
编制检测报告	报告形式简洁、规范、明晰	报告内容、格式一目了然，版面均衡
进行各项技术性能实验，填写检测报告	实验正确、报告规范	操作仪器正确，检测数据准确，填写报告精确

能力的评定等级

4	C. 能高质、高效的完成此项技能的全部内容，并能指导他人完成 B. 能高质、高效的完成此项技能的全部内容，并能解决遇到的特殊问题 A. 能高质、高效的完成此项技能的全部内容
3	能圆满完成此项技能的全部内容，并不需任何指导
2	能完成此项技能的全部内容，但偶尔需要帮助和指导
1	能完成此项技能的部分内容，但须在现场的指导下，能完成此项技能的全部内容

课业成绩评定

教师评语及改进意见	学生对课业成绩的反馈意见

注：不合格：不能达到3级。　　　　合格：全部项目都能达到3级水平。
　　良好：60%项目能达到4级水平。　　优秀：80%项目能达到4级水平。

单元3

混凝土材料检测评定

引　言

混凝土是由有机或无机胶凝材料、骨料和水，必要时掺入化学外加剂和矿物质混合材料，按预先设计好的比例拌合、成型，并于一定条件下硬化而成的人造石材的总称。普通混凝土即由水泥、砂、石和水(有时掺少量外加剂)按适当比例配合，经搅拌、浇筑、成型、硬化后而成的人造石材。

普通混凝土应用最为广泛。它原材料来源丰富，抗压强度高，可塑性好，耐久性好且能和钢筋共同工作制成钢筋混凝土，成本低廉，施工方便。

普通混凝土存在自重大，抗拉强度低，容易开裂等缺陷。

本章主要介绍以水泥为胶结材料的普通混凝土知识，包括组成材料、主要技术性质、配合比设计、检测与应用。

学习目标

通过本章的学习你将能够：

了解普通混凝土基本组成材料的技术要求；

掌握混凝土拌合物与硬化混凝土的主要技术性质及影响因素；

掌握混凝土配合比计算和试验调整的方法；

具有进行混凝土主要性能指标检测的能力。

3.1 普通混凝土原材料的性能指标要求

学习目标

骨料的种类与技术性质指标；混凝土外加剂的种类、性能与应用。

关键概念

级配；细度模数；最大粒径。

普通混凝土的组成材料

在普通混凝土中，砂、石起骨架作用，称作骨料。水泥和水组成的水泥浆填充在砂、石的空隙中起填充作用，使混凝土获得必要的密实性；同时水泥浆又包裹在砂、石的表面，起润滑作用，使新拌混凝土具有成型时所必需的和易性；水泥浆还起胶结剂的作用，硬化后将砂石牢固地胶结成为一个整体。

1. 水泥

水泥是混凝土中最主要的组成材料。合理选择水泥，对于保证混凝土的质量，降低成本是非常重要的。水泥品种的选择，应根据结构物所处的环境条件及水泥的特性等因素综合考虑，可参照表 2-12 进行选用。

水泥的强度应与要求配制的混凝土强度等级相适应。若用低强度等级的水泥配制高强度等级的混凝土，不仅会使水泥用量过多而不经济，还会降低混凝土的某些技术品质（如收缩率增大等）；反之，用高强度等级的水泥配制低强度等级的混凝土，若只考虑强度要求，会使水泥用量偏小，从而影响耐久性；若兼顾耐久性等要求，又会导致超强而不经济。通常，配制一般混凝土时，水泥强度为混凝土设计强度等级的 1.5～2.0 倍；配制高强度混凝土时，为混凝土设计强度等级的 0.9～1.5 倍。

但是，随着混凝土强度等级不断提高，以及采用了新的工艺和外加剂，高强度和高性能混凝土不受此比例约束。表 3-1 是建筑工程中水泥强度等级对应宜配制的混凝土强度等级的参考表。

水泥强度等级可配制的混凝土强度等级参考表 **表 3-1**

水泥强度等级	宜配制的混凝土强度等级	说明
32.5	C15、C20、C25、C30	配制 C15 时，若仅满足混凝土强度要求，水泥用量偏少，混凝土拌合物的和易性较差；若兼顾和易性，则混凝土强度会超标。配制 C30 时，水泥用量偏大

续表

水泥强度等级	宜配制的混凝土强度等级	说　明
42.5	C30、C35、C40、C45	—
52.5	C40、C45、C50、C55、C60	—
62.5	≥C60	—

2. 骨料

骨料是混凝土的主要组成材料之一，在混凝土中起骨架作用。粒径在5mm以上者，称粗骨料；粒径在5mm以下者，称细骨料。普通混凝土用的骨料称为普通骨料，一般为各种天然岩石。

(1) 普通砂

普通砂系指河砂、海砂和山砂，是在自然条件作用下形成的，粒径在5mm以下的颗粒。河砂、海砂由于受水流的冲刷作用，颗粒多呈圆形，表面较光滑，拌制混凝土时需水量较少，但砂粒与水泥间的粘结力较弱，海砂中常含有贝壳碎片及可溶性盐类等有害杂质；山砂颗粒多具棱角、表面粗糙，需水量较大，和易性差，但砂粒与水泥间的粘结力强，有时含较多的黏土等有害杂质。选用砂时，应按就地取材的原则。当无砂源时，也可考虑采用人工砂，即将岩石经轧碎筛选而成的砂。

1) 有害杂质含量

砂中常含有黏土、淤泥、有机物、云母、硫化物及硫酸盐等杂质。黏土、淤泥粘附在砂粒表面，妨碍水泥与砂粒的粘结，降低混凝土强度、抗冻性和抗磨性，并增大混凝土的干缩。砂中含泥量和泥块含量规定见表3-2。云母呈薄片状，表面光滑，与水泥粘结不牢，会降低混凝土的强度。有机物、硫化物和硫酸盐等对水泥均有腐蚀作用，一般规定见表3-3。

砂中含泥量和泥块含量规定表　　表3-2

项　目	指　标		
	Ⅰ类	Ⅱ类	Ⅲ类
含泥量（按质量计），%	≤1.0	≤3.0	≤5.0
泥块含量（按质量计），%	0	≤1.0	≤2.0

注：Ⅰ类宜用于强度等级大于C60的混凝土；Ⅱ类宜用于强度等级C30～C60及抗冻、抗渗或其他要求的混凝土；Ⅲ类宜用于强度等级小于C30的混凝土和建筑砂浆。

砂中有害物含量规定表　　表3-3

项　目	指　标		
	Ⅰ类	Ⅱ类	Ⅲ类
云母（按质量计），%　≤	1.0	2.0	2.0
轻物质（按质量计），%　≤	1.0	1.0	1.0
有机物（比色法）	合格	合格	合格
硫化物及硫酸盐（按 SO_3 质量计），%　≤	0.5	0.5	0.5
氯化物（以氯离子质量计），%　≤	0.01	0.02	0.06
贝壳（按质量计）/%≤*			

*该指标仅适用于海砂，其他砂种不作要求。

2）粗细程度及颗粒级配

砂的粗细程度是指不同粒径的砂混合在一起时的平均粗细程度。在砂用量相同的情况下，若砂子过粗，则拌制的混凝土黏聚性较差，容易产生离析、泌水现象；若砂子过细，砂子的总表面积增大，虽然拌制的混凝土黏聚性较好，不易产生离析、泌水现象，但需要包裹砂子表面的水泥浆较多，水泥用量增大。所以，用于拌制混凝土的砂，不宜过粗，也不宜过细。

砂的颗粒级配是指砂中大小颗粒的搭配情况。砂中大小颗粒含量搭配适当，则其空隙率和总表面积都较小，即具有良好的颗粒级配。用这种级配良好的砂配制混凝土，不仅所用水泥浆量少，节约水泥，而且还可提高混凝土的和易性、密实度和强度。

图 3-1 中分别为单一粒径、两种粒径、三种粒径的砂搭配起来的结构示意图。

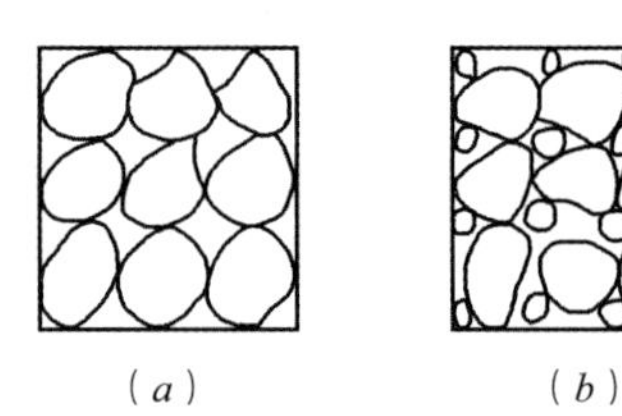
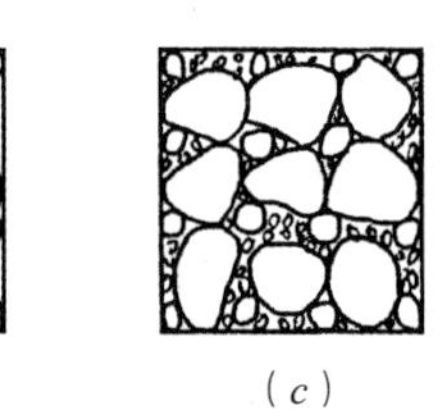

（*a*）　（*b*）　（*c*）

图 3-1　不同粒径的砂搭配的结构示意图

（*a*）一种粒径；（*b*）两种粒径；（*c*）三种粒径

从图 3-1 中可以看出，相同粒径的砂搭配起来，空隙率最大；当砂中含有较多的粗颗粒，并以适量的中粗颗粒及少量的细颗粒填充时，能形成最密集的堆积，空隙率达到最小。

砂的粗细程度和颗粒级配通过筛分析法确定。

筛分析法是用一套孔径为 4.75、2.36、1.18、0.60、0.30mm 和 0.15mm 的标准方孔筛，按照筛孔的大小顺序，将用 9.50mm 方孔筛筛出的 500g 干砂，由粗到细过筛，称得各号筛上的筛余量，并计算出各筛上的分计筛余百分率 a_1、a_2、a_3、a_4、a_5 和 a_6（各筛上的筛余量占砂样总重的百分率）及累计筛余百分率 A_1、A_2、A_3、A_4、A_5 和 A_6（各号筛的分计筛余百分率加上大于该筛的分计筛余百分率之和）。其关系见表 3-4。

累计筛余与分计筛余的关系　　**表 3-4**

筛孔尺寸/mm	分计筛余/%	累计筛余/%
4.75	a_1	$A_1=a_1$
2.36	a_2	$A_2=a_1+a_2$
1.18	a_3	$A_3=a_1+a_2+a_3$
0.60	a_4	$A_4=a_1+a_2+a_3+a_4$
0.30	a_5	$A_5=a_1+a_2+a_3+a_4+a_5$
0.15	a_6	$A_6=a_1+a_2+a_3+a_4+a_5+a_6$

砂的粗细程度用细度模数 M_x 表示。M_x 计算公式为

$$M_x=\frac{(A_2+A_3+A_4+A_5+A_6)-5A_1}{100-A_1} \tag{3-1}$$

砂按细度模数 M_x 分为粗、中、细三种规格：

$M_x=3.7\sim3.1$ 为粗砂

$M_x=3.0\sim2.3$ 为中砂

$M_x=2.2\sim1.6$ 为细砂

普通混凝土用砂以中砂较为适宜。

砂的颗粒级配用级配区表示，根据《建筑用砂》GB/T 14684—2011 规定，对细度模数为 3.7～1.6 的砂，按累计筛余百分率划分为三个级配区，见表 3-5。混凝土用砂的颗粒级配，应处于表 3-5 中的任何一个级配区内，表中所列的累计筛余百分率，除 4.75mm 和 0.60mm 筛号外，允许稍有超出分界线，其总量不大于 5%。

砂颗粒级配区 **表 3-5**

级配区 / 累计筛余，% / 方筛孔	1 区	2 区	3 区
9.50mm	0	0	0
4.75mm	10～0	10～0	10～0
2.36mm	35～5	25～0	15～0
1.18mm	65～35	50～10	25～0
0.60mm	85～71	70～41	40～16
0.30mm	95～80	92～70	85～55
0.15mm	100～90	100～90	100～90

砂颗粒级配区中，1 区砂颗粒较粗，宜用来配制水泥用量多（富混凝土）或低流动性普通混凝土；2 区为中砂，粗细适宜，配制混凝土宜优先选用 2 区砂；3 区颗粒偏细，所配混凝土拌合物黏聚性较大，保水性好，但硬化后干缩较大，表面易产生微裂缝，使用时，宜适当降低砂率。

【例 3-1】 某砂样筛分结果列于表 3-6 中，试评定该砂的粗细程度和颗粒级配。

解：计算细度模数：

$$M_x=\frac{(19+33+51+75+95)-5\times5}{100-5}=2.6 \quad \text{属于中砂}$$

查表 3-5 得，该批砂颗粒级配区为 2 区。

结果评定：该砂样为 2 区中砂。

某砂样（干砂 500g）筛分结果　　表 3-6

筛孔尺寸/mm	分计筛余		累计筛余/%
	筛余量/g	百分率/%	
4.75	25	5	5
2.36	70	14	19
1.18	70	14	33
0.60	90	18	51
0.30	120	24	75
0.15	100	20	95
<0.15	25	5	—

如果砂子自然级配不合适，如表 3-7 所列甲砂比第 3 级配区的要求偏粗，而比第 2 级配区的要求偏细；乙砂比第 1 级配区的要求偏粗，这时就要采用人工级配的方法来改善。最简单的措施是将粗、细砂按适当比例掺合使用，进行试配。甲、乙两种不符合级配要求的砂，按甲砂 20%+乙砂 80%配合调整后的混合砂级配符合第一级配区要求；按甲砂 50%+乙砂 50%配合调整后的混合砂，其级配符合第 2 级配区要求。

砂颗粒级配调整　　表 3-7

筛孔尺寸/mm			累计筛余/%	
	甲砂	乙砂	第一种混合砂	第二种混合砂
			甲砂 20%+乙砂 80%	甲砂 50%+乙砂 50%
4.75	0	0	0×0.2+0×0.8=0	0×0.5+0×0.5=0
2.36	0	40	0×0.2+40×0.8=32	0×0.5+40×0.5=20
1.18	4	70	4×0.2+70×0.8=56.8	4×0.5+70×0.5=37
0.60	50	90	50×0.2+90×0.8=82	50×0.5+90×0.5=70
0.30	70	95	70×0.2+95×0.8=90	70×0.5+95×0.5=82.5
0.15	100	100	100×0.2+100×0.8=100	100×0.5+100×0.5=100
细度模数	2.2	4.0		
级配评定	比第 3 级配区偏粗，比第 2 级配区偏细	比第 1 级配区偏粗	符合第 1 区	符合第 2 区

3）砂的物理性质

A. 表观密度：一般为 $2550kg/m^3$～$2750kg/m^3$。

B. 堆积密度：干砂一般为 $1450kg/m^3$～$1700kg/m^3$。

C. 空隙率：一般为 35%～45%，配制混凝土用砂，要求空隙率小，一般不宜超过 40%。

D. 含水率：砂中含水量变化，将引起砂的体积变化。

以干砂的体积为标准，当含水率为5%～7%时，体积增大25%～30%，这是由于砂在此种含水状态时，颗粒表面包有一层水膜，使砂粒互相粘附，流动性消失形成更疏松结构之故，若含水率再增大，包裹砂粒表面的水膜增厚至破裂，砂粒相互间就不能粘附，重又恢复流动性，故体积反而缩小。所以在拌制混凝土时，砂子的用量以质量控制较为准确可靠。

砂中所含水分可分为四种状态：

a. 完全干燥（烘干状态）。在不超过110℃的温度下烘干，达到恒重的状态。

b. 风干（气干）状态。不但砂颗粒的表面是干燥的，而且内部也有一部分呈干燥状态。

c. 饱和面干（表干）状态。颗粒表面是干燥的而砂内部孔隙为含水饱和状态。该状态下砂的含水率称为饱和面干吸水率。

d. 潮湿状态。砂颗粒的内部吸水饱和，而且表面也吸附水的状态。

砂中含水量的不同，将会影响混凝土的拌合水量和砂的用量，在混凝土配合比设计中为了有可比性，规定砂的用量应按完全干燥状态为准计算，对于其他状态含水率应进行换算。

工程上用砂的技术标准也应符合《普通混凝土用砂、石质量及检验方法标准》JGJ 52—2006。

（2）普通石子

普通石子包括碎石和卵石。碎石是由天然岩石或卵石经破碎、筛分而得到的粒径大于4.75mm的岩石颗粒。卵石是天然岩石由自然条件作用而形成的粒径大于4.75mm的颗粒。

碎石表面粗糙，颗粒多棱角，与水泥浆粘结力强，配制的混凝土强度高，但其总表面积和空隙率较大，拌合物水泥用量较多，和易性较差；卵石表面光滑，少棱角，空隙率及表面积小，拌制混凝土需用水泥浆量少，拌合物和易性好，便于施工，但所含杂质常较碎石多，与水泥浆粘结力较差，故用其配制的混凝土强度较低。

1）有害杂质含量

石子中含有黏土、淤泥、有机物、硫化物及硫酸盐和其他活性氧化硅等杂质。有的杂质影响粘结力，有的能和水泥产生化学作用而破坏混凝土结构。此外，针片状颗粒的含量也不宜过多。其控制含量见表3-8和表3-9。

碎石或卵石中的含泥量和泥块含量及针片状颗粒含量表　　　表3-8

项　目	指　标		
	Ⅰ类	Ⅱ类	Ⅲ类
含泥量（按质量计），%	≤0.5	≤1.0	≤1.5
泥块含量（按质量计），%	0	≤0.2	≤0.5
针片状颗粒（按质量计），%	≤5	≤10	≤15

碎石或卵石中的有害杂质含量表　　表 3-9

项　目	指　标		
	Ⅰ类	Ⅱ类	Ⅲ类
有机物	合格	合格	合格
硫化物及硫酸盐（按 SO_3 质量计），%≤	0.5	1.0	1.0

2）最大粒径与颗粒级配

A. 最大粒径

石子中公称粒级的上限称为该粒级的最大粒径，如 5～20 粒级的石子，其最大粒径为 20mm。在石子用量一定的情况下，随着粒径的增大，总表面积随之减小。由于结构尺寸和钢筋疏密的限制，在便于施工和保证工程质量的前提下，按有关规定，石子的最大粒径不得超过结构截面最小尺寸的 1/4，同时不得大于钢筋间最小净距的 3/4。对于厚度为 100mm 或小于 100mm 的混凝土板，允许采用一部分最大粒径达 1/2 板厚的骨料，但数量不得超过 25%。若采用泵送混凝土时，还要根据泵管直径加以选择。

B. 颗粒级配

石子和砂子一样，也应具有良好的颗粒级配，以达到空隙率与总表面积最小的目的。颗粒级配良好的石子，既能节约水泥用量，又能改善混凝土的技术性能。石子级配的原理与砂基本相同，不同之处，其级配分为连续级配与间断级配两种。

连续级配是指颗粒的尺寸由大到小连续分级，其中每一级骨料都占适当的比例。如近似球形的骨料，当其粒径均匀时，则颗粒之间空隙的体积大（见图 3-1*a*）；当粒径分布在一定范围时，大颗粒之间的空隙由小颗粒填充（见图 3-1*c*）并占适当比例，减少了空隙，相应的水泥浆的需用量减少。

间断级配是省去一级或几级中间粒级的集料级配，大颗粒之间的空隙由小颗粒来填充，能减少空隙率，节约水泥。但由于颗粒相差较大，混凝土拌合物易产生离析现象。因此间断级配只适用于机械振捣流动性低的干硬性拌合物。

测定石子的最大粒径与颗粒级配，仍采用筛分法。所用标准筛的孔径尺寸为 2.36、4.75、9.50、16.0、19.0、26.5、31.5、37.5、53.0、63.0、75.0、90mm。将石子筛分后，计算出各筛分计筛余百分率和累计筛余百分率。以公称粒级的上限为该粒级的最大粒径。其颗粒级配应符合表 3-10 的规定。

3）强度与坚固性

A. 强度

配制混凝土的碎石或卵石，必须具有足够的强度才能保证混凝土的强度和其他性能达到规定的要求。

粗骨料的强度，用岩石立方体抗压强度和压碎指标表示。在选择采石场或对粗骨料强度有严格要求或对质量有争议时，宜用岩石立方体检验；对于经常性的生产质量控制则用压碎指标值检验较为方便。

普通水泥混凝土用碎石或卵石的颗粒级配规定（GB/T 14685—2011） **表 3-10**

级配情况	序号	公称粒径	筛孔尺寸（方孔筛）/mm											
			2.36	4.75	9.50	16.0	19.0	26.5	31.5	37.5	53.0	63.0	75.0	90
			累计筛余（按质量计,%）											
连续粒级	1	5～16	95～100	85～100	30～60	0～10	0							
连续粒级	2	5～20	95～100	90～100	40～80	—	0～10	0						
连续粒级	3	5～25	95～100	90～100	—	30～70	—	0～5	0					
连续粒级	4	5～31.5	95～100	90～100	70～90	—	15～45	—	0～5	0				
连续粒级	5	5～40	—	95～100	70～90	—	30～65	—	—	0～5	0			
单粒粒级	1	5～10	95～100	80～100	0～15	0								
单粒粒级	2	10～16		95～100	80～100	0～15	0							
单粒粒级	3	10～20		95～100	85～100		0～15	0						
单粒粒级	4	16～25			95～100	55～70	25～40	0～10	0					
单粒粒级	5	16～31.5		95～100		85～100			0～10	0				
单粒粒级	6	20～40			95～100		80～100			0～10	0			
单粒粒级	7	40～80					95～100			70～100		30～60	0～10	0

注：1. 单粒级一般用于组合成具有要求级配的连续粒级。它也可与连续粒级的碎石或卵石混合使用，以改善它们的级配或配成较大粒度的连续粒级。

2. 根据混凝土工程和资源的具体情况，进行综合技术经济分析后，在特殊情况下允许直接采用单粒级，但必须避免混凝土发生离析。

采用立方体强度检验时，将碎石或卵石制成 50mm×50mm×50mm 立方体（或直径与高均为 50mm 的圆柱体）试件，在水饱和状态下，测得其抗压强度与所采用的混凝土设计强度等级之比应不小于 1.5。C30 以上混凝土应不小于 2.0。一般情况下，火成岩试件的强度不宜低于 80MPa，变质岩不宜低于 60MPa，水成岩不宜低于 30MPa。

用压碎指标表示粗骨料强度是通过测定骨料抵抗压碎的能力，间接地推测其相应的强度。将一定量 9.5～19.5mm 的颗粒，在气干状态下装入一定规格的圆筒内，在压力机上施加一定的荷载，卸荷后称得试样重（G_1），用孔径为 2.36mm 的筛筛分试样，称取试样的筛余量（G_2），则

$$Q_e=\frac{G_1-G_2}{G_1}\times 100\% \tag{3-2}$$

式中 Q_e——压碎指标值，%；

G_1——试样的质量，g；

G_2——压碎试验后筛余的试样质量，g。

压碎指标应按表 3-11 的规定采用。

碎石和卵石的压碎指标值 **表 3-11**

项 目	指 标		
	Ⅰ类	Ⅱ类	Ⅲ类
碎石压碎指标，≤	10	20	30
卵石压碎指标，≤	12	14	16

B. 坚固性

骨料抵抗自然界各种物理及化学作用的性能，称为坚固性。为保证混凝土的耐久性，混凝土用碎石或卵石除应具有足够的强度外，还必须具有足够的坚固性。

坚固性试验一般采用硫酸钠溶液浸泡法，即将一定量的骨料浸泡在一定浓度的硫酸钠溶液中，使溶液渗入骨料中，形成结晶膨胀力对骨料的破坏，按破坏程度间接判断其坚固性，其指标应符合表 3-12 中的规定。

碎石或卵石的坚固性指标 **表 3-12**

项 目	指 标		
	Ⅰ类	Ⅱ类	Ⅲ类
质量损失，%	≤5	≤8	≤12

4）物理性质

A. 表观密度。随岩石的种类而异，一般为 2550kg/m³～2850kg/m³。

B. 堆积密度。干石子一般为 1400kg/m³～1700kg/m³。

C. 空隙率。一般应小于 45%。

3. 拌合及养护用水

(1) 对水的基本要求

拌制和养护各种混凝土所用的水应采用符合国家标准的生活饮用水。地表水和地下水情况很复杂，若总含盐量及有害离子的含量超过规定值时，必须进行适用性检验，合格后方能使用。当水质不能确定时，也可将该水与洁净水同时分别制作混凝土试块，进行强度对比试验，如该水制成的试块强度不低于洁净水制成的试块强度时，方可使用。

允许用海水拌制素混凝土，但不得拌制钢筋混凝土和预应力混凝土；有饰面要求的混凝土不能用海水拌制，因海水有引起表面潮湿和盐霜的趋向；海水也不应用于高铝水泥拌制的混凝土中。

(2) 拌合水质量标准

混凝土拌合水中各物质含量应满足《混凝土用水标准》(JGJ 63—2006) 的要求，规定见表3-13。

混凝土拌合用水质量要求 (JGJ 63—2006) **表3-13**

项 目	预应力混凝土	钢筋混凝土	素混凝土
pH值	≥5.0	≥4.5	≥4.5
不溶物/(mg/L)	≤2000	≤2000	≤5000
可溶物/(mg/L)	≤2000	≤5000	≤10000
氯化物 (以 Cl^{-1}计)/(mg/L)	≤500	≤1000	≤3500
硫酸盐 (以 SO_4^{2-} 计)/(mg/L)	≤600	≤2000	≤2700
碱含量/(mg/L)	≤1500	≤1500	≤1500

注：碱含量按 $Na_2O+0.658K_2O$ 计数值来表示。采用非碱活性骨料时，可不检验碱含量。使用钢丝或热处理钢筋的预应力混凝土，氯离子含量不得超过350mg/L。

4. 外加剂

在水泥混凝土拌合物中掺入的不超过水泥质量5%(特殊情况除外)并能使水泥混凝土的使用性能得到一定程度改善的物质，称为水泥混凝土外加剂。

外加剂作为混凝土的第五组分，不包括生产水泥时加入的混合材料、石膏和助磨剂，也不同于在混凝土拌制时掺入的大量掺合料。外加剂的掺量虽小，但其技术经济效果却十分显著。

(1) 外加剂的作用

1) 改善混凝土拌合物的和易性，利于机械化施工，保证混凝土的浇筑质量。

2) 减少养护时间，加快模板周转，提早对预应力混凝土放张，加快施工进度。

3) 提高混凝土的强度，增加混凝土的密实度、耐久性、抗渗性等，提高混凝土的质量。

4) 节约水泥，降低混凝土的成本。

（2）外加剂的分类

混凝土外加剂的种类繁多，功能多样，通常分为以下几种：

1）改变混凝土拌合物流动性的外加剂，包括各种减水剂、引气剂和泵送剂等；

2）调节混凝土凝结时间、硬化性能的外加剂，包括缓凝剂、早强剂和速凝剂等；

3）改善混凝土耐久性的外加剂，包括引气剂、防水剂和阻锈剂等；

4）改善混凝土其他性能的外加剂，包括加气剂、膨胀剂、防冻剂、防水剂和泵送剂等。

目前建筑工程中应用较多和较成熟的外加剂有减水剂、早强剂、引气剂和调凝剂等。

（3）常用的混凝土外加剂

1）减水剂

减水剂是在保持混凝土坍落度基本不变的条件下，能减少拌合用水量的外加剂；或在保持混凝土拌合物用水量不变的情况下，增大混凝土坍落度的外加剂。

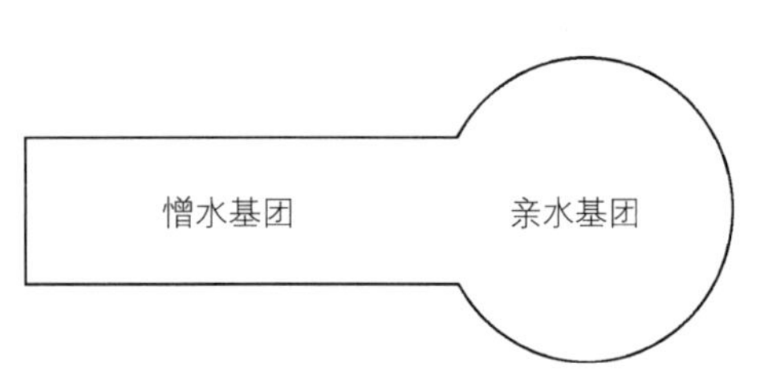

图 3-2　减水剂的分子结构

A. 减水剂的分子结构和特性

减水剂多属于表面活性剂，其分子由亲水（憎油）基团和憎水（亲油）基团两部分组成，如图 3-2 所示。减水剂的分子能溶解于水中，并且其分子中的亲水基团指向溶液，憎水基团指向空气、固体或非极性液体并做定向排列，如图 3-3 所示。

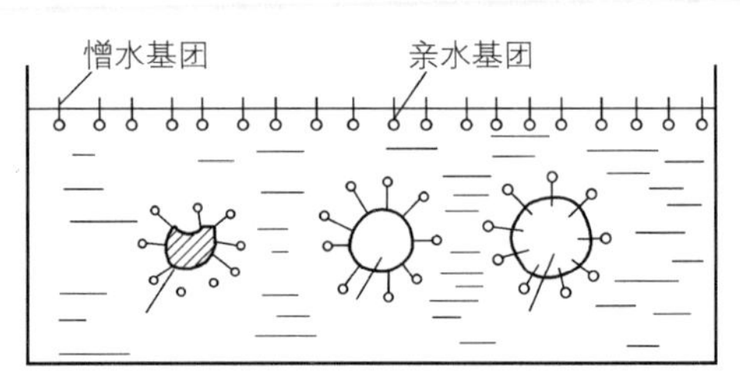

图 3-3　减水剂分子在水溶液中的行为

B. 减水剂的减水机理

水泥加水拌合后，由于水泥颗粒间分子引力的作用，产生许多絮状物，形成絮凝结构（图 3-4），其中包裹了许多拌合水，从而降低了混凝土拌合物的流动性。

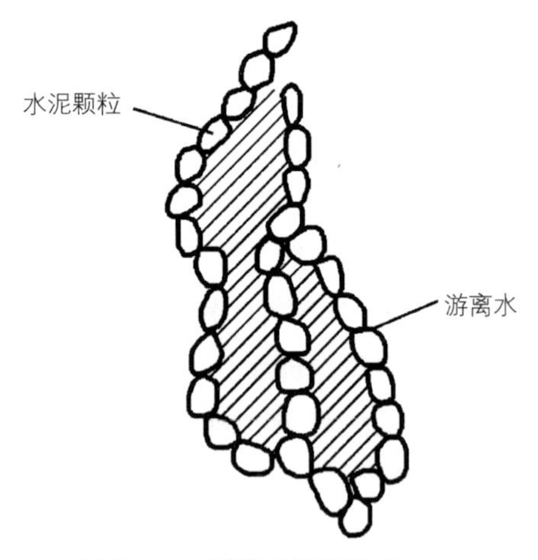

图 3-4　水泥浆的絮凝结构

若向水泥浆体中加入减水剂，则减水剂的憎水基团定向吸附于水泥颗粒表面，亲水基团指向水溶液。于是，一方面使水泥颗粒表面带上了相同的电荷，加大了水泥颗粒间的静电斥力，导致了水泥颗粒相互分散（图 3-5*a*），絮凝状结构中包裹的游离水被释放出来，从而有效地增加了混凝土拌合物的流动性；另一方面，由于亲水基对水的亲和力较大，因此在水泥颗粒表面形成一层稳定的溶剂化水膜，包裹在水泥颗粒周围，增加了水泥颗粒间的滑动能

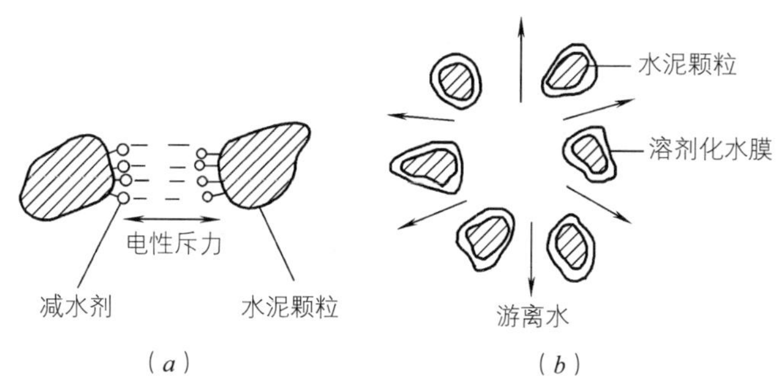

图 3-5 减水剂作用示意图

力，使拌合物流动性增大；同时，水膜又将水泥颗粒隔开，使水泥颗粒的分散程度增大（图 3-5*b*）。综合以上两种作用，混凝土拌合物在不增加用水量的情况下，增大了流动性。

C. 减水剂的技术经济效果

(A) 在原配合比不变的条件下，即用水量和水灰比不变时，可以增大混凝土拌合物的坍落度（约 100～200mm），且不影响混凝土的强度。

(B) 在保持流动性和水泥用量不变时，可显著减少拌合用水量（约 10%～20%），从而降低水灰比，使混凝土的强度得到提高（约提高 15%～20%），早期强度提高约 30%～50%。

(C) 保持混凝土强度和流动性不变，可节约水泥用量 10%～15%。

(D) 提高了混凝土的耐久性。

由于减水剂的掺入，显著地改善了混凝土的孔结构，使混凝土的密实度提高，透水性可降低 40%～80%，从而提高了混凝土的抗渗、抗冻、抗化学腐蚀等能力。

(E) 掺入减水剂后，还可以改善混凝土拌合物的泌水、离析现象，减慢水泥水化放热速度，延缓混凝土拌合物的凝结时间。

2) 引气剂

引气剂是指在搅拌过程中能引入大量分布均匀的、稳定而封闭的微小气泡的外加剂。引气剂在每 $1m^3$ 混凝土中可生成 500～3000 个直径为 50～1250μm（大多在 200μm 以下）的独立气泡。

A. 引气剂的分子结构特性

引气剂为憎水性表面活性物质，它能在水泥—水—空气的界面定向排列，形成单分子吸附膜，提高泡膜的强度，并使气泡排开水分而吸附于固相粒子表面，因而能使搅拌过程混进的空气形成微小而稳定的气泡，均匀分布于混凝土中。

B. 引气剂对混凝土的作用

(A) 改善混凝土拌和物的和易性。

大量微小封闭的球状气泡在混凝土拌合物内形成，如同滚珠一样，减少了颗粒间的摩擦阻力，减少泌水和离析，改善了混凝土拌和物的保水性、黏聚性。

(B) 显著提高混凝土的抗渗性、抗冻性。

大量均匀分布的封闭气泡切断了混凝土中的毛细管渗水通道，改变了混凝土的孔结构，使混凝土抗渗性显著提高。

(C) 降低混凝土强度

由于大量气泡的存在，减少了混凝土的有效受力面积，使混凝土强度有所降低。一般混凝土的含气量每增加 1%，其抗压强度将降低 4%～5%，抗折强度降低 2%～3%。

引气剂可用于抗渗混凝土、抗冻混凝土、抗硫酸侵蚀混凝土和泌水严重的混凝土等，但引气剂不宜用于蒸养混凝土及预应力钢筋混凝土。

近年来，引气剂逐渐被引气型减水剂所代替，因为它不但能减水且有引气作用，提高混凝土强度，节约水泥。

3）缓凝剂

缓凝剂是指能延缓混凝土凝结时间，并对混凝土后期强度发展无不利影响的外加剂。

缓凝剂的缓凝作用是由于在水泥颗粒表面形成了不溶性物质，使水泥悬浮体的稳定程度提高并抑制水泥颗粒凝聚，因而延缓水泥的水化和凝聚。

缓凝剂具有缓凝、减水、降低水化热和增强作用，对钢筋也无锈蚀作用。主要适用于大体积混凝土、炎热气候下施工的混凝土、需长时间停放或长距离运输的混凝土。缓凝剂不宜用于在日最低气温 5℃以下施工的混凝土，也不宜单独用于有早强要求的混凝土及蒸养混凝土。常用的缓凝剂有：酒石酸钠、柠檬酸、糖蜜、含氧有机酸和多元醇等，其掺量一般为水泥质量的 0.01%～0.20%。掺量过大会使混凝土长期不硬，强度严重下降。

4）早强剂

能提高混凝土早期强度，并对后期强度无显著影响的外加剂，称为早强剂。

早强剂能加速水泥的水化和硬化，缩短养护周期，使混凝土在短期内即能达到拆模强度，从而提高模板和场地的周转率，加快施工进度，常用于混凝土的快速低温施工，特别适用于冬期施工或紧急抢修工程。

常用的早强剂有：氯化物系（如 $CaCl_2$，NaCl）、硫酸盐系（如 Na_2SO_4）等。但掺加了氯化钙早强剂，会加速钢筋的锈蚀，为此对氯化钙的掺加量应加以限制，通常对于配筋混凝土不得超过 1%，无筋混凝土掺量亦不宜超过 3%。为了防止氯化钙对钢筋的锈蚀，氯化钙早强剂一般与阻锈剂（$NaNO_2$）复合使用。

5）防冻剂

防冻剂是指在规定温度下，能显著降低混凝土冰点，使混凝土液相不冻结或仅部分冻结，以保证水泥的水化作用，并在一定时间内获得预期强度的外加剂。

常用的防冻剂有氯盐类（氯化钙、氯化钠）；氯盐阻锈类（以氯盐与亚硝酸钠阻锈剂复合而成）；无氯盐类（以硝酸盐、亚硝酸盐、碳酸盐、乙酸钠或尿素复合而成）。

氯盐类防冻剂适用于无筋混凝土；氯盐阻锈类防冻剂适用于钢筋混凝土；无氯盐类防冻剂可用于钢筋混凝土工程和预应力钢筋混凝土工程。硝酸盐、亚硝酸盐、碳酸盐易引起钢筋的腐蚀，故不适用于预应力钢筋混凝土以及与镀锌钢材或与铝铁相接触部位的钢筋混凝土结构。

防冻剂用于负温条件下施工的混凝土。目前国产防冻剂适于在 0～－15℃的气温下使用，当在更低气温下施工时，应增加相应的混凝土冬期施工措施，如暖棚法、原料（砂、石、水）预热法等。

6）速凝剂

能使混凝土迅速凝结、硬化的外加剂，称速凝剂。

目前采用的速凝剂，以铝酸盐为主要成分，其作用能改变水泥石内的微结构。在混凝土掺入速凝剂后，水泥中含有的石膏在水化初期就与速凝剂反应生成的氢氧化钠作用生成硫酸钠，使水泥浆中的硫酸根浓度明显降低，此时水泥中的 C_3A 就迅速进入溶液，析出六角板状的水化产物 C_3AH_{16}，石膏所起的缓凝作用丧失，导致水泥速凝。由于水化初期形成不太坚固的铝酸盐结构，C_3A 的水化受到阻碍，同时由于水泥石内部结构存在缺陷等原因，水泥石的后期强度难以发展。

速凝剂的用途一是用于喷射混凝土，二是用于早强要求高的混凝土。目前以用于喷射混凝土为主。速凝剂的主要品种有：

A. 红星一型速凝剂。主要成分为铝氧熟料、碳酸钠和生石灰。掺入混凝土中，掺入量为水泥质量的 2.5%～4%，能使水泥迅速凝结硬化。初凝仅 2～5min，终凝仅 5～10min，但会使混凝土后期强度有所降低。

B. 711 型速凝剂。主要成分为铝氧熟料和无水石膏。在混凝土中的掺入量为水泥质量的 2.5%～4%，使混凝土初凝小于 5min，终凝小于 10min。

C. 782 型速凝剂。它是由工业废料矾泥配制而成，用于喷射混凝土时，后期强度的降低较红星一型少。掺量为水泥质量的 3%，初凝小于 5min，终凝小于 10min。

在混凝土中加入速凝剂后，由于凝结时间短，故应在喷射前加入。干法喷射一般加入水泥及集料中；湿法喷射须在喷嘴处以压缩气流加入。

7）泵送剂

能改善混凝土泵送性能的外加剂称为泵送剂。

混凝土的可泵性主要体现在混凝土拌合物的流动性和稳定性，即有足够的黏聚性，不离析、不泌水，以及混凝土拌合物与管壁及自身的摩擦力三个方面。

普通混凝土最容易泵送，泵送剂主要是提高混凝土保水性及改善混凝土泵送性。

可作为泵送剂的材料有高效减水剂、普通减水剂、缓凝剂、引气剂、增稠剂等。主要适用于商品混凝土搅拌站拌制泵送混凝土。

高效减水剂有多环芳香族磺酸盐类、水溶性树脂磺酸盐类；普通减水剂有木质素磺酸盐类。有机缓凝剂有糖钙、蔗糖、葡萄糖酸钙、酒石酸、柠檬酸等；无机缓凝剂有氧化锌、硼砂等。引气剂有松香皂、烷基苯磺酸盐、脂肪醇磺酸盐等。增稠剂有聚乙烯氧化物、纤维素衍生物、海藻酸盐等。

在使用泵送剂时，应注意以下几点：

A. 根据不同水泥用量选用不同类型的泵送剂。贫、富混凝土泵送剂反用会使效果适得其反。

B. 注意外加剂与水泥是否适应，使用前应做适应性试验。

C. 应严格控制用水量，在施工中不得随意加水。尽量减少新拌混凝土的运输距离和出料到浇筑的时间，以减少坍落度损失。如损失过大，不得加水以增大坍落度，可采用二次掺减水剂。

D. 高强泵送混凝土水泥用量大，水灰比小，应注意浇水养护、特别应注意早期养护。

(4) 外加剂的选择和使用

在混凝土中掺入外加剂，可明显改善混凝土的技术性能，取得显著的技术经济效果。但若选择和使用不当，会造成事故。因此，在选择和使用外加剂时，应注意以下几点：

1) 外加剂品种的选择

外加剂品种、品牌很多，效果各异，特别是对于不同品种的水泥效果不同。在选择外加剂时，应根据工程需要、现场的材料条件，并参考有关资料，通过试验确定。

2) 外加剂掺量的确定

混凝土外加剂均有适宜掺量，掺量过小，往往达不到预期效果；掺量过大，则会影响混凝土质量，甚至造成质量事故。因此，应通过试验试配确定最佳掺量。

3) 外加剂的掺加方法

外加剂的掺量很少，必须保证其均匀分散，一般不能直接加入混凝土搅拌机内。对于可溶于水的外加剂，应先配成一定浓度的溶液，随水加入搅拌机。对不溶于水的外加剂，应与适量水泥或砂混合均匀后再加入搅拌机内。另外，外加剂的掺入时间对其效果的发挥也有很大影响，为保证减水剂的减水效果，施工中可视工程的具体要求，选择同掺、后掺、分次掺入等掺加方法。

为了提高混凝土的性能，节约水泥，加快施工进度，降低工程造价，常在混凝土的四种基本材料之外加入少量的外加剂。

3.2 混凝土的主要技术性质

学习目标

掌握水泥混凝土的主要技术性质；掌握主要技术性质的影响因素；掌握主要技术

性能的检测方法。

关键概念

和易性；立方体抗压强度标准值；水灰比。

混凝土各组成材料经配合、搅拌，在未浇筑成型、未凝结硬化前塑性状态的混合料，称新拌混凝土或混凝土拌合物。混凝土硬化前后的物理力学性能十分复杂，现将对施工和应用有较大影响的主要性能分述如下。

3.2.1 混凝土拌合物的和易性

1. 和易性

和易性是指在一定施工条件下，便于施工操作并能获得质量均匀、密实的混凝土的性能。它包括：流动性、黏聚性及保水性三个方面。和易性的好坏不仅影响施工质量，即浇灌、捣实、成型的难易程度，同时还影响混凝土硬化以后的性能，如密实度、强度和耐久性等。

(1) 流动性

流动性是指混凝土拌合物在自重或施工振捣的作用下，产生流动并均匀密实地填满模板的性能，是拌合物和易性的最主要方面。流动性的大小，反映了拌合物的稀稠。流动性好，操作方便，易于捣实、成型，但流动性过大，容易使拌合物分层离析，影响均匀性。

(2) 黏聚性

黏聚性是指混凝土拌合物具有一定的黏聚力，在运输及浇灌过程中不致出现分层离析，使混凝土保持整体均匀的性能。黏聚性不好的混凝土拌合物，砂浆与石子容易分离，硬化后会出现蜂窝、空洞等现象，严重影响混凝土质量。

(3) 保水性

保水性是指混凝土拌合物具有一定的保水能力，在施工过程中不致产生较严重泌水现象的性质。如果保水性差，混凝土经振实后，一部分水分就会析出，形成毛细管孔道，成为以后混凝土内部的透水通路，而且泌水还会在上下两浇筑层之间形成薄弱夹层。在水分上升的同时，一部分水还会停留在石子及钢筋的下面形成水隙，减弱水泥浆与石子及钢筋的胶结力。这些都将影响混凝土的密实性，并降低混凝土的强度及耐久性。

2. 和易性的测定

和易性是一项综合性能，难以用一种简单的方法全面测定。通常采用测定混凝土拌合物的流动性，并以坍落度和工作度（维勃稠度）表示。黏聚性与保水性常根据经验，通过试验或施工现场的观察来判断。

(1) 坍落度

将混凝土拌合物按规定方法装入标准截头圆锥筒内，装满刮平后将筒垂直提起，截锥形拌合物便产生一定程度的坍落（见图 3-6），坍落的毫米数称为坍落度，坍落度越大，表明流动性越大。坍落度大于 10mm 的混凝土为塑性混凝土，其中 10～50mm 的称为低塑性混凝土，50～150mm 的称为塑性混凝土，150～200mm 的称为流动性混凝土。坍落度<10mm 的称为干硬性或半干硬性混凝土。

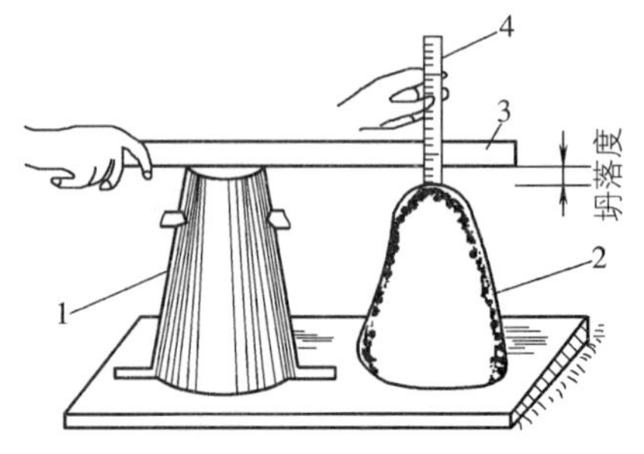

图 3-6　混凝土拌合物坍落度试验
1—坍落度筒；2—拌合物试体；
3—木尺；4—钢尺

进行坍落度试验时，还须同时观察下列现象：捣棒插捣是否困难；表面是否容易抹平；轻击拌合物锥体侧面时，锥体能否保持整体而渐渐下坍，抑或突然倒坍、部分崩裂或发生石子离析现象以及水分从混凝土拌合物中析出的情况等。从有无这些现象，可以综合评定混凝土拌合物的黏聚性和保水性。

坍落度值小，说明混凝土拌合物的流动性小，流动性过小会给施工带来不便，影响工程质量，甚至造成工程事故。坍落度过大又会使混凝土分层，造成上下不匀。所以，混凝土拌合物的坍落度值应在一个适宜范围内。表 3-14 可供选用时参考。

混凝土浇筑时的坍落度　　表 3-14

序号	结构种类	坍落度/mm	
		振动器捣实	人工捣实
1	基础或地基等的垫层	10～30	20～40
	无配筋的大体积结构（挡土墙、基础、厚大块体等）或配筋稀疏的结构	10～30	35～50
2	板、梁和大型及中型截面的柱子等	35～50	55～70
3	配筋密列的结构（薄壁、斗仓、筒仓、细柱等）	55～70	75～90
4	配筋密列的其他结构	75～90	90～120

注：其他情况的工作性指标，可按下列说明选定：
1. 使用干硬性混凝土时采用的工作度，应根据结构种类和振捣设备通过试验后确定。
2. 需要配制大坍落度混凝土时，应掺用外加剂。
3. 浇筑在曲面或斜面的混凝土的坍落度，应根据实际情况试验选定，避免流淌。
4. 轻骨料混凝土的坍落度，可相应减少 10～20mm。

（2）工作度（维勃稠度）

当混凝土拌合物比较干硬，坍落度值小于 10mm 时，可用维勃稠度法测定混凝土和易性。

维勃稠度仪的装置如图 3-7 所示，将混凝土拌合物按照坍落度的同样要求装入振动台上的坍落度截头圆锥筒内，然后提去坍落度筒，再将透明圆盘盖在混凝土顶面，同时开启振动台和秒表；振至透明圆盘底面被水泥浆布满时关闭振动台，由秒表读出此时所用时间即为维勃稠度，以时间 s 表示。干硬性混凝土的维勃稠度为 60～200s，半干硬性混凝土的维勃稠度为 30～60s。

3. 影响和易性的因素

影响混凝土拌合物和易性的因素很多，主要有材料的性质、水泥浆量与水灰比、砂率和外加剂等。

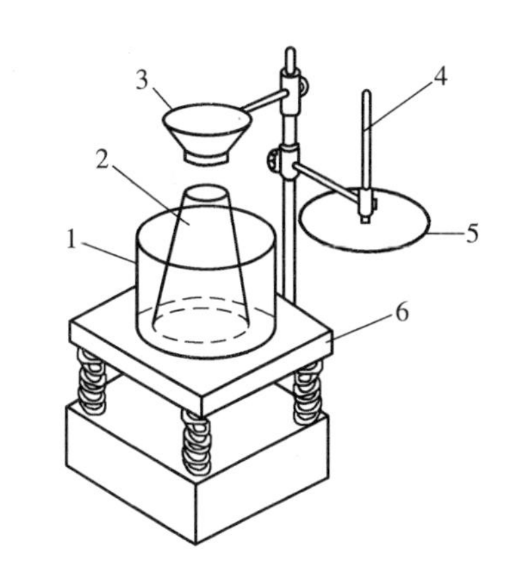

图 3-7　混凝土维勃稠度试验装置
1—圆柱形容器；2—坍落度筒；3—漏斗；4—测杆；5—透明圆盘；6—振动台

(1) 水泥品种和细度

在混凝土配合比相同的情况下，如采用不同品种的水泥，则拌合物的和易性也不相同。普通水泥比矿渣水泥和火山灰水泥的和易性好。

水泥细度较细，可以提高拌合物的黏聚性和保水性，减少分层离析现象。

(2) 水泥浆量与水灰比

水泥浆量是指单位体积混凝土内水泥浆的用量。在单位体积混凝土内，如保持水灰比不变，水泥浆越多，流动性就愈大。若水泥浆过多，骨料则相对减少，至一定限度时就会出现流浆泌水现象，以致影响混凝土强度及耐久性并浪费水泥。

水泥浆的稠度主要取决于水灰比的大小。水灰比小，水泥浆稠，拌合物流动性小，但黏聚性及保水性好。如水灰比大，水泥浆稀，流动性大，但黏聚性及保水性差。当水灰比超过某一极限值时，将产生严重的离析泌水现象。因此，为了保证在一定的施工条件下易于成型，水灰比不宜过小；为了保证拌合物有良好的黏聚性和保水性，水灰比也不宜过大。

(3) 砂率

砂率是指砂的质量占砂石总质量的百分率。当水泥浆用量和骨料总量一定时，砂率大，骨料总表面积增大，包裹骨料表面的水泥浆量不足，拌合物显得干稠，坍落度降低。而砂率过小时，虽然骨料总表面积小，但砂浆量不足以在石子周围形成砂浆层起润滑作用，故也会降低拌合物的流动性、黏聚性和保水性。因此，砂率有一个最佳值，即能使混凝土拌合物在一定坍落度的前提下，水泥用量最小；或者在水泥浆量一定的条件下，使坍落度达到最大，这个砂率叫最佳砂率。可通过试验确定，见图3-8。

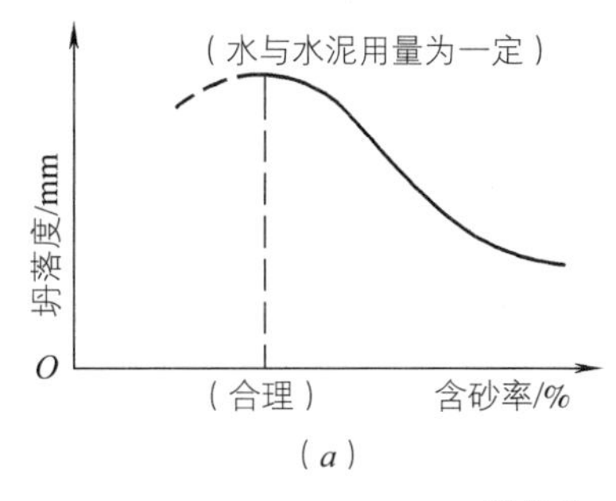

(*a*)

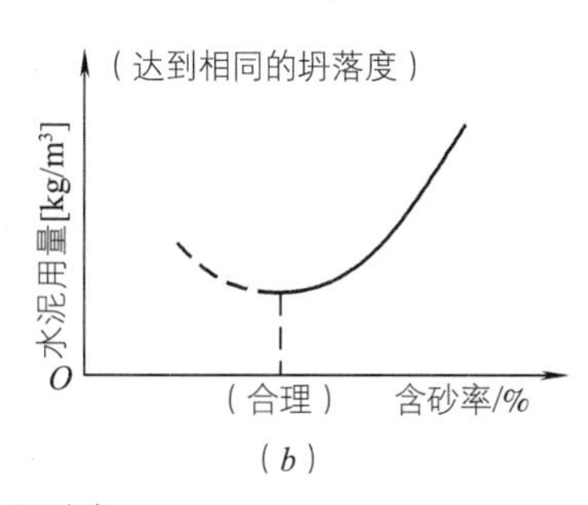

(*b*)

图 3-8　合理砂率

为了保证混凝土拌合物具有所要求的和易性，不同情况下选用不同的砂率。如石子孔隙率大，表面粗糙，颗粒间摩擦阻力较大，拌合物黏聚性差和泌水现象严重时，砂率要适当增大些；若石子的粒径较大、颗粒级配较好、空隙率较小以及水泥用量较多，又采用机械振捣时，砂率可小些。

(4) 骨料性质、外加剂的掺加、环境的影响

砂石级配好，空隙率小，在水泥浆数量一定时，填充用水泥浆量减少，且润滑层较厚，和易性好；砂石颗粒表面光滑，相互间摩擦阻力较小时能增加流动性。相反，砂、石多棱角，表面粗糙，则流动性小。所以卵石混凝土拌合物比碎石的流动性大；河砂混凝土拌合物比山砂的流动性大。

在混凝土中掺外加剂，可使混凝土拌合物在不增加水泥浆量的情况下，获得较好的流动性，改善黏聚性及保水性。

环境温度高，坍落度小。长距离运输会使坍落度减小。

3.2.2 混凝土硬化后的性质

硬化后的混凝土应具有足够的强度和耐久性。

1. 混凝土强度

混凝土的强度有抗压、抗拉、抗弯及抗剪等强度，其中以抗压强度为最大，故混凝土主要用于承受压力。在结构设计中也常用到抗拉强度等。

(1) 混凝土的抗压强度及强度等级

我国采用立方体抗压强度作为混凝土的强度特征值。

根据我国现行规范《混凝土结构设计规范》GB 50010—2010 规定：普通混凝土按立方体抗压强度标准值划分为 C15、C20、C25、C30、C35、C40、C45、C50、C55、C60、C65、C70、C75 和 C80 共 14 个等级。

混凝土的立方体抗压强度标准值系按标准方法制作和养护的边长为 150mm 的立方体试件，在龄期为 28d 时，用标准试验方法测得的抗压强度总体分布中的一个值，强度低于该值的百分率不超过 5%。

测定混凝土立方体试块的抗压强度，可根据粗骨料最大粒径，按表 3-14 选取试块尺寸。其中：边长为 150mm 的立方体试块为标准试块，边长为 100、200mm 的立方体试块为非标准试块。当采用非标准尺寸试块确定强度时，应将其抗压强度乘以相应的系数，折算成标准试块强度值，以此确定其强度等级。折算系数见表 3-15。

试件尺寸换算系数 **表 3-15**

骨料最大粒径 /mm	试件尺寸 /mm	换算系数
≤31.5	100×100×100	0.95
40	150×150×150	1.00
60	200×200×200	1.05

影响混凝土抗压强度的因素很多，除施工方法及施工质量外，主要受下列因素的影响。

1）水泥强度等级与水灰比。混凝土的强度主要取决于水泥石的强度及其与骨料间的粘结力，而水泥石的强度及其与骨料间的粘结力取决于水泥强度等级及水灰比的大小。因此，水泥强度等级与水灰比是影响混凝土强度的主要因素。实验证明，水泥强度等级愈高，胶结力愈强，混凝土的强度愈高。

为了获得必要的流动性，在拌制混凝土时，所需水量比水泥水化所需的化学结合水多得多，即需要较大的水灰比。一般常用的塑性混凝土，水灰比常在0.4～0.6之间。多余的水分存在，是混凝土产生微小裂缝的重要原因。水灰比大，泌水性多，水泥石的密实度小。在水泥强度等级相同的情况下，混凝土的强度随水灰比增大而有规律地降低。

2）骨料的种类及级配。表面粗糙并富有棱角的骨料，因与水泥石的粘结力较强，且骨料颗粒之间有嵌固作用，所以混凝土强度高。在相同条件下，一般碎石混凝土的强度比卵石混凝土的高。当骨料级配良好、砂率适宜时，由于组成了密实的骨架，亦能使混凝土获得较高的强度。

3）养护条件与龄期。混凝土的强度受养护条件及龄期的影响很大。在干燥的环境中，混凝土强度的发展会随水分的逐渐蒸发而减慢或停止。养护温度高时，硬化速度较快。所以在混凝土预制厂，常采用蒸汽养护的方法来加速预制构件的硬化。养护温度低时，硬化比较缓慢，当温度达0℃以下时，硬化停止，且有冰冻破坏的危险。因此，混凝土浇捣完毕后，必须加强养护，保持适当的温度与湿度，以保证硬化不断发展，强度不断增长。

在正常养护条件下，混凝土的强度在最初7～14d内发展较快，以后便逐渐减慢，28d以后更加缓慢。如果能长期保持适当的温度与湿度，强度的增长可延续数十年之久。不同龄期混凝土强度的增长情况见表3-16。

混凝土各龄期强度的增长值 **表3-16**

龄期	7d	28d	3月	6月	1年	2年	5年	20年
混凝土28d抗压强度相对值	0.60～0.75	1.00	1.28	1.50	1.75	2.00	2.25	3.00

（2）混凝土的抗拉强度

混凝土的抗拉强度很低，一般只有抗压强度的1/10～1/20，且随着混凝土强度等级的提高，比值有所降低，即当混凝土强度等级提高时，抗拉强度不及抗压强度提高得快。

混凝土在直接受拉时，变形很小就要开裂，它在断裂前没有明显变形。因此，混凝土在工作时一般不依靠其抗拉强度，但抗拉强度对于开裂现象有重要意义，在结构设计中，抗拉强度是确定混凝土抗裂度的重要指标。抗拉强度还可用来间接衡量混凝土与钢筋的粘结强度。混凝土的抗拉强度（f_L）与其抗压强度（f）之间的关系，可近似地用下列经验式表示：

$$f_L = 0.5f^{2/3}$$

测定混凝土抗拉强度的方法，有轴心抗拉试验法及劈裂试验法两种。由于轴心抗拉试验结果的离散性很大，故一般多采用劈裂法。

影响混凝土抗拉强度的因素，基本上与影响抗压强度的因素相同。

(3) 提高混凝土强度和促进强度发展的措施

1）采用高强度等级水泥配制高强混凝土，这是常用措施之一。在配制 C30 或 C30 以上混凝土时，应采用 42.5 或 42.5 以上的高强度等级硅酸盐水泥或普通硅酸盐水泥。

2）采用干硬性混凝土。干硬性混凝土水灰比小、砂率低，并配以强力振捣，混凝土密实度大、强度高。在水泥用量相同的情况下，较塑性混凝土可提高强度 40%～80%。

3）采用外加剂和外掺料。在混凝土拌合物中加入有机或无机化学物质（外加剂）或掺入部分磨细外掺料，如减水剂、粉煤灰、矿渣等，可改善混凝土性质，降低水灰比，促进水泥水化和硬化。

4）采用蒸汽养护和蒸压养护。蒸汽养护是将混凝土构件放在温度低于 100℃的常压蒸汽中养护。经 16～20h 养护，出池强度可达正常养护 28d 强度的 70%～80%，但对后期强度增长有影响。一般养护温度 60～80℃，恒温养护 5～8h 为宜。蒸压养护是将浇筑完的混凝土构件静停 8～10h，放入温度 175℃以上、压力 0.8MPa 以上的蒸压釜内，进行高温、高压饱和蒸汽养护。蒸压养护可提高混凝土的早期强度，混凝土的质量比蒸汽养护好。

2. 混凝土的耐久性

混凝土的耐久性是指混凝土在所处的自然环境及使用条件下，长期保持强度和外观完整性的性能。混凝土的抗冻性、抗渗性、抗蚀性、抗碳化性能、碱—骨料反应及抗风化性等，可统称为混凝土的耐久性。

(1) 抗冻性

混凝土在寒冷地区，特别是在接触水又受冻的环境下，由于内部的孔隙和毛细管充分结冰膨胀（水结冰体积可膨胀约 9%）时产生相当大的压力，作用于孔隙、毛细管内壁，使混凝土发生破坏。当气温升高时，冰又开始融化。如此反复冻融，混凝土内部的微细裂隙逐渐增加，混凝土强度逐渐降低，甚至遭到破坏。因此要求混凝土具有一定的抗冻性，以提高其耐久性，延长建筑物的使用寿命。

混凝土的抗冻性是指其在水饱和状态下，能经受多次冻融循环作用保持强度和外观完整性的能力。一般以龄期 28d 的试块在吸水饱和后，经标准养护或同条件养护后，所能承受的反复冻融循环次数表示，这时混凝土试块抗压强度下降不得超过 25%，质量损失不超过 5%。混凝土的抗冻等级分为：F10、F15、F25、F50、F100、F150、F200、F250 及 F300 共 9 个等级，分别表示混凝土所能承受冻融循环的最大次数不小于 10、15、25、50、100、150、200、250、300 次。《普通混凝土配合比设计规程》JGJ 55—2011 中规定，抗冻等级等于或大于 F50 级的混凝土称为抗冻混凝土。

影响混凝土抗冻性能的因素主要有孔隙的数量和构造、孔隙的充水程度、环境温度降低程度等。密实的混凝土和具有封闭孔隙的混凝土（如加气混凝土），其抗冻性都很高。选择适宜的水灰比，也是保证混凝土抗冻性的重要因素。抗冻混凝土的最大水灰比见表 3-17。

抗冻混凝土的最大水灰比　　　　表 3-17

抗冻等级	无引气剂时	掺引气剂时	最小胶凝材料用量（kg/m^3）
F50	0.55	0.60	300
F100	0.55	0.55	320
F150 及以上	—	0.50	350

(2) 抗渗性

混凝土抵抗压力水渗透的性能称为抗渗性。它直接影响混凝土的抗冻性和抗侵蚀性。

混凝土渗水的主要原因是开口的孔隙与裂缝的存在，这些孔道除产生于施工振捣不密实及裂缝外，主要来源于水泥浆中多余水分蒸发而留下的气孔、水泥浆泌水所形成的毛细管孔道及骨料下界面的水隙。这些渗水孔道的多少，主要与水灰比有关。因此，水灰比是影响抗渗性的一个主要因素，水灰比小时抗渗性高，反之则抗渗性低。

混凝土的抗渗性可用渗透系数或抗渗等级来表示。我国目前多采用抗渗等级来表示，即将 28d 龄期的标准试件，在标准试验方法下，以每组六个试件中四个未出现渗水时的最大水压表示。分为 P4、P6、P8、P10、P12 五个等级，分别表示最大渗水压力为 0.4、0.6、0.8、1.0、1.2MPa。

提高混凝土抗渗性的根本措施是控制水灰比，增强其密实度。抗渗混凝土的最大水灰比见表 3-18。

抗渗混凝土最大水灰比　　　　表 3-18

抗渗等级	最大水灰比	
	C20～C30 混凝土	C30 以上混凝土
P6	0.60	0.55
P8～P12	0.55	0.50
＞P12	0.50	0.45

(3) 抗侵蚀性

混凝土的抗侵蚀性是指混凝土抵抗外界侵蚀性介质侵入硬化水泥浆内部进行化学

反应，引起混凝土腐蚀破坏的性能。混凝土的抗侵蚀性与水泥品种、混凝土的密实度和孔隙特征等有关。

(4) 混凝土的碳化

混凝土的碳化是 CO_2 与水泥石中的 $Ca(OH)_2$ 作用生成 $CaCO_3$ 和 H_2O，使混凝土碱度降低的过程。混凝土的碳化又称为中性化。

碳化对混凝土性能既有有利的影响，又有不利的影响。碳化放出的水分有助于水泥的水化作用，而且碳化后生成的 $CaCO_3$ 减少了水泥石内部的孔隙，可使混凝土的抗压强度增大；但是由于混凝土的碳化层产生碳化收缩，对其核心产生压力，而表面碳化层产生拉应力，可能产生微细裂缝，使混凝土抗拉、抗折强度降低。硬化后的混凝土由于水泥水化生成氢氧化钙而呈碱性。碱性物质使钢筋表面生成难溶的 Fe_2O_3 和 Fe_3O_4，称为钝化膜，对钢筋有良好的保护作用。碳化使混凝土碱度降低，减弱了对钢筋的保护作用，可能导致钢筋锈蚀。

处于水中的混凝土，由于水阻止了二氧化碳与混凝土的接触，所以混凝土不能碳化（水中溶有二氧化碳除外）；处于特别干燥条件下的混凝土，由于缺少二氧化碳与氢氧化钙反应所需的水分，碳化也会停止。

(5) 碱—骨料反应

碱活性骨料是指能与水泥中的碱发生化学反应，引起混凝土膨胀、开裂、甚至破坏的骨料。这种化学反应称为碱—骨料反应。碱—骨料反应有三种类型：

1) 碱—氧化硅反应。碱与骨料中活性 SiO_2 发生反应，生成硅酸盐凝胶，吸水膨胀，引起混凝土膨胀、开裂。活性骨料有蛋白石、玉髓、方石英、安山岩、凝灰岩等。

2) 碱—硅酸盐反应。碱与某些层状硅酸盐骨料，如千枚岩、粉砂岩和含蛭石的黏土岩类等加工成的骨料反应，产生膨胀性物质。其作用比上述碱—氧化硅反应缓慢，但是后果更为严重，造成混凝土膨胀、开裂。

3) 碱—碳酸盐反应。水泥中的碱（Na_2O、K_2O）与白云岩或白云岩质石灰岩加工成的骨料作用，生成膨胀物质而使混凝土开裂破坏。

碱—骨料反应首先决定于两种反应物的存在和含量：水泥中的碱含量高，骨料中含有一定的活性成分。当水泥中碱含量大于 0.6%时（折算成 Na_2O 含量），就会与活性骨料发生碱—骨科反应，这种反应很缓慢，由此引起的膨胀破坏往往几年后才会发现，所以应予以足够的重视。其预防措施如下：

A. 当水泥含碱量大于 0.6%时，需检查骨料中活性物质的有害作用。

B. 必须采用活性骨料时，应采用碱含量小于 0.6%的水泥。

C. 当无低碱水泥时，应掺入足够的活性混合材料，如粉煤灰不小于 30%、矿渣不小于 30%或硅灰不小于 7%，以缓解破坏作用。

D. 在混凝土中掺加某些能产生气体的外加剂，如铝粉、引气剂、塑化剂等，能降低膨胀。

E. 保证混凝土的密实性，重视建筑物排水，以避免混凝土表面积水和接缝存水，达到阻止或减弱碱—骨料反应的目的。

(6) 提高混凝土耐久性的主要措施

1) 严格控制水灰比。

2) 控制混凝土中最小水泥用量 (见表 3-19)。

3) 掺外加剂，改善混凝土性能。

4) 合理选取骨料级配，加强浇捣及养护，提高混凝土的强度和密实度。

5) 用涂料和水泥砂浆等措施进行表面处理，防止混凝土的碳化。

普通混凝土的最大水胶比和最小胶凝材料用量 **表 3-19**

最大水胶比	最小胶凝材料用量 /kg		
	素混凝土	钢筋混凝土	预应力混凝土
0.60	250	280	300
0.55	280	300	300
0.50	320	320	320
≤0.45	330	330	330

注：摘自《普通混凝土配合比设计规程》JGJ 55—2011

3.3 混凝土的配合比设计

学习目标

掌握水泥混凝土配合比设计的要求；掌握配合比设计的步骤和方法；掌握配合比设计的调整方法。

关键概念

设计强度、配制强度；质量法；体积法。

混凝土的配合比就是指混凝土各组成材料用量之间的比例。混凝土配合比设计包括配合比的计算、试配和调整等步骤。

3.3.1 配合比设计的要求

1. 满足强度要求，即满足结构设计或施工进度所要求的强度。

2. 满足施工和易性要求。应根据结构物截面尺寸、形状、配筋的疏密程度以及施工方法、设备等因素来确定和易性大小。

3. 满足耐久性要求。查明构件使用环境，确定技术要求以选定水泥品种、最大水灰比和最小水泥用量。

4. 满足经济要求。水泥强度等级与混凝土强度等级要相适应，在保证混凝土质量的前提下，尽量节约水泥，合理利用地方材料和工业废料。

3.3.2 配合比设计方法及步骤

按我国建设部颁布标准《普通混凝土配合比设计规程》JGJ 55—2011 的有关规定，其设计方法及步骤如下：

1. 配制强度计算

混凝土配制强度按下式计算：

$$f_{cu,o} \geqslant f_{cu,k} + 1.645\sigma \tag{3-3}$$

式中 $f_{cu,o}$——混凝土配制强度，MPa；

$f_{cu,k}$——混凝土立方体抗压强度标准值，MPa；

σ——混凝土强度标准差，MPa。

混凝土强度标准差采用无偏估计值，确定该值的强度试件组数不应少于 30 组。当混凝土强度等级不大于 C30 级，其强度标准差计算值低于 3.0MPa 时，计算配制强度用的标准差应取用 3.0MPa；当强度等级大于 C30 且小于 C60 级，其强度标准差计算值低于 4.0MPa 时，计算配制强度用的标准差应取用 4.0MPa。

当施工单位不具有近期的同一品种混凝土强度资料时，其混凝土强度标准差可参考表 3-20 取用。

标准差 σ 值 **表 3-20**

强度等级/MPa	≤C20	C25～C45	C50～C55
标准差/MPa	4.0	5.0	6.0

2. 计算水灰比（W/C）

$$\frac{W}{C} = \frac{\alpha_a \cdot f_{ce}}{f_{cu,o} + \alpha_a \cdot \alpha_b \cdot f_{ce}} \tag{3-4}$$

式中 α_a、α_b——回归系数，应根据工程使用的水泥、骨料，通过试验由建立水灰比与混凝土强度关系式确定，当不具备试验条件时，对碎石混凝土 α_a 可取 0.53，α_b 可取 0.20，对卵石混凝土 α_a 可取 0.49，α_b 可取 0.13；

f_{ce}——水泥的实际强度，MPa，无水泥实际强度数据时，f_{ce} 值可按下式计算：

$$f_{ce} = \gamma_c \times f_{ce,k} \tag{3-5}$$

式中 $f_{ce,k}$——水泥强度等级值；

γ_c——水泥强度等级值的富余系数，该值可按实际统计资料确定。

3. 确定每立方米混凝土用水量（m_{wo}）

(1) 干硬性和塑性混凝土用水量的确定

1）当水灰比在0.4～0.8范围时，根据粗骨料品种、粒径及施工要求的混凝土拌合物稠度，可按表3-21、表3-22选取。

干硬性混凝土的用水量　　单位：kg/m³　　表3-21

项目	指标（s）	拌合物稠度					
		卵石最大粒径/mm			碎石最大粒径/mm		
		10	20	40	16	20	40
维勃稠度	16～20	175	160	145	180	170	155
	11～15	180	165	150	185	175	160
	5～10	185	170	155	190	180	165

塑性混凝土的用水量　　单位：kg/m³　　表3-22

项目	指标（mm）	拌合物稠度							
		卵石最大粒径/mm				碎石最大粒径/mm			
		10	20	31.5	40	16	20	31.5	40
坍落度	10～30	190	170	160	150	200	185	175	165
	35～50	200	180	170	160	210	195	185	175
	55～70	210	190	180	170	220	205	195	185
	75～90	215	195	185	175	230	215	205	195

注：1. 摘自《普通混凝土配合比设计规程》JGJ 55—2011。
2. 本表用水量系采用中砂时的平均值。采用细砂时，每立方米混凝土用水量可增加5～10kg；采用粗砂时，则可减少5～10kg。
3. 掺用各种外加剂或掺合料时，用水量应相应调整。

2）水灰比小于0.4的混凝土以及采用特殊成型工艺的混凝土用水量应通过试验确定。

(2) 流动性、大流动性混凝土*用水量的确定

1）以表3-21中坍落度90mm的用水量为基础，按坍落度每增大20mm用水量增加5kg，计算出未掺外加剂时的混凝土的用水量。

2）掺外加剂时的混凝土用水量可按下式计算：

$$m_{wa}=m_{wo}\ (1-\beta) \tag{3-6}$$

式中 m_{wa}——掺外加剂混凝土每立方米混凝土中的用水量，kg；

m_{wo}——未掺外加剂混凝土每立方米混凝土中的用水量，kg；

β——外加剂的减水率，经试验确定。

---

* 1. 流动性混凝土系指拌合物的坍落度为100～150mm的混凝土；大流动性混凝土则指拌合物坍落度等于或大于160mm的混凝土。

2. 流动性和大流动性混凝土掺用外加剂时应遵守现行国家标准《混凝土外加剂应用技术规范》GBJ 119的规定。

4．计算每立方米混凝土水泥用量（m_{co}）

$1m^3$ 混凝土水泥用量可用下式计算：

$$m_{co}=\frac{m_{wo}}{W/C} \tag{3-7}$$

5．确定砂率

（1）坍落度小于或等于 60mm，且等于或大于 10mm 的混凝土砂率，可根据粗骨料品种、粒径及水灰比按表 3-22 选取。

（2）坍落度大于 60mm 的混凝土砂率，可经试验确定，也可在表 3-23 的基础上，按坍落度每增大 20mm，砂率增大 1%的幅度予以调整。

（3）坍落度小于 10mm 的混凝土，其砂率应经试验确定。

混凝土的砂率　　单位：%　　　　表 3-23

水灰比（W/C）	卵石最大粒径/mm			碎石最大粒径/mm		
	10	20	40	16	20	40
0.40	26～32	25～31	24～30	30～35	29～34	27～32
0.50	30～35	29～34	28～33	33～38	32～37	30～35
0.60	33～38	32～37	31～36	36～41	35～40	33～38
0.70	36～41	35～40	34～39	39～44	38～43	36～41

注：1. 本表数值系中砂的选用砂率，对细砂或粗砂，可相应地减小或增大砂率。
2. 只用一个单粒级粗骨料配制混凝土时，砂率应适当增大。
3. 对薄壁构件，砂率取偏大值。
4. 本表中的砂率系指砂与骨料总量的质量比。
5. 本表适用于坍落度为 10～60mm 的混凝土。对于坍落度大于 60mm 的混凝土砂率，可按经验确定，也可在表 5-38 的基础上，按坍落度每增大 20mm，砂率增大 1%的幅度予以调整。坍落度小于 10mm 的混凝土，其砂率应经试验确定。

6．确定粗细骨料用量

（1）当采用质量法时，应按下式计算：

$$m_{co}+m_{go}+m_{so}+m_{wo}=m_{cp}, \tag{3-8}$$

$$\beta_s=\frac{m_{so}}{m_{so}+m_{go}}\times 100\% \tag{3-9}$$

式中　m_{co}——每立方米混凝土的水泥用量，kg；

m_{go}——每立方米混凝土的粗骨料用量，kg；

m_{so}——每立方米混凝土的细骨料用量，kg；

m_{wo}——每立方米混凝土的用水量，kg；

β_s——砂率，%；

m_{cp}——每立方米混凝土拌合物的假定重量，kg；其值可取 2350～2450kg。

（2）当采用体积法时，应按下式计算：

$$\frac{m_{co}}{\rho_c}+\frac{m_{go}}{\rho_g}+\frac{m_{so}}{\rho_s}+\frac{m_{wo}}{\rho_w}+0.01\alpha=1 \tag{3-10}$$

$$\beta_s=\frac{m_{so}}{m_{go}+m_{so}}\times100\% \tag{3-11}$$

式中 ρ_c——水泥密度，一般可取 2900～3100kg/m³；

ρ_s——细骨料的表观密度，kg/m³；

ρ_g——粗骨料的表观密度，kg/m³；

ρ_w——水的密度，一般可取 1000kg/m³；

α——混凝土的含气量百分数，在不使用引气性外加剂时，α 可以取为 1。

7. 初步配合比

经过上述计算，即可求出初步配合比。

常用的表示方法有：

(1) 以 1m³ 混凝土中各项材料的质量来表示：

即 1m³ 混凝土中水泥、粗骨料、细骨料及水的质量分别为 m_{co}、m_{go}、m_{so}及 m_{wo}。

(2) 以水泥用量为 1 的各材料比值来表示：

$$水泥:砂:石子=1:\frac{m_{so}}{m_{co}}:\frac{m_{go}}{m_{co}} \quad 及水灰比\frac{W}{C}=\frac{m_{wo}}{m_{co}}$$

混凝土配合比设计，实质上就是确定四项材料用量之间的三个对比关系，即：水与水泥之间的对比关系，用水灰比 W/C 表示；砂与石之间的对比关系，用砂率 β_s 表示；水泥浆与骨料之间的对比关系，常用单位用水量 m_w 表示。通常把水灰比、砂率和单位用水量称为混凝土配合比的三个参数；这三个参数与混凝土的各项性能之间有着密切的关系，正确地确定这三个参数，就能使混凝土满足各项技术经济指标。

《普通混凝土配合比设计规程》JGJ 55—2011 中还规定了其他一些混凝土配合比设计中基本参数的选取原则。外加剂和掺合料的掺量应通过试验确定，并应符合国家现行标准《混凝土外加剂应用技术规范》GB 50119—2003 和《粉煤灰在混凝土和砂浆中应用技术规程》GBJ 146—90 的规定。长期处于潮湿和严寒环境中的混凝土，应掺用引气剂或引气减水剂。引气剂的掺入量应根据混凝土的含气量并经试验确定，最小含气量应符合表 3-24 的规定，但不宜超过 7%。混凝土中的粗、细骨料应作坚固性试验，并且其表观密度 ρ_g 及 ρ_s 应按国家现行标准《建筑用卵石、碎石》GB/T 14685—2011 和《建筑用砂》GB/T 14684—2011 所规定的方法测定。

长期处于潮湿和严寒环境中混凝土的最小含气量　　表 3-24

粗骨料最大粒径/mm	最小含气量值（体积比）/%
40	4.5
25	5.0
20	5.5

8. 试配与调整

(1) 试配

借助经验公式和数据计算出来的材料用量，能否满足设计要求，还需通过试验检验与调整来完成。混凝土试配时应采用工程实际使用的原材料，应按生产时使用的方法搅拌。混凝土试配时，每盘混凝土的最小搅拌量应符合表 3-25 的规定。

混凝土试配用最小搅拌量 **表 3-25**

骨料最大粒径/mm	拌合物数量/L
31.5 及以下	20
40	25

(2) 调整

1) 和易性调整

按计算量称取各材料进行试拌，搅拌均匀以检查拌合物的性能。当拌合物坍落度或维勃稠度不能满足要求，或黏聚性和保水性不好时，应在保证水灰比不变的条件下相应调整用水量或砂率，直到符合要求为止。然后提出供混凝土强度试验用的基准配合比。

2) 强度校核

校核混凝土强度时至少应采用三个不同的配合比，其中一个应是前面算出的基准配合比，另外两个配合比的水灰比，宜较基准配合比分别增加或减少 0.05，其用水量与基准配合比基本相同，砂率可分别增加或减少 1%。

当不同水灰比的混凝土拌合物坍落度与要求值相差超过允许偏差时，可以增减用水量进行调整。

制作混凝土强度试件时，应检验混凝土的坍落度或维勃稠度、黏聚性、保水性及拌合物表观密度，并以此结果作为代表相应配合比的混凝土拌合物的性能。

混凝土强度试验时，每种配合比应至少制作一组（三块）试件，并应标准养护到 28d 试压。

9. 配合比的确定

由试验得出的各灰水比及其相对应的混凝土强度关系，用作图法或计算法求出与混凝土配制强度（$f_{cu,o}$）相对应的灰水比，并应按下列原则确定每 $1m^3$ 混凝土的材料用量：

(1) 用水量（m_w）应取基准配合比中的用水量，并根据制作强度试件时测得的坍落度或维勃稠度进行调整；

(2) 水泥用量（m_c）应以用水量乘以选定的灰水比计算确定；

(3) 粗骨料和细骨料用量（m_g 和 m_s）应取基准配合比中的粗、细骨料用量，并按选定的灰水比进行调整。

当配合比经试配确定后，尚应按下列步骤校正：

1）根据以上确定的材料用量按下式计算混凝土的体积密度计算值：

$$\rho_{c,c}=m_w+m_c+m_g+m_s \tag{3-12}$$

2）应按下式计算混凝土配合比校正系数 δ：

$$\delta=\frac{\rho_{c,t}}{\rho_{c,c}} \tag{3-13}$$

式中 $\rho_{c,t}$——混凝土表观密度实测值（kg/m^3）；

$\rho_{c,c}$——混凝土表观密度计算值（kg/m^3）。

3）当混凝土表观密度实测值与计算值之差的绝对值不超过计算值的 2%时，以上确定的配合比应为确定的设计配合比；当二者之差超过 2%时，应将配合比中每项材料用量乘以校正系数 δ 值，即为确定的混凝土设计配合比。

混凝土配合比的设计值为

$$m_c:m_s:m_g=1:\frac{m_s}{m_c}:\frac{m_g}{m_c} \quad 及\frac{W}{C}=\frac{m_w}{m_c}$$

10. 施工配合比

试验室得出的配合比设计值中，骨料是以干燥状态为准计算出来的。而施工现场砂、石常含一定量水分，并且含水率经常变化。为保证混凝土质量，应根据现场砂、石含水率对配合比设计值进行修正，修正后的配合比，称为施工配合比。

若现场实测砂含水率为 $a\%$，石子含水率为 $b\%$，换算材料用量及确定施工配合比：

$m'_c=m_c$，

$m'_s=m_s(1+a\%)$，

$m'_g=m_g(1+b\%)$，

$m'_w=(m_w-m_s\cdot a\%-m_g\cdot b\%)$，

$m'_c:m'_s:m'_g=1:\frac{m'_s}{m'_c}:\frac{m'_g}{m'_c}及\frac{m'_w}{m'_c}$

3.3.3 混凝土配合比设计例题

【例 3-2】 钢筋混凝土结构用混凝土配合比设计。

[原始资料]

（1）已知混凝土设计强度等级为 C30。无强度历史统计资料，要求混凝土拌合物坍落度为 35～50mm。结构所在地区属寒冷地区；

（2）组成材料：可供应硅酸盐水泥，强度等级为 42.5 级；密度 $\rho=3.10g/cm^3$，强度富裕系数 $\gamma_c=1.1$；砂为中砂，表观密度 $\rho_0=2.65g/cm^3$；碎石最大粒径为 31.5mm，表观密度 $\rho_0=2.70g/cm^3$。

[设计要求]

（1）按题给资料计算出初步配合比；

（2）按初步配合比在实验室进行材料调整得出实验室配合比。

[设计步骤]

1. 计算初步配合比

(1) 确定混凝土配制强度($f_{cu,o}$)

按题意：设计要求混凝土强度 $f_{cu,k}$ 为 30MPa，无历史统计资料，按表 3-20，取标准差 σ=5.0MPa。

按下式计算混凝土配制强度：

$$f_{cu,o}=f_{cu,k}+1.645\sigma=30+1.645\times5.0=38.2\text{MPa}$$

(2) 计算水灰比 (W/C)

1) 按强度要求计算水灰比

A. 计算水泥实际强度

已知采用强度等级为 42.5 级的硅酸盐水泥，$f_{ce,k}$=42.5MPa，水泥强度富裕系数为 1.1，则水泥实际强度

$$f_{ce}=\gamma_c f_{ce,k}=1.1\times42.5=46.75\text{MPa}$$

B. 计算水灰比

水泥的实际强度取 46.8MPa。由于本单位没有混凝土强度回归系数统计资料，采用表 5-35 碎石 α_a=0.53，α_b=0.20，按下式计算水灰比：

$$\frac{W}{C}=\frac{\alpha_a f_{ce}}{f_{cu,o}+\alpha_a\alpha_b f_{ce}}=\frac{0.53\times46.8}{38.2+0.53\times0.20\times46.8}=0.57$$

2) 按耐久性校核水灰比

根据混凝土所处环境条件属于寒冷地区，查表 3-19，允许最大水灰比为 0.55。按强度计算的水灰比大于要求的最大值，不符合耐久性要求，故采用计算水灰比 0.55 继续下面的计算。

(3) 确定单位用水量 (m_{wo})

由题意已知，要求混凝土拌合物坍落度 35～50mm，碎石最大粒径为 31.5mm。查表 3-22，选用混凝土用水量 m_{wo}=185kg/m^3。

(4) 计算单位水泥用量 (m_{co})

1) 按强度计算单位用灰量

已知混凝土单位用水量 185kg/m^3，水灰比 W/C=0.55，单位用灰量为：

$$\frac{m_{co}}{W/C}=\frac{185}{0.55}=336\text{kg/m}^3$$

2) 按耐久性校核单位用灰量

根据混凝土所处环境条件属寒冷地区配筋混凝土，查表 3-19，最小水泥用量不低于 280kg/m^3。按强度计算单位用灰量 336kg/m^3，符合耐久性要求。采用单位用灰量为 336kg/m^3。

(5) 选定砂率 (β_s)

按前已知骨料采用碎石、最大粒径 31.5mm，水灰比 W/C=0.55。查表 3-23，选定混凝土砂率取 35%。

(6) 计算砂石用量 (m_{so}、m_{go})

1) 采用质量法

已知：单位用灰量 336kg/m³，单位用水量 185kg/m³，混凝土拌合物假定密度为 2400kg/m³，砂率 35%。将有关数据代入下列方程组中：

$$\begin{cases} m_{co}+m_{go}+m_{so}+m_{wo}=m_{cp} \\ \beta_s=\dfrac{m_{so}}{m_{so}+m_{go}}\times 100\% \end{cases}$$

$$\begin{cases} 336+m_{go}+m_{so}+185=2400 \\ 35\%=\dfrac{m_{so}}{m_{so}+m_{go}}\times 100\% \end{cases}$$

解：

$$m_{so}=657\text{kg/m}^3$$

$$m_{go}=1222\text{kg/m}^3$$

按质量法计算得初步配合比以质量法表示为：

$$m_{co}=336\text{kg/m}^3$$
$$m_{wo}=185\text{kg/m}^3$$
$$m_{so}=657\text{kg/m}^3$$
$$m_{go}=1222\text{kg/m}^3$$

按比例法表示为：水泥∶砂∶石∶水=1∶1.96∶3.64∶0.55。

2) 按体积法计算：

$$\begin{cases} \dfrac{m_{co}}{\rho_c}+\dfrac{m_{wo}}{\rho_w}+\dfrac{m_{so}}{\rho_s}+\dfrac{m_{go}}{\rho_g}+0.01\alpha=1 \\ \beta_s=\dfrac{m_{so}}{m_{so}+m_{go}}\times 100\% \end{cases}$$

将已知数据代入上述方程组计算如下：

$$\begin{cases} \dfrac{336}{3100}+\dfrac{185}{1000}+\dfrac{m_{so}}{2650}+\dfrac{m_{go}}{2700}+0.01\times 1=1 \\ 35\%=\dfrac{m_{so}}{m_{so}+m_{go}}\times 100\% \end{cases}$$

解：$m_{so}=654\text{kg/m}^3$；$m_{go}=1216\text{kg/m}^3$。

用体积法解得的混凝土初步配合比以质量法表示为：

$m_{co}=336\text{kg/m}^3$；$m_{wo}=185\text{kg/m}^3$；$m_{so}=654\text{kg/m}^3$；$m_{go}=1216\text{kg/m}^3$

以比例法表示为：水泥∶砂∶石∶水=1∶1.95∶3.62∶0.55。

由上面的计算可知，用体积法和质量法计算，结果有一定的差别，这种差别在工程上是允许的。在配合比计算时，可任选一种方法进行设计，无需同时用两种方法计算。为了计算快捷简便，则可选择重量法设计；若强调结果的相对准确性，则选择体积法设计。

2. 调整工作性，提出基准配合比

(1) 计算试拌材料用量

考虑粗骨料的最大粒径为 31.5mm，混凝土拌合物的最少搅拌量为 20L。按体积法计算的初步配合比计算试拌 20L 拌合物各种材料的用量：

水泥　$336 \times 0.020 = 6.72\text{kg}$；

水　$185 \times 0.020 = 3.70\text{kg}$；

砂　$654 \times 0.020 = 13.08\text{kg}$；

碎石　$1216 \times 0.020 = 24.32\text{kg}$。

(2) 调整工作性

按计算材料用量拌制混凝土拌合物，测定其坍落度为 10mm，未满足题给的施工和易性要求。为此，保持水灰比不变，增加 5%的水泥浆。再经拌合测定坍落度为 40mm，黏聚性和保水性均良好，满足施工和易性要求。此时混凝土拌合物各组成材料实际用量为：

水泥　$6.72(1+5\%) = 7.06\text{kg}$；

水　$3.70(1+5\%) = 3.89\text{kg}$；

砂　$= 13.08\text{kg}$；

碎石　$= 24.32\text{kg}$。

(3) 提出基准配合比

根据调整工作性后，混凝土拌合物的基准配合比为：

$C_{基} : S_{基} : G_{基} = 7.06 : 13.08 : 24.32 = 1 : 1.85 : 3.44$

$W/C = 0.55$。

3. 检验强度、确定实验室配合比

(1) 检验强度

采用水灰比分别为 0.49、0.54、0.59 的三组配合比，分别拌制三组混凝土拌合物。砂、碎石、水用量保持不变，则三组拌合物的水泥用量分别为 A 组 7.94kg，B 组 7.20kg，C 组 6.59kg。除基准配合比一组外，其他两组亦经测定坍落度、黏聚性和保水性均合格。

按三组配合比拌制混凝土并成型标准试件，在标准条件下养护 28d 后，按规定方法测定其立方体抗压强度值，列于表 3-26。

根据表 3-26 的试验结果，绘制混凝土 28d 立方体抗压强度（$f_{cu,28}$）与灰水比（C/W）关系图，如图 3-9 所示。

不同水灰比的混凝土强度值　　表 3-26

组别	水灰比/(W/C)	灰水比/(C/W)	28d 立方体抗压强度 $f_{cu,28}$/MPa
A	0.49	2.04	45.3
B	0.54	1.85	39.5
C	0.59	1.69	34.2

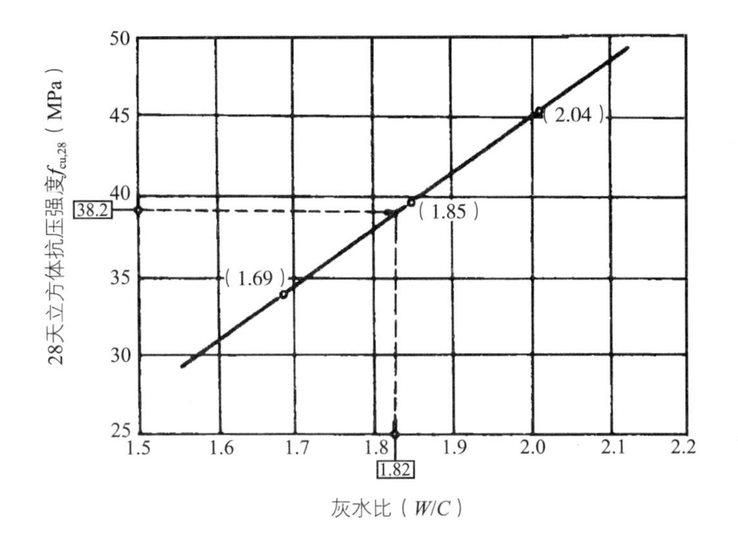

图 3-9 混凝土 28 天强度与灰水比的关系

由图 3-9 可知，相应混凝土配制强度 $f_{cu,o}=38.2MPa$ 的灰水比为 1.82，即水灰比为 0.55。

(2) 确定实验室配合比

按强度试验结果修正配合比，各材料用量为：

用水量 $W_{基}=185(1+0.05)=194kg$

水泥用量 $C_{基}=194\div0.55=353kg$

砂、石用量按体积法：

$$\begin{cases}\dfrac{S_{基}}{2650}+\dfrac{G_{基}}{2700}=1-\dfrac{353}{3100}-\dfrac{194}{1000}-0.01\\ \dfrac{S_{基}}{S_{基}+G_{基}}\times100\%=35\%\end{cases}$$

解：砂用量 $S_{基}=639kg$；

碎石用量 $G'_{基}=1189kg$；

修正后配合比 $C_{基}:S_{基}:G_{基}=353:639:1189=1:1.81:3.37$，

水灰比=194/353=0.55

计算湿表观密度 $\rho_{c,c}=353+194+639+1189=2375kg/m^3$；

实测湿表观密度 $\rho_{c,t}=2450kg/m^3$；

修正系数 $\delta=2450/2375=1.03$

$$\left|\frac{\rho_{c,t}-\rho_{c,c}}{\rho_{c,c}}\right|\times100\%=\left|\frac{2450-2375}{2375}\right|\times100\%=3.2\%>2\%;$$

故需按实测湿表观密度校正各种材料用量：

水泥用量 $C_{实}=\delta C_{基}=353\times1.03=364kg/m^3$；

水用量 $W_{实}=\delta W_{基}=194\times1.03=200kg/m^3$；

砂用量　$S_{实}=\delta S_{基}=639\times1.03=658kg/m^3$；

碎石用量　$G_{实}=\delta G_{基}=1189\times1.03=1225kg/m^3$；

实验室配合比为　$C_{实}:S_{实}:G_{实}=364:658:1225$；

$W/C=0.55$。

4. 换算施工配合比

根据工地实测，砂的含水率5%，碎石的含水率1%，各种材料的用量为：

水泥用量　$C_{施}=C_{实}$；

砂用量　$S_{施}=S_{实}\cdot(1+a\%)=658(1+5\%)=697kg/m^3$；

碎石用量　$G_{施}=G_{实}\cdot(1+b\%)=1225(1+1\%)=1237kg/m^3$；

水用量　$W_{施}=W_{实}-S_{实}\cdot a\%-G_{实}\cdot b\%=200-(658\times5\%+1225\times1\%)=155kg/m^3$；

施工配合比为　$C_{施}:S_{施}:G_{施}:W_{施}=1:1.90:3.40:0.43$。

3.4　混凝土的配制和性能检测

学习目标

掌握水泥混凝土配合比设计的具体实施；掌握混凝土拌合物的性能检测方法；掌握硬化混凝土强度的测定方法。

关键概念

试验量；混凝土成型、养护；混凝土抗压强度测定。

3.4.1　混凝土拌合物试验

要求：了解影响混凝土工作性的主要因素，并根据给定的配合比进行各组成材料的称量和试拌，测定其流动性，评定黏聚性和保水性。若工作性不能满足给定的要求，则能分析原因，提出改善措施。

本节试验采用的标准及规范：

(1)《普通混凝土配合比设计规程》JGJ/T 55—2011。

(2)《混凝土质量控制标准》GB 50164—2011。

(3)《普通混凝土拌合物性能试验方法标准》GB/T 50080—2002。

1. 用坍落度法检验混凝土拌合物的和易性

坍落度法适用于粗骨料最大粒径不大于40mm、坍落度值不小于10mm的混凝土拌合物和易性测定。

(1) 试验目的

测定塑性混凝土拌合物的和易性，以评定混凝土拌合物的质量。供调整混凝土试验室配合比用。

(2) 主要仪器设备

1) 混凝土搅拌机。

2) 坍落度筒（图3-10），筒内必须光滑，无凹凸部位。底面和顶面应互相平行并与锥体的轴线垂直。在坍落筒外2/3高度处安两个把手，下端应焊脚踏板。筒的内部尺寸为：底部直径为(200±2)mm；顶部直径为（100±2)mm；高度为（300±2)mm；筒壁厚度不小于1.5mm。

3) 铁制捣棒（图3-10），直径16mm、长650mm，一端为弹头形。

4) 钢尺和直尺（500mm，最小刻度1mm）。

5) 40mm方孔筛、小方铲、抹刀、平头铁锨、2000mm×1000mm×3mm铁板（拌合板）等。

(3) 试样准备

1) 根据第3章中的有关指示，根据试验室现有水泥、砂、石情况确定配合比。

2) 按拌合15L混凝土算试配拌合物的各材料用量，并将所得结果记录在试验报告中。

3) 按上述计算称量各组成材料，同时另外还需备好两份为坍落度调整用的水泥、水、砂和石子。其数量可各为原来用量的5%与10%，备用的水泥与水的比例应符合原定的水灰比及砂率。试验室拌制的混凝土制作试件时，其材料用量以质量计，称量的精度为：水泥、水和外加剂均为±0.5%；骨料为±1%。拌合用的骨料应提前送入室内，拌合时试验室的温度应保持在（20±5)℃。

4) 拌合混凝土

人工拌合：将拌板和拌铲用湿布润湿后，将称好的砂子、水泥倒在铁板上，用平头铁锨翻至颜色均匀，再放入称好的石子与之拌和至少翻拌三次，然后堆成锥形，将中间扒一凹坑，将称量好的拌合用水的一半倒入凹坑中，小心拌合，勿使水溢出或流出，拌合均匀后再将剩余的水边翻拌边加入至加完为止。每翻拌一次，应用铁锨将全部混凝土铲切一次，至少翻拌六次。拌合时间从加水完毕时算起，在10min内完成。

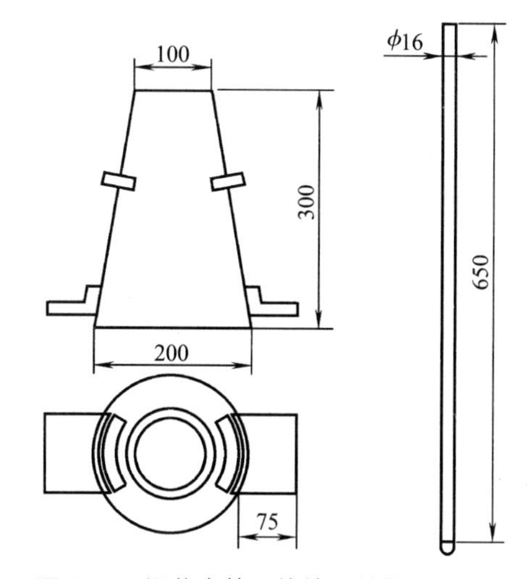

图3-10 坍落度筒及捣棒（单位：mm）

机械拌合：拌合前应将搅拌机冲洗干净，并预拌少量同种混凝土拌合物或与拌合混凝土水灰比相同的砂浆，使搅拌机内壁挂浆。开动搅拌机，向搅拌机内依次加入石子、砂和水泥，干拌均匀，再将水徐徐加入，全部加料时间不超过 2min，水全部加入后，继续拌合 2min。将拌好的拌合物自搅拌机中卸出，倾倒在拌板上，再经人工拌合 1～2min，即可做坍落度测试或试件成型。从开始加水时算起，全部操作必须在 10min 内完成。

(4) 试验方法与步骤

1) 用湿布擦拭湿润坍落度筒及其他用具，把坍落度筒放在铁板上，用双脚踏紧踏板，使坍落度筒在装料时保持位置固定。

2) 用小方铲将混凝土拌合物分三层均匀地装入筒内，使每层捣实后高度约为筒高的 1/3 左右。每层用捣棒沿螺旋方向在截面上由外向中心均匀插捣 25 次。插捣深度要求为，底层应穿透该层，上层则应插到下层表面以下约 10～20mm，浇灌顶层时，应将混凝土拌合物灌至高出筒口。顶层插捣完毕后，刮去多余的混凝土拌合物并用抹刀抹平。

3) 清除坍落度筒外周围及底板上的混凝土；将坍落度筒垂直平稳地徐徐提起，轻放于试样旁边。坍落度筒的提离过程应在 5～10s 内完成，从开始装料到提起坍落度筒的整个过程应不断地进行，并应在 150s 内完成。

4) 坍落度的调整：当测得拌合物的坍落度达不到要求，可保持水灰比不变，增加 5%或 10%的水泥和水；当坍落度过大时，可保持砂率不变，酌情增加砂和石子的用量；若黏聚性或保水性不好，则需适当调整砂率，适当增加砂用量。每次调整后尽快拌合均匀，重新进行坍落度测定。

(5) 结果计算与数据处理

1) 立即用直尺和钢尺测量出混凝土拌合物试体最高点与坍落度筒的高度之差(见图 3-11)，即为坍落度值，以 mm 为单位 (精确至 5mm)。

2) 坍落度筒提离后，如试体发生崩坍或一边剪坏现象，则应重新取样进行测定。如第二次仍出现这种现象，则表示该拌合物和易性不好，应予记录备查。

3) 测定坍落度后，观察拌合物的黏聚性和保水性，并记入记录。

黏聚性的检测方法为：用捣棒在已坍落的拌合物锥体侧面轻轻击打，如果锥体逐渐下沉，表示拌合物黏聚性良好；如果锥体倒坍，部分崩裂或出现离析，即为黏聚性不好。

保水性的检测方法为：在插捣坍落度筒内混凝土时及提起坍落度筒后如有较多的稀浆从锥体底部析出，锥体部分的拌合物也因失浆而骨料外露，则表明拌合物保水性不好；如无这种现象，则表明保水性良好。

4) 混凝土拌合物和易性评定。应按试验测定值和试验目测情况综合评议。其中，坍落度至少要测定两次，取两次的算术平均值作为最终的测定结果。两次坍落度测定值之差应不大于 20mm。

5) 将上述试验过程及主观评定用书面报告形式记录在试验报告中。

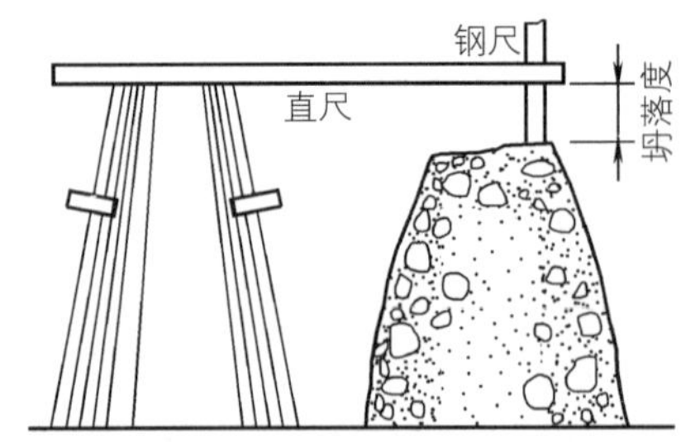

图 3-11　坍落度测定

3.4.2 硬化混凝土性能检测

要求：了解影响混凝土强度的主要因素、混凝土强度等级的概念及评定方法。利用上述混凝土工作性评定试验后的混凝土拌合物，进行混凝土抗压和抗折强度试件的制作、标准养护，并能正确地进行抗压强度测定。也可将各组的试验数据集中起来，进行统计分析，计算平均强度和标准差，并以此推算混凝土的强度等级。

本节试验采用的标准及规范：

(1)《混凝土质量控制标准》GB 50164—2011；

(2)《混凝土强度检验评定标准》GB/T 50107—2010；

(3)《普通混凝土力学性能试验方法标准》GB/T 50081--2002；

(4)《混凝土结构工程施工质量验收规范》GB 50204—2015。

1. 混凝土强度检测试件的成型与养护

(1) 试验目的

为检验混凝土立方体抗压强度、抗劈裂强度，提供立方体试件。

(2) 主要仪器设备

1) 试模。试模由铸铁或钢制成，应具有足够的刚度，并且拆装方便。另有整体式的塑料试模。试模内尺寸为150mm×150mm×150mm。

2) 振动台。频率 (3000±200) 次/min，振幅0.35mm。

3) 捣棒、磅秤、小方铲、平头铁锹、抹刀等。

4) 养护室。标准养护室温度应控制在 (20±2)℃，相对湿度大于95%。在没有标准养护室时，试件可在水温为 (20±2)℃的不流动的 $Ca(OH)_2$ 饱和溶液中养护，但须在报告中注明。

(3) 试件准备

取样及试件制作的一般规定：

混凝土立方体抗压强度试验应以三个试件为一组，每组试件所用的拌合物根据不同要求应从同一盘搅拌或同一车运送的混凝土中取出，或在试验室用机械或人工单独拌制。用以检验现浇混凝土工程或预制构件质量的试件分组及取样原则应按现行《混凝土结构工程施工质量验收规范》GB 50204—2015 以及其他有关规定执行。具体要求如下：

1) 每拌制100盘且不超过 $100m^3$ 的同一配合比的混凝土取样不得少于一组。

2) 每工作班拌制的同一配合比的混凝土不足100盘时，取样不得少于一次。

3) 当一次连续浇筑超过 $1000m^3$ 时，同一配合比的混凝土每 $200m^3$ 取样不得少于一次。

4) 每一楼层、同一配合比的混凝土取样不得少于一次。

5) 每次取样应至少留置一组标准养护试件，同条件养护试件的留置组数应根据实际需要确定。

本试验用试验四经过和易性调整的混凝土拌合物作为试件的材料，或按试验四方法拌合混凝土。每一组试件所用的混凝土拌合物应从同一批拌和而成的拌合物中取用。

(4) 试验方法与步骤

1) 拧紧试模的各个螺钉，擦净试模内壁并涂上一层矿物油或脱模剂。

2) 用小方铲将混凝土拌合物逐层装入试模内。试件制作时，当混凝土拌合物坍落度大于 70mm 时，宜采用人工捣实，混凝土拌合物分两层装入模内，每层装料厚度大致相等，用捣棒螺旋式从边缘向中心均匀进行插捣。插捣底层时，捣棒应达到试模底面；插捣上层时，捣棒要插入下层 20～30mm；插捣时捣棒应保持垂直，不得倾斜，并用抹刀沿试模四内壁插捣数次，以防试件产生蜂窝麻面。一般 $100cm^2$ 上不少于 12 次。然后刮去多余的混凝土拌合物，将试模表面的混凝土用抹刀抹平。

当混凝土拌合物坍落度不大于 70mm 时，宜采用机械振捣，此时装料可一次装满试模，并稍有富余，将试模固定在振动台上，开启振动台，振至试模表面的混凝土泛浆为止（一般振动时间为 30s）；然后刮去多余的混凝土拌合物，将试模表面的混凝土用抹刀抹平。

3) 标准养护的试件成型后，立即用不透水的薄膜覆盖表面，以防止水分蒸发，在 (20±5)℃的室内静置 24～48h 后拆模并编号。拆模后的试件应立即送入温度为 (20±2)℃；湿度为 95%以上的标准养护室养护，试件应放置在架子上，之间应保持 10～20mm 的距离，注意避免用水直接冲淋试件，确保试件的表面特征。无标准养护室时，混凝土试件可在温度为 20℃±2℃的不流动的 $Ca(OH)_2$ 饱和溶液中进行养护。

4) 到达试验龄期时，从养护室取出试件并擦拭干净，检查外观，测量试件尺寸（精确至 1mm），当试件有严重缺陷时，应废弃。普通混凝土立方体抗压强度测试所采用的立方体试件是以同一龄期者为一组，每组至少有三个同时制作并共同养护的试件。

(5) 结果计算与数据处理

将试件的成型日期、预拌强度等级、试件的水灰比、养护条件和龄期等因素记录在试验报告中。

2. 混凝土立方体抗压强度检验

(1) 试验目的

测定混凝土立方体抗压强度，以检验材料的质量，确定、校核混凝土配合比，供调整混凝土试验室配合比用，此外还应用于检验硬化后混凝土的强度性能，为控制施工质量提供依据。

(2) 主要仪器设备

压力试验机：试验机应定期（一年左右）校正，示值误差不应大于标准值的±2%，其量程应能使试件的预期破坏荷载值不小于全量程的 20%，也不大于全量程的 80%。与试件接触的压板尺寸应大于试件的承压面。其不平度要求每 100mm 不超过

0.02mm。

(3) 试件准备

经成型并标准养护至龄期的试件。

(4) 试验方法与步骤

将试件放在试验机的下承压板正中，加压方向应与试件捣实方向垂直。调整球座，使试件受压面接近水平位置。加荷应连续而均匀。混凝土强度等级＜C30时，其加荷速度为每秒0.3～0.5MPa；混凝土强度≥C30且＜C60时，则每秒0.5～0.8MPa；混凝土强度等级≥C60时，取每秒钟0.8～1.0MPa。当试件接近破坏而开始迅速变形时，停止调整试验机油门，直至试件破坏，然后记录破坏荷载P(N)。

(5) 结果计算与数据处理

1) 混凝土立方体试件抗压强度按式(3-14)计算(精确至0.1MPa)，并记录在试验报告册中：

$$f_{cu}=\frac{F}{A} \tag{3-14}$$

式中　f_{cu}——混凝土立方体试件抗压强度，MPa；

F——破坏荷载，N；

A——试件承压面积，mm^2。

2) 以三个试件测值的算术平均值作为该组试件的抗压强度值(精确至0.1MPa)；如果三个测定值中的最大值或最小值有一个与中间值的差值超过中间值的15%时，则计算时舍弃最大值和最小值，取中间值作为该组试件的抗压强度值；如有最大值和最小值两个测值与中间值的差均超过中间值的15%，则该组试件的试验结果无效。

3) 混凝土抗压强度是以150mm×150mm×150mm立方体试件的抗压强度为标准值，用其他尺寸试件测得的强度值均应乘以尺寸换算系数，200mm×200mm×200mm试件的换算系数为1.05，100mm×100mm×100mm试件的换算系数为0.95。

4) 将混凝土立方体强度测试的结果记录在试验报告中，并按规定评定强度等级。

3. 混凝土立方体劈裂抗拉强度试验

(1) 试验目的

混凝土立方体劈裂抗拉强度检验是在试件的两个相对表面中心的平行线上施加均匀分布的压力，使在荷载所作用的竖向平面内产生均匀分布的拉伸应力，达到混凝土极限抗拉强度时，试件将被劈裂破坏，从而可以间接地测定出混凝土的抗拉强度。

(2) 主要仪器设备

1) 压力试验机、试模：要求与上面相同。

2) 垫条：胶合板制，起均匀传递压力用，只能使用一次。其尺寸为：宽

15～20mm,厚 (4±1)mm，长度应大于立方体试件的边长。

3）垫块：采用半径为 75mm 的钢制弧形长度与试件相同的垫块，使荷载沿一条直线施加于试件表面。

4）支架：钢支架（见图 3-12 混凝土劈裂抗拉试验装置)。

(3) 试件准备

经成型并养护至龄期的试件。

(4) 试验方法与步骤

1）试件制作与养护与前节相同。

2）测试前应先将试件表面与上下承压板面擦干净；试件擦拭干净，测量尺寸(精确至 1mm)，检查外观，并在试件中部用铅笔画线定出劈裂面的位置。劈裂承压面和劈裂面应与试件成型时的顶面垂直。算出试件的劈裂面积 A。

3）将试件放在试验机下压板的中心位置，劈裂承压面和劈裂面应与试件成型时的顶面垂直；在上、下压板与试件之间垫以圆弧形垫块及垫条各一条，垫块与垫条应与试件上、下面的中心线对准并与成型时的顶面垂直。宜把垫条及试件安装在定位架上使用（如图 3-12 所示)。

4）开动试验机，当上压板与圆弧形垫块接近时，调整球座，使接触均衡。加荷应连续均匀，当混凝土强度等级＜C30 时，加荷速度取 0.02～0.05MPa/s；当混凝土强度等级≥C30 且＜C60 时，取 0.05～0.08MPa/s；当混凝土强度等级≥C60 时，取 0.08～0.10MPa/s，至试件接近破坏时，应停止调整试验机油门，直至试件破坏，然后记录破坏荷载。

(5) 结果计算与数据处理

1）混凝土立方体劈裂抗拉强度按式 (3-15) 计算（精确至 0.01MPa)，并记录在试验报告中：

$$f_{ts}=\frac{2F}{\pi a^2}=0.637\frac{F}{A} \tag{3-15}$$

式中 f_{ts}——混凝土抗拉强度，MPa；

F——破坏荷载，N；

a——试件受力面边长，mm；

A——试件受力面面积，mm^2。

2）以三个试件的检验结果的算术平均值作为混凝土的劈裂抗拉强度，记录在试验报告表中。其异常数据的取舍与混凝土抗压强度检验的规定相同。当采用非标准试件测得的劈裂抗拉强度值时，100mm×100mm×100mm 试件应乘以换算系数 0.85，当混凝土强度等级≥60 时，宜采用标准试件；使用非标准试件时，尺寸换算系数应由试验确定。

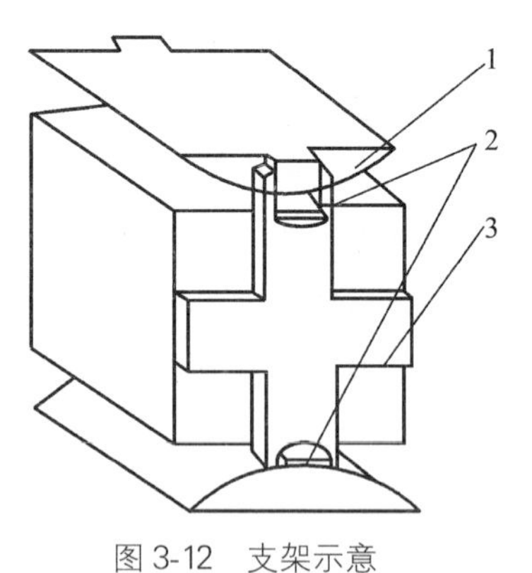

图 3-12　支架示意

1—垫块；2—垫条；3—支架

3.5 其他品种混凝土

学习目标

掌握特种混凝土的种类和具体构成；掌握特种混凝土主要技术性质及影响因素；掌握特种混凝土的主要应用要点。

关键概念

轻质；高强；泵送。

3.5.1 轻混凝土

轻混凝土是指干密度小于 1950kg/m^3 的混凝土。这是一种轻质、高强、多功能的新型混凝土。它在减轻结构重量，增大构件尺寸，改善建筑物保温和防震性能，降低工程造价等方面显示出了较好的技术经济效果，获得了较快发展。

轻混凝土按其原料与制造方法不同可分为轻骨料混凝土、多孔混凝土和大孔混凝土。

1. 轻骨料混凝土

凡是由轻粗骨料，轻细骨料（或普通砂），水泥和水配制而成的轻混凝土（粗，细骨料均为轻骨料）和砂轻混凝土（细骨料全部或部分为普通砂），称为轻骨料混凝土。

轻骨料混凝土所用轻骨料孔隙率高，表观密度小，吸水率大，强度低。轻骨料按其来源可分为三类：

（1）工业废料轻骨料——以工业废料为原料，经加工而成的轻骨料，如粉煤灰，陶粒，膨胀矿渣珠，煤渣及其轻砂等。

（2）天然轻骨料——天然形成的多孔岩石，经加工而成的轻骨料，如浮石，火山渣及轻砂等。

（3）人造轻骨料——以地方材料为原料，经加工而成的轻骨料，如页岩陶粒，黏土陶粒，膨胀珍珠岩等。

轻骨料按粒径大小分为轻粗骨料和轻细骨料（或称砂轻）。轻粗骨料的粒径大于5mm，堆积密度小于 1000kg/m^3；轻细骨料的粒径小于 5mm，堆积密度小于 1200kg/m^3。轻骨料混凝土与普通混凝土相比，有如下特点：表观密度低；强度等级为 LC5.0、LC7.5、LC10、LC15、LC20、LC25、LC30、LC35、LC40、LC45、LC50、LC55 和

LC60，弹性模量低，所以抗震性能好；热膨胀系数较小；抗渗，抗冻和耐久性能良好；导热系数低，保温性能好。

轻骨料混凝土在工业与民用建筑中可用于保温、结构保温和结构承重三方面。由于其结构自重小，所以特别用于高层和大跨度结构（见表 3-27）。

轻骨料混凝土的应用　　表 3-27

类别名称	混凝土强度等级的合理范围	混凝土密度等级的合理范围	用途
保温轻骨料混凝土	LC5.0	≤800	主要用于保温的围护结构或热工构筑物
结构保温轻骨料混凝土	LC5.0 LC7.5 LC10 LC15	800～1400	主要用于既承重又保温的围护结构

2. 多孔混凝土

多孔混凝土是一种内部均匀分布细小气孔而无骨料的混凝土。多孔混凝土按形成气孔的方法不同，分为加气混凝土和泡沫混凝土两种。

加气混凝土是以含钙材料（石灰，水泥），含硅材料（石英砂，粉煤灰等）和发泡剂（铝粉）为原料，经磨细，配料，搅拌，浇筑，发泡，静停，切割和压蒸养护（在 0.8～1.5MPa，175～203℃下养护 6～28h）等工序生产而成。一般预制成条板或砌块。

加气混凝土的表观密度约为 300～1200kg/m^3，抗压强度约为 1.5～5.5MPa，导热系数约为 0.081～0.29W/(m·K)。

加气混凝土孔隙率大，吸水率大，强度较低，保温性能好，抗冻性能差，常用作屋面板材料和墙体材料。

泡沫混凝土是将水泥浆和泡沫剂拌合后，经硬化而成的一种多孔混凝土。其表观密度为 300～500kg/m^3，抗压强度为 0.5～0.7MPa，可以现场直接浇筑，主要用于屋面保温层。

泡沫混凝土在生产时，常采用蒸汽养护或压蒸养护，当采用自然条件养护时，水泥强度等级不宜低于 32.5MPa，否则强度低。

3. 大孔混凝土

大孔混凝土是以粒径相近的粗骨料，水泥，水，有时加入外加剂配制而成的混凝土。由于没有细骨料，在混凝土中形成许多大孔。按所用骨料的种类不同，分为普通大孔混凝土和轻骨料大孔混凝土。

普通大孔混凝土的表观密度一般为 1500～1950kg/m^3，抗压强度为 3.5～10MPa，多用于承重及保温的外墙体。轻骨料大孔混凝土的表观密度为 500～1500kg/m^3，抗压强度为 1.5～7.5MPa，适用于非承重的墙体。大孔混凝土的导热系数小，保温性能好，吸湿性能小，收缩较普通混凝土小 20%～50%，抗冻性可达 15～20 次，适用于墙体材料。

3.5.2 防水混凝土（抗渗混凝土）

防水混凝土是通过各种方法提高混凝土的抗渗性能，使其抗渗等级等于或大于P6级的混凝土。混凝土抗渗等级的要求是根据其最大作用水头（即该处在自由水面以下的垂直深度）与建筑最小壁厚的比值来确定的，见表3-28。

防水混凝土抗渗等级选择 **表3-28**

最大作用水头与建筑最小壁厚之比	设计抗渗等级
＜5	P4
5～10	P6
11～15	P8
16～20	P10
＞20	P12

防水混凝土按其配制方法大体可分四类：富水泥浆法防水混凝土，引气剂防水混凝土，密实剂防水混凝土，膨胀水泥防水混凝土。

1. 普通防水混凝土（又称富水泥浆法防水混凝土）

此法是采用调整配合比来提高混凝土的抗渗性。具体方法是：

(1) 采用渗透性小的骨料；

(2) 尽量减小水灰比；

(3) 适当提高水泥用量，砂率和灰砂比（即水泥与砂），以保证在粗骨料周围形成足够厚度的砂浆层，避免粗骨料直接接触所形成的互相连通的渗水孔网。

这种抗渗混凝土应符合下列规定：

1）抗渗混凝土的最大水灰比的限值见表3-29；

2）水泥强度等级不宜小于42.5，水泥用量不宜小于325kg；

3）粗骨料最大粒径不宜大于40mm，砂率宜为35%～40%。

抗渗混凝土最大水灰比限值 **表3-29**

抗渗等级	最大水灰比	
	C20～C30混凝土	C30以上混凝土
P6	0.60	0.55
P8～P12	0.55	0.50
＞P12	0.50	0.45

2. 引气剂防水混凝土

常用的引气剂是松香热聚物，也可用松香皂和氯化钙的复合外加剂。加入引气剂使混凝土内产生微小的封闭气泡，它们填充了混凝土孔隙，隔断了渗水通道，从而提高混凝土密实性和抗渗性。氯化钙具有稳定气泡和提高混凝土的早期强度的作用。

3. 密实剂防水混凝土

密实剂一般用氢氧化铁或氢氧化铝的溶液，这些溶液是不溶于水的胶状物质，能堵塞混凝土内部的毛细管及孔隙，从而提高混凝土的密实性和抗渗性。

常用氯化铁作密实防水剂，氯化铁与水泥水化析出的氢氧化钙可生氢氧化铁胶体。

$$2FeCl_3+3Ca(OH)_2 = 2Fe(OH)_3+3CaCl_2$$

加密实剂的防水混凝土常用于抗渗性要求较高的混凝土，如高水压容器或储油罐等。其缺点是造价较高，掺量＞3％时，对钢筋锈蚀及干缩影响较大。

4. 膨胀水泥防水混凝土

用膨胀水泥配制的防水混凝土，因膨胀水泥在水化过程中形成大量的钙矾石，而产生膨胀。在有约束的条件下，能改善混凝土的孔结构，使毛细孔减少，孔隙率降低，提高混凝土的密实度和抗渗性。

提高混凝土抗渗性的方法还有掺加减水剂及三乙醇胺；提高普通混凝土本身的密实度等。

防水混凝土主要用于有防水抗渗要求的水工构筑物，给排水构筑物（如水池，水塔等）和地下构筑物，以及有防水抗渗要求的屋面。

3.5.3 聚合物混凝土

凡在混凝土组成材料中掺入聚合物的混凝土，统称为聚合物混凝土。聚合物混凝土一般可分为三种：

1. 聚合物水泥混凝土

它是以水乳性聚合物（如天然或合成橡胶乳液，热塑性树脂乳液）和水泥共同为胶凝材料，并掺入砂或其他骨料而制成的。这种混凝土聚合物能均匀分布于混凝土内，填充水泥水化物和骨料之间的孔隙，并与水泥水化物结合成一个整体，使混凝土的密实度得以提高。与普通混凝土相比，聚合物水泥混凝土具有较好的耐久性，耐磨性，耐腐蚀性和耐冲击性等。目前，主要用于现场灌注无缝地面，耐腐蚀性地面，桥面及修补混凝土工程中。

2. 聚合物胶结混凝土

又称树脂混凝土，是以合成树脂为胶结材料，以砂石为骨料的一种聚合物混凝土。

树脂混凝土与普通混凝土相比，具有强度高和耐腐蚀，耐磨性，抗冻性好等优点，缺点是硬化时收缩大、耐久性差。由于目前成本较高，只能用于特殊工程（如耐腐蚀工程、修补混凝土构件及堵缝材料等）。此外，树脂混凝土可做成美观的外表，又称人造大理石，可以制成桌面、地面砖、浴缸等装饰材料。

3. 聚合物浸渍混凝土

聚合物浸渍混凝土是以混凝土为基材（被浸渍的材料），而将有机单体渗入混凝土中，然后再用加热或放射线照射的方法使其聚合，使混凝土与聚合物形成一个整体。

最常用的单体是甲基丙烯酸甲酯、苯乙烯、丙烯氰等。此外，还需加入催化剂和交联剂等。

在聚合物浸渍混凝土中，聚合物填充了混凝土内部的空隙，提高了混凝土的密实度，使聚合物浸渍混凝土抗渗、抗冻、耐蚀、耐磨、抗冲击等性能都得到了显著提高。另外这种混凝土抗压强度可达150MPa以上，抗拉强度可达24.0MPa。

目前由于聚合物浸渍混凝土造价较高，实际应用时主要利用其高强度、高耐蚀性，制造一些特殊构件，如液化天然气贮罐、海洋构筑物及原子反应堆等。

3.5.4 纤维混凝土

纤维混凝土是以普通混凝土为基材，将短而细的分散性纤维，均匀地撒布在普通混凝土中制成。掺入短纤维的目的，是提高混凝土的抗拉及抗冲击等性能与降低混凝土的脆性。

常用的短切纤维有两类：一类是高弹性模量纤维，如钢纤维、玻璃纤维、碳纤维等；另一类是低弹性模量纤维，如尼龙纤维、聚乙烯纤维和聚丙烯纤维等。低弹性模量纤维能提高冲击韧性，但对抗拉强度影响不大；高弹性模量纤维能显著提高抗拉强度。

在纤维混凝土中，纤维的掺量、长径比、纤维的分布情况及耐碱性，对其性能的影响也是很大的。以钢纤维为例，从理论上，无论是抗弯强度或抗拉强度将随含纤率的增大而增大。钢纤维的长径比为60～100为宜。钢纤维的形状一般有平直状，波纹状和两头带钩等，在应用时尽可能选取有利于和基体粘结的纤维形状。钢纤维混凝土一般可提高抗拉强度2倍左右；抗弯强度可提高1.5～2.5倍；抗冲击强度可提高5倍以上，甚至可达20倍；延性可提高4倍左右，韧性可达100倍以上。

目前纤维混凝土已用于路面、桥面、飞机跑道、管道、屋面板、墙板等方面。

3.5.5 高强混凝土

人们常将强度等级达到C60和超过C60的混凝土称为高强混凝土。强度等级超过C100的混凝土称为超高强混凝土。

目前，我国实际应用的高强混凝土为C60～C100，主要用于混凝土桩基、预应力轨枕、电杆、大跨度薄壳结构、桥梁、输水管等。

高强混凝土有以下特点：

(1) 高强混凝土的抗压强度高，变形小，能适应大跨度结构、重载受压构件及高层结构。

(2) 在相同的受力条件下能减少构件体积，降低钢筋用量。

(3) 高强混凝土致密坚硬，耐久性性能好。

(4) 高强混凝土的脆性比普通混凝土高。

(5) 高强混凝土的抗拉、抗剪强度随抗压强度的提高而有所增长，但拉压力比和剪压比都随之降低。

提高混凝土强度的途径很多，通常是同时采用几种技术措施，增加效果显著。目前常用的配制原理及其措施有以下几种：

(1) 提高混凝土本身的密实度　如采用高强水泥；掺加高效减水剂；掺加优质掺合料（如硅灰、超细粉煤灰等）及聚合物，大幅度降低水灰比；加强振捣等。

(2) 提高骨料强度　选用致密坚硬、级配良好的硬质骨料，其最大粒径要小，不应大于31.5mm，针片状颗粒含量不宜大于5.0%，含泥量（质量比）不应大于0.5%，泥块含量（质量比）不宜大于0.2%。细骨料宜采用中砂，其细度模数不宜大于2.6，含泥量不应大于2.0%，泥块含量不应大于0.5%。此外，还可用各种短纤维代替部分骨料，以改善胶结材料的韧性。

(3) 优化配合比　对于强度等级大于C60的混凝土是按经验选取基准配合比中的水灰比；水泥用量不应大于550kg/m^3；砂率及采用的外加剂和掺合料的总掺量不应大于600kg/m^3。在试配与确定配合比时，其中一个为基准配合比，另外两个配合比的水灰比宜较基准配合比分别增加或减少0.02～0.03，并有不少于6次的重复试验验证。最后按强度试验结果中略超过配制强度的配合比确定为混凝土设计配合比。

(4) 加强生产质量管理，严格控制每个生产环节。

3.5.6　流态混凝土与泵送混凝土

流态混凝土是指坍落度为180～220mm，同时还具有良好的黏聚性和保水性的混凝土、流态混凝土一般是在坍落度为80～120mm的基准混凝土（未掺硫化剂的混凝土）中掺入硫化剂而获得，流态混凝土所用的硫化剂属于高效减水剂，目前国内主要使用萘系和树脂系的高效减水剂。硫化剂可采用同掺法或后掺法加入。

流态混凝土的主要特点是流动性大，具有自流密实性，成型时不需振捣或只需很小的振捣力，并且不会出现离析、分层和泌水现象。流态混凝土可大大改善施工条件，减少劳动量，且施工效率高、工期短。由于使用了硫化剂，虽然流态混凝土的流动性很大，但其用水量与水灰比仍较小，因而易获得高强、高抗渗性及高耐久性的混凝土。

泵送混凝土。水泥用量不宜小于270kg/m^3，且应掺加适量的混凝土掺合料；最大粒径一般不宜超过40mm或需要控制40mm以上的含量，粗、细骨料含量应较高，一般情况下水泥与小于0.315mm的细骨料的总和不宜少于400～450kg/m^3（对应于最大粒径40～20mm）；混凝土的砂率应较一般混凝土高5%～10%。

对泵送混凝土，《混凝土质量控制标准》GBJ 50164—2011还规定，碎石不应大于输送管道内径的1/3，卵石的最大粒径不应大于输送管道内径的2/5；细骨料在0.315mm筛孔上的通过量不应少于15%，在0.16mm筛孔上的通过量不应少于5%。泵送混凝土应具有良好的黏聚性和保水性，且在泵压力作用下也不应产生离析和泌水，否则将会堵塞混凝土输送管道。配制泵送混凝土时，须加入泵送剂。泵送剂属于减水剂，为提高黏聚性和保水性，常掺入适量的引气剂或其他化学物质。

流态混凝土与泵送混凝土主要用于高层建筑、大型建筑等的基础、楼板、墙板及地下工程等。流态混凝土还特别适合用于配筋密列、混凝土浇筑或振捣困难的部位。

3.5.7 预拌混凝土（又称商品混凝土）

商品混凝土是近十年来迅速发展起来的新事物。2000 年全国大中城市的商品混凝土产量达到 2000 万 m^3 左右。

商品混凝土是将生产合格的混凝土拌合物，以商品的形式出售给施工单位并运到灌注地点，注入模板内。从工艺、技术角度上又称预拌混凝土，即预先拌好送至工地浇筑的混凝土。一般分两种：

（1）专业工厂集中配料、搅拌、运至工地使用；一些施工单位内部的混凝土集中搅拌站，也属这一性质，称为集中搅拌混凝土。

（2）专业工厂集中配料，在装有搅拌机的汽车上，在途中一面搅拌一面输送至工地使用，称为车拌混凝土。

采用预拌混凝土，有利于实现建筑工业化，对提高混凝土质量、节约材料、实现现场文明施工和改善环境（因工地不需要混凝土原料堆放场地和搅拌设备）都具有突出的优点，并能取得明显的社会经济效益。

3.5.8 绿色混凝土

1. 绿色混凝土的定义

绿色混凝土也称环保混凝土，是一种能长草的混凝土，它是利用特殊配比的混凝土形成植物根系可生长的空间，并通过采用化学和植物生长技术，创造出能使植物生长的条件。

2. 绿色混凝土的护砌材料

近几年研究开发的新材料和新技术，创造性地利用建筑废砖石等材料，开发出符合水利堤防等土木建筑工程要求的环保型绿色混凝土护砌材料。这种材料的特点是：

（1）有较高的技术含量。在混凝土中加入了采用高新技术特殊制造并处理的合成纤维，并采用纳米级聚合物等高分子材料进行改性，使混凝土的各项性能都有不同程度的改善。

（2）满足工程的特殊要求。这种护砌材料疏密有机结合，结构合理稳定，克服了单纯的草皮护坡等方式存在的稳定性不好及抗风浪冲击性差的缺点。

（3）板块空隙率适合植物生长的需要。通过对废砖石的破碎和筛分，选择出合适的骨料平均粒径，使得板块的空隙率、绝对平均孔径满足植物根系生长的要求。

（4）肥料缓释、水分保留、高碱性水环境条件的改善得到有效解决。植物能在这种混凝土板块上较好地发芽生长并穿透土壤中。

（5）表面固土能力较好。用于堤防建设时，在混凝土板块上面粘附一层特种土工合成材料，有效地减少了风吹雨淋对表面客土和草籽的不利影响，有益于植物发芽成长。

(6) 外表美观耐久。在六角外框的表面，可涂上抗老化处理彩色面料，颜色可以根据周围环境进行搭配和选择，也可以拼成各种各样的图案，改变了混凝土材料灰黑的旧面孔，使堤防在夏天绿草如茵，冬季五彩缤纷，成为城镇一道亮丽的风景线。

这种绿色建筑材料除了可用于堤防迎水面植被护坡工程外，还可以用来制造植被型路面砖、植被型墙体、植被型屋顶压载材料、绿色停车场和晨练运动场地等。对改善城镇生态环境，实现城市立体绿化，减少城市热岛效应也将发挥重要作用。

3. 绿色混凝土的特点

这种环保混凝土有着非常显著的环境效益。不但实现了在混凝土上长草的幻想，使以往荒芜的堤防充满了绿色的生机，而且减少了因开采沙石而毁坏自然环境以及堆放建筑垃圾造成的生态环境恶化。同时，由于大量采用了廉价的建筑废砖石作混凝土骨料，并利用新研制的专用构件成型机连续进行浇注成型，节省了模板和施工场地费用。

3.6 混凝土见证取样送检

学习目标

掌握混凝土取样频率规定；掌握混凝土试件尺寸与每组数量；掌握混凝土试件制作、养护要求；掌握混凝土配合比设计和试件的见证送样。

关键概念

取样；试件制作、养护；见证送样。

3.6.1 混凝土试件的取样频率规定

1. 现场搅拌混凝土

根据《混凝土结构工程施工质量验收规范》GB 50204—2015 和《混凝土强度检验评定标准》GB/T 50107—2010 的规定，用于检查结构构件混凝土强度的试件，应在混凝土的浇筑地点随机抽取。取样与试件留置应符合以下规定：

(1) 每拌制 100 盘但不超过 $100m^3$ 的同配合比的混凝土，取样次数不得少于一次；

(2) 每工作班拌制的同一配合比的混凝土不足 100 盘时，其取样次数不得少于一次；

(3) 当一次连续浇筑超过 $1000m^3$ 时，同一配合比的混凝土每 $200m^3$ 取样不得少于一次；

(4) 同一楼层、同一配合比的混凝土，取样不得少于一次；

(5) 每次取样应至少留置一组标准养护试件，同条件养护试件的留置组数应根据实际需要确定。

2. 结构实体检验用同条件养护试件

根据《混凝土结构工程施工质量验收规范》GB 50204—2015 的规定，结构实体检验用同条件养护试件的留置方式和取样数量应符合以下规定：

(1) 对涉及混凝土结构安全的重要部位应进行结构实体检验，其内容包括混凝土强度、钢筋保护层厚度及工程合同约定的项目等。

(2) 同条件养护试件应由各方在混凝土浇筑入模处见证取样。

(3) 同一强度等级的同条件养护试件的留置不宜少于 10 组，留置数量不应少于 3 组。

(4) 当试件达到等效养护龄期时，方可对同条件养护试件进行强度试验。所谓等效养护龄期，就是逐日累计养护温度达到 600℃ · d，且龄期宜取 14～60d。一般情况，温度取当天的平均温度。

3. 预拌（商品）混凝土

预拌（商品）混凝土，除应在预拌混凝土厂内按规定留置试块外，混凝土运到施工现场后，还应根据《预拌混凝土》GB 14902—2012 规定取样。

(1) 用于交货检验的混凝土试样应在交货地点采取。混凝土试件的采取应在混凝土运到交货地点后按照《普通混凝土拌合物性能试验方法标准》BG/T 50080—2002 的规定在 20min 内完成，强度试件的制作应在 40min 内完成。

一般应在同一盘或同一车混凝土中随机抽取，应在卸料量的 1/4 处、1/2 处和 3/4 之间分别采取，从第一次到最后一次取样不宜超过 15min。每个试样应满足混凝土质量检验项目所需要量的 1.5 倍，且不宜少于 0.02m^3。然后人工搅拌均匀，从取样完毕到开始做各项性能试验不宜超过 5min。

每 100m^3 相同配合比的混凝土取样不少于一次；一个工作班拌制的相同配合比的混凝土不足 100m^3 时，取样也不得少于一次；当在一个分项工程中连续供应相同配合比的混凝土量大于 1000m^3 时，其交货检验的试样为每 200m^3 混凝土取样不得少于一次。

(2) 用于出厂检验的混凝土试样应在搅拌地点采取，按每 100 盘相同配合比的混凝土取样不得少于一次；每一工作班组相同的配合比的混凝土不足 100 盘时，取样亦不得少于一次。

(3) 对于预拌混凝土拌合物的质量，每车应目测检查；混凝土坍落度检验的试样，每 100m^3 相同配合比的混凝土取样检验不得少于一次；当一个工作班相同配合比的混凝土不足 100m^3 时，也不得少于一次。

4. 混凝土抗渗试块

根据《地下工程防水技术规范》GB 50108—2008，混凝土抗渗试块取样按下列规定：

(1) 连续浇筑混凝土量 500m^3 以下时，应留置两组（12 块）抗渗试块。

(2) 每增加 250～500m^3 混凝土，应增加留置两组（12 块）抗渗试块。

(3) 如果使用材料、配合比或施工方法有变化时，均应另行仍按上述规定留置。

(4) 抗渗试块应在浇筑地点随机抽样制作，留置的两组试块其中一组（6 块）应在标准养护室养护，另一组（6 块）与现场相同条件下养护，养护期不得少于 28 天。

根据《混凝土结构工程施工质量验收规范》GB 50204—2015 的规定，混凝土抗渗试块取样按下列规定：对有抗渗要求的混凝土结构，其混凝土试件应在浇筑地点随机取样。同一工程、同一配合比的混凝土，取样不应少于一次，留置组数可根据实际需要确定。

5. 粉煤灰混凝土

(1) 粉煤灰混凝土的质量，应以坍落度（或工作度）、抗压强度进行检验。

(2) 现场施工粉煤灰混凝土的坍落度的检验，每工作班至少测定两次，其测定值允许偏差为±20mm。

(3) 对于非大体积粉煤灰混凝土每拌制 100m^3，至少成型一组试块；大体积粉煤灰混凝土每拌制 500m^3，至少成型一组试块。不足上列规定数量时，每工作组至少成型一组试块。

3.6.2 混凝土试件尺寸与每组数量

1. 普通混凝土立方体抗压强度及抗冻性试块为正立方体，每组 3 块。

2. 普通混凝土轴心抗压强度试验和静力受压弹性模量试验采用 150mm×150mm×300mm 的棱柱体作为标准试件，前者每组 3 块，后者每组 6 块。

3. 普通混凝土劈裂抗拉强度试验，采用 150mm×150mm×150mm 立方体作为标准试件，每组 3 块。

4. 普通混凝土抗折（即弯曲抗折）强度试验，采用 150mm×150mm×600mm 小梁作为标准试件，每组 3 块。

5. 普通混凝土抗渗性能试验采用顶面直径 175mm，底面直径 185mm，高 150mm 的截锥圆台体试件，每组 6 块。试块在移入标准养护室以前，应用钢丝刷将两端面的水泥薄膜刷去。

3.6.3 试件制作和养护

根据《普通混凝土力学性能试验方法标准》GB/T 50081—2002 的要求，制作混凝土试件用的试模由铸铁或钢制成，应具有足够的刚度并装拆方便。试模内表面应机械加工，其不平度应为 100mm 不超过 0.05mm，组装后各相邻面的不垂直度不应超过±0.5°。

混凝土试件的制作和养护按下列规定：

1. 试件的制作

(1) 混凝土试件的制作应符合下列规定

1) 成型前，应检查试模尺寸并符合《普通混凝土力学性能试验方法标准》GB/T

50081—2002的规定；试模内表面应涂一薄层矿物油或其他不与混凝土发生反应的脱模剂。

2）在试验室拌制混凝土时，其材料用量应以质量计，称量的精度：水泥、掺合料、水和外加剂为±0.5%；骨料为±1%。

3）取样或试验室拌制的混凝土应在拌制后最短的时间内成型，一般不宜超过15min。

4）根据混凝土拌合物的稠度确定混凝土成型方法，坍落度不大于70mm的混凝土宜用振动振实；大于70mm的宜用捣棒人工捣实；检验现浇混凝土或预制构件的混凝土，试件成型方法宜与实际采用的方法相同。

5）圆柱体试件的制作按有关规定执行。

(2) 混凝土试件制作应按下列步骤进行：

1）取样或拌制好的混凝土拌合物应至少用铁锨再来回拌合三次。

2）按以上的规定，选择成型方法成型。

A. 用振动台振实制作试件应按下述方法进行：

(A) 将混凝土拌合物一次装入试模，装料时应用抹刀沿各试模壁插捣，并使混凝土拌合物高出试模口；

(B) 试模应附着或固定在符合有关要求的振动台上，振动时试模不得有任何跳动，振动应持续到表面出浆为止；不得过振。

B. 用人工插捣制作试件应按下述方法进行：

(A) 混凝土拌合物应分两层装入模内，每层的装料厚度大致相等；

(B) 插捣应按螺旋方向从边缘向中心均匀进行。在插捣底层混凝土时，捣棒应达到试模底部；插捣上层时，捣棒应贯穿上层后插入下层20～30mm；插捣时捣棒应保持垂直，不得倾斜。然后应用抹刀沿试模内壁插拔数次；

(C) 每层插捣次数按在10000mm^{2}截面积内不得少于12次；

(D) 插捣后应用橡皮锤轻轻敲击试模四周，直至插捣棒留下的空洞消失为止。

C. 用插入式振捣棒振实制作试件应按下述方法进行：

(A) 将混凝土拌合物一次装入试模，装料时应用抹刀沿各试模壁插捣，并使混凝土拌合物高出试模口；

(B) 宜用直径为ϕ25mm的插入式振捣棒，插入试模振捣时，振捣棒距试模底板10～20mm且不得触及试模底板，振动应持续到表面出浆为止，且应避免过振，以防止混凝土离析；一般振捣时间为20s。振捣棒拔出时要缓慢，拔出后不得留有孔洞。

(3) 刮除试模上口多余的混凝土，待混凝土临近初凝时，用抹刀抹平。

2. 试件的养护

(1) 试件成型后应立即用不透水的薄膜覆盖表面。

(2) 采用标准养护的试件，应在温度为(20±5)℃的环境中静置一昼夜至二昼夜，然后编号、拆模。拆模后应立即放入温度为(20±2)℃，相对湿度为95%以上的标准养护室中养护，或在温度为（20±2）℃的不流动的氢氧化钙饱和溶液中养护。标准养护室内的试件应放在支架上，彼此间隔 10～20mm，试件表面应保持潮湿，并不得被水直接冲淋。

（3）同条件养护试件的拆模时间可与实际构件的拆模时间相同，拆模后，试件仍需保持同条件养护。

（4）标准养护龄期为 28d（从搅拌加水开始计时）。

3.6.4 混凝土抗压强度的见证送样

见证送样必须逐项填写检验委托单中的内容，如委托单位、建设单位、施工单位、工程名称、工程部位、见证单位、见证人、送样人、送样日期、强度等级、成型日期、要求试验日期、养护方式、试件规格、检验项目、执行标准等。

3.6.5 混凝土配合比设计的见证送样

见证送样必须逐项填写检验委托单中的各项内容，如委托单位、建设单位、施工单位、工程名称、工程部位、见证单位、见证人、送样人、送样日期、执行标准、混凝土类别、设计强度等级、坍落度、水泥品种、强度等级、出厂编号、检验情况、砂规格、产地、检验情况、碎石规格、产地、检验情况、掺合物名称、厂家、检验情况、外加剂的名称、厂家、推荐掺量、检验情况等。掺外加剂时还应提供外加剂的使用说明书。

单元小结

混凝土是当代最主要的土木工程材料之一。具有原料丰富，价格低廉，生产工艺简单的特点，因而使其用量越来越大；同时混凝土还具有抗压强度高，耐久性好，强度等级范围宽，使其使用范围十分广泛，不仅在各种土木工程中使用，就是造船业，机械工业，海洋的开发，地热工程等，混凝土也是重要的材料。本章按照混凝土的组成材料、技术性质、配合比设计及配制、检测等具体内容，分别做了详实的介绍。通过本章的学习，你将能够更好的配制、检测、应用混凝土。

练习题

一、基础题

(一) 名词解释

普通混凝土、骨料颗粒级配、片状颗粒、针状颗粒、饱和面干状态、细度模数、连续级配、最大粒径、流动性、黏聚性、保水性、坍落度、C30、混凝土水灰比、砂率、最佳砂率、混凝土立方体抗压强度、混凝土立方体抗压强度标准值、混凝土配合比、施工配合比、混凝土外加剂、高强混凝土、泵送混凝土

(二) 是非题

1. 配制混凝土时，水泥的用量越多越好。(　　)
2. 表观密度相同的骨料，级配好的比级配差的配制的混凝土堆积密度大。(　　)
3. 两种砂的细度模数相同，它们的级配也一定相同。(　　)
4. 混凝土用砂的细度模数越大，则该砂的级配越好。(　　)
5. 在结构尺寸及施工条件允许下，应尽可能选择较大粒径的粗骨料，这样可以节约水泥。(　　)
6. 级配好的骨料，其空隙率小，表面积大。(　　)
7. 在混凝土拌合物中，保持 W/C 不变增加水泥浆量，可增大其流动性。(　　)
8. 对混凝土拌合物流动性大小起决定性作用的是拌合用水量的多少。(　　)
9. 流动性大的混凝土一定比流动性小的混凝土强度低。(　　)
10. 卵石混凝土比同条件配合比拌制的碎石混凝土的流动性好，但强度低些。(　　)
11. 同种骨料，级配良好者配制的混凝土强度高。(　　)
12. 水灰比很小的混凝土，其强度一定高。(　　)
13. 在常用水灰比范围内，水灰比越小，混凝土强度越高，质量越好。(　　)
14. 在混凝土中掺入适量减水剂；不减少用水量，可改善混凝土拌合物的和易性；还可显著提高混凝土的强度；并可节约水泥的用量。(　　)
15. 混凝土中掺入引气剂后，一定会引起混凝土强度的降低。(　　)
16. 在混凝土中掺入引气剂，则混凝土密实度降低，因而使混凝土的抗冻性亦降低。(　　)

17. 混凝土用砂的细度模数越大，表示该砂越粗。(　　)
18. 卵石由于表面光滑，所以与水泥浆的粘结比碎石牢固。(　　)
19. 由于海砂中含有较多的氯离子，所以海砂不能用于预应力混凝土中。(　　)
20. 在混凝土用的砂、石中，不能含有活性氧化硅，以免产生碱—骨料膨胀反应。(　　)
21. 工业废水不能拌制混凝土。(　　)
22. 强度等级相同、孔隙率相同的甲、乙两种轻骨料混凝土，甲的体积吸水率是乙的两倍，则乙比甲的隔热保温性能好，抗冻性差。(　　)
23. 若增加加气混凝土砌块墙体的墙厚，则加气混凝土的导热系数降低。(　　)
24. 轻混凝土即是体积密度小的（$<2000kg/m^3$）混凝土。(　　)
25. 轻骨料混凝土中所用轻粗骨料的最大粒径越大越好。(　　)
26. 砂、石中所含的泥及泥块可使混凝土的强度和耐久性大大降低。(　　)
27. 选择混凝土用砂的原则是总表面积小和空隙率小。(　　)
28. 混凝土的流动性用沉入度来表示。(　　)
29. 相对湿度越大，混凝土碳化的速度就越快。(　　)
30. 干硬性混凝土的流动性以坍落度表示。(　　)
31. 混凝土中掺入占水泥用量0.25%的木质素磺酸钙后，若保持流动性和水泥用量不变，则混凝土强度提高。(　　)
32. 混凝土的强度标准差σ值越小，表明混凝土质量越稳定，施工水平越高。(　　)
33. 混凝土的强度平均值和标准差，都是说明混凝土质量的离散程度的。(　　)
34. 砂子的级配决定总表面积的大小，粗细程度决定空隙率的大小。(　　)
35. 碳化会使混凝土的碱度降低。(　　)
36. 若砂的筛分曲线落在限定的三个级配区的一个区内，则无论其细度模数是多少，其级配好坏和粗细程度是合格的。(　　)
37. 对四种基本材料进行混凝土配合比计算时，用体积法计算砂石用量时必须考虑混凝土内1%的含气量。(　　)
38. 混凝土设计强度等于配制强度时，混凝土的强度保证率为95%。(　　)
39. 混凝土中掺入早强剂，可提高混凝土的早期强度，但对后期强度无影响。(　　)
40. 混凝土中掺入引气剂可使混凝土的强度及抗冻性降低。(　　)
41. 提高混凝土的养护温度，能使其早期和后期强度都提高。(　　)
42. 普通混凝土的用水量增大，混凝土的干缩增大。(　　)

(三) 填空题

1. 在混凝土中，砂和石子起________作用，水泥浆在硬化前起________作用，在硬化后起________作用。
2. 普通混凝土用的粗骨料有________石和________石两种，其中用________比用________配制的混凝土强度高，但________较差。配制高强度混凝土时应选用________。

3. 砂的筛分曲线表示砂的________，细度模数表示砂的________。配制混凝土用砂，一定要考虑________和________都符合标准要求。
4. 石子的颗粒级配有________和________两种，工程中通常采用的是________。
5. 混凝土拌合物的和易性包括__________、__________和__________三个方面的含义，其中________通常采用________法和维勃稠度法两种方法来测定，而________和________则凭经验目测。
6. 在保证混凝土强度不降低及水泥用量不变的情况下，改善混凝土拌合物的和易性最有效的方法是________。
7. 测定混凝土立方体抗压强度的标准试件尺寸是__________，试件的标准养护温度为________℃，相对湿度为________%。
8. 影响混凝土强度的主要因素有__________、__________和________，其中________是影响混凝土强度的决定性因素。
9. 在混凝土拌合物中掺入减水剂后，会产生下列各效果：当原配合比不变时，可以增加拌合物的________；在保持混凝土强度和坍落度不变的情况下，可以减少______及节约________；在保持流动性和水泥用量不变的情况下，可以降低________，提高________。
10. 混凝土的耐久性通常包括下列五个方面：__________、__________、________、________、________。
11. 设计混凝土配合比应同时满足________、________、________、________四项基本要求。
12. 普通混凝土配合比设计的方法有________和________。
13. 混凝土工程中采用间断级配骨料时，其堆积空隙率较______，用来配制混凝土时应选用较______砂率。
14. 普通混凝土采用蒸汽养护时，可提高混凝土________强度，但________强度不一定提高。
15. 混凝土的合理砂率是指在______和______一定的情况下，能使混凝土获得最大的流动性，并能获得良好粘聚性和保水性的砂率。
16. 配制混凝土需用______率，这样可以在水泥浆用量一定的情况下，获得最大的________，或者在坍落度一定的情况下，________最少。
17. 混凝土配合比设计中 W/C 由________和________确定。
18. 为保证混凝土的耐久性，配制混凝土时有最小________和最大________的限制。
19. 当混凝土的水灰比增大时，其孔隙率________，强度________，耐久性________。
20. 级配良好的砂，其__________较小，同时__________也较小。
21. 混凝土的和易性包括__________、__________和__________。
22. 普通混凝土用砂含泥量增大时，混凝土的干缩________，抗冻性___________。
23. 普通混凝土配合比设计中要确定的三个参数为________、________和__________。
24. 普通混凝土强度的大小主要决定于水泥强度和______________。

25. 相同条件下，碎石混凝土的和易性比卵石混凝土的和易性________。
26. 普通混凝土用石子的强度可用__________或____________表示。
27. 普通混凝土的强度等级是根据________________________。
28. 抗渗性是混凝土耐久性指标之一，P6 表示混凝土能抵抗______ MPa 的水压力而不渗漏。
29. 当混凝土拌合物出现黏聚性尚好、坍落度太小时，应在保持______不变的情况下，适当地增加______用量。
30. 混凝土的耐久性包括_____、______、______、______、______。
31. 混凝土早期养护对其性质的影响较后期养护____________。

(四) 选择题

1. 配制混凝土用砂的要求是尽量采用（　　）的砂。
   A. 较小的空隙率和较小的总表面积
   B. 较小的空隙率和较大的总表面积
   C. 较大的空隙率和较小的总表面积
   D. 较大的空隙率和较大的总表面积
2. 含水率为 4%的湿砂 100kg，其中水的质量为（　　）kg。
   A. $100\times4\%=4$　　B. $100-\dfrac{100}{1+4\%}=3.85$
   C. $(100-4)\times4\%=3.84$
3. 两种砂子如果细度模数 M_x 相同，则它们的级配（　　）。
   A. 必然相同　　B. 必然不同　　C. 不一定相同
4. 用高强度的水泥配制低强度等级的混凝土时，需采用（　　）措施，才能保证工程的技术经济指标。
   A. 减小砂率　　B. 掺混合材料　　C. 增大粗骨料粒径
   D. 适当提高水灰比
5. 试拌混凝土时，调整混凝土拌合物的和易性，采用调整（　　）的办法。
   A. 拌合用水量　　B. 砂率　　C. 水泥用量
   D. 水泥浆量（W/C 不变）
6. 当混凝土拌合物流动性偏小时，应采取（　　）的办法来调整。
   A. 保持 W/C 不变的情况下，增加水泥浆量
   B. 加适量水　　C. 加 $CaCl_2$
7. 坍落度是表示塑性混凝土（　　）的指标。
   A. 流动性　　B. 黏聚性　　C. 保水性　　D. 含砂情况
8. 测定混凝土立方体抗压强度的标准试件是（　　）mm。
   A. $70.7\times70.7\times70.7$　　B. $100\times100\times100$
   C. $150\times150\times150$　　D. $200\times200\times200$

9. 普通混凝土的抗压强度测定，若采用100mm×100mm×100mm的立方体试件，则试验结果应乘以折算系数（　　）。

A. 0.90　　B. 0.95　　C. 1.05

10. 设计混凝土配合比时，确定水灰比的原则是按满足（　　）而定。

A. 强度　　B. 最大水灰比限值

C. 强度和最大水灰比限值　　D. 小于最大水灰比

11. 普通混凝土标准试件经28d标准养护后，立即测得其抗压强度为23MPa，与此同时，又测得同批混凝土试件饱水后的抗压强度为22MPa，以及干燥状态试件的抗压强度是25MPa，则该混凝土的软化系数为（　　）。

A. 0.96　　B. 0.92　　C. 0.88

12. 喷射混凝土必须加入的外加剂是（　　）。

A. 早强剂　　B. 减水剂

C. 引气剂　　D. 速凝剂

13. 大体积混凝土施工常用的外加剂是（　　）。

A. 早强剂　　B. 缓凝剂　　C. 引气剂　　D. 速凝剂

14. 冬季混凝土施工时，首先应考虑加入的外加剂是（　　）。

A. 早强剂　　B. 减水剂　　C. 引气剂　　D. 速凝剂

15. 夏季混凝土施工时，应首先考虑加入（　　）。

A. 早强剂　　B. 缓凝剂　　C. 引气剂　　D. 速凝剂

16. 在混凝土中加入引气剂，能够明显地提高混凝土的（　　）。

A. 流动性　　B. 保水性　　C. 抗冻性　　D. 强度

17. 我国将（　　）强度等级以上的混凝土，称为高强混凝土。

A. C50　　B. C60　　C. C70　　D. C80

18. 针片状骨料含量多，会使混凝土的（　　）。

A. 用水量减少　　B. 流动性提高　　C. 强度降低　　D. 节约水泥

19. 试配混凝土时，发现混凝土的粘聚性较差，为改善粘聚性宜采取（　　）措施。

A. 增加砂率　　B. 减小砂率　　C. 增大 W/C　　D. 掺粗砂

20. 施工所需的混凝土拌合物流动性的大小，主要由（　　）来选取。

A. 水胶比和砂率

B. 水胶比和捣实方式

C. 骨料的性质、最大粒径和级配

D. 构件的截面尺寸大小、钢筋疏密、捣实方式

21. 配制混凝土时，水灰比（W/C）过大，则（　　）。

A. 混凝土拌合物的保水性变差　　B. 混凝土拌合物的粘聚性变差

C. 混凝土的耐久性和强度下降　　D. 以上三项均选

22. 配制高强度混凝土时，应选用（　　）。

A. 早强剂　　B. 高效减水剂　　C. 引气剂　　D. 膨胀剂

23. 配制混凝土时，在条件允许的情况下，应尽量选择（　　）的粗骨料。
A. 最大粒径小、空隙率大的　　B. 最大粒径大、空隙率小的
C. 最大粒径小、空隙率小的　　D. 最大粒径大、空隙率大的
24. 配制钢筋混凝土用水，应选用（　　）。
A. 含油脂的水　　B. 含糖的水　　C. 饮用水　　D. 自来水
25. 影响混凝土强度最大的因素是（　　）。
A. 砂率　　B. 水灰比　　C. 骨料的性能　　D. 施工工艺
26. 轻骨料混凝土与普通混凝土相比，更宜用于（　　）结构中。
A. 有抗震要求的　　B. 高层建筑
C. 水工建筑　　D. A、B 两项均选
27. 混凝土拌合料发生分层、离析，说明其（　　）。
A. 流动性差　　B. 黏聚性差
C. 保水性差　　D. 以上三项均选
28. 下列哪种材料保温性能最好？（　　）
A. 大孔混凝土　　B. 全轻混凝土　　C. 加气混凝土　　D. 砂轻混凝土
29. 当混凝土拌合物流动性大于设计要求时，应采用的调整方法为（　　）。
A. 保持水灰比不变，减少水泥浆量
B. 减少用水量
C. 保持砂率不变，增加砂石用量
D. 混凝土拌合物流动性越大越好，故不需调整
30. 以下材料抗冻性最差的是（　　）。
A. 轻骨料混凝土　　B. 引气混凝土　　C. 加气混凝土　　D. 普通混凝土
31. 普通混凝土的配制强度大小的确定，除与要求的强度等级有关外，主要与（　　）有关。
A. 强度保证率　　B. 强度保证率和强度标准差
C. 强度标准差　　D. 施工管理水平
32. 以下外加剂中，哪一种不适用于对早强要求较高的钢筋混凝土结构中？（　　）
A. 木钙　　B. FDN　　C. Na_2SO4　　D. 三乙醇胺
33. 普通混凝土的表观密度接近于一个恒定值，约为（　　）kg/m^3 左右。
A. 1900　　B. 2400　　C. 2600　　D. 3000
34. 防止混凝土中的钢筋锈蚀的主要措施为（　　）。
A. 钢筋表面刷防锈漆
B. 钢筋表面用强碱进行处理
C. 提高混凝土的密实度和加大混凝土保护层
D. 加入引气剂
35. 下列关于合理砂率选择的说法中不正确的是（　　）。
A. 选用细砂时，其砂率应比选用中砂时小

B. 混凝土的 W/C 较大时，砂率应较大

C. 当选用卵石时，其砂率应比选用碎石时小一些

D. 当选用单粒级粗骨料时，其砂率应较小

36. 以下哪种过程不会发生收缩变形？（　　）

A. 混凝土碳化　　B. 石灰硬化　　C. 石膏硬化　　D. 混凝土失水

37. 若砂子的筛分曲线位于规定的三个级配区的某一区，则表明（　　）。

A. 砂的级配合格，适合用于配制混凝土

B. 砂的细度模数合格，适合用于配制混凝土

C. 只能说明砂的级配合格，能否用于配制混凝土还不确定

D. 只能说明砂的细度合适，能否用于配制混凝土还不确定

38. 混凝土强度等级不同时，能有效反映混凝土质量波动的主要指标为（　　）。

A. 平均强度　　B. 强度标准差　　C. 强度变异系数　　D. 强度保证率

39. 普通混凝土抗压强度测定时，若采用100mm的立方体试件，试验结果应乘以尺寸换算系数（　　）。

A. 0.90　　B. 0.95　　C. 1.00　　D. 1.05

40. 压碎指标是用来表征（　　）强度的指标。

A. 混凝土　　B. 空心砖　　C. 粗骨料　　D. 细骨料

41. 凝土配合比设计的三个主要技术参数是（　　）。

A. 单方用水量、水泥用量、砂率　　B. 水灰比、水泥用量、砂率

C. 单方用水量、水灰比、砂率　　D. 水泥强度、水灰比、砂率

42. 维勃稠度法测定混凝土拌合物流动性时，其值越大表示混凝土的（　　）。

A. 流动性越大　　B. 流动性越小　　C. 黏聚性越好　　D. 保水性越差

43. 已知混凝土的砂石比为0.54，则砂率为（　　）。

A. 0.35　　B. 0.30　　C. 0.54　　D. 1.86

（五）问答题

1. 试述普通混凝土的组成材料及其在混凝土中的作用。
2. 普通混凝土的主要优点有哪些？存在哪些主要缺点？
3. 对普通混凝土用的砂、石有什么要求？
4. 配制混凝土时掺入减水剂，在下列各条件下可取得什么效果？为什么？
①用水量不变时　　②加入减水剂减水，水泥用量不变时　　③加入减水剂减水又减水泥，水灰比不变时
5. 影响混凝土拌合物和易性的主要因素是什么？怎样影响？
6. 改善混凝土拌合物和易性的主要措施有哪些？哪种措施效果最好？
7. 提高混凝土强度的主要措施有哪些？哪种措施效果最好？
8. 引气剂抗渗混凝土中常掺入何种引气剂？掺入引气剂的目的是什么？引气剂有何优点？有何缺点？如何克服其不足？

9. 什么是混凝土的耐久性？它包括哪些性质？提高混凝土耐久性的措施有哪些？
10. 混凝土配合比设计的要求有哪些？怎样确定三个参数？
11. 轻骨料混凝土与普通混凝土相比有何特点？
12. 说出几种特殊品种的混凝土，并说出各用于什么工程或部位。

二、试验题

1. 何谓骨料级配？骨料级配良好的标准是什么？
2. 什么是石子的最大粒径？怎样确定石子的最大粒径？
3. 为什么要限制混凝土用粗骨料中针、片状颗粒的含量？怎样检测？
4. 如何测定混凝土的立方体抗压强度？影响混凝土强度的主要因素有哪些？怎么影响？
5. 解释 P10、F100 的含义。
6. 某工程用砂，用 500g 干砂进行筛分试验，结果见表 3-30。

表 3-30

筛孔尺寸（mm）	4.75	2.36	1.18	0.60	0.30	0.15	底
筛余量（g）	25	50	100	125	100	75	25

试判断该砂级配是否合格？属何种砂？

7. 粗细两种砂，各取 500g 砂样进行筛分试验，结果见表 3-31。

表 3-31

筛孔尺寸（mm）		4.75	2.36	1.18	0.60	0.30	0.15	底
筛余量（g）	粗砂	50	150	150	75	50	25	0
	细砂	0	25	25	75	120	245	10

试问这两种砂可否单独配制普通混凝土？若不能则应以什么比例混合后才能使用？

8. 甲、乙两种砂，取样进行筛分试验，结果见表 3-32。

表 3-32

筛孔尺寸（mm）		4.75	2.36	1.18	0.60	0.30	0.15	底
筛余量（g）	甲砂	0	0	30	80	140	210	40
	乙砂	30	170	120	90	50	30	10

试求：① 分别计算细度模数并评定其级配。

② 欲将甲、乙两种砂混合配制出细度模数为 2.7 的砂，问两种砂的比例应各占多少？混合砂的级配如何？

9. 钢筋混凝土梁的截面最小尺寸为 320mm，配置钢筋的直径为 20mm，钢筋中心距离为 80mm。问可选用最大粒径为多少的石子？
10. 混凝土配合比设计中，如何通过试拌调整混凝土的和易性？
11. 下列几组混凝土试件，养护 28 天后进行抗压强度试验，测得的破坏荷载（kN）如下，试计算各组的抗压强度，并评定其强度等级。

① 100mm×100mm×100mm：320、360、322；

② 150mm×150mm×150mm：525、580、600；

③ 150mm×150mm×150mm：980、820、1100；

④ 150mm×150mm×150mm：460、545、635。

12. 已知混凝土的水灰比为 0.60，每立方米混凝土拌合用水量为 180kg，采用砂率为 33%，水泥的密度为 3100kg/m³，砂和石子的表观密度分别为 2620kg/m³ 及 2700kg/m³。试用体积法求 1m³ 混凝土中各材料的用量。

13. 某实验室试拌混凝土，经调整后各材料用量为：矿渣水泥 4.5kg，自来水 2.7kg，河砂 9.9kg，碎石 18.9kg，又测得拌合物的湿体积密度为 2380kg/m³。
试求：① 每立方米混凝土的各材料用量；
② 当施工现场砂的含水率为 3.5%，石子的含水率为 1%时，求施工配合比；
③ 如果把试验室配合比直接用于现场施工，则现场混凝土的实际配合比将如何变化？对混凝土强度将产生多大影响？

14. 某混凝土经试拌调整后，得配合比为 1∶2.20∶4.40，$W/C=0.60$。已知 $\rho_C=3100kg/m^3$，$\rho'_S=2600kg/m^3$，$\rho'_G=2650kg/m^3$。试计算 1m³ 混凝土各材料用量。

15. 某混凝土预制构件厂，生产预应力钢筋混凝土大梁，需用设计强度为 C40 的混凝土，拟用的原材料为：
水泥：52.5 级的普通水泥，强度富余 5%，$\rho_C=3150kg/m^3$；
河砂：中砂，$\rho'_S=2600kg/m^3$，级配合格；
石子：碎石，5～20mm 粒级，$\rho'_G=2650kg/m^3$，级配合格；
已知单位用水量为 170kg，强度标准差为 4MPa。试用体积法计算混凝土的配合比。如果在上述混凝土中掺入 1%的 JY-2 减水剂，并减水 20%，减水泥 15%，求每立方米混凝土中各材料的用量。

16. 某混凝土初步配合比为 1∶2.13∶4.31∶0.58，在试拌调整时，增加了 10%的水泥浆用量。试求：① 该混凝土的理论配合比；
② 若已知以理论配合比配制的混凝土，每立方米需用水泥 320kg，求拌制 0.4m³ 混凝土时各材料的用量。

17. 某工地混凝土施工时，每立方米混凝土各材料用量为：水泥 308kg，水 128kg，河砂 700kg，碎石 1260kg，其中砂的含水率为 5%。求该混凝土的试验室配合比。

18. 已知某混凝土所用水泥强度为 36.4MPa，水灰比 0.45，卵石。试估算该混凝土 28d 强度值。

19. 某工地采用刚出厂的 42.5 级普通硅酸盐水泥和卵石配制混凝土，其施工配合比为：水泥 336kg、砂 685kg、石 1260kg、水 129kg。已知现场砂的含水率为 5%，石子的含水率为 1%。问该混凝土配合比是否满足 C30 强度等级要求（假定混凝土抗压强度标准差为 5.0MPa，水泥实际强度为 46.5MPa；回归系数 $\alpha_a=0.49$，$\alpha_b=0.13$）？

20. 已知某混凝土的水灰比为 0.5，用水量为 180kg，砂率为 33%，混凝土拌合料成型后实测具体积密度为 2400kg/m^3，试求该混凝土配合比?

21. 某混凝土工程所用配合比为 $C:S:G=1:1.98:3.90$，$W/C=0.60$。已知混凝土拌合物的体积密度为 2400kg/m^3，试计算 1m^3 混凝土各材料的用量；若采用 32.5 级普通硅酸盐水泥，试估计该混凝土的 28 天强度（已知 $\alpha_a=0.53$，$\alpha_b=0.20$，$\gamma_c=1.13$）。
22. 为确定混凝土的实验室配合比，采用 0.70、0.60、0.65 三个不同水灰比的配合比，测得的 28d 时的抗压强度分别为 19.1、27.4、23.1MPa。①试确定配制 C15 混凝土所应采用的水灰比（假定 $\sigma=4$MPa）；②若基准配合比为水泥 277kg、水 180kg、砂 700kg、石 1200kg，试计算实验室配合比。假定混凝土拌合物体积密度的实测值为 2400kg/m^3。

三、应用题

1. 某工地施工人员拟采用下列几个方案提高混凝土拌合物的流动性，试问哪个方案可行？哪个不可行？并简要说明理由。
   ①多加些水；②保持水灰比不变，适当增加水泥浆量；③加入 $CaCl_2$；④掺加减水剂；⑤适当加强机械振捣；⑥增大粗骨料最大粒径。
2. 如何解决混凝土的和易性与强度对用水量要求相反的矛盾?
3. 分析下列各措施，是否可以在不增加水泥用量的条件下提高混凝土的强度？为什么?
   ①尽可能增大粗骨料的最大粒径；②采用最佳砂率；③采用较细的砂；④采用蒸汽养护混凝土；⑤改善砂、石级配；⑥适当加强机械振捣；⑦掺入减水剂；⑧掺入 $CaCl_2$。
4. 现场浇筑混凝土时，严禁施工人员随意向混凝土拌合物中加水，试从理论上分析加水对混凝土质量的危害。它与混凝土成型后的洒水养护有无矛盾？为什么?
5. 配制混凝土时，下列各种措施中，哪些可以节约水泥？哪些不可以？为什么?
   ①采用蒸汽养护混凝土；②采用最佳砂率；③加入 $CaCl_2$；④采用流动性较大的混凝土拌合物；⑤掺加减水剂；⑥提高施工质量水平，减少混凝土强度波动幅度。

单元课业

课业名称：完成混凝土配合比设计报告

学生姓名：

自评成绩：

任课教师：

时间安排：安排在开课6～8周后，用3天时间完成。

开始时间：

截止时间：

一、课业说明

本课业是为了完成混凝土配合比设计、配制、调整、制样等全套工作而制定的。根据“混凝土材料检测评定”的能力要求，需要根据混凝土配合比设计的规范，正确实施混凝土的配合比设计。能够进行材料检测，编制、填写检测报告，依据检测报告提出实施意见。

二、背景知识

教材：单元3　混凝土材料检测评定

3.2　混凝土的主要技术性质

3.3　混凝土的配合比设计

3.4　混凝土的配制和性能检测

根据所学内容和设计要求，查阅混凝土配合比设计规范，写出混凝土配合比设计计算书，检测步骤，经指导教师审核后，进行混凝土试样制作试验，填写检测报告，就各项指标，评定试验用混凝土是否符合标准要求。

三、任务内容

包括：混凝土配合比设计规范查阅，规范中各项技术指标及其检测方法的正确解读，制定混凝土配合比设计计算书和检测步骤，编制检测报告，实施混凝土试样制作，进行相关的检测，填写检测报告，评定混凝土配合比设计的实施结果。

小组任务：

全班可分若干个小组，每组5～6名成员，集体协商，分工负责，群策群力，搞好课业工作。

组内每个成员的任务：

每个人都必须在自己的课业中完成以下方面的内容：

1. 查阅混凝土配合比设计规范，并且要求是最新颁布实施。
2. 根据规范制定混凝土配合比设计计算书和检测方法、步骤。
3. 进行混凝土试样制作试验，根据需要进行必要的调整。
4. 进行各项技术指标实验，填写检测报告。

四、课业要求

具体完成时间、上交时间、上交地点、是否打印及格式等，让学生自己制订计划表上交。

完成时间：

上交时间：

打　　印：A4 纸打印。

五、试验报告参考样本

普通混凝土拌合物性能试验报告

一、试验内容

二、主要仪器设备及规格型号

三、 试验记录

（一） 普通混凝土拌合物和易性测试

试验日期：__________气温/室温：__________湿度：__________

粗骨料种类：______________；粗骨料最大粒径：______________；

砂　　率：______________；拟订坍落度：______________。

混凝土试拌材料用量表　　表 3-33

材料		水泥	水	砂子	石子	外加剂	总量	配合比（水泥：水：砂子：石子）
调整前	每立方混凝土材料用量/kg							
	试拌 15L 混凝土材料量/kg							

混凝土拌合物和易性试验记录表　　表 3-34

材料		水泥	水	砂子	石子	外加剂	总量	坍落度值/mm
调整后	第一次调整增加量/kg							
	第二次调整增加量/kg							
	合计/kg							

坍落度平均值：____________；
黏聚性评述：
保水性评述：
和易性评定：

（二）用维勃稠度法测试混凝土拌合物和易性

试验日期：__________气温/室温：__________湿度：__________
粗骨料种类：____________；粗骨料最大粒径：____________；
砂　　率：____________；拟订坍落度：____________。
混凝土配合比（水泥：水：砂子：石子）：____________________
维勃稠度值：____________。

（三）混凝土拌合物和表观密度测试

试验日期：__________气温/室温：__________湿度：__________
经和易性调整后的混凝土配合比（水泥：水：砂子：石子）：____________

混凝土拌合物表观密度试验记录表　　表3-35

试样编号	容积筒与试样的总质量 m_2 /kg	容积筒的质量 m_1 /kg	混凝土拌合物质量（m_2-m_1）/kg	容积筒的容积 V_0 /L	拌合物表观密度 $\rho_{c,t}$ /kg/m^3
1					
2					
3					

四、试验小结

六、评价

评价内容与标准

技　能	评价内容	评价标准
查阅混凝土配合比设计规范	1. 查阅标准准确、可靠、实用 2. 能够迅速、准确、及时的查阅跟踪标准	1. 标准要新，不能过时、失效 2. 跟踪标准是主标准的必要补充
制定混凝土配合比设计计算书和检测方法、步骤	混凝土配合比设计计算书规范、正确，检测方法合理、实用、可行	能够正确规范的编制配合比设计计算书，准确、无误的确定检测性能指标
编制检测报告	报告形式简洁、规范、明晰	报告内容、格式一目了然，版面均衡
进行各项技术性能实验，填写检测报告	实验正确、报告规范	操作仪器正确，检测数据准确，填写报告精确

能力的评定等级

4	C. 能高质、高效的完成此项技能的全部内容，并能指导他人完成 B. 能高质、高效的完成此项技能的全部内容，并能解决遇到的特殊问题 A. 能高质、高效的完成此项技能的全部内容
3	能圆满完成此项技能的全部内容，并不需任何指导
2	能完成此项技能的全部内容，但偶尔需要帮助和指导
1	能完成此项技能的部分内容，但须在现场的指导下，能完成此项技能的全部内容

课业成绩评定

教师评语及改进意见	学生对课业成绩的反馈意见

注：不合格：不能达到 3 级。　　合格：全部项目都能达到 3 级水平。

良好：60%项目能达到 4 级水平。　　优秀：80%项目能达到 4 级水平。

单元4

建筑砂浆检测与评定

引　言

本章主要讲述砂浆种类以及砌筑砂浆的技术性质和配合比设计，简要介绍抹灰砂浆。通过学习，要求掌握砌筑砂浆的技术性质、常见砂浆种类以及应用等知识，同时对砂浆的特性也有一定了解。

学习目标

通过本章的学习你将能够：

掌握砂浆的材料组成与种类；

熟悉砂浆的主要技术性能指标；

进行砂浆的配合比设计；

了解装饰砂浆和特种砂浆的性能及应用。

建筑砂浆是由胶凝材料、细骨料、掺加料和水按适当比例配制而成的建筑工程材料。在砖石结构中，砂浆可以把单块的砖、石块以及砌块胶结起来，构成砌体。砖墙勾缝和大型墙板的接缝也要用砂浆来填充。墙面、地面及梁柱结构的表面都需要用砂浆抹面，起到保护结构和装饰的效果。镶贴大理石、贴面砖、瓷砖、陶瓷锦砖以及制作水磨石等都要使用砂浆。此外，还有一些绝热、吸声、防水、防腐等特殊用途的砂浆以及专门用于装饰方面的装饰砂浆。

根据砂浆中胶凝材料的不同，可分为水泥砂浆、石灰砂浆、石膏砂浆和混合砂浆。混合砂浆有水泥石灰砂浆、水泥黏土砂浆和石灰黏土砂浆等。根据用途，建筑砂浆可分为砌筑砂浆、抹面砂浆、装饰砂浆及特种砂浆等。

4.1 砌筑砂浆的配合比设计

学习目标

砌筑砂浆的组成；砌筑砂浆的主要性质；砌筑砂浆的配合比设计。

关键概念

和易性；配合比设计。

用于砌筑砖、石、砌块等砌体工程的砂浆称为砌筑砂浆。它起着粘结砌块、构筑砌体、传递荷载和提高墙体使用功能的作用，是砌体的重要组成部分。

4.1.1 砌筑砂浆的组成材料

1. 水泥

常用品种的水泥都可以用来配制砌筑砂浆。为了合理利用资源、节约原材料，在配制砂浆时要尽量采用强度较低的水泥或砌筑水泥。对于一些特殊用途如配制构件的接头、接缝或用于结构加固、修补裂缝，应采用膨胀水泥。

2. 细骨料

砂浆用细骨料主要为天然砂，它应符合《普通混凝土用砂、石质量及检验方法标准》JGJ 52—2006 的技术要求。砌筑砂浆用砂宜选用中砂，其中毛石砌体宜选用粗砂，砂的含泥量不应超过 5%，强度等级为 M2.5 的水泥混合砂浆，砂的含泥量不应超过 10%。

3. 拌合用水

拌制砂浆应采用不含有害物质的洁净水或饮用水。

4. 掺加料

掺加料是指为了改善砂浆的和易性而加入的无机材料。常用的掺加料有石灰膏、黏土膏、粉煤灰、电石膏以及一些其他工业废料等。为了保证砂浆的质量，需将石灰预先充分“陈伏”熟化制成石灰膏，然后再掺入砂浆中搅拌均匀。黏土也须先制成黏土膏，宜用搅拌机加水搅拌，通过孔径不大于 3mm×3mm 的滤网过滤，稠度以沉入度 14～15cm 为宜。粉煤灰是拌制砂浆较好的掺加料，掺入后不但能改善砂浆的和易性，而且因粉煤灰具有活性，能显著提高砂浆的强度并节省水泥。

当利用其他工业废料或电石膏等作为掺加料时，必须经过砂浆的技术性质检验，在不影响砂浆质量的前提下才能够采用。

5. 外加剂

与混凝土相似，为改善或提高砂浆的某些技术性能，更好的满足施工条件和使用功能的要求，可在砂浆中掺入一定种类的外加剂。对所选择的外加剂品种和掺量必须通过试验来确定。

4.1.2 砌筑砂浆的技术性质

对新拌砂浆主要要求其具有良好的和易性。和易性良好的砂浆容易在粗糙的砖石底面上铺抹成均匀的薄层，而且能够和底面紧密粘结。使用和易性良好的砂浆，既便于施工操作，提高劳动生产率，又能保证工程质量。砂浆和易性包括流动性和保水性两个方面。硬化后的砂浆则应具有所需的强度和对底面的粘结力，并应有适宜的变形性能。

1. 和易性

砂浆和易性是指砂浆便于施工操作的性能，包含有流动性和保水性两方面的含义。

砂浆的流动性也称稠度，是指在自重或外力作用下能产生流动的性能。流动性采用砂浆稠度测定仪测定，以沉入度（mm）表示，沉入度大的砂浆流动性较好。

砂浆的流动性和许多因素有关，胶凝材料的用量、用水量、砂粒粗细、形状、级配，以及砂浆搅拌时间都会影响砂浆的流动性。

砂浆流动性的选择与砌体材料及施工天气情况有关。一般可根据施工操作经验来掌握，但应符合《砌体结构工程施工质量验收规范》GB 50203—2011 规定。具体情况可参考表 4-1。

砌筑砂浆的稠度选择（沉入度） **表 4-1**

砌体种类	砂浆稠度，mm
烧结普通砖砌体、蒸压粉煤灰砖砌体	70～90
烧结多孔砖，空心砖砌体、轻骨料小型空心砌块砌体、蒸压加气混凝土砌块砌体	60～80
混凝土实心砖、混凝土多孔砖砌体、普通混凝土小型空心砌块砌体、灰砂砖砌体	50～70
石砌体	30～50

注：1. 采用薄灰砌筑法砌筑蒸压加气混凝土砌块砌体时，加气混凝土粘结砂浆的加水量按照其说明书控制；
2. 当砌筑其他砌块时，其砌筑砂浆的稠度可根据块体吸水特性及气候条件确定。

新拌砂浆能够保持水分的能力称为保水性。保水性也指砂浆中各项组成材料不易分离的性质。保水性差的砂浆，在施工过程中很容易泌水、分层、离析，由于水分流失而使流动性变差，不易铺成均匀的砂浆层。砂浆的保水性主要取决于胶凝材料的用量，当用高强度等级水泥配制低强度等级砂浆，因水泥用量少，保水性得不到保证时，可掺入适量掺加料予以改善。凡是砂浆内胶凝材料充足，尤其是掺入了掺加料的混合砂浆，其保水性好。砂浆中掺入适量加气剂或塑化剂也能改善砂浆的保水性和流动性。

砂浆的保水性用分层度表示。砂浆合理的分层度应控制在 10～30mm，分层度大于 30mm 的砂浆容易离析、泌水、分层或水分流失过快、不便于施工，分层度小于 10mm 的砂浆硬化后容易产生干缩裂缝。

2. 砂浆的强度

砂浆强度是以边长为 70.7mm×70.7mm×70.7mm 的立方体试块，在温度为（20±2)℃，一定湿度条件下养护 28d，测得的抗压强度。

砂浆按其抗压强度平均值分为 M5.0、M7.5、M10、M15、M20、M25、M30 等七个强度等级。砂浆的设计强度（即砂浆的抗压强度平均值)，用 f_2 表示。在一般工程中，办公楼、教学楼以及多层建筑物宜选用 M5.0～M10 的砂浆，平房商店等多选用 M5.0 的砂浆，仓库、食堂、地下室以及工业厂房等多选用 M5～M10 的砂浆，而特别重要的砌体宜选用 M10 以上的砂浆。

砂浆的养护温度对其强度影响较大。温度越高，砂浆强度发展越快，早期强度也越高。另外，底面材料的不同，影响砂浆强度的因素也不同：

(1) 用于砌筑不吸水底材（如密实的石材）的砂浆的强度，与混凝土相似，主要取决于水泥强度和水灰比。计算公式如下：

$$f_m=0.29f_{ce}\left(\frac{m_c}{m_w}-0.4\right) \tag{4-1}$$

式中 f_m——砂浆 28d 抗压强度，MPa；

f_{ce}——水泥的实测强度，MPa；

$\frac{m_c}{m_w}$——灰水比。

(2) 用于砌筑吸水底材（如砖或其他多孔材料）时，即使砂浆用水量不同，但因砂浆具有保水性能，经过底材吸水后，保留在砂浆中的水分几乎是相同的。因此，砂浆强度主要取决于水泥强度及水泥用量，而与砌筑前砂浆中的水灰比没有关系。计算公式如下：

$$f_m=\frac{\alpha\cdot Q_c\cdot f_{ce}}{1000}+\beta \tag{4-2}$$

式中 f_m——砂浆 28d 抗压强度，MPa；

Q_c——每立方米砂浆的水泥用量，kg；

α、β——砂浆的特征系数，其中 $\alpha=3.03$，$\beta=-15.09$；

f_{ce}——水泥的实测强度，MPa。

由于砂浆组成材料较复杂，变化也较多，很难用简单的公式准确计算出其强度，因此上式计算的结果还必须通过具体试验来调整。

3. 粘结力

砖石砌体是靠砂浆把块状的砖石材料粘结成为一个坚固整体的。因此要求砂浆对于砖石必须有一定的粘结力。一般情况下，砂浆的抗压强度越高其粘结力也越大。此外，砂浆粘结力的大小与砖石表面状态、清洁程度、湿润情况以及施工养护条件等因素有关。如砌筑烧结砖要事先浇水湿润，表面不沾泥土，就可以提高砂浆与砖之间的粘结力，保证墙体的质量。

4.1.3 砌筑砂浆的配合比

1. 水泥混合砂浆配合比计算

砌筑砂浆配合比设计应满足以下要求：砂浆拌合物的和易性应满足施工要求；砌筑砂浆的强度、耐久性应满足设计的要求；经济上应合理，水泥、掺合料的用量应较少。根据《砌筑砂浆配合比设计规程》JGJ 98—2000 的规定，砌筑砂浆配合比的确定，应按下列步骤进行：

(1) 计算砂浆试配强度 $f_{m,o}$(MPa)

(2) 计算出每立方米砂浆中的水泥用量 Q_c(kg)

(3) 按水泥用量 Q_c 计算每立方米砂浆掺加料用量 Q_D(kg)

(4) 确定每立方米砂浆砂用量 Q_s(kg)

(5) 按砂浆稠度选用每立方米砂浆用水量 Q_w(kg)

(6) 进行砂浆试配

(7) 配合比确定

1) 计算砂浆配制强度。为了保证砂浆具有85%的强度保证率，可按下式计算：

$$f_{m,o}=f_2+0.645\sigma \tag{4-3}$$

式中 $f_{m,o}$——砂浆的试配强度，精确至0.1MPa；

f_2——砂浆抗压强度平均值，精确至0.1MPa；

σ——砂浆现场强度标准差。

砂浆强度标准差与施工水平有着密切的关系，当现场有统计资料时，通过汇总分析可得出 σ 值；当不具有近期统计资料，砂浆现场强度标准差 σ 值可按表4-2取值。

砂浆强度标准差 σ 选用值 表 4-2

施工水平 \ 强度等级	M5.0	M7.5	M10	M15	M20	M25	M30	K
优良	1.00	1.50	2.00	3.00	4.00	5.00	6.00	1.15
一般	1.25	1.88	2.50	3.75	5.00	6.25	7.50	1.20
较差	1.50	2.25	3.00	4.50	6.00	7.50	9.00	1.25

2）计算单位水泥用量。单位水泥用量即是指配制 $1m^3$ 砂浆时，每立方米砂浆中水泥的用量。可按下式计算：

$$Q_c=\frac{1000(f_{m,o}-\beta)}{\alpha \cdot f_{ce}} \tag{4-4}$$

式中 Q_c——每 $1m^3$ 砂浆的水泥用量，kg；

$f_{m,o}$——砂浆的试配强度，精确至 0.1MPa；

f_{ce}——水泥的实测强度，精确至 0.1MPa。

当水泥砂浆中水泥的单位用量不足 $200kg/m^3$ 时，应按 $200kg/m^3$ 选用。

α、β——砂浆的特征系数，$\alpha=3.03$，$\beta=-15.09$。

注：各地区也可用本地区试验资料确定 α、β 值，统计用的试验组数不得少于 30 组。

在无法取得水泥的实测强度值时可按下式计算 f_{ce}：

$$f_{ce}=\gamma_c \cdot f_{ce,k} \tag{4-5}$$

$f_{ce,k}$——水泥强度等级对应的强度值

γ_c——水泥强度等级值的富余系数，该值应该实际统计资料确定，无实际统计资料，可取 1.0。

3）计算掺加料的单位用量：

$$Q_D=Q_A-Q_c \tag{4-6}$$

式中 Q_D——每 $1m^3$ 砂浆中掺加料的用量，精确至 1kg；石灰膏，黏土膏使用的稠度为（120±5)mm；

Q_A——每 $1m^3$ 水泥混合砂浆中水泥和掺加料的总量，精确至 1kg，宜为 300～350kg 之间；

Q_c——每 $1m^3$ 砂浆的水泥用量，精确至 1kg。

石灰膏的稠度不是 120mm 时，其用量应乘以换算系数，换算系数见表 4-3。

石灰膏稠度的换算系数 **表 4-3**

石灰膏的稠度/mm	120	110	100	90	80
换算系数	1.00	0.99	0.97	0.95	0.93
石灰膏的稠度/mm	70	60	50	40	30
换算系数	0.92	0.90	0.88	0.87	0.86

4）确定砂的单位用量。

每立方米砂浆中的砂子用量应按干燥状态（含水率小于 0.5%）的堆积密度值作为计算值（kg)。

5）每 $1m^3$ 砂浆中的用水量，应根据砂浆稠度等要求来选用。

由于用水量多少对砂浆强度影响不大，因此一般可根据经验以满足施工所需稠度即可。通常情况下可选用 210～310kg。

混合砂浆中的用水量不包括石灰膏或黏土膏中的水；当采用细砂或粗砂时用水量分别取上限或下限；稠度小于 70mm 时，用水量可小于下限；施工现场气候炎热或干燥季节，可酌量增加用水量。

6）确定初步配合比。

按上述步骤进行确定，得到的配合比作为砂浆的初步配合比。常用“质量比”表示。

2. 水泥砂浆配合比确定

水泥砂浆材料用量可按表 4-4 选取。

每立方米水泥砂浆材料用量　　**表 4-4**

强度等级	每立方米砂浆水泥用量（kg）	每立方米砂浆砂子用量（kg）	每立方米砂浆用水用量（kg）
M5	200～230	1m³ 砂子的堆积密度值	270～330
M7.5	230～260		
M10	260～290		
M15	290～330		
M20	340～400		
M25	360～410		
M30	430～480		

3. 配合比试配、调整与确定

（1）试配时应采用工程中实际使用的材料，搅拌方法与生产时使用的方法相同。

（2）按计算配合比进行试拌，测定其拌合物的稠度和分层度，若不能满足要求，则应调整用水量或掺加料，直到符合要求为止，确定为砂浆的基准配合比。

（3）试配时至少应采用三个不同的配合比，其中一个为基准配合比，另外两个配合比的水泥用量比基准配合比分别增加或减少 10%，在保证稠度、分层度合格的条件下，可将用水量或掺加料用量作相应调整。

（4）三个不同的配合比，经调整后，应按国家现行标准《建筑砂浆基本性能试验方法》JGJT 70—2009 的规定成型试件，测定砂浆的强度等级，并选定符合强度要求的且水泥用量较少的砂浆配合比。

（5）砂浆配合比确定后，当原材料有变更时，其配合比必须重新通过试验确定。

4. 砌筑砂浆的配合比设计实例

某砖墙用砌筑砂浆要求使用水泥石灰混合砂浆。砂浆强度等级为 M10，稠度 70～80mm。原材料性能如下：水泥为 42.5 级普通硅酸盐水泥；砂子为中砂，干砂的堆积密度为 1480kg/m³，砂的实际含水率为 2%；石灰膏稠度为 100mm；施工水平一般。

（1）计算配制强度：

$$f_{m,o}=f_2+0.645\sigma_0=10+0.645\times2.50=11.6\ (\text{MPa})$$

（2）计算水泥用量：

$$Q_C=\frac{1000(f_{m,o}-\beta)}{\alpha\times f_{ce}}=\frac{1000(11.6+15.09)}{3.03\times42.5}=207(\text{kg})$$

(3) 计算石灰膏用量：

$$Q_D=Q_A-Q_C=320-207=113\ (kg)$$

石灰膏稠度 10mm 换算成 12mm，查表得：113×0.97=110 (kg)。

(4) 根据砂的堆积密度和含水率，计算用砂量：

$$Q_s=1480\times(1+0.02)=1510\ (kg)$$

砂浆试配时的配合比（质量比）为

$$水泥：石灰膏：砂=207：110：1510=1：0.53：7.29$$

4.2 建筑砂浆的配制和性能检测

学习目标

掌握砂浆和易性的检测方法；掌握砂浆的强度检测方法及判定。

关键概念

稠度；分层度；立方体抗压强度。

4.2.1 砌筑砂浆执行标准

《砌体结构工程施工质量验收规范》GB 50203—2011、《砌筑砂浆配合比设计规程》JGJ 98—2010、《建筑砂浆基本性能试验方法》JGJ/T 70—2009。

4.2.2 拌合物取样及试样制备

建筑砂浆试验用料应从同一盘砂浆或同一车砂浆中取样。取样量应不少于试验所需量的 4 倍。施工中取样进行砂浆试验时，其取样方法和原则应按相应的施工验收规范执行。一般在使用地点的砂浆槽、砂浆运送车或搅拌机出料口，至少从三个不同部位取样。现场取来的试样，试验前应人工搅拌均匀。从取样完毕到开始进行各项性能试验不宜超过 15min。

在试验室制备砂浆拌合物时，所用材料应提前 24h 运入室内。拌合时试验室的温度应保持在 (20±5)℃。试验所用原材料应与现场使用材料一致。砂应通过公称粒径 4.75mm 筛。试验室拌制砂浆时，材料用量应以质量计。称量精度：水泥、外加剂、掺合料等为±0.5%；砂为±1%。在试验室搅拌砂浆时应采用机械搅拌，搅拌的用量宜为搅拌机容量的 30%～70%，搅拌时间不应少于 120s。掺有掺合料和外加剂的砂浆，其搅拌时间不应少于 180s。

4.2.3　砂浆的稠度检测

(1) 检测目的

测定达到要求稠度的用水量，或控制现场砂浆的稠度。

(2) 仪器设备

1) 砂浆稠度测定仪：由试锥，容器和支座 3 部分组成（图 4-1)。试锥由钢材或铜材制成，高度为 145mm，锥底直径为 75mm，试锥连同滑杆的质量应为 (300±2)g；盛砂浆容器由钢板制成，筒高为 180mm，锥底内径为 150mm；支座分底座、支架及稠度显示 3 个部分，由铸铁、钢及其他金属制成。

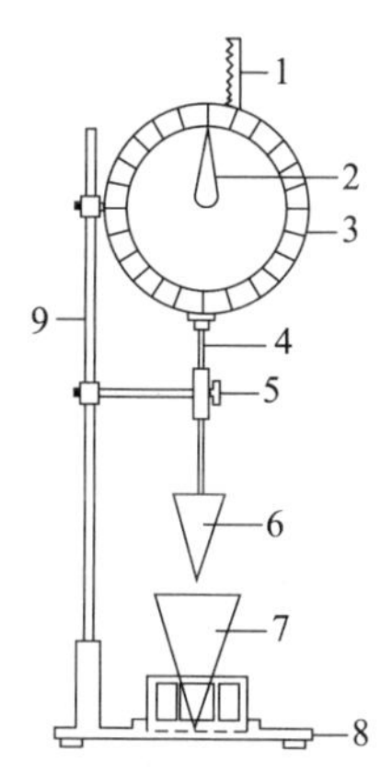

图 4-1　砂浆稠度测定仪

1—齿条测杆；2—指针；3—刻度盘；4—滑杆；5—固定螺钉；
6—圆锥体；7—圆锥筒；8—底座；9—支架

2) 钢制捣棒：直径 10mm，长 350mm，端部磨圆。

3) 秒表等。

(3) 检测步骤

1) 盛浆容器和试锥表面用湿布擦干净，并用少量润滑油轻擦滑杆，然后将滑杆上多余的油用吸油纸擦净，使滑杆能自由滑动。

2) 将砂浆拌合物一次装入容器，使砂浆表面低于容器口约 10mm 左右，用捣棒自容器中心向边缘插捣 25 次，然后轻轻地将容器摇动或敲击 5～6 下，使砂浆表面平整，随后将容器置于稠度测定仪的底座上。

3) 拧开试锥滑杆的制动螺钉，向下移动滑杆，当试锥尖端与砂浆表面刚接触时，拧紧制动螺钉，使齿条侧杆下端接触滑杆上端，并将指针对准零点上。

4) 拧开制动螺钉，同时计时，待 10s 立即固定螺钉，将齿条测杆下端接触滑杆上端，从刻度盘上读出下沉深度（精确至 1mm)，即为砂浆的稠度值。

5) 圆锥容器内的砂浆，只允许测定一次稠度，重复测定时，应重新取样测定。

(4) 检测结果处理

1) 取两次试验结果的算术平均值，计算值精确至 1mm。

2）两次试验值之差如大于 10mm，则应重新取样测定。

4.2.4　砂浆的分层度检测

（1）检测目的

测定砂浆的分层度值，评定砂浆在运输存放过程中的保水性。

（2）仪器设备

1）砂浆分层度筒（图 4-2）：内径为 150mm，上节高度为 200mm，下节带底净高为 100mm，用金属板制成，上、下层连接处需加宽到 3～5mm，并设有橡胶垫圈。

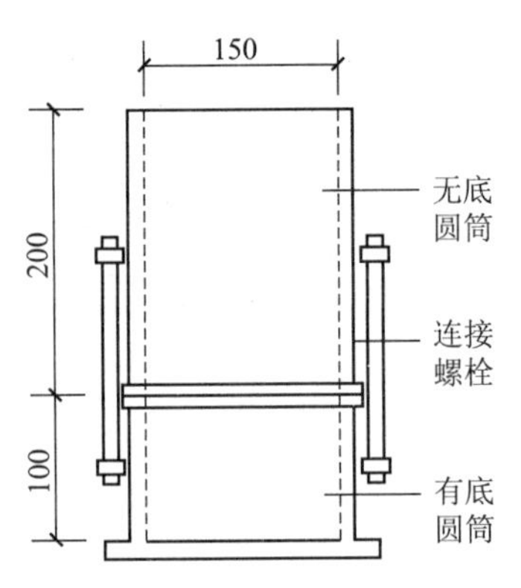

图 4-2　砂浆分层度筒

2）水泥胶砂振动台：振幅为（0.5±0.05）mm，频率为（50±3）Hz。

3）稠度仪、木锤等。

（3）检测步骤

1）首先将砂浆拌合物按稠度试验方法测定稠度。

2）将砂浆拌合物一次装入分层度筒内，待装满后，用木锤在容器周围距离大致相等的 4 个不同地方轻轻敲击 1～2 下，如砂浆沉落到低于筒口，则应随时添加，然后刮去多余的砂浆并用抹刀抹平。

3）静置 30min 后，去掉上层 200mm 砂浆，剩余的 100mm 砂浆倒出放在拌合锅内拌 2min，再按稠度试验方法测其稠度，前后测得的稠度之差即为该砂浆的分层度值（mm）。

（4）检测结果处理

1）取两次试验结果的算术平均值作为该砂浆的分层度值。

2）两次分层度试验值之差如大于 10mm，应重做试验。

4.2.5　砂浆立方体抗压强度检测

（1）检测目的

测定砂浆立方体抗压强度值，评定砂浆的强度等级。

（2）仪器设备

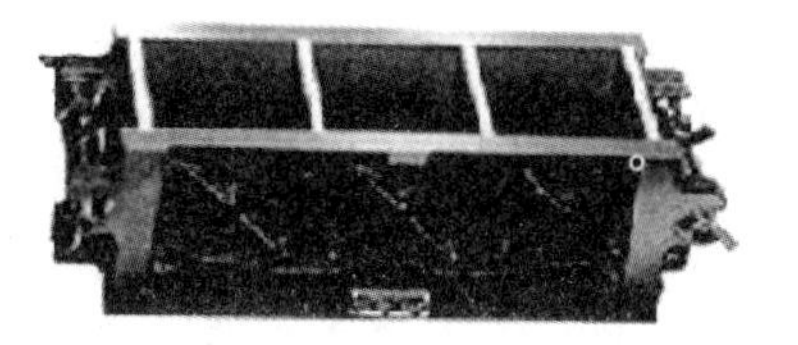

图 4-3　砂浆试模

1）试模为 70.7mm×70.7mm×70.7mm 立方体：由铸铁或钢制成，应具有足够的刚度并且拆装方便。试模的内表面应机械加工，其不平度应为每 100mm 不超过 0.05mm，组装后各相邻面的不垂直度不应超过±0.5。如图 4-3 所示。

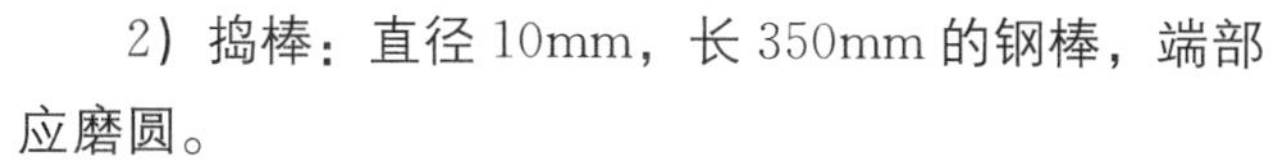

2）捣棒：直径 10mm，长 350mm 的钢棒，端部应磨圆。

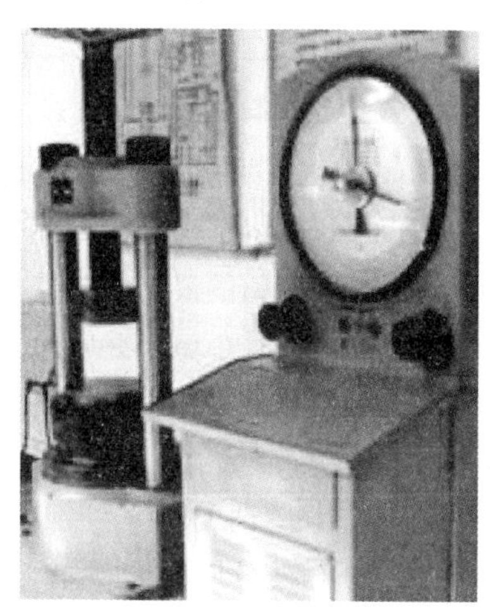

图 4-4　压力试验机

3）压力试验机：精度为 1%，其量程应能使试件的预期破坏荷载值不小于全量程的 20%，也不大于全量程的 80%。如图 4-4 所示。

4）垫板：试验机上、下压板及试件之间可垫钢垫板，垫板的尺寸应大于试件的承压面，其不平度应为每 100mm 不超过 0.02mm。

（3）试件的制作及养护

采用立方体试件，每组试件 3 个。

应用黄油等密封材料涂抹试模的外接缝，试模内涂刷薄层机油或脱模剂，将拌制好的砂浆一次性装满砂浆试模，成型方法根据稠度而定。当稠度≥50mm 时采用人工振捣成型，当稠度<50mm 时采用振动台振实成型。

人工振捣：用捣棒均匀地由边缘向中心按螺旋方式插捣 25 次，插捣过程中如砂浆沉落低于试模口，应随时添加砂浆，可用油灰刀插捣数次，并用手将试模一边抬高 5～10mm 各振动 5 次，使砂浆高出试模顶面 6～8mm。

机械振动：将砂浆一次装满试模，放置到振动台上，振动时试模不得跳动，振动 5～10 秒或持续到表面出浆为止；不得过振。

待表面水分稍干后，将高出试模部分的砂浆沿试模顶面刮去并抹平。

试件制作后应在室温为（20±5）℃的环境下静置（24±2）h，当气温较低时，可适当延长时间，但不应超过两昼夜，然后对试件进行编号、拆模。试件拆模后应立即放入温度为（20±2）℃，相对湿度为 90%以上的标准养护室中养护。养护期间，试件彼此间隔不小于 10mm，混合砂浆试件上面应覆盖以防有水滴在试件上。

（4）检测步骤

1）试件从养护地点取出后，应尽快进行试验。试验前先将试件擦拭干净，测量尺寸，并检查其外观。试件尺寸测量精确至 1mm，并据此计算试件的承压面积。如实测尺寸与公称尺寸之差不超过 1mm，可按公称尺寸进行计算。

2）将试件安放在试验机的下压板上（或下垫板上），试件的承压面应与成型时的顶面垂直，试件中心应与试验机下压板（或下垫板）中心对准。开动试验机，当上压板（或上垫板）与试件接近时，调整球座，使接触面均匀受压。承压试验应连续而均匀地加荷，当试件接近破坏而开始迅速变形时，停止调整试验机油门，直至试件破坏，然后记录破坏荷载。

(5) 结果计算与评定

砂浆立方体抗压强度应按下列公式计算

$$f_{m,cu}=\frac{N_u}{A} \tag{4-7}$$

式中 $f_{m,cu}$——砂浆立方体抗压强度 (MPa)；

N_u——立方体破坏压力 (N)；

A——试件承压面积 (mm^2)。

以三个试件测值的算术平均值的 1.3 倍 (f_2) 作为该组试件的砂浆立方体试件抗压强度平均值 (精确至 0.1MPa)。

当三个测值的最大值或最小值中如有一个与中间值的差值超过中间值的 15%时，则把最大值及最小值一并舍除，取中间值作为该组试件的抗压强度值；如有两个测值与中间值的差值均超过中间值的 15%时，则该组试件的试验结果无效。

【实训】

1. 砂浆的稠度检测；
2. 砂浆的分层度检测；
3. 砂浆的强度检测。

4.3 装饰砂浆

学习目标

抹面砂浆的分类；装饰砂浆的种类及应用。

关键概念

抹面砂浆；装饰砂浆；特种砂浆。

凡以薄层涂抹在建筑物或建筑构件表面的砂浆，可统称为抹面砂浆，也称为抹灰砂浆。

根据抹面砂浆功能的不同，一般可将抹面砂浆分为普通抹面砂浆、装饰砂浆、防水砂浆和具有某些特殊功能的抹面砂浆 (如绝热、耐酸、防射线砂浆) 等。

抹面砂浆的组成材料要求与砌筑砂浆基本相同。根据抹面砂浆的使用特点，其主要技术性质的要求是具有良好的和易性和较高的粘结力，使砂浆容易抹成均匀平整的薄层，以便于施工，而且砂浆层能与底面粘结牢固。为了防止砂浆层的开裂，有时需加入纤维增强材料，如麻刀、纸筋、稻草、玻璃纤维等；为了使其具有某些特殊功能也需要选用特殊骨料或掺加料。

4.3.1 普通抹面砂浆

普通抹面砂浆对建筑物和墙体起保护作用。它可以抵抗风、雨、雪等自然环境对建筑物的侵蚀，提高建筑物的耐久性。此外，经过砂浆抹面的墙面或其他构件的表面又可以达到平整、光洁和美观的效果。

普通抹面砂浆通常分为两层或三层进行施工。各层抹灰要求不同，所以每层所选用的砂浆也不一样。

底层抹灰的作用是使砂浆与底面能牢固地粘结，因此要求砂浆具有良好的和易性及较高的粘结力，其保水性要好，否则水分就容易被底面材料吸掉而影响砂浆的粘结力。底材表面粗糙有利于与砂浆的粘结。用于砖墙的底层抹灰，多用石灰砂浆或石灰炉灰砂浆；用于板条墙或板条顶棚的底层抹灰多用麻刀石灰灰浆；混凝土墙、梁、柱、顶板等底层抹灰多用混合砂浆。

中层抹灰主要是为了找平，多采用混合砂浆或石灰砂浆。

面层抹灰要求达到平整美观的表面效果。面层抹灰多用混合砂浆、麻刀石灰灰浆或纸筋石灰灰浆。在容易碰撞或潮湿的地方，如墙裙、踢脚板、地面、雨篷、窗台以及水池、水井等处一般多用 1∶2.5 水泥砂浆。在硅酸盐砌块墙面上做抹面砂浆或粘贴饰面材料时，最好在砂浆层内夹一层事先固定好的钢丝网，以免日后出现剥落及开裂现象。普通抹面砂浆的配合比，可参考表 4-5 所示。

常用抹面砂浆的配合比和应用范围　　表 4-5

材料	体积配合比	应用范围
石灰∶砂	1∶3	用于干燥环境中的砖石墙面打底或找平
石灰∶黏土∶砂	1∶1∶6	干燥环境墙面
石灰∶石膏∶砂	1∶0.6∶3	不潮湿的墙及天花板
石灰∶石膏∶砂	1∶2∶3	不潮湿的线脚及装饰
石灰∶水泥∶砂	1∶0.5∶4.5	勒角、女儿墙及较潮湿的部位
水泥∶砂	1∶2.5	用于潮湿的房间墙裙、地面基层
水泥∶砂	1∶1.5	地面、墙面、天棚
水泥∶砂	1∶1	混凝土地面压光
水泥∶石膏∶砂∶锯末	1∶1∶3.5	吸声粉刷
水泥∶白石子	1∶1.5	水磨石
石灰膏∶麻刀	1∶2.5	木板条顶棚底层
石灰膏∶纸筋	$1m^3$ 灰膏掺 3.6kg 纸筋	较高级的墙面及顶棚
石灰膏∶纸筋	100∶3.8（质量比）	木板条顶棚面层
石灰膏∶麻刀	1∶1.4（质量比）	木板条顶棚面层

4.3.2 装饰砂浆

涂抹在建筑物内外墙表面，具有美观和装饰效果的抹面砂浆通称为装饰砂浆。装饰砂浆的底层和中层抹灰与普通抹面砂浆基本相同。面层要选用具有一定颜色的胶凝材料和骨料及采用某种特殊的施工工艺，使表面呈现出各种不同的色彩、线条与花纹等装饰效果。装饰砂浆所采用的胶凝材料有普通水泥、矿渣水泥、火山灰水泥和白水泥、彩色水泥，或是在常用水泥中掺加些耐碱矿物颜料配成彩色水泥。骨料常采用大理石、花岗石等带颜色的细石碴或玻璃、陶瓷碎粒等。

装饰砂浆饰面方式可分为灰浆类饰面和石碴类饰面两大类。

灰浆类饰面主要通过水泥砂浆的着色或对水泥砂浆表面进行艺术加工，从而获得具有特殊色彩、线条、纹理等质感的饰面。其主要优点是材料来源广泛，施工操作简便，造价比较低廉，而且通过不同的工艺加工，可以创造不同的装饰效果。

常用的灰浆类饰面有以下几种：

(1) 拉毛灰。拉毛灰是用铁抹子，将罩面灰浆轻压后顺势拉起，形成一种凹凸质感很强的饰面层。拉细毛时用棕刷粘着灰浆拉成细的凹凸花纹。

(2) 甩毛灰。甩毛灰是用竹丝刷等工具将罩面灰浆甩涂在基面上，形成大小不一而又有规律的云朵状毛面饰面层。

(3) 仿面砖。仿面砖是在采用掺入氧化铁系颜料（红、黄）的水泥砂浆抹面上，用特制的铁钩和靠尺，按设计要求的尺寸进行分格划块，沟纹清晰，表面平整，酷似贴面砖饰面。

(4) 拉条。拉条是在面层砂浆抹好后，用一凹凸状轴辊作模具，在砂浆表面上滚压出立体感强、线条挺拔的条纹。条纹分半圆形、波纹形、梯形等多种，条纹可粗可细，间距可大可小。

(5) 喷涂。喷涂是用挤压式砂浆泵或喷斗，将掺入聚合物的水泥砂浆喷涂在基面上，形成波浪、颗粒或花点质感的饰面层。最后在表面再喷一层甲基硅醇钠或甲基硅树脂疏水剂，可提高饰面层的耐久性和耐污染性。

(6) 弹涂。弹涂是用电动弹力器，将掺入 108 胶的 2～3 种水泥色浆，分别弹涂到基面上，形成 1～3mm 圆状色点，获得不同色点相互交错、相互衬托、色彩协调的饰面层。最后刷一道树脂罩面层，起防护作用。

石碴是天然的大理石、花岗石以及其他天然石材经破碎而成，俗称米石。常用的规格有大八厘（粒径为 8mm）、中八厘（粒径为 6mm）、小八厘（粒径为 4mm）。石碴类饰面是用水泥（普通水泥、白水泥或彩色水泥）、石碴、水拌成石碴浆，同时采用不同的加工手段除去表面水泥浆皮，使石碴呈现不同的外露形式以及水泥浆与石碴的色泽对比，构成不同的装饰效果。石碴类饰面比灰浆类饰面色泽较明亮，质感相对丰富，不易褪色，耐光性和耐污染性也较好。

常用的石碴类饰面有以下几种：

(1) 水刷石。将水泥石碴浆涂抹在基面上，待水泥浆初凝后，以毛刷蘸水刷洗或用喷枪以一定水压冲刷表层水泥浆皮，使石碴半露出来，达到装饰效果。

(2) 干粘石。干粘石又称甩石子，是在水泥浆或掺入 108 胶的水泥砂浆粘结层上，把石碴、彩色石子等粘在其上，再拍平压实而成的饰面。石粒的 2/3 应压入粘结层内，要求石子粘牢，不掉粒并且不露浆。干粘石多用于建筑物的外墙装饰，具有一定的质感，经久耐用。干粘石的装饰效果与水刷石相同，但其施工是采用干操作，避免了水刷石的湿操作，施工效率高，污染小，也节约材料。

(3) 斩假石。斩假石又称剁假石，是以水泥石碴（掺30%石屑）浆作成面层抹灰，待具有一定强度时，同钝斧或凿子等工具，在面层上剁斩出纹理，而获得类似天然石材经雕琢后的纹理质感。

(4) 水磨石。水磨石是由水泥、彩色石碴或白色大理石碎粒及水按一定比例配制，需要时掺入适量颜料，经搅拌均匀，浇筑捣实、养护，待硬化后将表面磨光而成的饰面。常常将磨光表面用草酸冲洗、干燥后上蜡。水磨石多用于地面装饰，可事先设计图案和色彩，抛光后更具有艺术效果。除可用做地面之外，还可预制做成楼梯踏步、窗台板、柱面、台面、踢脚板和地面板等多种建筑构件。

水刷石、干粘石、斩假石和水磨石等装饰效果各具特色。在质感方面：水刷石最为粗犷，干粘石粗中带细，斩假石典雅庄重，水磨石润滑细腻。在颜色花纹方面：水磨石色泽华丽、花纹美观；斩假石的颜色与斩凿的灰色花岗石相似；水刷石的颜色有青灰色、奶黄色等；干粘石的色彩取决于石碴的颜色。

4.3.3 防水砂浆

用作防水层的砂浆叫做防水砂浆。砂浆防水层又叫刚性防水层，仅适用于不受振动和具有一定刚度的混凝土或砖石砌体工程。对于变形较大或可能发生不均匀沉陷的建筑物，不宜采用刚性防水层。

防水砂浆可以使用普通水泥砂浆，按以下施工方法进行：

(1) 喷浆法。利用高压喷枪将砂浆以每秒约100m的速度喷至建筑物表面，砂浆被高压空气强烈压实，密实度大，抗渗性好。

(2) 人工多层抹压法。砂浆分4～5层抹压，抹压时，每层厚度约为5mm左右，在涂抹前先在润湿清洁的底面上抹纯水泥浆，然后抹一层5mm厚的防水砂浆，在初凝前用木抹子压实一遍，第二、三、四层都是同样的操作方法，最后一层要进行压光，抹完后要加强养护。

防水砂浆也可以在水泥砂浆中掺入防水剂来提高抗渗能力。常用防水剂有氯化物金属盐类防水剂和金属皂类防水剂等。氯化物金属盐类防水剂，主要有氯化钙、氯化铝，掺入水泥砂浆中，能在凝结硬化过程中生成不透水的复盐，起促进结构密实作用，从而提高砂浆的抗渗性能，一般用于水池和其他地下建筑物。由于氯化物金属盐会引起混凝土中钢筋锈蚀，故采用这类防水剂，应注意钢筋的锈蚀情况。金属皂类防水剂是由硬脂酸、氨水、氢氧化钾（或碳酸钠）和水按一定比例混合加热皂化而成，主要也是起填充微细孔隙和堵塞毛细管的作用。

4.3.4 其他特种砂浆

1. 绝热砂浆

采用水泥、石灰、石膏等胶凝材料与膨胀珍珠岩砂、膨胀蛭石或陶粒砂等轻质多孔集料，按一定比例配制的砂浆称为绝热砂浆。绝热砂浆具有体积密度小、轻质和绝热性能好等优点，其导热系数约为 0.07～0.10W/（m·K），可用于屋面绝热层、绝热墙壁以及供热管道绝热层等。

2. 吸声砂浆

一般绝热砂浆是由轻质多孔骨料制成的，都具有良好吸声性能，故也可作吸声砂浆。另外，还可以用水泥、石膏、砂、锯末（其体积比约为 1∶1∶3∶5）配制成吸声砂浆，或在石灰、石膏砂浆中掺入玻璃纤维、矿物棉等松软纤维材料也能获得一定的吸声效果。吸声砂浆用于室内墙壁和顶棚的吸声。

3. 耐酸砂浆

用水玻璃和氟硅酸钠配制成耐酸涂料，掺入石英岩、花岗岩、铸石等粉状细骨料，可拌制成耐酸砂浆。水玻璃硬化后，具有很好的耐酸性能。耐酸砂浆多用作耐酸地面和耐酸容器的内壁防护层。

4. 防射线砂浆

在水泥浆中掺入重晶石粉、砂可配制成有防 X 射线能力的砂浆。其配合比约为水泥∶重晶石粉∶重晶石砂＝1∶0.25∶4.5。如在水泥浆中掺加硼砂、硼酸等可配制有抗中子辐射能力的砂浆。此类防射线砂浆应用于射线防护工程。

5. 膨胀砂浆

在水泥砂浆中掺入膨胀剂，或使用膨胀型水泥可配制膨胀砂浆。膨胀砂浆可在修补工程中及大板装配工程中填充缝隙，达到粘结密封的作用。

6. 自流平砂浆

在现代施工技术条件下，地坪常采用自流平砂浆，从而使施工迅捷方便、质量优良。自流平砂浆中的关键性技术是掺用合适的化学外加剂；严格控制砂的级配、含泥量、颗粒形态；同时选择合适的水泥品种。良好的自流平砂浆可使地坪平整光洁，强度高，无开裂，技术经济效果良好。

练习题

（一）名词解释

砂浆、砌筑砂浆、抹面砂浆、混合砂浆、砂浆的流动性、砂浆的保水性

（二）是非题

1. 建筑砂浆的组成材料与混凝土一样，都是由胶凝材料、骨料和水组成的。（　　）

2. 配制砌筑砂浆和抹面砂浆，应选用中砂，不宜用粗砂。(　　)
3. 砌筑砂浆的和易性包括流动性、黏聚性、保水性三方面的含义。(　　)
4. 砌筑砂浆的和易性指标是沉入度。(　　)
5. 砌筑砂浆的沉入度越大，分层度越小，则表明砂浆的和易性越好。(　　)
6. 砌筑砂浆的强度，无论其底面是否吸水，砂浆的强度主要取决于水泥强度及水灰比。(　　)
7. 用于不吸水基底的砂浆强度，主要决定于水泥强度和水灰比。(　　)

(三) 填空题

1. 砂浆的和易性包括______和______两个方面的含义。
2. 砂浆的分层度指标是______，单位是______。
3. 建筑砂浆按其所用的胶凝材料不同，可分为______、______和______；按用途不同，可分为______和______。砌筑砂浆是指____________________。
4. 测定砌筑砂浆强度等级的标准试件尺寸为__________ mm，测强龄期为______。
5. 抹面砂浆，也称“______”，通常分为底层、中层和面层三层施工。底层砂浆主要起______作用，中层砂浆主要起______作用，面层砂浆主要起______作用。
6. 砌筑砂浆的流动性用______表示，保水性用______来表示。
7. 砌筑多孔砌体的砂浆的强度取决于______和______。
8. 在低强度等级的混合砂浆中，使用石灰的主要目的和作用是________________。
9. 进行砂浆抗压强度检验时，试件标准尺寸为__________；若测得某组砂浆试件的极限荷载值分别为55.0、52.0、42.0kN，则该组砂浆的强度评定值为______ MPa。
10. 测定砂浆抗压强度的标准试件的尺寸是______。
    A. 70.7mm×70.7mm×70.7mm　　B. 70mm×70mm×70mm
    C. 100mm×100mm×100mm　　D. 40mm×40mm×160mm
11. 要提高混合砂浆保水性，掺入(　　)是最经济合理的。
    A. 水泥　　B. 石灰　　C. 粉煤灰　　D. 黏土
12. 用于外墙的抹面砂浆，在选择胶凝材料时，应以(　　)为主。
    A. 水泥　　B. 石灰　　C. 石膏　　D. 粉煤灰

(四) 选择题

1. 砌筑普通砖的砂浆的沉入度宜为(　　) mm；砌筑石材的砂浆的沉入度宜为(　　) mm。
   A. 30～50　　B. 50～70　　C. 70～90　　D. 90～130
2. 砌筑砂浆的分层度不宜小于(　　) mm，不宜大于(　　) mm。
   A. 10　　B. 20　　C. 30　　D. 40
3. 对于湿土中的砖石基础，一般采用(　　)。
   A. 石灰砂浆　　B. 水泥砂浆　　C. 水泥石灰混合砂浆

4. 砂浆流动性的大小用（　　）表示。

A. 稠度　　B. 坍落度　　C. 分层度　　D. 沉入度

5. 表示砌筑砂浆保水性的指标是（　　）。

A. 坍落度　　B. 沉入度　　C. 分层度　　D. 针入度

6. 有防水、防潮要求的抹灰砂浆，宜选用（　　）。

A. 石灰砂浆　　B. 石膏砂浆

C. 水泥砂浆　　D. 水泥混合砂浆

7. 建筑砂浆中掺入引气剂主要是为了（　　）。

A. 提高保水性　　B. 提高保温性

C. 提高强度　　D. A、B 两项均选

（五）问答题

1. 砂浆在组成及性质上与普通混凝土相比，有哪些不同？
2. 对砌筑砂浆的组成材料有哪些要求？
3. 新拌砌筑砂浆的和易性包括哪些含义？各用什么指标表示？砂浆的保水性不良对其质量有何影响？
4. 如何测定砂浆的强度？砂浆的强度等级有哪些？
5. 掌握砌筑砂浆配合比的设计方法。
6. 对抹面砂浆有哪些要求？
7. 影响砌筑砂浆强度的因素有哪些？
8. 配制砂浆时，为什么除水泥外常常还要加入一定量的其他胶凝材料？
9. 砌筑砂浆的养护条件有什么要求？
10. 砂浆立方体抗压强度值如何评定？
11. 分层度试验结果如何处理？
12. 什么是防水砂浆？

（六）计算题

1. 某工程砌筑用混合砂浆，强度等级为 M7.5，沉入度为 7～90mm。用强度等级为 32.5 的、实测强度为 34.6MPa 的普通水泥，含水率为 4%、堆积密度为 1500kg/m^3 的中砂，稠度为 120mm 的石灰膏及自来水配制。施工水平一般。计算该砂浆的配合比。
2. 采用强度等级为 42.5 级的普通硅酸盐水泥，含水率为 3%的中砂，配制稠度为 70～90mm的 M5.0 水泥石灰砂浆。已知：中砂的堆积密度为 1450kg/m^3，石灰膏：稠度 120mm，施工水平：一般。计算砌筑砂浆的初步配合比。
3. 某工地夏秋季需要配制 M5.0 的水泥石灰混合砂浆。采用 42.5 级普通水泥，砂子为中砂，堆积密度为 1480kg/m^3，施工水平为中等。试求砂浆的配合比。
4. 下列几组砂浆试件，养护 28d 后进行抗压强度试验，测得的破坏荷载（kN）如下，

试计算各组的抗压强度，并评定其强度等级。

① 32、35、30；② 52、58、60。

5. 某工程需要 MU7.5 的砌筑烧结普通砖的砌筑砂浆，砌体灰缝 10mm，水泥的堆积密度为 1300kg/m³，石灰膏堆积密度为 1350kg/m³，含水率为 2%的砂的堆积密度为 1450kg/m³。(σ=1.88MPa，α=3.03，β=−15.09,)

(1) 试确定砂的最大粒径，水泥强度等级；

(2) 试计算砂浆的质量配合比，并换算成体积配合比。

单元课业

课业名称：完成建筑砂浆性能测试报告

学生姓名：

自评成绩：

任课教师：

时间安排：安排在开课 8～10 周后，用 3 天时间完成。

开始时间：

截止时间：

一、课业说明

本课业是为了完成建筑砂浆配合比设计、配制、调整、制样等全套工作而制定的。根据“建筑砂浆检测评定”的能力要求，需要根据建筑砂浆配合比设计的规范，正确实施建筑砂浆的配合比设计。能够进行砂浆材料检测，编制、填写检测报告，依据检测报告提出实施意见。

二、背景知识

教材：单元 4　建筑砂浆检测与评定

4.1　砌筑砂浆的配合比设计

4.2　建筑砂浆的配制和性能检测

根据所学内容和设计要求，查阅砌筑砂浆配合比设计规范，写出砌筑砂浆配合比设计计算书，检测步骤，经指导教师审核后，进行砌筑砂浆试样制作试验，填写检测报告，就各项指标，评定试验用砂浆是否符合标准要求。

三、任务内容

包括：砌筑砂浆配合比设计规范查阅，规范中各项技术指标及其检测方法的正确解读，制定砌筑砂浆配合比设计计算书和检测步骤，编制检测报告，实施砌筑砂浆试样制作，进行相关的检测，填写检测报告，评定砌筑砂浆配合比设计的实施结果。

小组任务：

全班可分若干个小组，每组5～6名成员，集体协商，分工负责，群策群力，搞好课业工作。

组内每个成员的任务：

每个人都必须在自己的课业中完成以下方面的内容：

1. 查阅砌筑砂浆配合比设计规范，并且要求是最新颁布实施。
2. 根据规范制定砌筑砂浆配合比设计计算书和检测方法、步骤。
3. 进行砌筑砂浆试样制作试验，根据需要进行必要的调整。
4. 进行各项技术指标实验，填写检测报告。

四、课业要求

具体完成时间、上交时间、上交地点、是否打印及格式等，让学生自己制订计划表上交。

完成时间：

上交时间：

打　　印：A4纸打印。

五、试验报告参考样本

建筑砂浆性能测试报告

一、试验内容

二、主要仪器设备及规格型号

三、试验记录

（一） 砂浆稠度测试

试验日期：__________气温 /室温：__________湿度：__________

砂浆质量配合比：__________________________。

砂浆稠度测试记录表　　**表 4-6**

拌制日期				要求的稠度		
试样编组	拌合_______升砂浆所用材料 /kg				实测沉入度 /mm	试验结果 /mm
	水泥	石灰膏	砂	水		
1						
2						

（二）砂浆分层度测试

试验日期：__________气温 /室温：__________湿度：__________

砂浆分层度测试记录表　　**表 4-7**

拌制日期				要求的稠度				
试样编组	拌合_________升砂浆所用材料 /kg				静置前稠度值 /mm	静置 30min 后稠度值 /mm	分层度值 /mm	试验结果 /mm
	水泥	石灰膏	砂	水				
1								
2								

结果评定：

根据分层度判别此砂浆的保水性为：__________________。

（三）砂浆抗压强度测试

试验日期：__________气温 /室温：__________湿度：__________

砂浆质量配合比：__________________________。

砂浆抗压强度记录表　　**表 4-8**

成型日期					拌合方法			捣实方法	
欲拌砂浆强度等级					水泥强度等级			养护方法	
试验日期	养护龄期 /d	试块编号	试块边长 /mm		受压面积 A /mm^2	破坏荷载 F /N	抗压强度 /MPa	平均抗压强度 /MPa	单块抗压强度最小值 /MPa
			a	b					
		1							
		2							
		3							
		4							
		5							
		6							

结果评定：

根据国家规定，该批砂浆强度等级为：________________________。

四、试验小结

六、评价

评价内容与标准

技　能	评价内容	评价标准
查阅砌筑砂浆配合比设计规范	1. 查阅标准准确、可靠、实用 2. 能够迅速、准确、及时的查阅跟踪标准	1. 规范要新，不能过时、失效 2. 跟踪标准是主标准的必要补充
制定砌筑砂浆配合比设计计算书和检测方法、步骤	砌筑砂浆配合比设计计算书规范、正确，检测方法合理、实用、可行	能够正确规范的编制配合比设计计算书，准确、无误的确定检测性能指标
编制检测报告	报告形式简洁、规范、明晰	报告内容、格式一目了然，版面均衡
进行各项技术性能实验，填写检测报告	实验正确、报告规范	操作仪器正确，检测数据准确，填写报告精确

能力的评定等级

4	C. 能高质、高效的完成此项技能的全部内容，并能指导他人完成 B. 能高质、高效的完成此项技能的全部内容，并能解决遇到的特殊问题 A. 能高质、高效的完成此项技能的全部内容
3	能圆满完成此项技能的全部内容，并不需任何指导
2	能完成此项技能的全部内容，但偶尔需要帮助和指导
1	能完成此项技能的部分内容，但须在现场的指导下，能完成此项技能的全部内容

课业成绩评定

教师评语及改进意见	学生对课业成绩的反馈意见

注：不合格：不能达到 3 级。　　合格：全部项目都能达到 3 级水平。

良好：60％项目能达到 4 级水平。　　优秀：80％项目能达到 4 级水平。

单元5

砌筑建筑材料检测与应用

引　言

在一般房屋建筑中，砌筑材料是主体材料，起承重、传递重量、围护、隔断、防水、保温、隔声等作用，而且砌筑材料的重量占整个建筑物重量的40%～60%。因而，砌筑材料是建筑工程中非常重要的材料之一。

本章主要介绍砌墙砖、混凝土砌块及几种常用的轻质板材等。

学习目标

通过本章的学习你将能够：

掌握砌墙砖的组成、构造和用途；

掌握砌墙砖的技术指标，砌墙砖的检测方法；

了解混凝土砌块的种类、作用、组成、构造和特点；

了解墙用板材的特点及技术经济意义；

具有砌体建筑材料的质量检查、验收能力。

5.1 烧结砖和非烧结砖

学习目标

烧结普通砖的技术要求与应用；烧结多孔砖和烧结空心砖的技术要求与应用；蒸压蒸养砖的技术要求与应用。

关键概念

烧结；蒸压；蒸养。

砌筑材料主要是指砖、砌块、墙板等墙体材料，起承重、传递重量、围护、隔断、防水、保温、隔声等作用，而且砌筑材料的重量占整个建筑物重量的40%～60%。因而，砌筑材料是建筑工程中非常重要的材料之一。

传统的砌筑材料黏土砖要毁坏大量的农田，影响农业生产。而且黏土砖由于是手工砌筑，因此施工时劳动强度高，生产效率低，也严重影响建筑施工机械化和装配化的实现。为此，砌筑材料的改革越来越受到广泛的重视。新型砌筑材料发展较快，主要是因地制宜利用工业废料和地方资源。黏土砖也趋向孔多或空心率高的方向发展，使之节约大量农田和能源。总之，砌筑（墙体）材料的改革，向轻质、高强、空心、大块、多样化、多功能方向发展，力求减轻建筑自重，实现机械化、装配化施工，提高劳动生产率。

5.1.1 烧结实心黏土砖

烧结普通砖

砌墙砖是房屋建筑工程中的主要墙体材料，具有一定的抗压和抗折强度，外形多为直角六面体，其公称尺寸为 240mm×115mm×53mm。

砌墙砖的主要品种有烧结普通砖、烧结多孔砖、烧结空心砖和蒸养（压）砖、碳化砖等。

根据国家标准《烧结普通砖》GB 5101—2003 所指：以黏土、页岩、煤矸石、粉煤灰等为主要原料，经成型、焙烧而成的实心或孔洞率不大于 15%的砖，称为烧结普通砖。

由此可知烧结普通砖的生产工艺为：

原料→配料调制→制坯→干燥→焙烧→成品。

原料中主要成分是 Al_2O_3 和 SiO_2，还有少量的 Fe_2O_3、CaO 等。原料和成浆体后，具有良好的可塑性，可塑制成各种制品。焙烧时将发生一系列物理化学变化，可发生收缩、烧结与烧熔。焙烧初期，原料中水分蒸发，坯体变干；当温度达 450～850℃时，原料中有机杂质燃尽，结晶水脱出并逐渐分解，成为多孔性物质，但此时砖的强度较低；再继续升温至 950～1050℃时，原料中易熔成分开始熔化，出现玻璃液状物，流入不熔颗粒的缝隙中，并将其胶结，使坯体孔隙率降低，体积收缩，密实度提高，强度随之增大，这一过程称之为烧结；经烧制后的制品具有良好的强度和耐水性，故烧结砖控制在烧结状态即可。若继续加温，坯体将软化变形，甚至熔融。

焙烧是制砖的关键过程，焙烧时火候要适当、均匀，以免出现欠火砖或过火砖。欠火砖色浅、断面包心（黑心或白心）、敲击声哑、孔隙率大、强度低、耐久性差。过火砖色较深，敲击声脆、较密实、强度高、耐久性好，但容易出现变形砖（酥砖或螺纹砖）。因此国家标准规定不允许有欠火砖、酥砖和螺纹砖。

在焙烧时，若使窑内氧气充足，使之在氧化气氛中焙烧，黏土中的铁元素被氧化成高价的 Fe_2O_3，烧得红砖。若在焙烧的最后阶段使窑内缺氧，则窑内燃烧气氛呈还原气氛，砖中的高价氧化铁（Fe_2O_3）被还原成青灰色的低价氧化亚铁（FeO），即烧得青砖。青砖比红砖结实、耐久，但价格较红砖高。

当采用页岩、煤矸石、粉煤灰为原料烧砖时，因其含有可燃成分，焙烧时可在砖内燃烧，不但节省燃料，还使坯体烧结均匀，提高了砖的质量。常将用可燃性工业废料作为内燃烧制成的砖称为内燃砖。

(1) 烧结普通砖的品种与等级

1) 品种

按使用原料不同，烧结普通砖可分为：烧结普通黏土砖（N）、烧结页岩砖（Y）、烧结煤矸石砖（M）和烧结粉煤灰砖（F）。

2) 等级

按抗压强度分为 MU30、MU25、MU20、MU15 和 MU10 五个强度等级。强度、抗风化性能和放射性物质合格的砖，根据尺寸偏差、外观质量、泛霜和石灰爆裂等情况分为优等品（A）、一等品（B）和合格品（C）三个质量等级。优等品的砖适用于清水墙建筑和墙体装饰，一等品与合格品的砖可用于混水墙建筑，中等泛霜砖，不得用于潮湿部位。

(2) 烧结普通砖的技术要求

1) 外形尺寸与部位名称

砖的外形为直角六面体（又称矩形体），长 240mm，宽 115mm，厚 53mm，其尺寸偏差不应超过标准规定。因此，在砌筑使用时，包括砂浆缝（10mm）在内，4 块砖长、8 块砖宽、16 块砖厚度都为 1m，512 块砖可砌 $1m^3$ 的砌体。

一块砖，240mm×115mm 的面称为大面，240mm×53mm 的面称为条面，115mm×53mm的面称为顶面。

2）尺寸允许偏差

烧结普通砖的尺寸允许偏差应符合表 5-1 的规定。

烧结普通砖的尺寸允许偏差　　单位：mm　　表 5-1

公称尺寸	优等品		一等品		合格品	
	样本平均偏差	样本极差≤	样本平均偏差	样本极差≤	样本平均偏差	样本极差≤
240	±2.0	6	±2.5	7	±3.0	8
115	±1.5	5	±2.0	6	±2.5	7
53	±1.5	4	±1.6	5	±2.0	6

3）外观质量

包括条面高度差、裂纹长度、弯曲、缺棱掉角等各项内容。各项内容均应符合表 5-2 的规定。

烧结普通砖的外观质量　　单位：mm　　表 5-2

项　目	优等品	一等品	合格品
两条面高度差　≤	2	3	4
弯曲　≤	2	3	4
杂质凸出高度　≤	2	3	4
缺棱掉角的三个破坏尺寸不得同时大于裂纹长度　≤	5	20	30
a. 大面上宽度方向及其延伸至条面的长度	30	60	80
b. 大面上长度方向及其延伸至顶面的长度或条顶面上水平裂纹的长度	50	80	100
完整面不得少于	二条面和二顶面	一条面和一顶面	—
颜色	基本一致	—	—

4）强度

强度应符合表 5-3 规定。

烧结普通砖强度等级　　单位：MPa　　表 5-3

强度等级	抗压强度平均值 $\bar{f}$≥	变异系数 δ≤0.21	变异系数 δ>0.21
		强度标准值 f_k≥	单块最小抗压强度值 f_{min}≥
MU30	30.0	22.0	25.0
MU25	25.0	18.0	22.0
MU20	20.0	14.0	16.0
MU15	15.0	10.0	12.0
MU10	10.0	6.5	7.5

测定烧结普通砖的强度时，试样数量为10块，加荷速度为（5±0.5）kN/s。试验后按下式计算标准差S、强度变异系数和抗压强度标准值f_k。

$$S=\sqrt{\frac{1}{9}\sum_{i=1}^{10}(f_i-\bar{f})^2} \tag{5-1}$$

$$\delta=\frac{s}{\bar{f}} \tag{5-2}$$

$$f_k=\bar{f}-1.8S \tag{5-3}$$

式中　S——10块试样的抗压强度标准差，MPa；

δ——强度变异系数，MPa；

$\bar{f}$——10块试样的抗压强度平均值，MPa；

f_i——单块试样抗压强度测定值，MPa；

f_k——抗压强度标准值，MPa。

5）抗风化性能

抗风化性能属于烧结砖的耐久性，是用来检验砖的一项主要综合性能，主要包括抗冻性、吸水率和饱和系数。用它们来评定砖的抗风化性能。

其中抗冻试验是指吸水饱和的砖在−15℃下经15次冻融循环，重量损失不超过2%规定，并且不出现裂纹、分层、掉皮、缺棱、掉角等冻坏现象，即为抗冻性合格。而饱和系数是砖在常温下浸水24h后的吸水率与5h沸煮吸水率之比，满足规定者为合格。

根据《烧结普通砖》GB 5101—2003规定：风化指数*≥12700者为严重风化区；风化指数<12700者为非严重风化区。我国黑龙江省、吉林省、辽宁省、内蒙古自治区、新疆维吾尔自治区、宁夏回族自治区、甘肃省、青海省、陕西省、山西省、河北省、北京市、天津市属严重风化地区，其他地区是非严重风化地区。

属严重风化地区中的1、2、3、4、5地区的砖必须进行冻融试验，其他地区的砖的抗风化性能符合表5-4规定时可不做冻融试验，否则进行冻融试验。

6）泛霜

泛霜也称起霜，是砖在使用过程中的盐析现象。砖内过量的可溶盐受潮吸水而溶解，随水分蒸发而沉积于砖的表面，形成白色粉状附着物，影响建筑美观。如果溶盐为硫酸盐，当水分蒸发并晶体析出时，产生膨胀，使砖面剥落。

要求烧结普通砖优等品无泛霜；一等品不允许出现中等泛霜；合格品不允许出现严重泛霜。

---

* 风化指数是指日气温从正温降至负温或负温升至正温的每年平均天数与每年从霜冻之日起至消失霜冻之日止这一期间降雨总量（以mm计）的平均值的乘积。

烧结普通砖的抗风化规定 **表 5-4**

砖种类	严重风化区				非严重风化区			
	5h 沸煮吸水率/%≤		饱和系数≤		5h 沸煮吸水率/%≤		饱和系数≤	
	平均值	单块最大值	平均值	单块最大值	平均值	单块最大值	平均值	单块最大值
黏土砖	18	20	0.85	0.87	19	20	0.88	0.90
粉煤灰砖[a]	21	23			23	25		
页岩砖	16	18	0.74	0.77	18	20	0.78	0.80
煤矸石砖								

a. 粉煤灰掺入量（体积比）小于 30%时，抗风化性能指标按黏土砖规定。

7）石灰爆裂

石灰爆裂是砖坯中夹杂有石灰石，在焙烧过程中转变成石灰，砖吸水后，由于石灰逐渐熟化而膨胀产生的爆裂现象。

A. 优等品：不允许出现最大破坏尺寸大于 2mm 的爆裂区域。

B. 一等品：

(A) 最大破坏尺寸大于 2mm，且小于等于 10mm 的爆裂区域，每组砖样不得多于 15 处。

(B) 不允许出现最大破坏尺寸大于 10mm 的爆裂区域。

C. 合格品：

(A) 最大破坏尺寸大于 2mm 且小于等于 15mm 的爆裂区域，每组砖样不得多于 15 处。其中大于 10mm 的不得多于 7 处。

(B) 不允许出现最大破坏尺寸大于 15mm 的爆裂区域。

8）产品中不允许有欠火砖、酥砖和螺旋纹砖。

(3) 烧结普通砖的性质与应用

烧结普通砖具有强度高、耐久性和隔热、保温性能好等特点，广泛用于砌筑建筑物的内外墙、柱、烟囱、沟道及其他建筑物。

烧结普通砖是传统的墙体材料，在我国一般建筑物墙体材料中一直占有很高的比重，其中主要是烧结黏土砖。由于烧结黏土砖多是毁田取土烧制，加上施工效率低，砌体自重大，抗震性能差等缺点，已远远不能适应现代建筑发展的需要。从 1997 年 1 月 1 日起，建设部规定在框架结构中不允许使用烧结普通黏土砖，并率先在全国十四个主要城市中施行。随着墙体材料的发展和推广，在所有建筑物中，烧结普通黏土砖必将被其他轻质墙体材料所取代。

5.1.2 烧结多孔砖和烧结空心砖

在现代建筑中，由于高层建筑的发展，对烧结砖提出了减轻自重，改善绝热和吸声性能的要求，因此出现了烧结多孔砖、空心砖和空心砌块。烧结多孔砖和烧结空心砖的生产与烧制和普通砖基本相同，但与烧结普通砖相比，它们具有重量轻、保温性及节能好、施工效率高、节约土、可以减少砌筑砂浆用量等优点，是正在替代烧结普通砖的墙体材料之一。

1. 烧结多孔砖

烧结多孔砖是以黏土、页岩、煤矸石为主要原料，经过制坯成型、干燥、焙烧而成的主要用于承重部位的多孔砖。因而也称为承重孔心砖。由于其强度高，保温性好，一般用于砌筑六层以下建筑物的承重墙。

烧结多孔砖的主要技术要求参见《烧结多孔砖》GB 13544—2011：

(1) 规格及要求

砖的外形尺寸为直角六面体（矩形体），其长度、宽度、高度尺寸（mm）应符合下列要求：

290，240，190，180；

175，140，115，90。

砖孔形状有矩形长条孔、圆孔等多种。孔洞要求：孔径≤22mm、孔数多、孔洞方向应垂直于承压面方向（见图 5-1）。

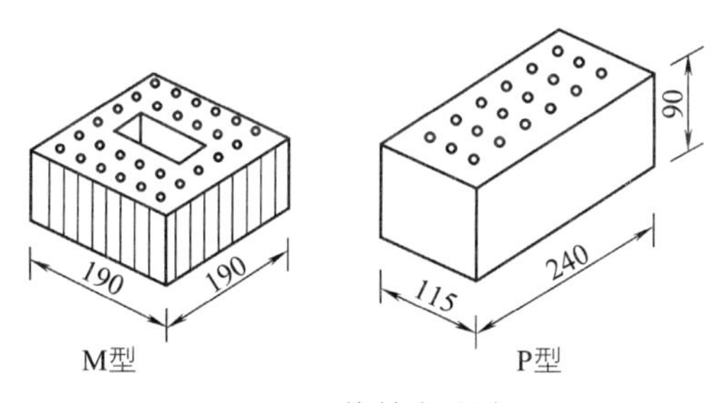

图 5-1　烧结多孔砖

(2) 强度等级

根据砖样的抗压强度分为 MU30、MU25、MU20、MU15、MU10 五个强度等级，其强度应符合表 5-5 的规定。

烧结多孔砖强度等级（GB 13544—2011）　单位：MPa　表 5-5

强度等级	抗压强度平均值 $\bar{f}\geqslant$	变异系数 $\delta\leqslant0.21$	变异系数 $\delta>0.21$
		强度标准值 $f_k\geqslant$	单块最小抗压强度值 $f_{min}\geqslant$
MU30	30.0	22.0	25.0
MU25	25.0	18.0	22.0
MU20	20.0	14.0	16.0
MU15	15.0	10.0	12.0
MU10	10.0	6.5	7.5

(3) 其他性能

包括冻融、泛霜、石灰爆裂、吸水率等内容。其中抗冻性（15 次）是以外观质量来评价是否合格的。

产品的外观质量应符合标准规定，物理性能也应符合标准规定。尺寸允许偏差应符合表 5-6 的规定。

烧结多孔砖尺寸允许偏差　　单位：mm　　　　表 5-6

尺寸	优等品		一等品		合格品	
	样本平均偏差	样本极差≤	样本平均偏差	样本极差≤	样本平均偏差	样本极差≤
290、240	±2.0	6	±2.5	7	±3.0	8
190、180、175、140、115	±1.5	5	±2.0	6	±2.5	7
90	±1.5	4	±1.7	5	±2.0	6

强度和抗风化性能合格的砖，根据尺寸偏差、外观质量、孔型及孔洞排列、泛霜、石灰爆裂，烧结多孔砖分为优等品（A）、一等品（B）和合格品（C）三个质量等级。

(4) 适用范围

烧结多孔砖适用于多层建筑的内外承重墙体及高层框架建筑的填充墙和隔墙。

2. 烧结空心砖

以黏土、页岩、煤矸石为主要原料，经制坯成型，干燥焙烧而成的主要用于非承重部位的空心砖，称为烧结空心砖，又称为水平孔空心砖或非承重空心砖。因其具有轻质、保温性好、强度低等特点，烧结空心砖主要用于非承重墙、外墙及框架结构的填充墙等。

烧结空心砖的主要技术要求参见《烧结空心砖和空心砌块》GB 13545—2014：

(1) 规格及要求

烧结空心砖的外形为直角六面体，其长度、宽度、高度尺寸应符合下列要求(mm)：390，290，240，190，180（175），140，115，90。

(2) 强度等级

根据砖样的抗压强度分为 MU10.0、MU7.5、MU5.0 和 MU3.5 四个强度等级，其强度应符合表 5-7 的规定。

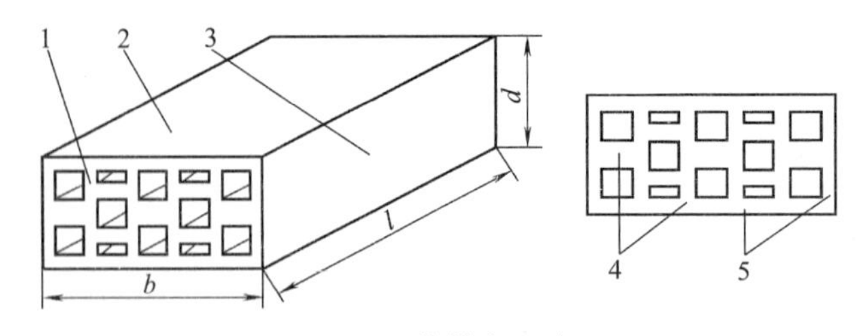

图 5-2　烧结空心砖

1—顶面；2—大面；3—条面；4—肋；5—壁；l—长度；b—宽度；d—高度

烧结空心砖强度等级（GB 13545—2014）　　表 5-7

强度等级	抗压强度/MPa			密度等级范围/(kg/m³)
	抗压强度平均值 $\bar{f}\geqslant$	变异系数 $\delta\leqslant0.21$	变异系数>0.21	
		强度标准值 $f_k\geqslant$	单块最小抗压强度值 $f_{min}\geqslant$	
MU10.0	10.0	7.0	8.0	≤1100
MU7.5	7.5	5.0	5.8	
MU5.0	5.0	3.5	4.0	
MU3.5	3.5	2.5	2.8	

（3）质量及密度等级

按照密度，砖可分为 800、900、1000 和 1100 四个密度等级。

（4）其他技术性能

包括泛霜、石灰爆裂、吸水率、冻融等内容。其中抗冻性（15 次）是以外观质量来评价是否合格的。

外观质量等均应符合标准规定。强度、密度、抗风化性能和放射性物质合格的砖，根据尺寸偏差、外观质量、孔洞排列及其结构、泛霜、石灰爆裂、吸水率分为优等品（A)、一等品（B）和合格品（C）三个质量等级。

5.1.3　蒸压蒸养砖

以含二氧化硅为主要成分的天然材料或工业废料（粉煤灰、煤渣、矿渣等）配以少量石灰与石膏，经拌制、成型、蒸汽养护而成的砖称蒸压蒸养砖，又称硅酸盐砖。

按其工艺和原材料，硅酸盐砖分为：蒸压灰砂砖、蒸压粉煤灰砖、蒸养煤渣砖、免烧砖和碳化灰砂砖等。

1. 蒸压灰砂砖

以石灰、砂子为主要原料，加入少量石膏或其他着色剂，经制坯设备压制成型、蒸压养护而成的砖，称为蒸压灰砂砖。

（1）灰砂砖的特性

灰砂砖是在高压下成型，又经过蒸压养护，砖体组织致密，具有强度高、大气稳定性好，干缩率小、尺寸偏差小、外形光滑平整等特性。灰砂砖色泽淡灰，如配入矿物颜料，则可制得各种颜色的砖，有较好的装饰效果。灰砂砖的技术性能应符合《蒸压灰砂砖》GB 11945—1999 主要用于工业与民用建筑的墙体和基础。

（2）产品规格与等级

1）产品规格。砖的外形为矩形体。规格尺寸为 240mm×115mm×53mm。

2）产品等级。根据抗压强度和抗折强度，强度等级分为 MU25、MU20、MU15 和 MU10 四个等级。根据尺寸偏差和外观质量分为优等品（A)、一等品（B）与合格品（C）三个等级。

(3) 应用技术要求

1) 灰砂砖不得用于长期受热 200℃以上、受急冷、急热和有酸性介质侵蚀的部位。

2) 15 级以上的砖可用于基础及其他建筑部位，10 级砖只可用于防潮层以上的建筑部位。

3) 灰砂砖的耐水性良好，但抗流水冲刷的能力较弱，可长期在潮湿、不受冲刷的环境中使用。

4) 灰砂砖表面光滑平整，使用时注意提高砖和砂浆间的粘结力。

2. 蒸压粉煤灰砖

粉煤灰砖是以粉煤灰为主要原料，配以适量石灰、石膏，加水经混合搅拌、陈化、轮碾、成型、高压蒸汽养护而制成的，它的技术标准可参见《粉煤灰砖》JC 239—2001。

(1) 产品规格和等级

1) 产品规格。粉煤灰砖为矩形体，其规格为 240mm×115mm×53mm。

2) 产品等级。根据其抗压强度和抗折强度分为 MU30、MU25、MU20、MU15、MU10 五个强度等级。根据其外观质量、强度、干燥收缩和抗冻性分为优等品、一等品和合格品。一等品强度等级应不低于 MU10，优等品的强度等级应不低于 MU15。

(2) 应用技术要求

1) 在易受冻融和干湿交替作用的建筑部位必须使用一等砖。用于易受冻融作用的建筑部位时要进行抗冻性检验，并采取适当措施，以提高建筑耐久性。

2) 用粉煤灰砖砌筑的建筑物，应适当增设圈梁及伸缩缝或采取其他措施，以避免或减少收缩裂缝的产生。

3) 粉煤灰砖出釜后，应存放一段时间后再用，以减少相对伸缩量。

4) 长期受高于 200℃温度作用，或受冷热交替作用，或有酸性侵蚀的建筑部位不得使用粉煤灰砖。

5.2 混凝土砌块

学习目标

掌握加气混凝土砌块的主要技术要求与应用；掌握蒸压加气混凝土砌块的主要技术要求与应用；掌握主要技术性能的检测方法。

关键概念

蒸压加气；坐浆面；铺浆面。

混凝土砌块是一种用混凝土制成的，外形多为直角六面体的建筑制品。主要用于砌筑房屋、围墙及铺设路面等，用途十分广泛。

砌块是一种新型墙体材料，发展速度很快。由于砌块生产工艺简单，可充分利用工业废料，砌筑方便、灵活，目前已成为代替黏土砖的最好制品。

砌块的品种很多，其分类方法也很多。按其外形尺寸可分为：小型砌块、中型砌块和大型砌块。

按其材料品种可分为：普通混凝土砌块、轻骨料混凝土砌块和硅酸盐混凝土砌块。

按有无孔洞可分为：实心砌块与空心砌块。

按其用途可分为：承重砌块和非承重砌块。

按其使用功能可分为：带饰面的外墙体用砌块、内墙体用砌块、楼板用砌块、围墙砌块和地面用砌块等。

以下主要介绍蒸压加气混凝土砌块和混凝土空心砌块等。

5.2.1　蒸压加气混凝土砌块

蒸压加气混凝土砌块，简称加气混凝土砌块，是以水泥、石英砂、粉煤灰、矿渣等为原料，经过磨细，并以铝粉为发气剂，按一定比例配合，经过料浆浇注，再经过发气成型、坯体切割、蒸压养护等工艺制成的一种轻质、多孔建筑墙体材料。

1. 砌块的品种

主要有三类砌块：一是由水泥-矿渣-砂子等原料制成的砌块；二是由水泥-石灰-砂子等原料制成的砌块；三是由水泥—石灰—粉煤灰等原料制成的轻质砌块。

2. 砌块的规格

长度：600。

高度：200、240、250、300。

宽度：100、120、125、150、180、200、240、250、300。

3. 砌块等级

砌块按抗压强度来分的强度级别有 A1.0、A2.0、A2.5、A3.5、A5.0、A7.5 和 A10 七个。

砌块按干密度来分，有 B03、B04、B05、B06、B07 和 B08 六个级别。

砌块按尺寸偏差与外观质量、干密度、抗压强度和抗冻性分为：优等品（A）、合格品（B）二个等级。

砌块标记顺序是名称（代号 ACB)、强度级别、干密度、规格尺寸、产品等级和标准编号。例如：强度级别为 A3.5、干密度级别为 B05、规格尺寸为 600mm×200mm×

250mm 优等品的蒸压加气混凝土砌块，其标记为

ACB　A3.5　B05　600×200×250A　GB　11968

4. 砌块的主要技术性能应符合《蒸压加气混凝土砌块》GB/T 11968—1997 的要求

（1）砌块尺寸偏差和外观应符合表 5-8 的规定。

（2）砌块不同级别、等级的干体积质量应符合国家有关规定。

（3）砌块的主要性能应符合表 5-9 的规定。

5. 用途

加气混凝土砌块可用于砌筑建筑的外墙、内墙、框架墙及加气混凝土刚性屋面等。

6. 使用注意事项

（1）如果没有有效措施，加气混凝土砌块不得使用于以下部位：

1）建筑物±0.000 以下的室内；

2）长期浸水或经常受干湿交替部位；

3）经常受碱化学物质侵蚀的部位；

4）表面温度高于 80℃的部位。

（2）加气混凝土外墙面水平方向的凹凸部位应做泛水和滴水，以防积水。墙面应做装饰保护层。

（3）墙角与接点处应咬砌，并在沿墙角 1m 左右灰缝内，配置钢筋或网件，外纵墙设置现浇钢筋混凝土板带。

砌块的尺寸偏差与外观要求　　**表 5-8**

项目			优等品（A）	合格品（B）
尺寸允许偏差（mm）	长度	L	±3	±4
	宽度	B	±1	±2
	高度	H	±1	±2
缺楞掉角	最小尺寸不得大于/mm		0	30
	最大尺寸不得大于/mm		0	70
	大于以上尺寸的缺棱掉角个数，不多于（个）		0	2
裂纹长度	任一面上的裂纹长度不得大于裂纹方向尺寸的		0	1/2
	贯穿一棱二面的裂纹长度不得大于裂纹所在面的裂纹方向尺寸总和的		0	1/3
	大于以上尺寸的裂纹条数，不多于（条）		0	2
爆裂、黏膜和损坏深度不得大于/mm			10	30
平面弯曲			不允许	
表面疏松、层裂			不允许	
表面油污			不允许	

砌块的性能 **表 5-9**

性能			强度级别						
			A1.0	A2.0	A2.5	A3.5	A5.0	A7.5	A10.0
立方体抗压强度值/MPa		平均值	≥1.0	≥2.0	≥2.5	≥3.5	≥5.0	≥7.5	≥10.0
		最小值	≥0.8	≥1.6	≥2.0	≥2.8	≥4.0	≥6.0	≥8.0
砌块的干密度级别		优等品	B03	B04		B05	B06	B07	B08
		合格品			B05	B06	B07	B08	
干燥收缩值	快速法（mm/m）		≤0.8						
	标准法（mm/m）		≤0.5						
抗冻性	质量损失（%）		≤5.0						
	冻后强度（MPa）	优等品(A)	≥0.8	≥1.6	≥2.8	≥4.0	≥6.0	≥8.0	
		合格品(B)			≥2.0	≥2.8	≥4.0	≥6.0	

5.2.2 混凝土空心砌块

1. 主要品种与主规格

混凝土空心砌块的品种及主规格尺寸（与国际通用尺寸相一致）主要有以下几种：

（1）普通混凝土小型空心砌块，其主规格尺寸为 390mm×190mm×190mm。

（2）轻骨料混凝土小型空心砌块，其主规格尺寸为 390mm×190mm×190mm。

（3）混凝土中型空心砌块，其主规格尺寸为 1770mm×790mm×200mm。

2. 普通混凝土小型空心砌块

普通混凝土小型空心砌块，简称混凝土小砌块，是以普通砂岩或重矿渣为粗细骨料配制成的普通混凝土空心率大于等于 25%的小型空心砌块。

（1）规格尺寸

混凝土小砌块的主规格尺寸为390mm×190mm×190mm。一般为单排孔，其形状及各部位名称见图 5-3。也有双排孔的，要求其空心率为 25%～50%。

（2）强度等级及质量等级

混凝土小砌块按抗压强度（MPa）划分为：MU7.5、MU10.0、MU15.0、MU20.0 和 MU25.0 五个强度等级。

按其尺寸偏差和外观质量可分为：优等品(A)、一等品（B）及合格品（C）三个等级。

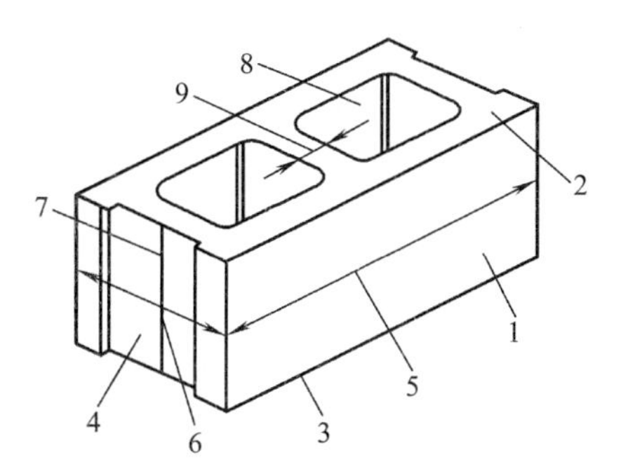

图 5-3 混凝土小砌块示意图

1—条面；2—坐浆面；3—铺浆面；4—顶面；5—长度；6—宽度；7—高度；8—壁；9—肋

（3）主要技术性能及质量指标

混凝土小砌块的质量指标和各项主要技术性能应符合国家标准《普通混凝土小型空心砌块》GB 8239—2014 规定要求。其中：

1）混凝土小砌块的抗压强度应符合表 5-10 的规定。

混凝土小砌块的抗压强度　　单位：MPa　　表 5-10

强度等级	砌块抗压强度	
	平均值≥	单块最小值≥
MU7.5	7.5	6.0
MU10.0	10.0	8.0
MU15.0	15.0	12.0
MU20.0	20.0	16.0
MU25.0	25.0	20.0

2）混凝土小砌块的抗冻性在采暖地区一般环境条件下应达到 D15，干湿交替环境条件下应达到 D25。非采暖地区不规定。其相对含水率应达到：潮湿地区≤45%；中等地区≤40%；干燥地区≤35%。其抗渗性也应满足有关规定。

(4) 用途与使用注意事项

1）用途：混凝土小砌块主要用于各种公用建筑或民用建筑以及工业厂房等建筑的内外体。

2）使用注意事项：

A. 小砌块采用自然养护时，必须养护 28d 后方可使用；

B. 出厂时小砌块的相对含水率必须严格控制在标准规定范围内；

C. 小砌块在施工现场堆放时，必须采取防雨措施；

D. 砌筑前，小砌块不允许浇水预湿。

3. 轻骨料混凝土小型空心砌块

轻骨料混凝土小型空心砌块是以陶粒、膨胀珍珠岩、浮石、火山渣、煤渣以及炉渣等各种轻粗细骨料和水泥按一定比例混合，经搅拌成型、养护而成的空心率大于 25%、体积密度小于 1400kg/m^3 的轻质混凝土小砌块。

(1) 品种与规格

按轻骨料品种分类主要有以下几种：陶粒混凝土空心砌块、珍珠岩混凝土空心砌块、火山渣混凝土空心砌块、浮石混凝土空心砌块、煤矸石混凝土空心砌块、炉渣混凝土空心砌块和粉煤灰陶粒混凝土空心砌块等。

按砌块的排孔数可分为：单排孔轻骨料混凝土空心砌块、双排孔轻骨料混凝土空心砌块和三排及四排孔轻骨料混凝土空心砌块。图 5-4 即为三排孔轻骨料混凝土空心砌块的示意图。

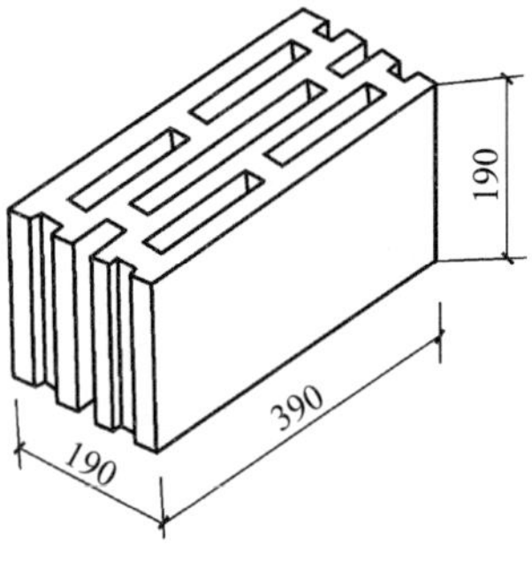

目前，普遍采用的是煤矸石混凝土空心砌块和炉渣混凝土空心砌块。其主规格尺寸为 390mm×190mm×190mm。其他规格尺寸可由供需双方商定。

图 5-4　三排孔轻骨料混凝土空心砌块示意图

(2) 强度等级与质量等级

根据轻骨料混凝土小型空心砌块的抗压强度可分为

MU2.5、MU3.5、MU5.0、MU7.5、MU10.0 五个强度级别。

根据尺寸偏差及外观质量可分为：一等品（B）和合格品（C）两个等级。

（3）主要技术性能和质量指标

轻骨料混凝土小型空心砌块的技术性能及质量指标应符合国家标准《轻集料混凝土小型空心砌块》GB/T 15229—2011 各项指标的要求。

1）轻骨料混凝土小型空心砌块的尺寸允许偏差和外观质量应分别符合国家有关规定；

2）轻骨料混凝土小型空心砌块的密度等级应满足有关规定。强度等级应满足表 5-11 的规定。

其他如相对含水率、抗冻性等也应满足标准规定。

轻骨料混凝土小型空心砌块强度等级 **表 5-11**

强度等级	砌块抗压强度等级 /MPa		密度等级范围
	平均值	最小值	
2.5	≥2.5	≥2.0	≤800
3.5	≥3.5	≥2.8	≤1000
5.0	≥5.0	≥4.0	≤1200
7.5	≥7.5	≥6.0	≤1200[a] ≤1300[b]
10.0	≥10.0	≥8.0	≤1200[a] ≤1400[b]

a. 除自然煤矸石掺量不小于砌块质量 35%以外的其他砌块；

b. 自然煤矸石掺量不小于砌块质量 35%的砌块。

（4）用途

轻骨料混凝土小型空心砌块是一种轻质高强能取代普通黏土砖的最有发展前途的墙体材料之一。主要用于工业与民用建筑的外墙及承重或非承重的内墙。也可用于有保温及承重要求的外墙体。

5.3 轻型墙板

学习目标

掌握轻型墙板的种类、构成；掌握轻型墙板的主要技术性质；掌握轻型墙板的应用要点。

关键概念

隔热、保温；GRC。

轻型墙板是一类新型墙体材料。它改变了墙体砌筑的传统工艺，采用通过粘结、组合等方法进行墙体施工，加快了建筑施工的速度。

轻型墙板除轻质外，还具有保温、隔热、隔声、防水及自承重的性能。有的轻型墙板还具有高强、绝热性能，从而为高层、大跨度建筑及建筑工业实现现代化提供了物质基础。

轻型墙板的种类很多，主要包括石膏板、加气混凝土板、玻璃纤维增强水泥板、石棉水泥板、铝合金板、稻草板、植物纤维板及镀塑钢板等类型。

5.3.1 石膏板

石膏板包括纸面石膏板、纤维石膏板及石膏空心条板三种。

1. 纸面石膏板

纸面石膏板是以建筑石膏为主要原料，并掺入某些纤维和外加剂所组成的芯材，和与芯材牢固地结合在一起的护面纸所组成的建筑板材。主要包括普通纸面石膏板、防火纸面石膏板和防水纸面石膏板三个品种。

根据形状不同，纸面石膏板的板边有矩形（PJ）、45°倒角形（PD）、楔形（PC）、半圆形（PB）和圆形（PY）等五种。

（1）纸面石膏板的规格

纸面石膏板规格尺寸如下（单位为mm）：

长度：1800～3660，基本上是间隔300。即有：1500、1800、2100、2400、2700、3000、3300、3600和3660等。

宽度：600、900、1200和1220。

厚度：9.5、12.0、15.0、18.0、21.0和25.0。

其他规格尺寸的纸面石膏板可由生产厂家根据用户需求生产。

（2）纸面石膏板的特点

纸面石膏板具有轻质、高强、绝热、防火、防水、吸声、可加工、施工方便等特点。

（3）纸面石膏板的主要技术性能及要求

1）纸面石膏板的技术性能应满足表5-12的规定。

纸面石膏板技术性能要求 **表5-12**

项目	板厚/mm	优等品（A）		一等品（B）		合格品（C）	
		平均值	最大（小）值	平均值	最大（小）值	平均值	最大（小）值
单位面积质量/kg·m^{-2}	9	8.5	9.5	9.0	10.0	9.5	10.5
	12	11.5	12.5	12.0	13.0	12.5	13.5
	15	14.5	15.5	15.0	16.0	15.5	16.5
	18	18.5	18.5	18.0	19.0	18.5	19.5

续表

项目		板厚/mm	优等品（A）		一等品（B）		合格品（C）	
			平均值	最大（小）值	平均值	最大（小）值	平均值	最大（小）值
断裂荷载/N	纵向断裂荷载	9	392	(353)	353	(318)	353	(318)
		12	539	(485)	490	(441)	490	(441)
		15	686	(617)	637	(573)	637	(573)
		18	833	(750)	784	(706)	784	(706)
	横向断裂荷载	9	167	(150)	137	(123)	137	(123)
		12	206	(185)	176	(159)	176	(159)
		15	255	(229)	216	(194)	216	(194)
		18	294	(265)	255	(229)	255	(229)
护面纸与石膏心的粘结（以石膏心的裸露面积）/cm^2			不得大于 0		不得大于 0		不得大于 3	
含水率/%			2.0	2.5	2.0	2.5	3.0	3.5

2）外观质量要求。普通纸面石膏板板面需平整，优等品不应有影响使用的波纹、沟槽、污痕和划伤。

3）尺寸允许偏差。普通纸面石膏板尺寸允许偏差值应符合表 5-13 的规定。

纸面石膏板尺寸允许偏差　　单位：mm　　表 5-13

项目	优等品（A）	一等品（B）	合格品（C）
长度	0，−5	0，−6	0，−6
宽度	0，−4	0，−5	0，−6
高度	±0.5	±0.6	±0.8

（4）用途及使用注意事项

普通纸面石膏板适用于建筑物的围护墙、内隔墙和吊顶。在厨房、厕所以及空气相对湿度经常大于 70%的潮湿环境使用时，必须采用相对防潮措施。

防水纸面石膏板纸面经过防水处理，而且石膏芯材也含有防水成分，因而适用于湿度较大的房间墙面。由于它有石膏外墙衬板、耐水石膏衬板两种，可用于卫生间、厨房、浴室等贴瓷砖、金属板、塑料面砖墙的衬板。

2. 纤维石膏板

纤维石膏板是以石膏为主要原料，加入适量有机或无机纤维和外加剂，经打浆、铺浆脱水、成型以及干燥而成的一种板材。

（1）石膏板特点

纤维石膏板具有轻质、高强、耐火、隔声、韧性高等性能，可进行锯、刨、钉及粘等加工，施工方便。

(2) 石膏板的产品规格及用途

纤维石膏板的规格有两大类：

3000mm×1000mm×(6～9)mm 和(2700～3000)mm×800mm×12mm。

纤维石膏板主要用于工业与民用建筑的非承重内墙、顶棚吊顶及内墙贴面等。

5.3.2 蒸压加气混凝土板

蒸压加气混凝土板主要包括蒸压加气混凝土条板和蒸压加气混凝土拼装墙板。

1. 蒸压加气混凝土条板

加气混凝土条板是以水泥、石灰和硅质材料为基本原料，以铝粉为发气剂，配以钢筋网片，经过配料、搅拌、成型和蒸压养护等工艺制成的轻质板材。

(1) 条板的特点

加气混凝土条板具有密度小，防火性和保温性能好，可钉、可锯、容易加工等特点。

(2) 品种与规格

加气混凝土条板按原材料可分为：水泥-石灰-砂加气混凝土条板；水泥-石灰-粉煤灰加气混凝土条板；水泥-矿渣-砂加气混凝土条板三个主要品种。按密度级别可分为05 级和 07 级两个等级。

加气混凝土条板的规格可根据用户需求与生产厂家商定。常用的有如下规格(mm)：

长度：外墙板，代号 JQB 为 1500～1600；隔墙板，代号 JGB，可根据设计需要定。

厚度：外墙板有 150、175、180、200、240、250 等；隔墙板有 75、100、120、125 等。

宽度：多为 600。

(3) 技术性能和质量要求

加气混凝土条板的技术性能及质量要求均应符合《加气混凝土条板墙面抹灰工艺标准》903—1996 的有关规定。

(4) 适用范围

加气混凝土条板主要用于工业与民用建筑的外墙和内隔墙。

2. 蒸压加气混凝土拼装墙板

加气拼装墙板是以加气混凝土条板为主要材料，经条板切锯、粘结和钢筋连接制成的整间外墙板。该墙板具有加气混凝土条板的性能，拼装、安装简便、施工速度快。其规格尺寸可按设计需要进行加工。

墙板拼装有两种形式，一种为组合拼装大板，即小板在拼装台上用方木和螺栓组合锚固成大板；另一种为胶合拼装大板，即板材用粘结力较强的粘结剂粘合，并在板间竖向安置钢筋。

加气混凝土拼装墙板主要应用于大模板体系建筑的外墙。

5.3.3 纤维水泥板

纤维水泥板是以水泥砂浆或净浆作基材，以非连续的短纤维或连续的长纤维作增强材料所组成的一种水泥基复合材料。纤维水泥板包括石棉水泥板、石棉水泥珍珠岩板、玻璃纤维增强水泥板和纤维增强水泥平板等。

1. 玻璃纤维增强水泥板

又称玻璃纤维增强水泥条板。GRC是“Glass Fiber Rinforced Cement（玻璃纤维增强水泥)”的缩写，是一种新型墙体材料，近年来广泛应用于工业与民用建筑中，尤其是在高层建筑物中的内隔墙。该水泥板是用抗碱玻璃纤维作增强材料，以水泥砂浆为胶结材料，经成型、养护而成的一种复合材料。此水泥板具有强度高、韧性好、抗裂性优良等特点，主要用于非承重和半承重构件，可用来制造外墙板、复合外墙板、天花板及永久性模板等。

2. 玻璃纤维增强水泥轻质多孔墙板

GRC（玻璃纤维增强水泥）轻质多孔墙板是我国近年来发展起来的轻质高强的新型建筑材料。GRC轻质多孔墙板板特点是重量轻、强度高，防潮、保温、不燃、隔声、厚度薄，可锯、可钻、可钉、可刨、加工性能良好，原材料来源广，成本低，节省资源。GRC板价格适中，施工简便，安装施工速度快，比砌砖快3～5倍。安装过程中避免了湿作业，改善了施工环境。它的重量约为黏土砖的1/6～1/8，在高层建筑中应用能够大大减轻自重，缩小了基础及主体结构规模，降低了总造价。它的厚度为60～120mm，条板宽度600mm，900mm，房间使用面积可扩大6%～8%（按每间房16m^{2}计)。因而具有较强的市场竞争力。该产品是一种以低碱特种水泥、膨胀珍珠岩、耐碱玻璃涂胶网格布及建材特种胶粘剂与添加剂配比而成的新型（单排圆孔与双排圆孔）轻质隔音隔墙板。生产工艺过程为原材料计量、混合搅拌、成型、养护、切割、起板，经检验合格即可出厂。

GRC轻质墙板分为多孔结构及蜂巢结构，适用于工业与民用建筑非承重结构内墙隔断（在建筑物非承重部位代替黏土砖)。主要用于民用建筑及框架结构的非承重内隔墙，如高层框架结构建筑、公共建筑及居住建筑的非承重隔墙、厨房、浴室、阳台、栏板等。目前国内已大量应用，效果良好，日趋引起国家有关部门、建筑设计施工等单位的高度重视。随着我国建筑业的蓬勃发展，大力发展GRC墙材方兴未艾，具有广阔的市场前景。

(1) 主要技术指标产品规格如下：

1) 产品质量标准：国家标准《玻璃纤维增强水泥轻质多孔隔墙条板》GB/T 19631—2005。

2) 产品规格：长×宽×厚(2500～3500)mm×600mm×(90～120)mm；

(2) 产品主要性能指标：

气干面密度（kg/m^2)——75～95；

抗折破坏荷载（N)——2000～3000；

干缩率（mm/m）——≤0.6；

抗冲击性（次）——≥5；

吊挂力（N）——≥1000。

3. 石棉水泥板

石棉水泥板是用石棉作增强材料，水泥净浆作基材制成的板材。现有平板和半波板两种：按其物理性能又分有一类板、二类板和三类板3类；按其尺寸偏差可分为优等品和合格品两种。其规格品种多，能适应各种需要。

石棉水泥板具有较高的抗拉、抗折强度及防水、耐蚀性能，且锯、钻和钉等加工性能好，干燥状态下还有较高的电绝缘性。主要可作复合外墙板的外层，或作隔墙板、吸声吊顶板、通风板和电绝缘板等。

5.3.4 泰柏板

泰柏板是一种轻质复合墙板，是由三维空间焊接钢丝网架和泡沫塑料（聚苯乙烯）芯组成，而后喷涂或抹水泥砂浆制成的一种轻质板材。泰柏板强度高（有足够的轴向和横向强度）、重量轻（以100mm厚的板材与半砖墙和一砖墙相比，可减少重量54%～76%，从而降低了基础和框架的造价）、不碎裂（抗震性能好以及防水性能好），具有隔热（保温隔热性能佳，优于两砖半墙的保温隔热性能）、隔声、防火、防震、防潮和抗冻等优良性能。适用于民用、商业和工业建筑作墙体、地板及屋面等。钢丝网架聚苯乙烯水泥夹心板（南方称：泰柏板），简称：GJ板。开始是一种从美国引进的新型墙体材料，由于技术性能优良，造价低廉而迅速发展，目前已成为工业发达国家的工业，住宅和商业建筑的主要建筑材料之一。现在我国在消化吸收的基础上，研制出适合我国国情的夹芯板生产机组，有了真正意义上的国产建筑复合夹芯板。

该板可任意裁剪，拼装与连接，两侧铺抹水泥砂浆后，可形成完整的墙板。其表面可作各种装饰面层，可用作各种建筑的内外填充墙，亦可用于房屋加层改造各种异型建筑物，并且可作屋面板使用（跨度3m以内），免做隔热层。采用该墙板可降低工程造价13%以上，增加房屋的使用面积（高层公寓14%，宾馆11%，其他建筑根据设计相应减少）。目前，该产品已大量应用在高层框架加层建筑、农村住宅的围护外墙和轻质隔墙、外墙外保温层及低层建筑的承重墙板等处。在建筑设计与开发商认可后，在市场作用的推动下，由南向北，从东到西依次推开。在短短的十几年间，我国从美国、韩国、奥地利、比利时、希腊等国引进生产技术和设备。同时，自行研制了钢丝网、钢板网和预埋式钢丝网夹芯板生产技术和设备，目前从事生产科研的单位有几百家，年产量为1500万m^2，为推动我国的墙材革新和建筑节能起到了积极作用。

5.4　混凝土大型墙板

学习目标

掌握混凝土大型墙板的种类、构成；掌握混凝土大型墙板的主要规格；掌握混凝土大型墙板的主要用途。

关键概念

预制；饰面幕墙板。

混凝土大型墙板是用混凝土预制的重型墙板，主要用于多、高层现浇的或预制的民用房屋建筑的外墙和单层工业厂房的外墙。此墙板的分类方法很多，但按其材料品种可分为普通混凝土空心墙板、轻骨料混凝土墙板和硅酸盐混凝土墙板；按其表面装饰情况可分为不带饰面的一般混凝土外墙板和带饰面的混凝土幕墙板。

5.4.1　轻骨料混凝土墙板

轻骨料混凝土墙板是用陶粒、浮石、火山渣或自燃煤矸石等轻骨料配制成的全轻或砂轻混凝土，经搅拌、成型和养护而制成的预制混凝土墙板。此墙板按其用途可分为：内墙板和外墙板。因轻骨料混凝土具有保温性能好等特点，且造价较高，在我国主要用作外墙板。

轻骨料混凝土外墙板按其材料品种可分为：

(1) 浮石全轻混凝土外墙板，其规格为3300mm×2900mm×320mm，属民用住宅外墙板。

(2) 页岩陶粒炉下灰混凝土外墙板，其规格为3300mm×2900mm×300mm，属民用住宅外墙板。

(3) 粉煤灰陶粒珍珠岩砂混凝土外墙板，其规格为4480mm×2430mm×220mm，属民用住宅外墙板。

(4) 陶粒混凝土外墙板，其规格为(6000～12000)mm×(1200～1500)mm×(200～230)mm，属工业建筑外墙板。

(5) 浮石全轻混凝土外墙板，其规格为(6000～9000)mm×(1200～1500)mm×(250～300)mm，属工业建筑外墙板。

轻骨料混凝土外墙板主要适用于一般民用住宅建筑的外墙，或工业厂房的外墙。

5.4.2 饰面混凝土幕墙板

饰面混凝土幕墙板，简称幕墙板，是一种带面砖、花岗石或其他装饰材料的预制混凝土外墙板。

幕墙板使用时，是通过连接件安装在建筑物的结构上的，是一种既具有装饰性，又有保温、隔热、坚固耐久、安装方便的整体外墙材料。

幕墙板的种类很多，按饰面材料可分为：面砖饰面幕墙板、花岗石饰面幕墙板和装饰混凝土饰面幕墙板等；按幕墙板的构造分为：单一材料板和复合板两类。

饰面幕墙板采用反打一次成型工艺制作；而装饰混凝土饰面幕墙板则是采用特别制造的衬模反铺于模内，然后浇筑混凝土而成。

幕墙板的规格尺寸根据建筑物的外立面进行分块设计，得出幕墙板的高度和宽度。一般来说，层间板的板高与建筑层高相同，板宽在 4m 以下；横条板的板高为上下窗口之间距，板宽在 6m 以下。其相应板厚有 80、100、140、150、160mm 等。

幕墙板的技术要求应符合有关国家规定标准，其中幕墙板的单位面积板重视板厚而定。如 140mm 普通混凝土单一材料板单位面积板重为 $340kg/m^2$，而轻骨料混凝土单一材料板单位面积板重为 $265kg/m^2$。

饰面混凝土幕墙板主要适用于豪华的、对立面要求高的房屋、高层建筑的外墙体及其他对外饰面有豪华要求的建筑物的外饰面。

墙体改革的发展趋势是：黏土质墙体材料向非粘土质材料发展，实心制品向空心制品发展，小块制品向大中块制品发展，块状制品向板状制品发展，单一墙体向复合墙体发展，重型墙体向轻型墙体发展，现场湿作业向干作业发展。

5.5 砌体材料的检测和验收

学习目标

掌握砌墙砖的检测与验收；掌握混凝土砌块的检测与验收。

关键概念

抗压强度标准差；强度变异系数。

要求：掌握砖的外观质量、强度测定方法，砖强度等级的评定。掌握混凝土砌块的尺寸、外观质量检测方法，混凝土砌块强度的检测和等级的评定。

本节试验采用的标准及规范：

(1)《砌墙砖试验方法》GB/T 2542—2012；
(2)《烧结普通砖》GB 5101—2003；
(3)《烧结多孔砖和多孔砌块》GB 13544—2011；
(4)《混凝土砌块和砖试验方法》GB/T 4111—2013。

5.5.1　烧结普通砖抽样方法及相关规定

砌墙砖检验批的批量，宜在 3.5～15 万块范围内，但不得超过一条生产线的日产量。抽样数量由检验项目确定，必要时可增加适当的备用砖样。有两个以上的检验项目时，非破损检验项目（如外观质量、尺寸偏差、体积密度、空隙率）的砖样，允许在检验后继续用作它项，此时抽样数量可不包括重复使用的样品数。

对检验批中可抽样的砖垛、砖垛中的砖层、砖层中的砖块位置，应各依一定顺序编号。编号不需标志在实体上，只做到明确起点位置和顺序即可。凡需从检验后的样品中继续抽样供它项试验者，在抽样过程中，要按顺序在砖样上写号，作为继续抽样的位置顺序。

根据砖样批中可抽样砖垛数与抽样数，由表 5-14 决定抽样砖垛数和抽样的砖样数量。从检验过的样品中抽样，按所需的抽样数量先从表 5-15 中查出抽样的起点范围及间隔，然后从其规定的范围内确定一个随机数码，即得到抽样起点的位置和抽样间隔并由此实施抽样。抽样数量按表 5-16 执行。

从砖垛中抽样的规则　　表 5-14

抽样数量（块）	可抽样砖垛数（垛）	抽样砖垛数（垛）	垛中抽样数（块）
50	≥250	50	1
	125～250	25	2
	<125	10	5
20	≥100	20	1
	<100	10	2
10 或 5	任意	10 或 5	1

从砖样中抽样的规则　　表 5-15

检验过的砖样数（块）	抽样数量（块）	抽样起点范围	抽样间隔（块）
50	20	1～10	1
	10	1～5	4
	5	1～10	9
20	10	1～2	1
	5	1～4	3

抽样数量表　　表 5-16

序号	检验项目	抽样数量（块）	序号	检验项目	抽样数量（块）
1	外观质量	50($n_1=n_2=50$)	5	石灰爆裂	5
2	尺寸偏差	20	6	吸水率和饱和系数	5
3	强度等级	10	7	冻融	5
4	泛霜	5	8	放射性	4

注：n_1、n_2 代表两次抽样。

抽样过程中不论抽样位置上砖样的质量如何，不允许以任何理由以其他砖样代替。抽取样品后在样品上标志表示检验内容的编号，检验时不允许变更检验内容。

5.5.2 尺寸测量

1. 试验目的

检测砖试样的几何尺寸是否符合标准。

2. 主要仪器设备

砖用卡尺（分度值为 0.5mm）（图 5-5）。

3. 测量方法

砖样的长度和宽度应在砖的两个大面的中间处分别测量 2 个尺寸，高度应在砖的两个条面的中间处分别测量两个尺寸（图 5-6），当被测处缺损或凸出时，可在其旁边测量，但应选择不利的一侧进行测量。

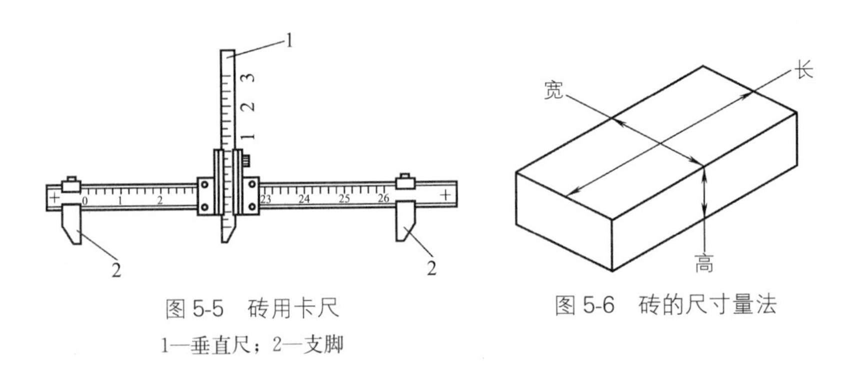

图 5-5　砖用卡尺

1—垂直尺；2—支脚

图 5-6　砖的尺寸量法

4. 结果计算与数据处理

本试验以 5 块砖作为一个样本。结果分别以长度、宽度和高度的平均偏差及极差（最大偏差）值表示，不足 1mm 者按 1mm 计。将结果记录在试验报告中。

5.5.3 外观检查

1. 试验目的

用于检查砖外表的完好程度。

2. 主要仪器设备

砖用卡尺（分度值 0.5mm），钢直尺（分度值 1mm）。

3. 试验方法与步骤

（1）缺损

缺棱掉角在砖上造成的破损程度，以破损部分对长、宽、高三个棱边的投影尺寸来度量，称为破坏尺寸。如图 5-7 所示；缺损造成的破坏面，是指缺损部分对条面、顶面（空心砖为条面、大面）的投影面积如图 5-8 所示；空心砖内壁残缺及肋残缺尺寸，以长度方向的投影尺寸来度量（图中 l 为长度方向投影量；b 为宽度方向的投影量；h 为高度方向的投影量）。

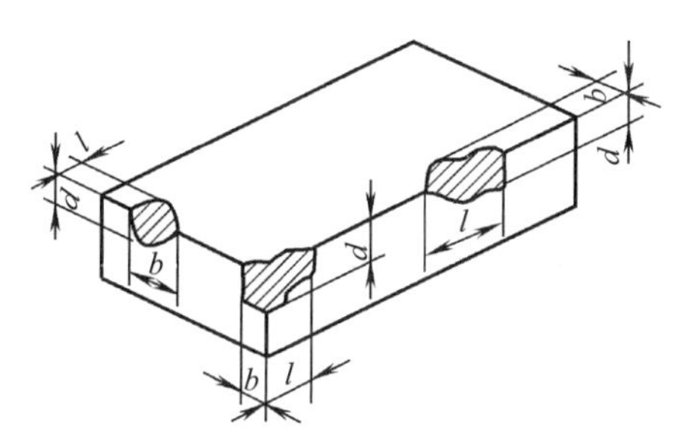

图 5-7　缺棱掉角破坏尺寸量法

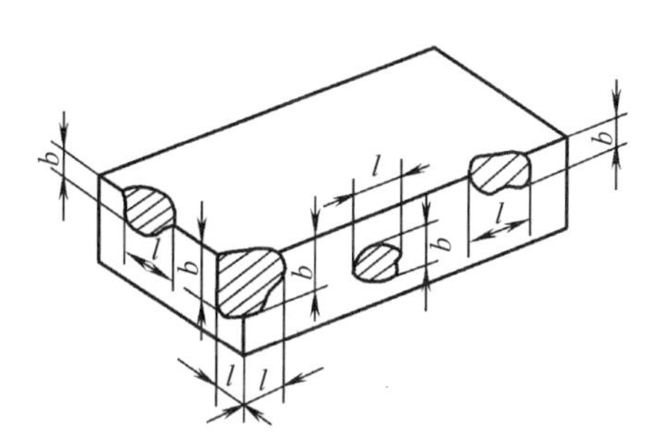

图 5-8　缺损在条、顶面上造成破坏面量法

（2）裂纹

裂纹分为长度方向、宽度方向和高度方向三种，以被测方向上的投影长度表示。如果裂纹从一个面延伸至其他面上时，则累计其延伸的投影长度，如图 5-9 所示；多孔砖的孔洞与裂纹相通时。则将孔洞包括在裂纹内一并测量，如图 5-10 所示。裂纹长度以在三个方向上分别测得的最长裂纹作为测量结果。

（3）弯曲

分别在大面和条面上测量，测量时将砖用卡尺的两支脚沿棱边两端放置，择其弯曲最大处将垂直尺推至砖面，如图 5-11 所示。但不应将因杂质或碰伤造成的凹陷计算在内。以弯曲测量中测得的较大者作为测量结果。

（4）砖杂质凸出高度量法　杂质在砖面上造成的凸出高度，以杂质距砖面的最大距离表示。测量时将专用卡尺的两支脚置于杂质凸出部分两侧的砖平面上，以垂直尺测量（图 5-12）。

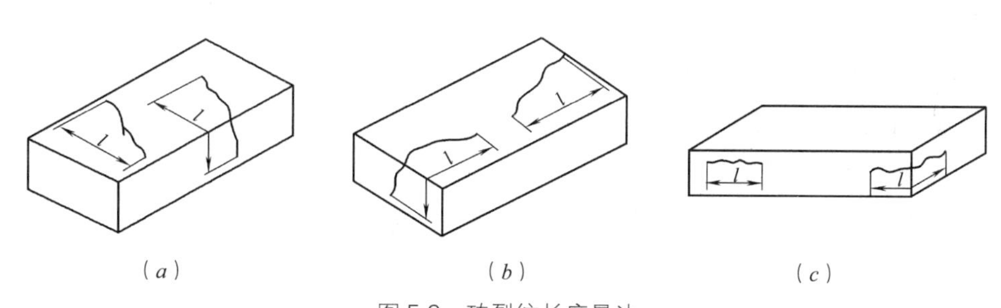

图 5-9　砖裂纹长度量法

（*a*）长度方向延伸；（*b*）宽度方向延伸；（*c*）高度方向延伸

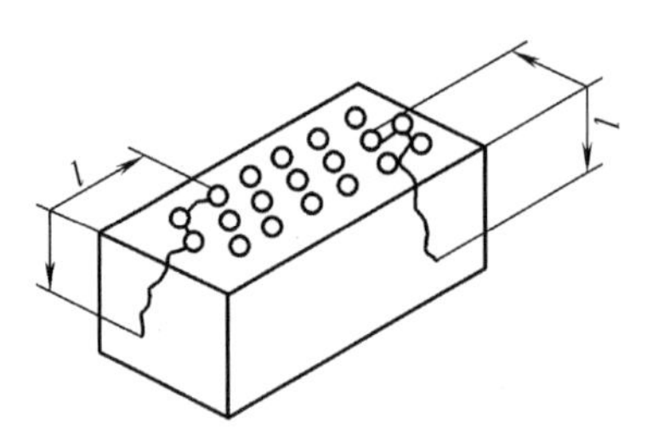

图 5-10　多孔砖裂纹通过孔洞时的尺寸量法

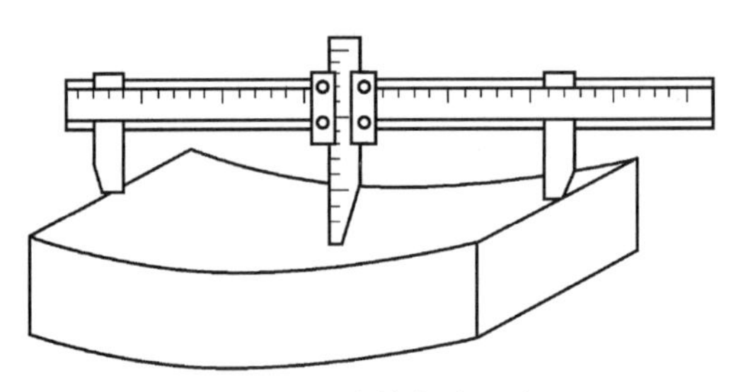

图 5-11　砖的弯曲量法

4. 结果计算与数据处理

本试验以 5 块砖作为一个样本。外观测量以毫米为单位，不足 1mm 者均按 1mm 计。将测试值的最大值及主观评定为结果记录在试验报告中。

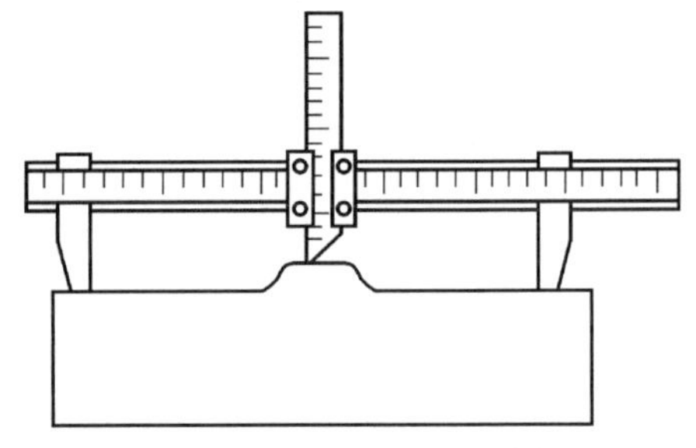

图 5-12　杂质凸出高度量法

5.5.4　砖的抗折强度测试

1. 试验目的

掌握普通砖抗折、压强度试验方法，并通过测定砖的抗折、压强度，确定砖的强度等级。

2. 主要仪器设备

(1) 压力试验机 (300～600kN)。试验机的示值相对误差不大于±1%，预期最大荷载应在最大量程的 20%～80%之间。

(2) 砖瓦抗折试验机（或抗折夹具）。抗折试验的加荷形式为三点加荷，其上下压辊的曲率半径为 15mm，下支辊应有一个为铰支固定。

(3) 抗压试件制备平台。其表面必须平整水平，可用金属或其他材料制作。

(4) 锯砖机、水平尺（规格为 250～350mm)、钢直尺（分度值为 1mm)、抹刀、玻璃板（边长为 160mm，厚 3～5mm）等。

3. 试样准备

试样数量及处理：烧结砖和蒸压灰砂砖为 5 块，其他砖为 10 块。蒸压灰砂砖应放在温度为 20℃±5℃的水中浸泡 24h 后取出，用湿布拭去其表面水分进行抗折强度试验。粉煤灰砖和炉渣砖在养护结束后 24～36h 内进行试验，烧结砖不需浸水及其他处理，直接进行试验。

4. 试验方法与步骤

(1) 按尺寸测量的规定，测量试样的宽度和高度尺寸各 2 个。分别取其算术平均值（精确至 1mm)。

(2) 调整抗折夹具下支辊的跨距为砖规格长度减去 40mm。但规格长度为 190mm 的砖样其跨距为 160mm。

（3）将试样大面平放在下支辊上，试样两端面与下支辊的距离应相同。当试样有裂纹或凹陷时，应使有裂纹或凹陷的大面朝下放置，以 50～150N/s 的速度均匀加荷，直至试样断裂，在试验报告册表 7-3 中记录最大破坏荷载 P。

5. 结果计算与数据处理

（1）每块多孔砖试样的抗折荷重以最大破坏荷载乘以换算系数计算（精确到 0.1kN）。其他品种每块砖样的抗折强度 f_c 按式（5-4）计算（精确至 0.1MPa）。

$$f_c=\frac{3PL}{2bh^2} \tag{5-4}$$

式中　f_c——砖样试块的抗折强度，MPa；

P——最大破坏荷载，N；

L——跨距，mm；

b——试样宽度，mm；

h——试样高度，mm。

（2）测试结果以试样抗折强度的算术平均值和单块最小值表示（精确至 0.1MPa）。将试验结果填入试验报告中。

5.5.5　砖的抗压强度测试

试验目的与主要仪器设备与抗折强度测试相同。

1. 试样制备

试样数量：蒸压灰砂砖为 5 块，烧结普通砖、烧结多孔砖和其他砖为 10 块（空心砖大面和条面抗压各 5 块）。非烧结砖也可用抗折强度测试后的试样作为抗压强度试样。

（1）烧结普通砖、非烧结砖的试件制备：将试样切断或锯成两个半截砖，断开后的半截砖长不得小于 100mm，如图 5-13 所示。在试样制备平台上将已断开的半截砖放入室温的净水中浸 10～20min 后取出，并使断口以相反方向叠放，两者中间抹以厚度不超过 5mm 的水泥净浆粘结，上下两面用厚度不超过 3mm 的同种水泥浆抹平。水泥浆用 32.5 或 42.5 强度等级普通硅酸盐水泥调制，稠度要适宜。制成的试件上、下两面须相互平行，并垂直于侧面，如图 5-14 所示。

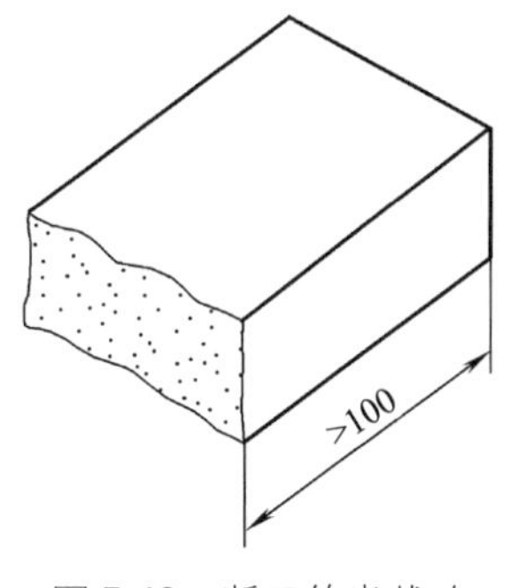

图 5-13　断开的半截砖

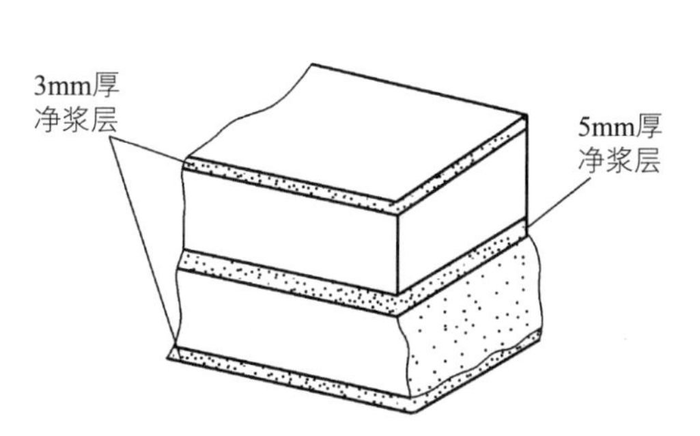

图 5-14　砖的抗压试件

(2) 多孔砖、空心砖的试件制备：多孔砖以单块整砖沿竖孔方向加压。空心砖以单块整砖沿大面和条面方向分别加压。试件制作采用坐浆法操作。即用一块玻璃板置于水平的试件制备平台上，其上铺一张湿的垫纸，纸上铺一层厚度不超过 5mm，用 32.5 或 42.5 强度等级普通硅酸盐水泥制成的稠度适宜的水泥净浆，再将经水中浸泡 10～20min 的多孔砖试样平稳地将受压面坐放在水泥浆上，在另一受压面上稍加压力，使整个水泥层与砖的受压面相互粘结，砖的侧面应垂直于玻璃板。待水泥浆适当凝固后，连同玻璃板翻放在另一铺纸放浆的玻璃板上，再进行坐浆，并用水平尺校正上玻璃板，使之水平。

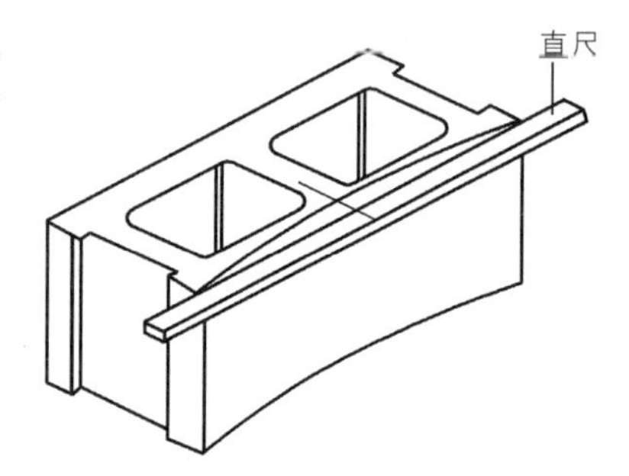

图 5-15　弯曲测量法

制成的抹面试件应置于温度不低于 10℃的不通风室内养护 3d，再进行强度测试。非烧结砖不需要养护，可直接进行测试。如图 5-15 所示。

2. 试验方法与步骤

测量每个试件连接面或受压面的长、宽尺寸各 2 个，分别取其平均值（精确至 1mm）。将试件平放在加压板的中央，垂直于受压面加荷，加荷过程应均匀平稳，不得发生冲击或振动，加荷速度以 4kN/s 为宜。直至试件破坏为止，在试验报告中记录最大破坏荷载 P。

3. 结果计算与数据处理

(1) 结果计算：每块试样的抗压强度 f_p 按式（5-5）计算（精确至 0.1MPa）。

$$f_p = \frac{P}{Lb} \tag{5-5}$$

式中　f_p——砖样试件的抗压强度，MPa；

P——最大破坏荷载，N；

L——试件受压面（连接面）的长度，mm；

b——试件受压面（连接面）的宽度，mm。

(2) 结果评定

1) 试验后抗折和抗压按以下两式分别计算出强度变异系数、标准差 S。

$$\delta = \frac{S}{\bar{f}} \tag{5-6}$$

$$S = \sqrt{\frac{1}{9}\sum_{i=1}^{10}(f_i - \bar{f})^2} \tag{5-7}$$

式中　δ——砖强度变异系数，精确至 0.01；

S——10 块试样的抗压强度标准差，MPa，精确至 0.01；

$\bar{f}$——10 块试样的抗压强度平均值，MPa，精确至 0.01；

f_i——单块试样抗压强度测定值，MPa，精确至 0.01。

2) 当变异系数 $\delta \leqslant 0.21$ 时，按抗压强度平均值 $\bar{f}$、强度标准值 f_k 指标评定砖的强度等级。样本量 $n=10$ 时的强度标准值按下式计算。

$$f_k=\bar{f}-1.8S \tag{5-8}$$

式中 f_k——强度标准值，MPa，精确至0.1。

3）当变异系数>0.21时，按抗压强度平均值$\bar{f}$、单块最小抗压强度值 f_{min} 指标评定砖的强度等级。

（3）将上述结果记录在试验报告中。

5.5.6 混凝土小型砌块尺寸测量和外观质量检查

1. 普通混凝土小型空心砌块的取样

以用同一种原材料配成同强度等级的混凝土，用同一种工艺制成的同等级的1万块为一批，砌块数量不足1万块时亦为一批。由外观合格的样品中随机抽取5块作抗压强度检验。

2. 试验目的

掌握混凝土小型空心砌块的尺寸和外观的试验方法。

3. 主要仪器设备

量具：钢直尺或钢卷尺，分度值为1mm。

4. 试验方法与步骤

（1）尺寸测量

1）长度在条面的中间，宽度在顶面的中间，高度在顶面的中间测量。每项在对应两面各测一次，精确至1mm。

2）壁、肋厚在最小部位测量，每选两处各测一次，精确至1mm。

（2）外观质量检查

1）弯曲测量：将直尺贴靠坐浆面、铺浆面和条面，测量直尺与试件之间的最大间距（见图5-15），精确至1mm。

2）缺棱掉角检查：将直尺贴靠棱边，测量缺棱掉角在长、宽、高度三个方向的

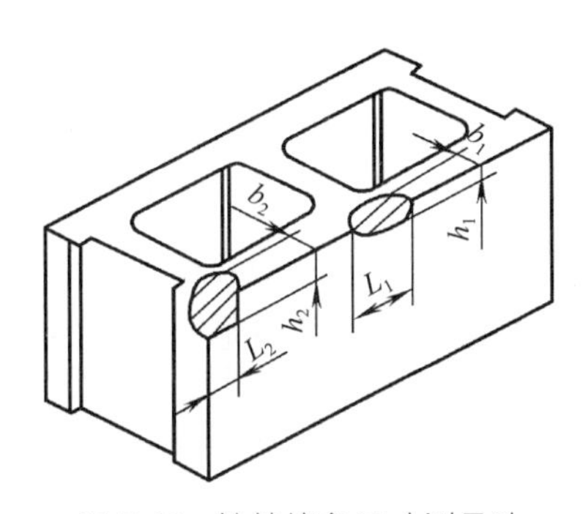

图5-16 缺棱掉角尺寸测量法
L—缺棱掉角在长度方向的投影尺寸；
b—缺棱掉角在宽度方向的投影尺寸；
h—缺棱掉角在高度方向的投影尺寸

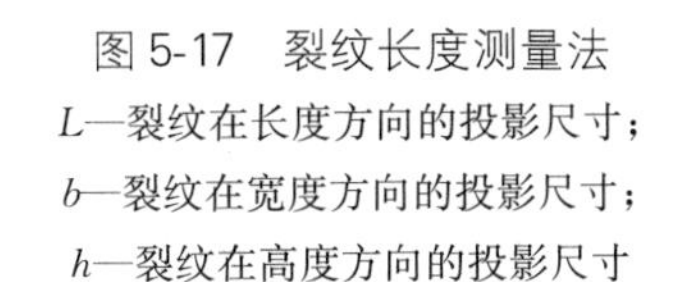

图5-17 裂纹长度测量法
L—裂纹在长度方向的投影尺寸；
b—裂纹在宽度方向的投影尺寸；
h—裂纹在高度方向的投影尺寸

投影尺寸（见图 5-16），精确至 1mm。

3）裂纹检查：用钢直尺测量裂纹在所在面上的最大投影尺寸（如图 5-17 中的 L_2 或 h_3），如裂纹由一个面延伸到另一个面时，则累计其延伸的投影尺寸（如图 5-17 中的 b_1+h_1），精确至 1mm。

5. 结果计算与数据处理

（1）试件的尺寸偏差以实际测量的长度、宽度和高度与规定尺寸的差值表示。

（2）弯曲、缺棱掉角和裂纹长度的测量结果以最大测量值表示。

（3）将结果记录在试验报告中。

5.5.7 混凝土小型砌块抗压强度试验

1. 试验目的

掌握混凝土小型空心砌块的抗折、压强度试验方法，并通过测定小型空心砌块抗折、抗压强度，确定砌块的强度等级。

2. 主要仪器设备

（1）材料试验机：示值误差应不大于 2%，其量程选择应能使试件的预期破坏荷载落在满量程的 20%～80%。

（2）钢板：厚度不小于 10mm，平面尺寸应大于 440mm×240mm。钢板的一面需平整，精度要求在长度方向范围内的平面度不大于 0.1mm。

（3）玻璃平板：厚度不小于 6mm，平面尺寸与钢板的要求同。

（4）水平尺。

3. 试样制备

（1）试件数量为 5 个砌块。

（2）处理试件的坐浆面和铺浆面，使之成为互相平行的平面。将钢板置于稳固的底座上，平整面向上，用水平尺调至水平。在钢板上先薄薄地涂一层机油，或铺一层湿纸，然后平铺一层 1∶2 的水泥砂浆（强度等级 32.5 级以上，普通硅酸盐水泥；细砂，加入适量的水），将试件的坐浆面湿润后平稳地压入砂浆层内，使砂浆层尽可能均匀，厚度为 3～5mm。将多余的砂浆沿试件棱边刮掉，静置 24h 以后，再按上述方法处理试件的铺浆面。为使两面能彼此平行，在处理铺浆面时，应将水平尺置于现已向上的坐浆面上调至水平。在温度 10℃以上不通风的室内养护 3d 后做抗压强度试验。

（3）为缩短时间，也可在坐浆面砂浆层处理后，不经静置立即在向上的铺浆面上铺一层砂浆、压上事先涂油的玻璃平板，边压边观察砂浆层，将气泡全部排除，并用水平尺调至水平，直至砂浆层平而均匀，厚度达 3～5mm。

4. 试验方法与步骤

（1）按前面所述的方法测量每个试件的长度和宽度，分别求出各个方向的平均值，精确至 1mm。

（2）将试件置于试验机承压板上，使试件的轴线与试验机压板的压力中心重合，以 10～30kN/s 的速度加荷，直至试件破坏。在试验报告中记录最大破坏荷载 P。

若试验机压板不足以覆盖试件受压面时，可在试件的上、下承压面加辅助钢压板。辅助钢压板的表面光洁度应与试验机原压板同，其厚度至少为原压板边至辅助钢压板最远角距离的1/3。

5. 结果计算与数据处理

(1) 每个试件的抗压强度按式 (5-9) 计算，精确至0.1MPa。

$$f_q=\frac{P}{LB} \tag{5-9}$$

式中　f_q——试件的抗压强度，MPa；

P——破坏荷载，N；

L——受压面的长度，mm；

B——受压面的宽度，mm。

(2) 试验结果以5个试件抗压强度的算术平均值和单块最小值表示，精确至0.1MPa。

(3) 将上述结果记录在试验报告中。

5.5.8　混凝土小型砌块抗折强度试验

试验目的与抗压强度试验相同。

1. 主要仪器设备

(1) 材料试验机的技术要求同抗压强度试验。

(2) 钢棒：直径35～40mm，长度210mm，数量为3根。

(3) 抗折支座：由安放在底板上的两根钢棒组成，其中至少有一根是可以自由滚动的 (见图5-18)。

2. 试样制备

试件数量、尺寸测量及试件表面处理同抗压强度试验进行。表面处理后应将试件孔洞处的砂浆层打掉。

3. 试验方法与步骤

(1) 将抗折支座置于材料试验机承压板上，调整钢棒轴线间的距离，使其等于试件长度减一个坐浆面处的肋厚，再使抗折支座的中线与试验机压板的压力中心重合。

(2) 将试件的坐浆面置于抗折支座上。

(3) 在试件的上部1/2长度处放置一根钢棒 (图5-18)。

(4) 以250N/s的速度加荷直至试件破坏。在试验报告中记录最大破坏荷载 P。

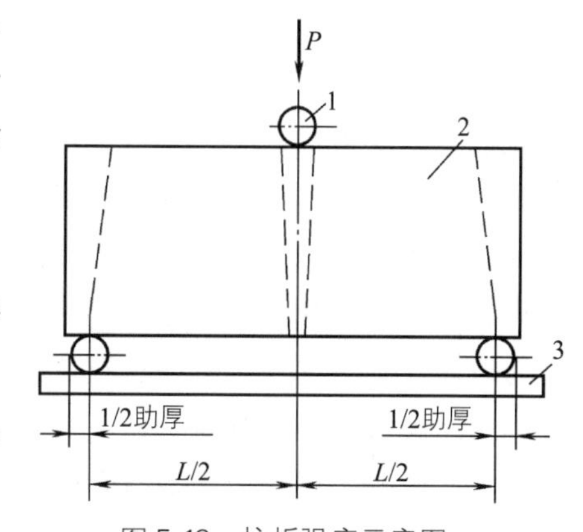

图5-18　抗折强度示意图

1—钢棒；2—试件；3—抗折支座

4. 结果计算与数据处理

(1) 每个试件的抗折强度按式 (5-10) 计

算，精确至0.1MPa。

$$f_z=\frac{3PL}{2BH^2} \tag{5-10}$$

式中 f_z——试件的抗折强度，MPa；

P——破坏荷载，N；

L——抗折支座上两钢棒轴心间距，mm；

B——试件宽度，mm；

H——试件高度，mm。

(2) 试验结果以5个试件抗压强度的算术平均值和单块最小值表示，精确至0.1MPa。

(3) 将上述结果记录在试验报告中。

5.5.9 砌筑材料的见证送样

见证送样必须逐项填写检验委托单中的内容，如委托单位、建设单位、施工单位、工程名称、工程部位、见证单位、见证人、送样人、送样日期、砖和砌块类别、生产厂家、强度等级、密度等级、质量等级、规格、样品数量、代表数量、样品状态、检测项目、执行标准等。

单元小结

砌体材料是房屋建筑材料中的重要部分，因为它是组成建筑围护结构的基本材料。由于其原材料来源广泛、价格便宜、耐久性和热工性能良好、施工简单，因而具有很强的生命力，从古老的砖、石砌体逐渐发展为现代的空心砌块砌体、配筋砌体、墙板体系，是历史悠久、使用量大而又普遍的一种建筑结构材料。随着建筑材料科学的发展，以及节约能源、节省土地资源的需要，近些年来在砌体材料方面涌现了各种材质的各具特色的板材、块材。在砌体材料中，首先要改变以黏土实心砖为主导地位的状况，这就要大力发展一些生产能耗低，节省土地资源而保温、隔热性能好的砌体材料，诸如：多孔砖、空心砖、混凝土小型空心砌块、利用各种工业废渣生产的空心砖与砌块、加气混凝土砌块和石膏砌块等。在本章中，除了对于砌体材料的分类、强度等级及参数等相关基本知识进行了简要的介绍外，重点介绍了各种砌体材料，如多孔砖、空心砖、混凝土小型空心砌块、加气混凝土砌块等产品的品种、规格和性能以及检测和应用的相关内容，通过本章的学习你将能够对砌体材料的总体知识得到较大提升。

练习题

一、基础题

（一）名词解释

烧结普通砖、烧结多孔砖、烧结空心砖、石灰爆裂、蒸压灰砂砖、蒸压粉煤灰砖

（二）是非题

1. 烧结普通砖吸水率较大，砌筑前应先浇水润湿。(　　)
2. 烧结普通砖烧制的越密实越好。(　　)
3. 烧结空心砖强度低，主要用于六层以下建筑物的承重墙。(　　)
4. 烧结多孔砖由于含有大量的孔洞，因此不适用于承重墙。(　　)
5. 烧结普通砖的强度等级是按抗折强度来划分的。(　　)
6. 烧结空心砖（孔洞率大于35%），主要用来砌筑承重墙。(　　)

（三）填空题

1. 烧结普通砖的标准尺寸为________mm，其强度等级有________________。
2. 在房屋建筑中，墙体起着________、________和________的作用。
3. 烧结普通砖按使用的原料不同，可分为__________、__________、____________、__________等几种。
4. 砌块有实心与________之分。按原材料不同，砌块可分为__________、________、________、________等。
5. 空心砖和多孔砖因具有______和______等优点，故宜用做框架结构填充墙体材料。
6. 灰砂砖和粉煤灰砖的性能与________比较相近，基本上可以相互替代使用。
7. 烧结普通砖标准尺寸是______，加灰缝厚度10mm，$1m^3$用砖______块。
8. 黏土砖在砌筑墙体前要浇水湿润的主要目的是为了________。
9. 过火砖与欠火砖相比，表观密度________，颜色________，抗压强度________。
10. 烧结普通砖的强度等级是根据______来确定的。
11. 砌筑有保温要求的非承重墙体时，宜选用________。
12. 240mm厚的实心墙每$1m^2$需用砖__________块。

(四) 问答题

1. 烧结多孔砖和烧结空心砖有何区别？推广应用多孔砖、空心砖有何意义？
2. 按材质不同，墙用砌块有哪几类？
3. 什么是蒸压灰砂砖、蒸压粉煤灰砖？它们的主要用途是什么？
4. 试述粉煤灰砌块、加气混凝土砌块的主要技术性能、应用范围及使用中应注意的事项。

二、应用题

1. 烧结普通砖有哪几个强度等级？其强度等级是如何确定的？
2. 下列几组烧结普通砖试块，养护 3 天后进行抗压强度试验，测得的抗压强度(MPa) 如下，试评定各组的强度等级。

   ① 16.76、29.12、32.63、15.31、33.06、21.60、18.67、23.60、24.82、23.54；

   ② 25.30、21.12、25.02、17.49、20.54、16.22、18.53、22.75、17.69、22.04。

单元课业

课业名称：完成砌体材料性能检测报告

学生姓名：

自评成绩：

任课教师：

时间安排：安排在开课 8～10 周后，用 3 天时间完成。

开始时间：

截止时间：

一、课业说明

本课业是为了完成砌体材料的制样、性能检测等全套工作而制定的。根据“砌体建筑材料检测与应用”的能力要求，需要根据砌体材料的检查验收规范，正确实施砌体材料性能检测。包括进行砌体材料检测，编制、填写检测报告，依据检测报告提出实施意见。

二、背景知识

教材：单元 5　砌体建筑材料检测与应用

5.1　烧结砖和非烧结砖

5.2　混凝土砌块

5.5　砌体材料的检测和验收

根据所学内容和要求，查阅砌体材料性能检测标准和规范，编写砌体材料性能检测表格，检测步骤，经指导教师审核后，进行砌体材料试样制作、性能检测试验，填写检测报告，就各项指标，评定试验用砌体材料是否符合标准要求。

三、任务内容

包括：砌体材料标准、规范查阅，标准和规范中各项技术指标及其检测方法的正确解读，制定砌体材料性能检测表格和检测步骤，编制检测报告，实施砌体材料试样制作，进行相关的检测，填写检测报告，评定砌体材料的实施结果。

小组任务：

全班可分若干个小组，每组 5～6 名成员，集体协商，分工负责，群策群力，搞好课业工作。

组内每个成员的任务：

每个人都必须在自己的课业中完成以下方面的内容：

1. 查阅砌体材料性能检测标准和规范，并且要求是最新颁布实施。
2. 根据标准和规范制定砌体材料性能检测表格和检测方法、步骤。
3. 进行砌体材料试样制作试验。
4. 进行各项技术指标实验，填写检测报告。

四、课业要求

具体完成时间、上交时间、上交地点、是否打印及格式等，让学生自己制订计划表上交。

完成时间：

上交时间：

打　　印：A4 纸打印。

五、试验报告参考样本

砌体材料性能测试报告

一、试验内容

二、主要仪器设备及规格型号

三、试验记录

（一）黏土砖尺寸测量

试验日期：__________气温/室温：__________湿度：__________

试样名称：__________试样产地：__________

黏土砖尺寸测量记录表　　表 5-17

公称尺寸/mm		尺寸偏差±（标明正负值）					试样平均偏差/mm	试样极差/mm
		1	2	3	4	5		
	长$_1$							
	长$_2$							
	宽$_1$							
	宽$_2$							
	高$_1$							
	高$_2$							

结果评定：

根据国家规定，该批黏土砖尺寸偏差属于：__________（优等、一等、合格品）。

（二）黏土砖外观检查

试验日期：__________气温/室温：__________湿度：__________

黏土砖外观测量及主观评定记录表　　表 5-18

项　目		测量值及主观评定值
两条面高度差		
弯　曲		
杂质凸出高度		
缺棱掉角的三个破坏尺寸		
裂纹长度	a. 大面上宽度方向及其延伸至条面的长度	
	b. 大面上长度方向及其延伸至顶面的长度或条面顶面上水平裂纹的长度	
完整面		
颜　色		

结果评定：

根据国家规定，该批黏土砖的外观质量为：__________（优等、一等、合格品）。

(三)黏土砖抗折强度测试

试验日期：__________ 气温 / 室温：__________ 湿度：__________

试样名称：__________ 试样产地：__________

黏土砖抗折强度记录表　　表 5-19

试件编号	试样尺寸 /mm			最大破坏荷载 P/N	抗折强度 f_c/MPa	抗折强度平均值 /MPa	单块抗折强度最小值 /MPa
	宽度 b	高度 h	支点距离 L				
1							
2							
3							
4							
5							

(四)黏土砖抗压强度测试

试验日期：__________ 气温 / 室温：__________ 湿度：__________

黏土砖抗压强度记录表　　表 5-20

试件编号	试样尺寸 /mm		受压面积 /mm²	最大破坏荷载 P/N	抗压强度 f_P/MPa	抗压强度平均值 $\bar{f}$/MPa	单块抗压强度最小值 f_{min}/MPa	强度标准值 f_k/MPa
	长度 L	宽度 b						
1								
2								
3								
4								
5								
6								
7								
8								
9								
10								

注：表中强度标准差和变异系数计算公式为 $S=\sqrt{\frac{1}{9}\sum_{i=1}^{10}(f_1-\bar{f})^2}$，$\delta=\frac{S}{\bar{f}}$

结果评定

根据国家规定，该批黏土砖强度等级为：__________

(五)混凝土小型砌块尺寸测量及外观检查

试验日期：__________ 气温 / 室温：__________ 湿度：__________

试样名称：__________ 试样产地：__________

混凝土小型砌块尺寸测量及外观检查记录表　　表 5-21

项目名称				测量值及主观评定值
长度公称尺寸 /mm		长度差平均值 /mm		
宽度公称尺寸 /mm		宽度差平均值 /mm		
高度公称尺寸 /mm		高度差平均值 /mm		

续表

项目名称	测量值及主观评定值
缺棱掉角的个数	
缺棱掉角方向的最小尺寸	
裂纹长度延伸投影的累积尺寸	

结果评定：

根据国家规定，该批混凝土小型砌块的尺寸及外观评定为：__________。

（六）混凝土小型砌块抗压强度测试

试验日期：__________ 气温 /室温：__________ 湿度：__________

混凝土小型砌块抗压强度记录表　　表 5-22

试件编号	试样尺寸 /mm		受压面积 /mm²	最大荷载 /N	抗压强度 /MPa	抗压强度平均值 /MPa	强度标准值 /MPa
	宽度 B	长度 L					
1							
2							
3							
4							
5							

（七）混凝土小型砌块抗折强度测试

混凝土小型砌块抗折强度记录表　　表 5-23

试件编号	试样尺寸 /mm			最大破坏荷载 /N	抗折强度 f_z /MPa	抗折强度平均值 /MPa	单块抗折强度最小值 /MPa
	宽度 B	高度 H	支点距离 L				
1							
2							
3							
4							
5							

结果评定：

根据国家规定，该批混凝土小型砌块的强度等级为：__________。

四、试验小结

六、评价

评价内容与标准

技　能	评价内容	评价标准
查阅砌体材料相关标准规范	1. 查阅规范准确、可靠、实用 2. 能够迅速、准确、及时的查阅跟踪标准	1. 规范要新，不能过时、失效 2. 跟踪标准是主标准的必要补充
制定砌体材料性能检测表格和检测方法、步骤	砌体材料性能检测表格规范、正确，检测方法合理、实用、可行	能够正确规范地编制砌体材料性能检测表格，准确、无误地确定检测性能指标
编制检测报告	报告形式简洁、规范、明晰	报告内容、格式一目了然，版面均衡
进行各项技术性能实验，填写检测报告	实验正确、报告规范	操作仪器正确，检测数据准确，填写报告精确

能力的评定等级

4	C. 能高质、高效地完成此项技能的全部内容，并能指导他人完成 B. 能高质、高效地完成此项技能的全部内容，并能解决遇到的特殊问题 A. 能高质、高效地完成此项技能的全部内容
3	能圆满完成此项技能的全部内容，并不需任何指导
2	能完成此项技能的全部内容，但偶尔需要帮助和指导
1	能完成此项技能的部分内容，但须在现场的指导下，能完成此项技能的全部内容

课业成绩评定

教师评语及改进意见	学生对课业成绩的反馈意见

注：不合格：不能达到3级。　　合格：全部项目都能达到3级水平。
良好：60%项目能达到4级水平。　　优秀：80%项目能达到4级水平。

单元6

金属材料的检测与应用

引　言

金属材料具有强度高、密度大、易于加工、导热和导电性良好等特点，可制成各种铸件和型材、能焊接或铆接、便于装配和机械化施工。因此，金属材料广泛应用于铁路、桥梁、房屋建筑等各种工程中，是主要的建筑材料之一。尤其是近年来，高层和大跨度结构迅速发展，金属材料在建筑工程中的应用越来越多。

用于建筑工程中的金属材料主要有建筑钢材、铝合金和不锈钢。尤其是建筑钢材，作为结构材料具有优异的力学性质，它具有较高的强度，良好的塑性和韧性，材质均匀，性能可靠，具有承受冲击和振动荷载的能力，可切割、焊接、铆接或螺栓连接，因此在建筑工程中得到广泛的应用。

本章主要介绍金属材料的分类、技术性质、性能检测及应用等方面的知识。

学习目标

通过本章的学习你将能够：

掌握金属材料的分类、组成和用途；

掌握建筑钢材的技术指标及相应的检测方法；

了解化学成分对金属材料性能的影响；

了解钢材冷加工与热处理对钢材性能的影响；

了解金属材料的技术要求与选用。

6.1　钢的冶炼及钢的分类

学习目标

钢的组成和性能特点；钢材的分类。

关键概念

生铁；炼钢。

6.1.1　钢的冶炼

钢是由生铁冶炼而成。生铁是由铁矿石、熔剂（石灰石）、燃料（焦炭）在高炉中经过还原反应和造渣反应而得到的一种铁碳合金。其中碳、磷和硫等杂质的含量较高。生铁脆、强度低、塑性和韧性差，不能用焊接、锻造、轧制等方法加工。

炼钢的过程是把熔融的生铁进行氧化，使碳含量降低到预定的范围，其他杂质降低到允许范围。在理论上凡含碳量在2%以下，含有害杂质较少的铁、碳合金可称为钢。在炼钢的过程中，采用的炼钢方法不同，除掉杂质的速度就不同，所得钢的质量也有差别。目前国内主要有转炉炼钢法、平炉炼钢法和电炉炼钢法三种炼钢方法。

转炉炼钢法以熔融的铁水为原料，不需燃料，由转炉底部或侧面吹入高压热空气，使铁水中的杂质在空气中氧化，从而除去杂质。空气转炉钢的缺点是吹炼时容易混入空气中氮、氢等杂质，同时熔炼时间短，杂质含量不易控制，因此，质量差，国内已不采用。采用以纯氧代替空气吹入炉内的纯氧顶吹转炉炼钢法，克服了空气转炉法的一些缺点，能有效地除去磷、硫等杂质，使钢的质量明显提高。

平炉炼钢法以固体或液体生铁、铁矿石或废钢为原料，用煤气或重油作燃料在平炉中进行冶炼，杂质是靠与铁矿石、废钢中的氧或吹入的氧作用而除去的。由于熔炼时间长，杂质含量控制精确，清除较彻底，钢材的质量好，化学成分稳定（偏析度小），力学性能可靠，用途广泛。但成本较转炉钢高，冶炼周期长。

电炉炼钢法以电为能源迅速加热生铁或废钢原料。此种方法熔炼温度高，温度可自由调节，清除杂质容易。因此，电炉钢的质量最好，但成本高。主要用于冶炼优质碳素钢及特殊合金钢。

在冶炼过程中，由于氧化作用时部分铁被氧化，钢在熔炼过程中不可避免有部分氧化铁残留在钢水中，降低了钢的质量。因此在炼钢后期精炼时，需在炉内或钢包中加入脱氧剂（锰(Mn)、硅(Si)、铝(Al)、钛(Ti)）进行脱氧处理，使氧化铁还原为金属铁。钢水经脱氧后才能浇铸成钢锭，轧制成各种钢材。

根据脱氧方法和脱氧程度的不同，钢材可分为：沸腾钢（F）、镇静钢（Z）、半镇静钢（b）和特殊镇静钢（TZ）。

沸腾钢是一种脱氧不完全的钢，一般在钢锭模中，钢水中的氧和碳作用生成一氧化碳，产生大量一氧化碳气体，引起钢水沸腾，故称沸腾钢。钢中加入锰铁和少量的铝作为脱氧剂，冷却快，有些有害气体来不及逸出，钢的结构不均匀，晶粒粗细不一，质地差，偏析度大，但表面平整清洁，生产效率高，成本低。

镇静钢除采用锰（Mn）脱氧外，再加入硅铁和铝进行完全脱氧，在浇筑和凝固过程中，钢水呈静止状态，故称镇静钢。冷却较慢，当凝固时碳和氧之间不发生反应，各种有害物质易于逸出，品质较纯，结构均匀，晶粒组织紧密坚实，偏析度小，成本高，质量好，在相同的炼钢工艺条件下屈服强度比沸腾钢高。

半镇静钢系加入适量的锰铁、硅铁，铝作为脱氧剂，脱氧程度介于沸腾钢和镇静钢之间。

特殊镇静钢在钢中应含有足够的形成细晶粒结构的元素。

6.1.2 钢材的分类

钢的品种繁多，为了便于掌握和选用，现将钢的一般分类归纳如下：

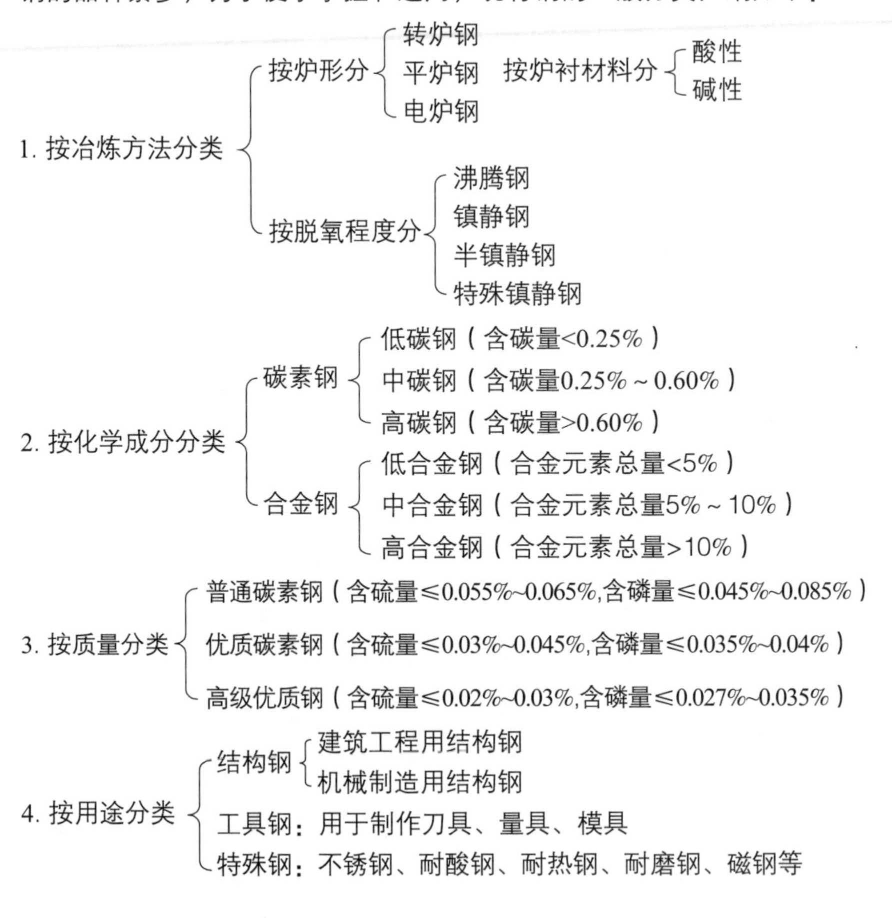

6.2　钢材的主要技术性能

学习目标

钢材的力学性能；钢材的工艺性能。

关键概念

屈服强度；冷弯性能。

钢材的性能主要包括力学性能、工艺性能和化学性能等。力学性能包括拉伸性能、塑性、硬度、冲击韧性、疲劳强度等。工艺性能反映金属材料在加工制造过程中所表现出来的性质，如冷弯性能、焊接性能、热处理性能等。只有了解、掌握钢材的各种性能，才能做到正确、经济、合理地选择和使用钢材。

6.2.1　钢材的力学性能

1. 拉伸性能

钢材的强度可分为拉伸强度、压缩强度、弯曲强度和剪切强度等几种。通常以拉伸强度作为最基本的强度值。

将低碳钢（软钢）制成一定规格的试件，放在材料机上进行拉伸试验，可以绘出如图 6-1 所示的应力—应变关系曲线。钢材的拉伸性能就可以通过该图来表示。从图

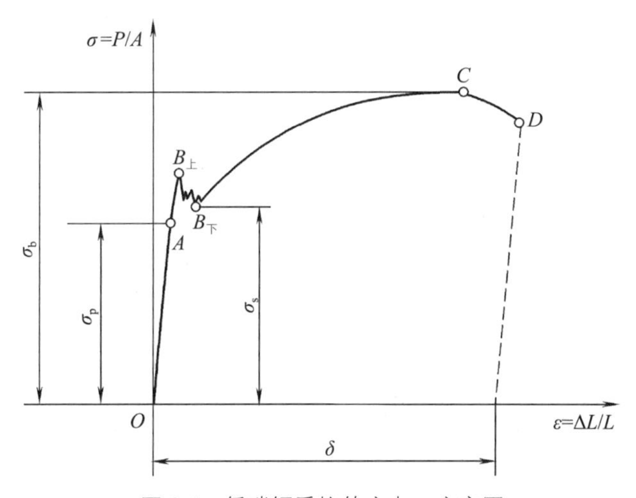

图 6-1　低碳钢受拉的应力—应变图

中可以看出，低碳钢受拉至拉断，全过程可划分为四个阶段：弹性阶段（OA）、屈服阶段（$AB_下$）、强化阶段（$B_下 C$）和颈缩阶段（CD）。

（1）弹性阶段

曲线中 OA 段是一条直线，应力与应变成正比。如卸去外力，试件能恢复原来的形状，这种性质即为弹性，此阶段的变形为弹性变形。与 A 点对应的应力称为弹性极限，以 σ_p 表示。应力与应变的比值为常数，即弹性模量 E，$E=\sigma/\varepsilon$，单位 MPa。弹性模量反映钢材抵抗弹性变形的能力，是钢材在受力条件下计算结构变形的重要指标。

（2）屈服阶段

应力超过 A 点后，应力、应变不再成正比关系，开始出现塑性变形。应力增长滞后于应变的增长，当应力达到 $B_上$ 点后（上屈服点），瞬时下降至 $B_下$ 点（下屈服点），变形迅速增加，而此时外力则大致在恒定的位置上波动，直到 B 点。这就是所谓的"屈服现象"，似乎钢材不能承受外力而屈服，所以 AB 段称为屈服阶段。与 $B_下$ 点（此点较稳定，易测定）对应的应力称为屈服点（屈服强度），用 σ_s 表示。

钢材受力大于屈服点后，会出现较大的塑性变形，已不能满足使用要求，因此屈服强度是设计中钢材强度取值的依据，是工程结构计算中非常重要的一个参数。

（3）强化阶段

当应力超过屈服强度后，由于钢材内部组织中的晶格发生了畸变，阻止了晶格进一步滑移，钢材得到强化，所以钢材抵抗塑性变形的能力又重新提高，$B \rightarrow C$ 呈上升曲线，称为强化阶段。对应于最高点 C 的应力值（σ_b）称为极限抗拉强度，简称抗拉强度。

显然，σ_b 是钢材受拉时所能承受的最大应力值，屈服强度和抗拉强度之比（即屈强比$=\sigma_s/\sigma_b$）能反映钢材的利用率和结构安全可靠程度。屈强比越小，其结构的安全可靠程度越高，但屈强比过小，又说明钢材强度的利用率偏低，造成钢材浪费。建筑结构合理的屈强比一般为 0.60～0.75。

《混凝土结构工程施工质量验收规范》GB 50204—2002 规定：钢筋的抗拉强度实测值与屈服强度实测值的比值不应小于 1.25，钢筋的屈服强度实测值与强度标准值的比值不应大于 1.3。

（4）颈缩阶段　试件受力达到最高点 C 点后，其抵抗变形的能力明显降低，变形迅速发展，应力逐渐下降，试件被拉长，在有杂质或缺陷处，断面急剧缩小，直至断裂。故 CD 段称为颈缩阶段。

将拉断后的试件拼合起来，测定出标距范围内的长度 L_1(mm)，L_1 与试件原标距 L_0(mm) 之差为塑性变形值，它与 L_0 之比称为伸长率（δ），如图 6-2 所示。伸长率的计算式如下：

$$\delta=\frac{L_1-L_0}{L_0}\times 100\% \tag{6-1}$$

伸长率 δ 是衡量钢材塑性的一个重要指标，δ 越大，说明钢材的塑性越好。而一定的塑性变形能力，可保证应力重新分布，避免应力集中，从而钢材用于结构的安全性越大。

塑性变形在试件标距内的分布是不均匀的，颈缩处的变形最大，离颈缩部位越远其变形越小。所以原标距与直径之比越小，则颈缩处伸长值在整个伸长值中的比重越大，计算出来的 δ 值越大。通常以 δ_5 和 δ_{10} 分别表示 $L_0=5d_0$ 和 $L_0=10d_0$ 时的伸长率（d_0 为钢材直径）。对于同一种钢材，其 δ_5 大于 δ_{10}。

中碳钢与高碳钢（硬钢）的拉伸曲线与低碳钢不同，屈服现象不明显，难以测定屈服点，则规定产生残余变形为原标距长度的 0.2%时所对应的应力值，作为硬钢的屈服强度，也称条件屈服点，用 $\sigma_{0.2}$ 表示，如图 6-3 所示。

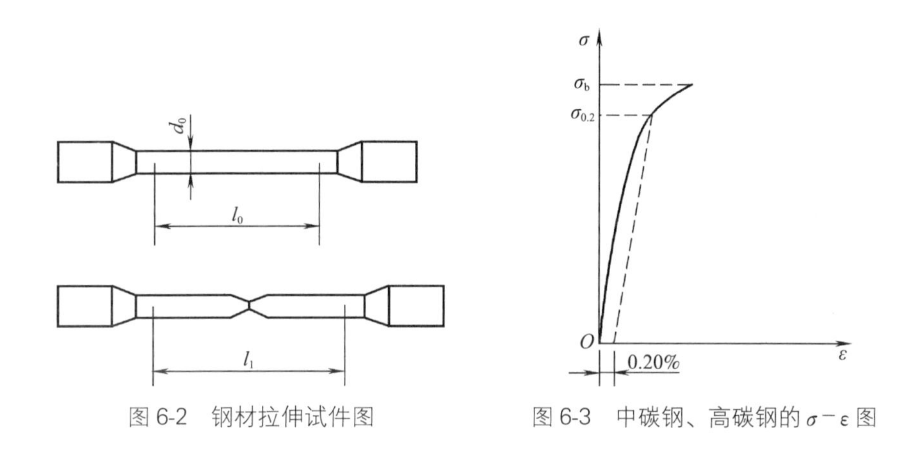

图 6-2 钢材拉伸试件图

图 6-3 中碳钢、高碳钢的 $\sigma-\varepsilon$ 图

2. 冲击性能

冲击韧度是指钢材抵抗冲击荷载而不被破坏的能力。规范规定是以刻槽的标准试件，在冲击试验的摆锤冲击下，以破坏后缺口处单位面积上所消耗的功（J/cm²）来表示，符号 α_K。如图 6-4 所示。α_K 越大，冲断试件消耗的能量越多，钢材的冲击韧度越好。

钢材的冲击韧度与钢的化学成分、冶炼与加工有关。一般来说，钢中的硫、磷含量较高，夹杂物以及焊接中形成的微裂纹等都会降低冲击韧度。此外，钢的冲击韧度还受温度和时间的影响。试验表明，开始时随温度的下降，冲击韧度降低很小，此时

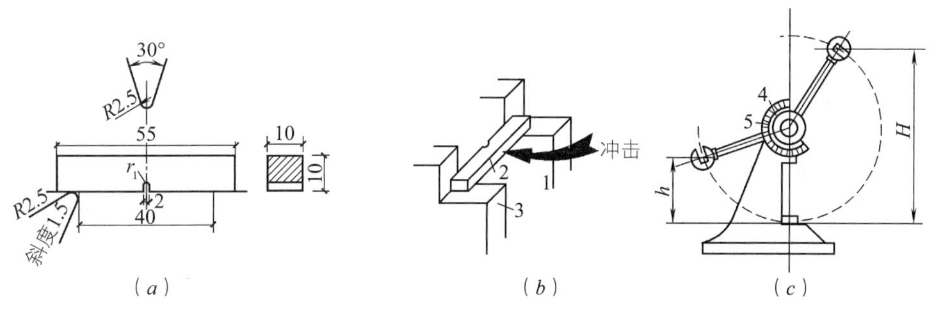

图 6-4 冲击韧性试验图

（a）试件尺寸（mm）；（b）试验装置；（c）试验机

1—摆锤；2—试件；3—试验台；4—指针；5—刻度盘；

H—摆锤扬起高度；h—摆锤向后摆动高度

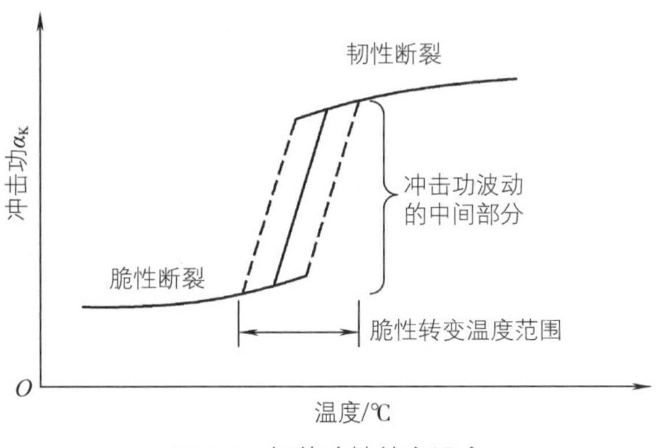

图 6-5　钢的脆性转变温度

破坏的钢件断口呈韧性断裂状；当温度降至某一温度范围时，α_K 突然发生明显下降，如图 6-5 所示，钢材开始呈脆性断裂，这种性质称为冷脆性，发生冷脆性时的温度称为脆性临界温度。它的数值越低，钢材的低温冲击性能越好。所以在负温下使用的结构，应当选用脆性临界温度较低的钢材。由于脆性临界温度的测定较复杂，故规范中通常是根据气温条件规定－20℃或－40℃的负温冲击指标。

钢材随时间的延长表现出强度提高，塑性和冲击韧性下降的现象称为时效。因时效作用，冲击韧性还将随时间的延长而下降。一般完成时效的过程可达数十年，但钢材如经冷加工或使用中受振动和荷载的影响，时效可迅速发展。因时效导致钢材性能改变的程度称时效敏感性。时效敏感性越大的钢材，经过时效后冲击韧性的降低就越显著。为了保证安全，对于承受动荷载的重要结构，应当选用时效敏感性小的钢材。

因此，对于直接承受动荷载，而且可能在负温下工作的重要结构，必须按照有关规范要求进行钢材的冲击韧性检验。

3. 疲劳强度

钢材承受交变荷载的反复作用时，可能在远低于抗拉强度时突然发生破坏，这种破坏称为疲劳破坏。钢材疲劳破坏的指标用疲劳强度，或称疲劳极限表示。疲劳强度是试件在交变应力作用下，不发生疲劳破坏的最大应力值，一般把钢材承受交变荷载 10^6～10^7 次时不发生破坏的最大应力作为疲劳强度。在设计承受反复荷载且须进行疲劳验算的结构时，应当了解所用钢材的疲劳强度。

测定疲劳强度时，应根据结构使用条件确定采用的循环类型（如拉－拉型、拉－压型等）、应力比值（最小与最大应力之比，又称应力特征值 ρ）和周期基数。例如，测定钢筋的疲劳极限时，通常采用的是承受大小改变的拉应力循环；应力比值通常为非预应力筋 0.1～0.8，预应力筋 0.7～0.85；周期基数为 200 万次或 400 万次。

研究表明，钢材的疲劳破坏是拉应力引起的，首先在局部开始形成微细裂纹，其后由于裂纹尖端处产生应力集中而使裂纹迅速扩展直至钢材断裂。因此，钢材的内部成分的偏析和夹杂物的多少以及最大应力处的表面光洁程度、加工损伤等，都是影响钢材疲劳强度的因素。疲劳破坏经常是突然发生的，因而具有很大的危险性，往往造成严重事故。

4. 硬度

硬度是指金属材料抵抗硬物压入表面的能力。即材料表面抵抗塑性变形的能力。通常与抗拉强度有一定的关系。目前测定钢材硬度的方法很多，相应的有布氏硬度（HB）和洛氏硬度（HRC）。常用的方法是布氏法，其硬度指标是布氏硬度值。

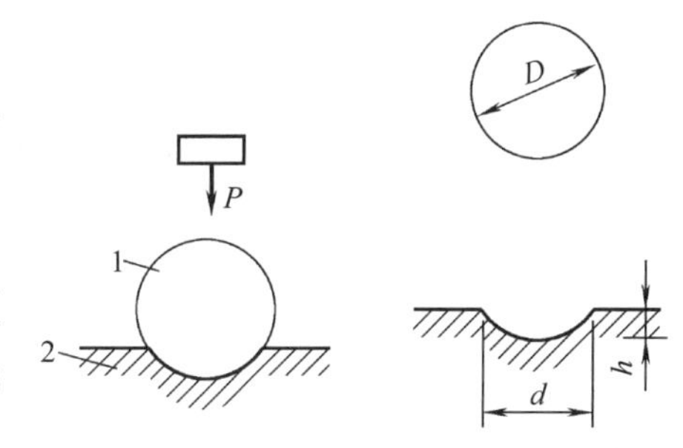

图 6-6　布氏硬度试验原理图

1—钢球；2—试件；P—施加于钢球上的荷载；D—钢球直径；d—压痕直径；h—压痕深度

布氏法的测定原理是：用直径为 D/mm 的淬火钢球以 P/N 的荷载将其压入试件表面，经规定的持续时间后卸载，即得直径为 d/mm 的压痕，以压痕表面积 F/mm^2 除载荷 P，所得的应力值即为试件的布氏硬度值 HB，以数字表示，不带单位。图 6-6 为布氏硬度测定示意图。

各类钢材的 HB 值与抗拉强度之间有较好的相关性。材料的强度越高，塑性变形抵抗力越强，硬度值也就越大。由试验得出当碳素钢的 $HB<175$ 时，其抗拉强度与布氏硬度的经验关系式为 $\sigma_b=0.36$HB，$HB>175$ 时，其抗拉强度与布氏硬度的经验关系式为 $\sigma_b=0.35$HB。

根据这一关系，可以直接在钢结构上测出钢材的 HB 值，并估算该钢材的 σ_b。

建筑钢材常以屈服强度、抗拉强度、伸长率、冲击韧性等性质作为评定牌号的依据。

6.2.2　钢材的工艺性能

良好的工艺性能，可以保证钢材顺利通过各种加工，而使钢材制品的质量不受影响。冷弯、冷拉、冷拔及焊接性能均是建筑钢材的重要工艺性能。

1. 冷弯性能

冷弯性能是反映钢材在常温下受弯曲变形的能力。其指标是以试件弯曲的角度 α 和弯心直径对试件厚度（或直径）的比值（d/a）来表示，如图 6-7 和图6-8所示。

试验时采用的弯曲角度越大，弯心直径对试件厚度（或直径）的比值越小，表示对冷弯性能的要求越高。冷弯检验是按规定的弯曲角度和弯心直径进行试验，试件的弯曲处不发生裂缝、裂断或起层，即认为冷弯性能合格。

相对于伸长率而言，冷弯是对钢材塑性更严格的检验，它能揭示钢材是否存在内

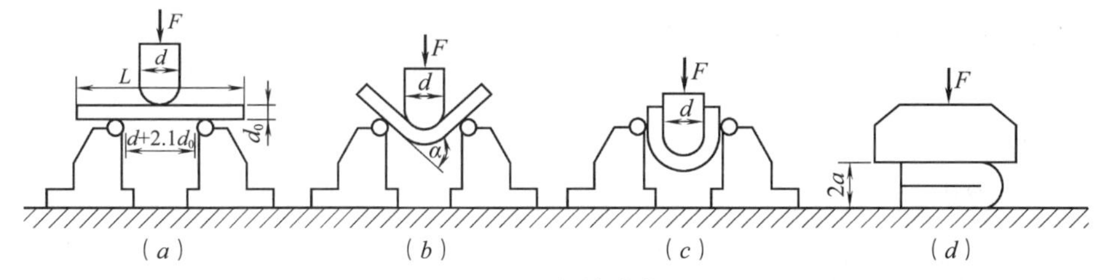

图 6-7　钢筋冷弯

（a）试件安装；（b）弯曲 90°；（c）弯曲 180°；（d）弯曲至两面重合

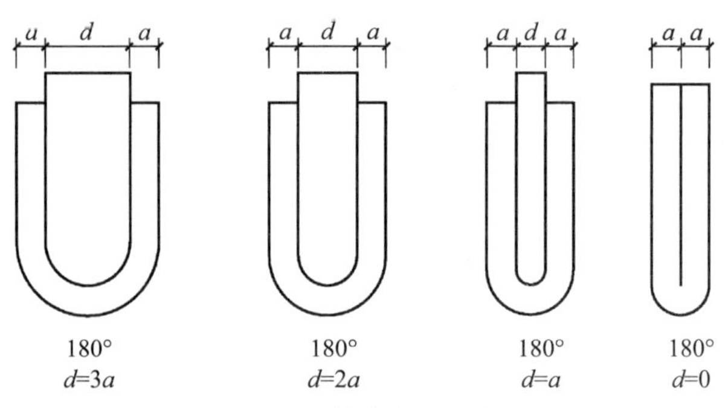

图 6-8　钢材冷弯规定弯心

部组织不均匀、内应力和夹杂物等缺陷，并且能揭示焊件在受弯表面存在未熔合、微裂纹及夹杂物等缺陷。

2. 焊接性能

焊接是各种型钢、钢板、钢筋的重要连接方式。建筑工程的钢结构有90%以上是焊接结构。焊接结构质量取决于焊接工艺、焊接材料及钢材本身的焊接性能，焊接性能好的钢材，焊口处不易形成裂纹、气孔、夹渣等缺陷；焊接后的焊头牢固，硬脆倾向小，特别是强度不低于原有钢材。

钢材可焊性能的好坏，主要取决于钢的化学成分。碳含量高将增加焊接接头的硬脆性，碳含量小于0.25%的碳素钢具有良好的可焊性。因此，碳含量较低的氧气转炉或平炉镇静钢应为首选。

钢筋焊接应注意的问题是：冷拉钢筋的焊接应在冷拉之前进行；焊接部位应清除铁锈、熔渣、油污等；应尽量避免不同国家的进口钢筋之间或进口钢筋与国产钢筋之间的焊接。

6.3　冷加工强化与时效对钢材性能的影响

学习目标

钢材的冷加工强化；钢材的时效。

关键概念

冷拉；冷拔。

6.3.1　冷加工强化处理

将钢材在常温下进行冷加工（如冷拉、冷拔或冷轧），使之产生塑性变形，从而提高屈服强度，这个过程称为冷加工强化处理。经强化处理后的钢材塑性和韧性会降低。由于塑性变形中产生内应力，故钢材的弹性模量降低。

建筑工地或预制构件厂常利用该原理对钢筋或低碳盘条按一定的方法进行冷拉或冷拔加工，以提高屈服强度，节约钢材。

1. 冷拉

是将热轧钢筋用冷拉设备加力进行张拉，使之伸长。钢材经冷拉后，屈服强度可提高20%～30%，可节约钢材10%～20%，钢材经冷拉后屈服阶段缩短，伸长率降低，材质变硬。

2. 冷拔

将光面钢筋通过硬质合金拔丝模孔强行拉拔。每次拉拔断面缩小应在10%以下。钢筋在冷拔过程中，不仅受拉，同时还受到挤压作用，因而拉拔的作用比纯冷拉作用强烈。经过一次或多次冷拔后的钢筋，表面光洁度高，屈服强度提高40%～60%，但塑性大大降低，具有硬钢的性质。

6.3.2　时效

钢材经冷加工后，在常温下存放15～20d或加热至100～200℃，保持2h左右，其屈服强度、抗拉强度及硬度进一步提高，而塑性及韧性继续降低，这种现象称为时效。前者称为自然时效，后者称为人工时效。

6.4　钢材的化学性能

学习目标

钢材的化学成分对性能的影响；钢材的锈蚀及防护。

关键概念

冷脆、热脆；防锈。

6.4.1　不同化学成分对钢材性能的影响

钢是铁碳合金，由于原料、燃料、冶炼过程等因素使钢材中存在大量的其他元素，如硅、硫、磷、氧等，合金钢是为了改性而有意加入一些元素，如锰、硅、钒、钛等。

1. 碳

碳是决定钢材性质的主要元素。对钢材力学性质影响如图6-9所示。当含碳量低于0.8%时，随着含碳量的增加，钢的抗拉强度和硬度提高，而塑性及韧性降低。同时，还将使钢的冷弯、焊接及抗腐蚀等性能降低，并增加钢的冷脆性和时效敏感性。

2. 磷、硫

磷与碳相似，能使钢的塑性和韧性下降，特别是低温下冲击韧性下降更为明显。常把这种现象称为冷脆性。磷的偏析较严重，磷还能使钢的冷弯性能降低，可焊性变差。但磷可使钢材的强度、耐蚀性提高。

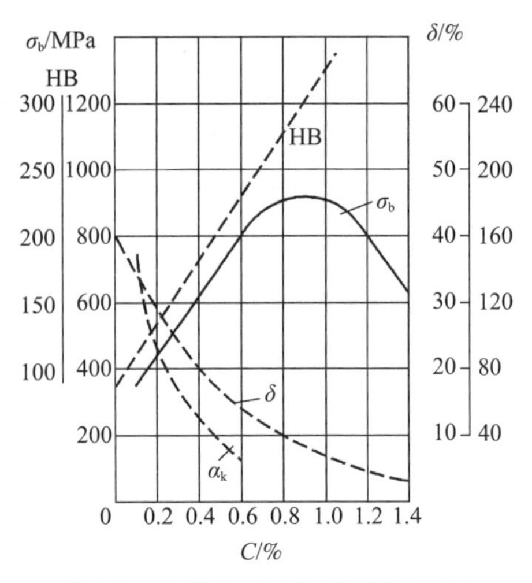

图6-9 含碳量对热轧碳素钢的影响

硫在钢材中以FeS形式存在，在钢的热加工时易引起钢的脆裂，称为热脆性。硫的存在还使钢的冲击韧度、疲劳强度、可焊性及耐蚀性降低。因此，硫的含量要严格控制。

3. 氧、氮

氧、氮也是钢中的有害元素，显著降低钢的塑性和韧性，以及冷弯性能和可焊性。

4. 硅、锰

硅和锰是在炼钢时为了脱氧去硫而有意加入的元素。硅是钢的主要合金元素，含量在1%以内，可提高强度，对塑性和韧性没有明显影响。但含硅量超过1%时，冷脆性增加，可焊性变差。锰能消除钢的热脆性，改善热加工性能，显著提高钢的强度，但其含量不得大于1%，否则可降低塑性及韧性，可焊性变差。

5. 铝、钛、钡、铌

以上元素均是炼钢时的强脱氧剂。适时加入钢内，可改善钢的组织，细化晶粒，显著提高强度和改善韧性。

6.4.2 钢材生锈及防护

钢材的锈蚀，指其表面与周围介质发生化学反应或电化学作用而遭到侵蚀而破坏的过程。

钢材在存放中严重锈蚀，不仅截面积减小，而且局部锈坑的产生，可造成应力集中，促进结构破坏。尤其在有冲击载荷、循环交变荷载的情况下，将产生锈蚀疲劳现象，使疲劳强度大为降低，出现脆性断裂。

根据钢材表面与周围介质的不同作用，锈蚀可分为下述两类：

1. 化学锈蚀

化学锈蚀指钢材表面与周围介质直接发生反应而产生锈蚀。这种腐蚀多数是氧气作用，在钢材的表面形成疏松的氧化物。在常温下，钢材表面被氧化，形成一层薄薄的、钝化能力很弱的氧化保护膜，在干燥环境下化学腐蚀进展缓慢，对保护钢筋是有利的。但在湿度和温度较高的条件下，这种腐蚀进展很快。

2. 电化学锈蚀

建筑钢材在存放和使用中发生的锈蚀主要属于这一类。例如，存放在湿润空气中的钢材，表面被一层电解质水膜所覆盖。由于表面成分、晶体组织不同、受力变形、平整度差等的不均匀性，使邻近局部产生电极电位的差别，构成许多微电池，在阳极区，铁被氧化成 Fe^{2+} 离子进入水膜中。由于水中溶有来自空气的氧，故在阴极区氧将被还原为 OH^- 离子。两者结合成为不溶于水的 $Fe(OH)_2$，并进一步氧化成为疏松易剥落的红棕色铁锈 $Fe(OH)_3$。因为水膜离子浓度提高，阴极放电快，锈蚀进行较快，故在工业大气的条件下，钢材较容易锈蚀。钢材锈蚀时，伴随体积增大，最严重的可达原体积的6倍。在钢筋混凝土中，会使周围的混凝土胀裂。

埋于混凝土中的钢筋，因处于碱性介质的条件（新浇混凝土的pH值约为12.5或更高），而形成碱性氧化保护膜，故不致锈蚀。但应注意，当混凝土保护层受损后碱度降低，或锈蚀反应将强烈地为一些卤素离子，特别是氯离子所促进，对保护钢筋是不利的，它们能破坏保护膜，使锈蚀迅速发展。

3. 钢材的防锈

(1) 保护层法

在钢材表面施加保护层，使钢与周围介质隔离，从而防止生锈。保护层可分为金属保护层和非金属保护层。

金属保护层是用耐蚀性较强的金属，以电镀或喷镀的方法覆盖钢材表面，如镀锌、镀锡、镀铬等。

非金属保护层是用有机或无机物质作保护层。常用的是在钢材表面涂刷各种防锈涂料，常用底漆有红丹，环氧富锌漆，铁红环氧底漆，磷化底漆等；面漆有灰铅油，醇酸磁漆，酚醛磁漆等。此外还可采用塑料保护层、沥青保护层及搪瓷保护层等，薄壁钢材可采用热浸镀锌或镀锌后加涂塑料涂层，这种方法效果最好，但价格较高。

涂刷保护层之前，应先将钢材表面的铁锈清除干净，目前一般的除锈方法有三种：钢丝刷除锈、酸洗除锈及喷砂除锈。

钢丝刷除锈采取人工用钢丝刷或半自动钢丝刷将钢材表面的铁锈全部刷去，直至露出金属表面为止。这种方法的工作效率较低，劳动条件差，除锈质量不易保证。酸洗除锈是将钢材放入酸洗槽内，分别除去油污，铁锈，直至构件表面全呈铁灰色，并清除干净，保证表面无残余酸液。这种方法较人工除锈彻底，工效亦高。若酸洗后作磷化处理，则效果更好。喷砂除锈是将钢材通过喷砂机将其表面的铁锈清除干净，直至金属表面呈灰白色为止，不得存在黄色。这种方法除锈比较彻底，效率亦高，在较发达的国家中已普及采用，是一种先进的除锈方法。

(2) 制成合金钢

钢材的化学性能对耐锈蚀性有很大影响。如在钢中加入合金元素铬、镍、钛、铜等，制成不锈钢，可以提高耐锈蚀能力。

6.5 常用建筑钢材

学习目标

混凝土用钢；钢结构用钢。

关键概念

热轧、冷轧；光圆、带肋、握裹力。

建筑钢材可分为钢筋混凝土用钢筋和钢结构用型钢。

目前钢筋混凝土结构用钢主要有：热轧钢筋、冷轧带肋钢筋、冷轧扭钢筋、冷拉热轧钢筋、冷拔低碳钢丝和预应力混凝土用钢丝及钢绞线等。

6.5.1 钢筋混凝土用钢材

1. 热轧钢筋

混凝土结构用热轧钢筋有较高的强度，具有一定的塑性、韧性、可焊性。热轧钢筋主要有用 Q235 和 Q300 轧制的光圆钢筋和用合金钢轧制的带肋钢筋两类。

为使我国钢筋标准与国际接轨，新国标《钢筋混凝土用钢第 2 部分：带肋钢筋》GB 1499.2—2007 规定，热轧带肋钢筋的牌号由 HRB 和牌号的屈服点最小值构成。H、R 和 B 分别为热轧（Hot rolled）、带肋（Ribbed）和钢筋（Bars）三个词的英文首位字母。热轧带肋钢筋分为 HRB335、HRB400 和 HRB500 三个牌号。新标准取消了原Ⅶ级 RL 钢筋，增加了 HRB500 钢筋，调整了 HRB335、HRB400 及钢筋的性能要求，补充了 HRB500 钢筋的性能要求。为更好地满足建筑功能的要求，对混凝土结构材料的要求趋向高强度（轻质）、良好的工程性能（可加工性等）和耐久性。混凝土从常用的 C20～C30 发展到 C40～C60 或更高，钢筋的抗拉强度从几百兆帕发展到上千兆帕（预应力钢绞线 $f_{ptk}=1860\text{N/mm}^2$）。但必须要有相应条件采用高强材料才会有高的建筑功能效果和显著的经济效益。由表 6-1 可知，不同强度级别的钢筋仍是混凝土结构所必不可少的钢种。尤其是根据我国的实际情况，仍需大量碳素结构钢（即Ⅰ级钢筋）。特别是小直径的圆盘条，仍是技术成熟、经济性较好的钢筋品种。因此，不能以强度级别或某项性能指标作为选择钢筋的唯一标准。钢筋的强度级别和规格应根据市场的需求系列化生产和发展。

混凝土结构常用钢筋强度等级　　表 6-1

标准		牌号	屈服强度 (N/mm²)	抗拉强度 (N/mm²)	伸长率 (%)
中国标准	GB 1499.1—2008	HPB235 HPB300	≥235 ≥300	≥370 ≥420	δ_5≥25
	GB 1499.2—2007	HRB335 HRB400 HRB500	≥335 ≥400 ≥500	≥455 ≥540 ≥630	δ_5≥17 δ_5≥17 δ_5≥16
国际标准	ISO 6935—1：1991 (E)	PB240 PB300	240（上屈服） 300（上屈服）	264 330	δ_5=20 δ_5=16
	ISO 6935—2：1991 (E)	RB300 RB400 RB500	300（上屈服） 400（上屈服） 500（上屈服）	330 440 550	δ_5=16 δ_5=14 δ_5=14

对钢筋的分类或定义，不同的划分标准有不同定义。与混凝土结构设计直接相关的是按屈服强度和抗拉强度分为热轧钢筋 HPB235、HPB300、HRB335、HRB400、HRB500。级别越大强度越高。而以钢筋的塑性区分为“硬钢”和“软钢”，以生产方式不同分为冷加工和热轧钢筋。

钢筋的弯曲性能应按表 6-2 规定的弯心直径弯 180°后，钢筋受弯曲部位表面不得产生裂纹。

钢筋的工艺性能　　表 6-2

牌号	公称直径 d (mm)	弯曲试验　弯心直径
HRB335 HRBF335	6～25 28～40 >40～50	3a 4a 5a
HRB400 HRBF400	6～25 28～40 >40～50	4a 5a 6a
HRB500 HRBF500	6～25 28～40 >40～50	6a 7a 8a

2. 冷轧带肋钢筋

热轧圆盘条经冷轧后，在其表面带有沿长度方向均匀分布的三面或两面横肋，即成为冷轧带肋钢筋。钢筋冷轧后允许进行低温回火处理。根据《冷轧带肋钢筋》GB 13788—2008 规定，冷轧带肋钢筋按抗拉强度分为四个牌号，分别为 CRB550、CRB650、CRB800 和 CRB970。C、R、B 分别为冷轧、带肋、钢筋三个词的英文首位字母，数值为抗拉强度的最小值。冷轧带肋钢筋的力学性能及工艺性能见表 6-3。与冷拔碳钢丝相比较，冷轧带肋钢筋具有强度高、塑性好，与混凝土粘结牢固，节约钢材，质量稳定等优点。CRB550 宜用作普通钢筋混凝土结构；其他牌号宜用在预应力混凝土中。

冷轧带肋钢筋克服了冷拉、冷拔钢筋握裹力低的缺点，同时具有与冷拉、冷拔相近的强度，因此在中、小型预应力混凝土结构构件和普通混凝土结构构件中得到了越来越广泛的应用。从 20 世纪 70 年代起一些发达国家已大量生产应用，并有国家标准。国际标准化组织（ISO）也制定了国际标准。作为一种建筑钢材，纳入了各国的混凝土结构规范，广泛用于建筑工程、高速公路、机场、市政、水电管线中。我国在 20 世纪 80 年代后期起，开始引进生产设备并研制开发了冷轧带肋钢筋。目前在我国大部分地区得到了推广应用。

冷轧带肋钢筋的力学性能表 **表 6-3**

级别代码	屈服点≥ σ_s/MPa	抗拉强度 ≥σ_b/MPa	伸长率/%≥		弯曲试验 (180°)	反复弯曲次数	应力松弛 $\sigma=0.7\sigma_b$
			δ_{10}	δ_{100}			1000h≤%
CRB550	500	550	8.0	—	$D=3d$	—	—
CRB650	585	650	—	4.0	—	3	8
CRB800	720	800	—	4.0	—	3	8
CRB970	875	970	—	4.0	—	3	8

3. 冷轧扭钢筋

随着建筑工程中混凝土强度的提高，对钢筋强度的要求也要相应提高。我国自 1979 年开始研制冷轧扭钢筋，历经三次较大的材料性能改进，目前已统一规格型号，优化了性能指标，并编制了《冷轧扭钢筋混凝土构件技术规程》JGJ 115—2006 和《冷轧扭钢筋》JG 3046—1998，为全国更广泛地应用好冷轧扭钢筋创造了条件。

冷轧扭钢筋是用低碳钢热轧圆盘条，经专用钢筋冷轧扭机调直、冷轧并冷扭一次成形，具有规定截面形状和节距的连续螺旋状钢筋。冷轧扭钢筋有两种类型：Ⅰ型（矩形截面）Φ^t6.5、8、10、12、14；Ⅱ型（菱形截面）Φ^t12，标记符号 Φ^t 为原材料（母材）轧制前的公称直径（d）。

冷轧扭钢筋的型号标记由产品名称的代号、特性代号、主参数代号和改型代号四部分组成：

标记示例：LZNΦ^t10（Ⅰ）冷轧扭钢筋，标志直径为 10mm，矩形截面。

冷轧扭钢筋的原材料宜优选低碳钢无扭控冷热轧盘条（高速线材），也可选用符合国家标准的低碳热轧圆盘条即 Q235、Q215 系列，且含碳量控制在 0.12%～0.22%之间。要重视热轧圆盘条中的硫、磷含量对轧制后性能的影响。力学性能如表 6-4 所示。

冷轧扭钢筋的力学性能 **表 6-4**

规格/mm	抗拉强度/MPa	弹性模量/N/mm²	伸长率 δ_{10}/%	抗压强度设计值/MPa	冷弯 180°（弯心直径=$3d$）
Φ^t6.5—Φ^t12	≥580	1.9×10^5	≥4.5	360	受弯部位表面不得产生裂纹

4. 冷拉钢筋

冷拉钢筋是用热轧钢筋加工而成。钢筋在常温下经过冷拉可达到除锈、调直、提高强度、节约钢材的目的。

热轧钢筋经冷拉和时效处理后，其屈服点和抗拉强度提高，但塑性、韧性有所降低。为了保证冷拉钢材质量，而不使冷拉钢筋脆性过大，冷拉操作应采用双控法，即控制冷拉率和冷拉应力，如冷拉至控制应力而未超过控制冷拉率，则属合格，若达到控制冷拉率，未达到控制应力，则钢筋应降级使用。

冷拉钢筋技术性质应符合表 6-5 的要求。

冷拉钢筋的力学性能　　　　表 6-5

钢筋级别	钢筋直径/mm	屈服强度/MPa	抗拉强度/MPa	伸长率 δ_{10}/%	冷弯	
		≥			弯曲角度	弯曲直径
Ⅰ级	≤12	280	370	11	180°	3*d*
Ⅱ级	≤25	450	510	10	90°	3*d*
	28～40	430	490	10	90°	4*d*
Ⅲ级	8～40	500	570	8	90°	5*d*
Ⅳ级	10～28	700	835	6	90°	5*d*

5. 钢丝与钢绞线

(1) 钢丝

将直径为 6.5～8mm 的 Q235 圆盘条，在常温下通过截面小于钢筋截面的钨合金拔丝模，以强力拉拔工艺拔制成直径为 3、4mm 或 5mm 的圆截面钢丝，称为冷拔低碳钢丝，如图 6-10 所示。

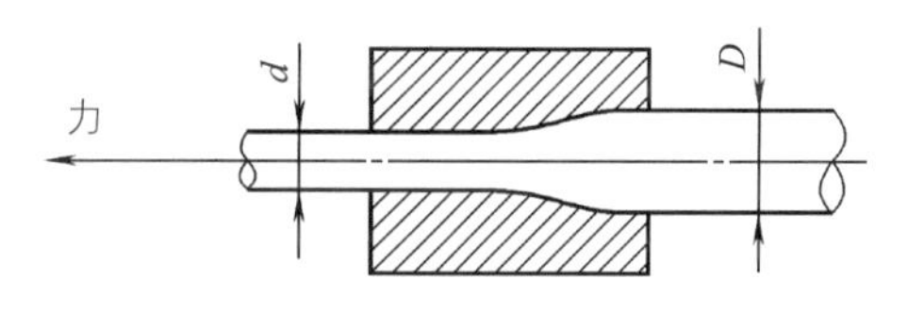

图 6-10　钢筋冷拔示意图

冷拔低碳钢丝的性能与原料强度和引拔后的截面总压缩率有关。其力学性能应符合国家标准的规定，见表 6-6。由于冷拔低碳钢丝的塑性大幅度下降，硬脆性明显，目前，已限制该类钢丝的一些应用。

冷拔低碳钢丝按力学性能分为甲级和乙级两种。甲级钢丝为预应力钢丝，按其抗拉强度分为Ⅰ级和Ⅱ级，适用于一般工业与民用建筑中的中小型冷拔钢丝先张法预应力构件的设计与施工。乙级为非预应力钢丝，主要用作焊接骨架、焊接网、架立筋、箍筋和构造钢筋。

冷拔低碳钢丝力学性能（JC/T 540—2006）　　　　表 6-6

项次	钢丝级别	直径/mm	抗拉强度/MPa		伸长率/%（标距 100mm）	反复弯曲（180°）次数
			Ⅰ组	Ⅱ组		
			≥			
1	甲	5	650	600	3	4
		4	700	650	2.5	
2	乙	3.0、4.0、5.0、6.0	550		2	4

注：1. 甲级钢丝采用符合Ⅰ级热轧钢筋标准的圆盘条冷拔值。
2. 预应力冷拔低碳钢丝经机械调直后，抗拉强度标准值降低 50MPa。

用作预应力混凝土构件的钢丝，应逐盘取样进行力学性能检验，凡伸长率不合格者，不准用于预应力混凝土构件。

(2) 钢绞线

预应力钢绞线一般是用 7 根钢丝在绞线机上以一根钢丝为中心，其余 6 根钢丝围绕着进行螺旋状绞合，再经低温回火制成（见图 6-11）。钢绞线具有强度高、与混凝土粘结性能好、断面面积大、使用根数少，在结构中排列布置方便、易于锚固等优点，多用于大跨度结构、重载荷的预应力混凝土结构中。

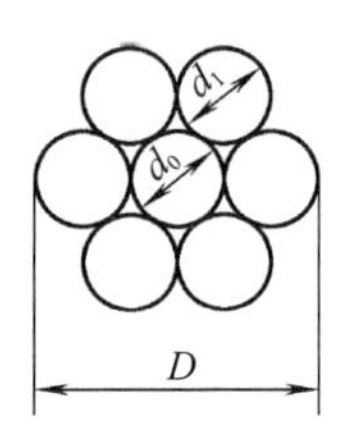

图 6-11 预应力钢绞线截面图
D—钢绞线直径；
d_0—中心钢丝直径；
d_1—外层钢丝直径

6.5.2 钢结构用钢材

1. 普通碳素结构钢

普通碳素结构钢简称碳素结构钢。它包括一般结构钢和工程用热轧钢板、钢带、型钢等。现行国家标准《碳素结构钢》GB/T 700—2006 具体规定了它的牌号表示方法、代号和符号、技术要求、试验方法和检验规则等。

(1) 牌号表示方法

标准中规定：碳素结构钢按屈服点的数值（MPa）分为 195、215、235、255 和 275 共 5 种；按硫磷杂质的含量由多到少分为 A、B、C 和 D4 个质量等级；按照脱氧程度不同分为特殊镇静钢（TZ）、镇静钢（Z）和沸腾钢（F）。钢的牌号由代表屈服点的字母 Q、屈服点数值、质量等级和脱氧程度四个部分按顺序组成。对于镇静钢和特殊镇静钢，在钢的牌号中予以省略。如 Q235—A·F，表示屈服点为 235MPa 的 A 级沸腾钢；Q235—C 表示屈服点为 235MPa 的 C 级镇静钢。

(2) 技术要求

碳素结构钢的技术要求包括化学成分、力学性能、冶炼方法、交货状态及表面质量五个方面，碳素结构钢的化学成分、力学性能和冷弯性能试验指标应分别符合表 6-7～表 6-9 的要求。

碳素结构钢的化学成分（GB/T 700—2006） **表 6-7**

牌号	等级	化学成分（质量分数）/%，不大于					脱氧方法
		C	Mn	Si	S	P	
Q195	—	0.12	0.50	0.30	0.040	0.035	F、Z
Q215	A	0.15	1.20	0.35	0.050	0.045	F、Z
	B				0.045		
Q235	A	0.22	1.40	0.30	0.050	0.045	F、Z
	B	0.20*			0.045		
	C	0.17			0.040	0.040	Z
	D				0.035	0.035	TZ

续表

牌号	等级	化学成分（质量分数）/%，不大于					脱氧方法
		C	Mn	Si	S	P	
Q275	A	0.24	1.50	0.35	0.050	0.045	F、Z
	B	0.21 或 0.22			0.045		Z
	C	0.20			0.040	0.040	Z
	D				0.035	0.035	TZ

* 经需方同意，Q235B 的碳含量可不大于 0.22%。

碳素结构钢的冶炼方法采用氧气转炉、平炉或电炉。一般为热轧状态交货，表面质量也应符合有关规定。

(3) 钢材的性能

从表 6-8、表 6-9 中可知，钢材随钢号的增大，碳含量增加，强度和硬度相应提高，而塑性和韧性则降低。

建筑工程中应用广泛的是 Q235 号钢。其含碳量为 0.14%～0.22%，属低碳钢，具有较高的强度，良好的塑性、韧性及可焊性，综合性良好，能满足一般钢结构和钢筋混凝土用钢要求，且成本较低。在钢结构中主要使用 Q235 钢轧制成的各种型钢、钢板。

碳素结构钢的力学性能（GB/T 700—2006）　　**表 6-8**

牌号	等级	拉伸试验													温度/℃	V形冲击功(纵向)/J
		屈服点 σ_s/MPa						抗拉强度 σ_b/MPa	伸长率 δ_5/%							
		钢材厚度（或直径）/mm							钢材厚度（直径）/mm							
		≤16	>16～40	>40～60	>60～100	>100～150	>150～200		≤40	>40～60	>60～100	>100～150	>150			
		≥							≥							≥
Q195	—	195	185	—	—	—	—	315～450	33	—	—	—	—		—	—
Q215	A	215	205	195	185	175	165	335～410	31	30	29	27	26		—	—
	B														+20	27
Q235	A	235	225	215	215	195	185	375～500	26	25	24	22	21		—	—
	B														+20	27
	C														0	
	D														−20	
Q275	A	275	265	255	245	225	215	410～540	22	21	20	18	17		—	—
	B														+20	27
	C														0	
	D														−20	

碳素结构钢的冷弯试验指标（GB/T 700—2006） **表 6-9**

牌号	试样方向	冷弯试验 $B=2a$ 180°	
		钢材厚度（或直径）/mm	
		≤60	>60～100
		弯心直径 d	
Q195	纵 横	0 0.5a	—
Q215	纵 横	0.5a a	1.5a 2a
Q235	纵 横	a 1.5a	2a 2.5a
Q275	纵 横	1.5a 2a	2.5a 3a

注：B 为式样宽度，a 为钢材厚度（或直径）。

Q195、Q215 号钢，强度低，塑性和韧性较好，易于冷加工，常用作钢钉、铆钉、螺栓及铁丝等。Q215 号钢经冷加工后可代替 Q235 号钢使用。

Q275 号钢，强度较高，但塑性、韧性较差，可焊性也差，不易焊接和冷弯加工，可用于轧制钢筋、作螺栓配件等，但更多用于机械零件和工具等。

2. 低合金高强度结构钢

低合金高强度结构钢是在碳素结构钢的基础上，添加少量的一种或几种合金元素（总含量小于 5%）的一种结构钢。尤其近年来研究采用铌、钒、钛及稀土金属微合金化技术，不但大大提高了强度，改善了各项物理性能，而且降低了成本。

(1) 牌号的表示方法

根据国家标准《低合金高强度结构钢》GB/T 1591—2008 规定，共有八个牌号。所加元素主要有锰、硅、钒、钛、铌、铬、镍及稀土元素。其牌号的表示方法由屈服点字母 Q、屈服点数值、质量等级（A、B、C、D 和 E 五个等级）三个部分组成。

(2) 技术要求

标准与选用低合金高强度结构钢的化学成分、力学性能见表 6-10、表 6-11。

低合金高强度结构钢的化学成分（GB/T 1591—2008） **表 6-10**

牌号	质量等级	化学成分/%										
		C≤	Mn≤	Si≤	P≤	S≤	V≤	Nb≤	Ti≤	Al≥	Cr≤	Ni≤
Q345	A	0.20	1.70	0.50	0.035	0.035	0.15	0.07	0.20	—	0.30	0.50
	B	0.20	1.70	0.50	0.035	0.035	0.15	0.07	0.20	—	0.30	0.50
	C	0.20	1.70	0.50	0.030	0.030	0.15	0.07	0.20	0.015	0.30	0.50
	D	0.18	1.70	0.50	0.030	0.025	0.15	0.07	0.20	0.015	0.30	0.50
	E	0.18	1.70	0.50	0.025	0.020	0.15	0.07	0.20	0.015	0.30	0.50

续表

牌号	质量等级	化学成分/%										
		C≤	Mn≤	Si≤	P≤	S≤	V≤	Nb≤	Ti≤	Al≥	Cr≤	Ni≤
Q390	A	0.20	1.70	0.50	0.035	0.035	0.20	0.07	0.20	—	0.30	0.50
	B	0.20	1.70	0.50	0.035	0.035	0.20	0.07	0.20	—	0.30	0.50
	C	0.20	1.70	0.50	0.030	0.030	0.20	0.07	0.20	0.015	0.30	0.50
	D	0.20	1.70	0.50	0.030	0.025	0.20	0.07	0.20	0.015	0.30	0.50
	E	0.20	1.70	0.50	0.025	0.020	0.20	0.07	0.20	0.015	0.30	0.50
Q420	A	0.20	1.70	0.50	0.045	0.045	0.20	0.07	0.20	—	0.30	0.80
	B	0.20	1.70	0.50	0.040	0.040	0.20	0.07	0.20	—	0.30	0.80
	C	0.20	1.70	0.50	0.035	0.035	0.20	0.07	0.20	0.015	0.30	0.80
	D	0.20	1.70	0.50	0.030	0.030	0.20	0.07	0.20	0.015	0.30	0.80
	E	0.20	1.70	0.50	0.025	0.025	0.20	0.07	0.20	0.015	0.30	0.80
Q460	C	0.20	1.80	0.60	0.030	0.030	0.20	0.11	0.20	0.015	0.30	0.80
	D	0.20	1.80	0.60	0.030	0.025	0.20	0.11	0.20	0.015	0.30	0.80
	E	0.20	1.80	0.60	0.025	0.020	0.20	0.11	0.20	0.015	0.30	0.80
Q500	C	0.18	1.80	0.60	0.030	0.030	0.12	0.11	0.20	0.015	0.60	0.80
	D	0.18	1.80	0.60	0.030	0.025	0.12	0.11	0.20	0.015	0.60	0.80
	E	0.18	1.80	0.60	0.025	0.020	0.12	0.11	0.20	0.015	0.60	0.80
Q550	C	0.18	2.00	0.60	0.030	0.030	0.12	0.11	0.20	0.015	0.80	0.80
	D	0.18	2.00	0.60	0.030	0.025	0.12	0.11	0.20	0.015	0.80	0.80
	E	0.18	2.00	0.60	0.025	0.020	0.12	0.11	0.20	0.015	0.80	0.80
Q620	C	0.18	2.00	0.60	0.030	0.030	0.12	0.11	0.20	0.015	1.00	0.80
	D	0.18	2.00	0.60	0.030	0.025	0.12	0.11	0.20	0.015	1.00	0.80
	E	0.18	2.00	0.60	0.025	0.020	0.12	0.11	0.20	0.015	1.00	0.80
Q690	C	0.18	2.00	0.60	0.030	0.030	0.12	0.11	0.20	0.015	1.00	0.80
	D	0.18	2.00	0.60	0.030	0.025	0.12	0.11	0.20	0.015	1.00	0.80
	E	0.18	2.00	0.60	0.025	0.020	0.12	0.11	0.20	0.015	1.00	0.80

注：表中的Al为全铝含量。如化验酸溶铝时，其含量应不小于0.010%。

在钢结构中常采用低合金高强度结构钢轧制型钢、钢板，建造桥梁、高层及大跨度建筑。

3. 钢结构用型钢、钢板

钢结构构件一般应直接先用各种型钢。构件之间可直接或附连接钢板进行连接。连接方式有铆接、螺栓连接或焊接。

型钢有热轧和冷轧成形两种。钢板也有热轧（厚度为0.35～200mm）和冷轧（厚度为0.2～5mm）两种。

(1) 热轧型钢

热轧型钢有H形钢、部分T形钢、工字钢、槽钢、Z形钢和U形钢等。

我国建筑用热轧型钢主要采用碳素结构钢Q235-A（碳量约为0.14%～0.22%）。在钢结构设计规范中，推荐使用低合金钢，主要有两种：Q345(16Mn)及Q390(15MnV)。用于大跨度、承受动荷载的钢结构中。

低合金高强度结构钢的力学性能（GB/T 1591—2008） 表 6-11

牌号	质量等级	屈服点 σ_s /MPa				抗拉强度（≤40mm）σ_b /MPa	伸长率 δ_s /%（≤40mm）	冲击功（A_{kv}）（纵向）/J				180°弯曲试验 d=弯心直径 a=试样厚度（直径）	
		厚度（直径、边长）/mm						+20℃（12～150mm）	0℃（12～150mm）	−20℃（12～150mm）	−40℃（12～150mm）	钢材厚度（直径）/mm	
		≤16	>16～40	>40～63	>63～80							≤16	>16～100
Q345	A	≥345	≥335	≥325	≥315	470～630	≥20	—	—	—	—	$d=2a$	$d=3a$
	B	≥345	≥335	≥325	≥315	470～630	≥20	≥34	—	—	—	$d=2a$	$d=3a$
	C	≥345	≥335	≥325	≥315	470～630	≥21	—	≥34	—	—	$d=2a$	$d=3a$
	D	≥345	≥335	≥325	≥315	470～630	≥21	—	—	≥34	—	$d=2a$	$d=3a$
	E	≥345	≥335	≥325	≥315	470～630	≥21	—	—	—	≥34	$d=2a$	$d=3a$
Q390	A	≥390	≥370	≥350	≥330	490～650	≥20	—	—	—	—	$d=2a$	$d=3a$
	B	≥390	≥370	≥350	≥330	490～650	≥20	≥34	—	—	—	$d=2a$	$d=3a$
	C	≥390	≥370	≥350	≥330	490～650	≥20	—	≥34	—	—	$d=2a$	$d=3a$
	D	≥390	≥370	≥350	≥330	490～650	≥20	—	—	≥34	—	$d=2a$	$d=3a$
	E	≥390	≥370	≥350	≥330	490～650	≥20	—	—	—	≥34	$d=2a$	$d=3a$
Q420	A	≥420	≥400	≥380	≥360	520～680	≥19	—	—	—	—	$d=2a$	$d=3a$
	B	≥420	≥400	≥380	≥360	520～680	≥19	≥34	—	—	—	$d=2a$	$d=3a$
	C	≥420	≥400	≥380	≥360	520～680	≥19	—	≥34	—	—	$d=2a$	$d=3a$
	D	≥420	≥400	≥380	≥360	520～680	≥19	—	—	≥34	—	$d=2a$	$d=3a$
	E	≥420	≥400	≥380	≥360	520～680	≥19	—	—	—	≥34	$d=2a$	$d=3a$
Q460	C	≥460	≥440	≥420	≥400	550～720	≥17	—	≥34	—	—	$d=2a$	$d=3a$
	D	≥460	≥440	≥420	≥400	550～720	≥17	—	—	≥34	—	$d=2a$	$d=3a$
	E	≥460	≥440	≥420	≥400	550～720	≥17	—	—	—	≥34	$d=2a$	$d=3a$
Q500	C	≥500	≥480	≥470	≥450	610～770	≥17	—	≥55	—	—		
	D	≥500	≥480	≥470	≥450	610～770	≥17	—	—	≥47	—		
	E	≥500	≥480	≥470	≥450	610～770	≥17	—	—	—	≥31		
Q550	C	≥550	≥530	≥520	≥500	670～830	≥16	—	≥55	—	—		
	D	≥550	≥530	≥520	≥500	670～830	≥16	—	—	≥47	—		
	E	≥550	≥530	≥520	≥500	670～830	≥16	—	—	—	≥31		
Q620	C	≥620	≥600	≥590	≥570	710～880	≥15	—	≥55	—	—		
	D	≥620	≥600	≥590	≥570	710～880	≥15	—	—	≥47	—		
	E	≥620	≥600	≥590	≥570	710～880	≥15	—	—	—	≥31		
Q690	C	≥690	≥670	≥660	≥640	770～940	≥14	—	≥55	—	—		
	D	≥690	≥670	≥660	≥640	770～940	≥14	—	—	≥47	—		
	E	≥690	≥670	≥660	≥640	770～940	≥14	—	—	—	≥31		

热轧型钢的标记方式为一组符号，包括型钢名称、横断面主要尺寸、型钢标准号及钢号与钢种标准等。例如，用碳素结构钢 Q235-A 轧制的，尺寸为 160mm×160mm×16mm 的等边角钢，其标识为：

$$热轧等边角钢=\frac{160\times160\times16\text{-}GB\ 9787—1988}{Q235\text{-}A\text{-}GB/T\ 700—2006}$$

(2) 冷弯薄壁型钢

通常是用 2～6mm 薄钢板冷弯或模压而成，有角钢、槽钢等开口薄壁型钢及方形、矩形等空心薄壁型钢。主要用于轻型钢结构。其标识方法与热轧型钢相同。

(3) 钢板、压形钢板

用光面轧辊机轧制成的扁平钢材，以平板状态供货的称钢板；以卷状供货的称钢带。按轧制温度不同，分为热轧和冷轧两种；按厚度热轧钢板分为厚板（厚度大于 4mm）和薄板（厚度为 0.35～4mm），冷轧钢板只有薄板（厚度为 0.2～4mm）一种。

建筑用钢板及钢带主要是碳素结构钢。一些重型结构、大跨度桥梁、高压容器等也采用低合金钢板。

薄钢板经冷压或冷轧成波形、双曲形、V 形等形状，称为压形钢板。彩色钢板、镀锌薄钢板、防腐薄钢板等都可采用制作压形钢板。其特点是：质量轻、强度高、抗震性能好、施工快、外形美观等。主要用于围护结构、楼板、屋面等。

6.5.3　钢材的选用

1. 荷载性质

对经常处于低温的结构，易产生应力集中，引起疲劳破坏，需选用材质高的钢材。

2. 使用温度

经常处于低温状态的结构，钢材易发生冷脆断裂，特别是焊接结构，冷脆倾向更加显著，应该要求钢材具有良好的塑性和低温冲击韧性。

3. 连接方式

焊接结构当温度变化和受力性质改变时，易导致焊缝附近的母体金属出现冷、热裂纹，促使结构早期破坏，所以，焊接结构对钢材的化学成分和机械性能要求应严格。

4. 钢材厚度

钢材力学性能一般随厚度增大而降低，钢材经多次轧制后，钢的内部结晶组织更为紧密，强度更高，质量更好。故一般结构用的钢材厚度不宜超过 40mm。

5. 结构重要性

选择钢材要考虑结构使用的重要性，如大跨度结构和重要的建筑物结构，须相应选用质量更好的钢材。

6.6 建筑钢材的防火

学习目标

钢材的耐火性；钢材的防火方法。

关键概念

耐火极限；防火涂料。

火灾是一种违反人们意志，在时间和空间上失去控制的燃烧现象。燃烧的三个要素是：可燃物、氧化剂和点火源。一切防火与灭火措施的基本原理，就是根据物质燃烧的条件，阻止燃烧三要素同时存在，互相结合、互相作用。

建筑物是由各种建筑材料建造起来的，这些建筑材料高温下的性能直接关系到建筑物的火灾危险性大小，以及发生火灾后火势扩大蔓延的速度。对于结构材料而言，在火灾高温作用下力学强度的降低还直接关系到建筑的安全。

6.6.1 建筑钢材的耐火性

建筑钢材是建筑材料的三大主要材料之一。可分为钢结构用钢材和钢筋混凝土结构用钢筋两类。它是在严格的技术控制下生产的材料，具有强度大、塑性和韧性好、品质均匀、可焊可铆，制成的钢结构重量轻等优点。但就防火而言，钢材虽然属于不燃性材料，耐火性能却很差，耐火极限只有 0.15h。

建筑钢材遇火后，力学性能的变化体现为：

1. 强度的降低

在建筑结构中广泛使用的普通低碳钢在高温下的性能如图 6-12 所示。抗拉强度在 250～300℃时达到最大值（由于蓝脆现象引起）；温度超过 350℃，强度开始大幅度下降，在 500℃时约为常温时的 1/2，600℃时约为常温时的 1/3。屈服点在 500℃时约为常温的 1/2。由此可见，钢材在高温下强度降低很快。此外，钢材的应力一应变曲线形状随温度升高发生很大变化，温度升高，屈服平台降低，且原来呈现的锯齿形状逐渐消失。当温度超过 400℃后，低碳钢特有的屈服点消失。

普通低合金钢是在普通碳素钢中加入一定量的合金元素冶炼成的。这种钢材在高温下的强度变化与普通碳素钢基本相同，在 200～300℃的温度范围内极限强度增加，当温度超过 300℃后，强度逐渐降低。

冷加工钢筋是普通钢筋经过冷拉、冷拔、冷轧等加工强化过程得到的钢材，其内部晶格构架发生畸变，强度增加而塑性降低，这种钢材在高温下，内部晶格的畸变随着温度升高而逐渐恢复正常，冷加工所提高的强度也逐渐减少和消失，塑性得到一定恢复。因此，在相同的温度下，冷加工钢筋强度降低值比未加工钢筋大很多。当温度达到 300℃时，冷加工钢筋强度约为常温时的 1/2；400℃时强度急剧下降，约为常温时的 1/3；500℃左右时，其屈服强度接近甚至小于未冷加工钢筋的相应温度下的强度。

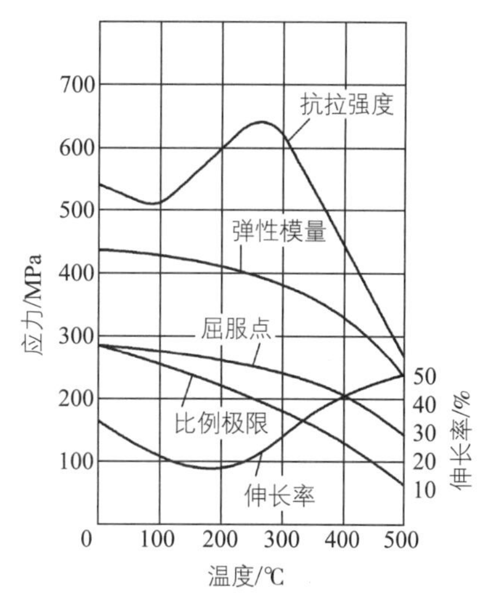

图 6-12　普通低碳钢高温力学性能

高强钢丝用于预应力钢筋混凝土结构。它属于硬钢，没有明显的屈服极限。在高温下，高强钢丝的抗拉强度的降低比其他钢筋更快。当温度在 150℃以内时，强度不降低；温度达 350℃时，强度降低约为常温时的 1/2；400℃时强度约为常温时的 1/3；500℃时强度不足常温时的 1/5。

预应力混凝土构件，由于所用的冷加工钢筋的高强钢丝在火灾高温下强度下降，明显大于普通低碳钢筋和低合金钢筋，因此耐火性能远低于非预应力混凝土构件。

2. 变形的加大

钢材在一定温度和应力作用下，随时间的推移，会发生缓慢塑性变形，即蠕变。蠕变在较低温度时就会产生，在温度高于一定值时比较明显，对于普通低碳钢这一温度为 300～350℃，对于合金钢为 400～450℃，温度越高，蠕变现象越明显。蠕变不仅受温度的影响，而且也受应力大小影响。若应力超过了钢材在某一温度下屈服强度时，蠕变会明显增大。

普通低碳钢弹性模量、伸长率、截面收缩率随温度的变化情况如图 6-12 所示，可见高温下钢材塑性增大，易于产生变形。

钢材在高温下强度降低很快，塑性增大，加之其热导率大（普通建筑钢的热导率高达 67.63W/(m·K)），是造成钢结构在火灾条件下极易在短时间内破坏的主要原因。试验研究和大量火灾实例表明，一般建筑钢材的临界温度为 540℃左右。而对于建筑物的火灾，火场温度大约在 800～1000℃。因此处于火灾高温下的裸露钢结构往往在 10～15min 左右，自身温度就会上升到钢的极限温度 540℃以上，致使强度和载荷能力急剧下降，在纵向压力和横向拉力作用下，钢结构发生扭曲变形，导致建筑物的整体坍塌毁坏，而且变形后的钢结构是无法修复的。

为了提高钢结构的耐火性能，通常可采用防火隔热材料（如钢丝网抹灰、浇注混凝土、砌砖块、泡沫混凝土块）包覆、喷涂钢结构防火涂料等方法。

6.6.2 钢结构防火涂料

钢结构防火涂料（包括预应力混凝土楼板防火涂料）主要用作不燃烧体构件的保护性材料，该类防火涂料涂层较厚，并具有密度小、热导率低的特性，所以在火焰作用下具有优良的隔热性能，可以使被保护的构件在火焰高温作用下材料强度降低缓慢，不易产生结构变形，从而提高钢结构或预应力混凝土楼板的耐火极限。

1. 钢结构防火涂料的分类及品种

钢结构防火涂料按所使用胶粘剂的不同可分为有机防火涂料和无机防火涂料两类，其分类如下：

钢结构防火涂料
- 有机
  - 膨胀型
  - 非膨胀型
- 无机——非膨胀型

我国现行标准《钢结构防火涂料》（GB 14907—2002）将钢结构防火涂料按使用厚度分为：厚型（H 型，涂层厚度大于 7mm 且小于或等于 45mm）、薄型（B 型，涂层厚度大于 3mm 且小于或等于 7mm）和超薄型（CB 型，涂层厚度小于或等于 3mm）。20 世纪 90 年代开始出现了超薄型钢结构防火涂料，并且已成为目前我国钢结构防火涂料研究及生产单位竞相研制的热点。薄涂型钢结构防火涂料涂层厚度一般为 4～7mm，有一定装饰效果，高温时涂层膨胀增厚，具有耐火隔热作用，耐火极限可达 0.5～1.5h。这种涂料又称钢结构膨胀防火涂料。厚涂型钢结构防火涂料厚度一般为 8～45mm，粒状表面，密度较小，热导率低，耐水极限可达 0.5～3.0h。这种涂料又称钢结构防火隔热涂料。

薄涂型钢结构防火涂料的主要品种有：NB 型——室内薄型钢结构防火涂料、WB 型——室外薄型钢结构防火涂料等。

2. 钢结构防火涂料的阻火原理

钢结构防火涂料的阻火原理有三个：一是涂层对钢基材起屏蔽作用，使钢结构不至于直接暴露在火焰高温中；二是涂层吸热后部分物质分解放出水蒸气或其他不燃气体，起到消耗热量、降低火焰温度和延缓燃烧速度、稀释氧气的作用；三是涂层本身多孔轻质和受热后形成碳化泡沫层，阻止了热量迅速向钢基材传递，推迟了钢基材强度的降低，从而提高了钢结构的耐火极限。据研究，涂层经膨胀发泡后，热导率最低可降至 0.233W/(m·K)，仅为钢材自身热导率的 1/290。

3. 钢结构防火涂料的性能

钢结构防火涂料主要有物理、化学及机械性能，包括在容器中的状态、干燥时间、初期干燥抗裂性、外观和颜色、粘结强度、抗压强度、干密度、耐曝热性、耐湿热性、耐冻融循环性和耐火极限等项。各类防火涂料的性能特点见表 6-12。

现有钢结构防火涂料的性能特点　　表 6-12

种类	厚度/mm	优点	缺点
厚型	8～45	1. 耐火极限高，可达 3h 2. 主要成分为无机材料，耐久性相对较好 3. 原材料来源广，价格低，产品单位质量价格较低 4. 遇火后不放出有害人体健康的有毒气体 5. 袋装出厂，运输方便	1. 涂层厚、自重大、粘结力不好时极易剥落 2. 表面粗糙，装饰性差 3. 涂层厚，施工时需用金属丝网加固，增加施工费用，施工周期长 4. 水泥基涂料需养护
薄型	4～7	1. 涂层薄、质轻、粘结力好 2. 表面光滑，可调出各种颜色，装饰性好 3. 单位面积用量少，价格低 4. 施工简便，无需金属丝网加固，干燥快 5. 抗振动，抗挠曲性强 6. 耐火极限最高可达 2h	1. 耐火极限较厚型涂料低 2. 主要成分为有机材料，遇火时可能会释放出有害气体及烟雾，有待研究 3. 因主要成分为有机材料，耐老化、耐久性有待进一步研究 4. 用于室外的产品不多，有待研究开发
超薄型	≤3	1. 涂层更薄，装饰性较薄型涂料更好，颜色丰富，可达到一般建筑涂料的效果 2. 兼具薄型涂料的优点	1. 同样有薄型涂料的缺点 2. 目前还没有用于室外钢结构的防火保护产品，应用受到了限制

钢结构防火涂料的防火性能为耐火极限。

4. 钢结构防火涂料的选用原则

选用钢结构防火涂料时，应考虑结构类型、耐火极限要求、工作环境等。选用原则如下：

(1) 裸露网架钢结构、轻钢屋架，以及其他构件截面小，振动挠曲变化大的钢结构，当要求其耐火极限在 1.5h 以下时，宜选用薄涂型钢结构防火涂料，装饰要求较高的建筑宜首选超薄型钢结构防火涂料。

(2) 室内隐蔽钢结构、高层等性质重要的建筑，当要求其耐火极限在 1.5h 以上时，应选用厚涂型钢结构防火涂料。

(3) 露天钢结构，必须选用适合室外使用的钢结构防火涂料。

室外使用环境比室内严酷得多，涂料在室外要经受日晒雨淋，风吹冰冻，因此应选用耐水、耐冻融、耐老化、强度高的防火涂料。

一般来说，非膨胀型比膨胀型耐候性好。而非膨胀型中蛭石、珍珠岩颗粒型厚质涂料，若采用水泥为胶粘剂比水玻璃为胶粘剂的要好。特别是水泥用量较多，密度较大的，更适宜用于室外。

(4) 注意不要把饰面型防火涂料选用于保护钢结构。饰面型防火涂料适用于木结构和可燃基材，一般厚度小于 1mm，薄薄的涂膜对于可燃材料能起到有效的阻燃和防止火焰蔓延的作用，但其隔热性能一般达不到大幅度提高钢结构耐火极限的作用。

对钢结构进行防火保护措施很多，但涂覆防火涂料是目前相对简单而有效的方法。随着高科技建筑材料的发展，对建筑材料功能性要求的提高，防火涂料的使用已暴露出不足，如安全性问题；防火涂料中阻燃成分可能释放有害气体，对火场中的消防人员、群众会产生危害。

6.7 铝和铝合金

学习目标

铝合金的知识；铝合金的应用。

关键概念

变形铝；铸造铝；铝合金牌号。

铝具有银白色，属于有色金属。作为化学元素，铝在地壳组成中的含量仅次于氧和硅，占第三位，约为 8.13%。

6.7.1 铝的主要性能

1. 铝的冶炼

铝在自然界中以化合态存在，炼铝的主要原料是铝矾土，其主要成分是一水铝($Al_2O_3 \cdot H_2O$) 和三水铝 ($Al_2O_3 \cdot 3H_2O$)，另外还含少量氧化铁、石英、硅酸盐等，其中三氧化二铝的含量高达 47%～65%。

铝的冶炼是先从铝矿石中提炼出三氧化二铝，提炼氧化铝的方法有电热法、酸法和碱法。然后再由氧化铝通过电解得到金属铝。电解铝一般采用熔盐电解法，主要电解质为水晶石 (Na_2AlF_6)，并加入少量的氟化钠、氟化铝，以调节电解液成分。电解出来的铝尚含有少量铁、硫等杂质，为了提高品质再用反射炉进行提纯，在 730～740℃下保持 6～8h 使其再熔融，分离出杂质，然后把铝液浇入铸锭制成铝锭。高纯度铝的纯度可达 99.996%，普通纯铝的纯度在 99.5%以上。

2. 纯铝的特性

铝属于有色金属中的轻金属，密度为 $2.7g/cm^3$，是钢的 1/3。铝的熔点低，为 660℃。铝的导电性和导热性均很好。

铝的化学性质很活泼，它和氧的亲和力很强，在空气中表面容易生成一层氧化铝薄膜，起保护作用，使铝具有一定耐腐蚀性。但由于自然生成的氧化铝膜层很薄，

（一般小于 0.1μm）。因而其耐蚀性亦有限。纯铝不能与卤族元素接触，不耐碱，也不耐强酸。

铝的电极电位较低，如与电极电位高的金属接触并且有电解质存在时，会形成微电池，产生电化学腐蚀。所以用于铝合金门窗等铝制品的连接件应当用不锈钢件。

固态铝呈面心立方晶格，具有很好的塑性（伸长率 $\delta=40\%$），易于加工成型。但纯铝的强度和硬度很低，不能满足使用要求，故工程中不用纯铝制品。

在生产实践中，人们发现向熔融的铝中加入适量的某些合金元素制成铝合金，再经冷加工或热处理，可以大幅度地提高其强度，甚至极限抗拉强度可高达 400～500MPa，相近于低合金钢的强度。铝中最常加入的合金元素有铜（Cu）、镁（Mg）、硅（Si）、锰（Mn）、锌（Zn）等。这些元素有时单独加入，有时配合加入，从而制得各种各样的铝合金。铝合金克服了纯铝强度和硬度过低的不足，又仍能保持铝的轻质、耐腐蚀、易加工等优良性能，故在建筑工程中尤其在装饰领域中应用越来越广泛。

表 6-13 为铝合金与碳素钢性能比较。由表可知，铝合金的弹性模量约为钢的 1/3，而其比强度却为钢的 2 倍以上。由于弹性模量低，铝合金的刚度和承受弯曲的能力较小。铝合金的线膨胀系数约为钢的 2 倍，但因其弹性模量小，由温度变化引起的内应力并不大。

铝合金与碳素钢性能比较　　**表 6-13**

项　目	铝合金	碳素钢
密度 ρ(g/cm³)	2.7～2.9	7.8
弹性模量 E/MPa	63000～80000	210000～220000
屈服点 σ_s/MPa	210～500	210～660
抗拉强度 σ_b/MPa	380～550	320～800
比强度（σ_s/ρ）/MPa	73～190	27～77
比强度（σ_b/ρ）/MPa	140～220	41～98

6.7.2　铝合金的分类

根据铝合金的成分及生产工艺特点，通常将其分为变形铝合金和铸造铝合金两类。

变形铝合金是指这类铝合金可以进行热态或冷态的压力加工，即经过轧制、挤压等工序，可制成板材、管材、棒材及各种异型材使用。这类铝合金要求其具有相当高的塑性。铸造铝合金则是将液态铝合金直接浇注在砂型或金属模型内，铸成各种形状复杂的制件。对这类铝合金则要求其具有良好的铸造性，即具有良好流动性、小的收缩性及高的抗热裂性等。

变形铝合金又可分为不能热处理强化和可以热处理强化两种。前者不能用淬火的方法提高强度，如 Al-Mn、Al-Mg 合金，后者可以通过热处理的方法来提高其强度，如 Al-Cu-Mg（硬铝）、Al-Zn-Mg（超硬铝）、Al-Si-Mg（锻铝）合金等。不能热处理强化的铝合金一般是通过冷加工（辗压、拉拔等）过程而达到强化的，它们具有适中的强度和优良的塑性，易于焊接，并有很好的抗蚀性，我国统称之为防锈铝合金。可热处理强化的铝合金其机械性能主要靠热处理来提高，而不是靠冷加工强化来提高。热处理能大幅度提高强度而不降低塑性。用冷加工强化虽然能提高强度，但使塑性迅速降低。

6.7.3 铝合金的牌号

1. 铸造铝合金的牌号

目前应用的铸造铝合金有铝硅（Al-Si）、铝铜（Al-Cu）、铝镁（Al-Mg）及铝锌（Al-Zn）四个组系。铸造铝合金的牌号用汉语拼音字母“ZL”（铸铝）和三位数字组成。如 ZL101、ZL201 等。三位数字中的第一位数（1～4）表示合金组别。其中 1 代表铝硅合金、2 代表铝铜合金、3 代表铝镁合金、4 代表铝锌合金。后面两位数表示该合金顺序号。

2. 变形铝合金的牌号

变形铝合金可分为防锈铝合金、硬铝合金、超硬铝合金、锻铝合金和特殊铝合金等几种，旧规范里通常以汉语拼音字母作为代号，相应表示为：LF、LY、LC、LD 和 LT。变形铝合金的牌号用其代号加顺序号表示，如 LF12、LD13 等。目前建筑工程中应用的变形铝合金型材，主要是由锻铝合金（LD）和特殊铝合金（LT）制成。

根据新制定的《变形铝及铝合金牌号表示方法》GB/T 16474—1996，凡是化学成分与变形铝合金国际牌号注册协议组织（简称国际牌号注册组织）命名的合金相同的所有合金，其牌号直接采用国际四位数字体系牌号，未与国际四位数字体系牌号的变形铝合金接轨的，采用四位字符牌号（试验铝合金在四位字符牌号前加×）。四位字符牌号的第一、第三、第四位为阿拉伯数字，第二位为英文大写字母。第一位数字表示铝合金组别，如：2×××-Al-CU 系，3×××-Al-Mn 系，4×××-Al-Si 系，5×××-Al-Mg 系，6×××-Al-Mg-Si 系，7×××-Al-Zn 系，8×××-Al-其他元素，9×××-备用系。这样，我国变形铝合金的牌号表示法，与国际上较通用的方法基本一致。新、旧牌号对照如表 6-14。

6.7.4 铝合金的应用

1. 铝合金门窗

铝合金门窗是将按特定要求成型并经表面处理的铝合金型材，经下料、打孔、铣槽、攻丝等加工，制得门窗框料构件，再加连接件、密封件、开闭五金件等一起组合装配而成。铝合金门窗按其结构与开启方式可分为：推拉窗（门）、平开窗（门）、悬挂窗、回转窗、百叶窗和纱窗等。

（1）铝合金门窗的性能要求

铝合金门窗产品通常要进行以下主要性能的检验：

变形铝及铝合金新旧牌号对照 **表 6-14**

新牌号	旧牌号	新牌号	旧牌号	新牌号	旧牌号	新牌号	旧牌号
1A99	原 LG5	2A20	曾用 LY20	4043A		6B02	原 LD2-1
1A97	原 LG4	2A21	曾用 214	4047		6A51	曾用 651
1A95		2A25	曾用 225	4047A		6101	
1A93	原 LG3	2A49	曾用 149	5A01	曾用 LF15	6101A	
1A90	原 LG2	2A50	原 LD5	5A02	原 LF2	6005	
1A85	原 LG1	2B50	原 LD6	5A03	原 LF3	6005A	
1080		2A70	原 LD7	5A05	原 LF5	6351	
1080A		2B70	曾用 LD7-1	5B05	原 LF10	6060	
1070		2A80	原 LD8	5A06	原 LF6	6061	原 LD30
1070A	代 L1	2A90	原 LD9	5B06	原 LF14	6063	原 LD31
1370		2004		5A12	原 LF12	6063A	
1060	代 L2	2011		5A13	原 LF13	6070	原 LD2-2
1050		2014		5A30	曾用 LF16	6181	
1050A	代 L3	2014A		5A33	原 LF33	6082	
1A50	原 LB2	2214		5A41	原 LF41	7A01	原 LB1
1350		2017		5A43	原 LF43	7A03	原 LC3
1145		2017A		5A66	原 LT66	7A04	原 LC4
1035	代 L4	2117		5005		7A05	曾用 705
1A30	原 L4-1	2218		5019		7A09	原 LC9
1100	代 L5-1	2618		5050		7A10	原 LC10
1200	代 L5	2219	曾用 LY19、147	5251		7A15	曾用 LC15
1235		2024		5052		7A19	曾用 LC19
2A01	原 LY1	2124		5154		7A31	曾用 183-1
2A02	原 LY2	3A21	原 LF21	5154A		7A33	曾用 LB733
2A04	原 LY4	3003		5454		7A52	曾用 LC52
2A06	原 LY6	3103		5554		7003	原 LC12
2A10	原 LY10	3004		5754		7005	
2A11	原 LY11	3005		5056	原 LF5-1	7020	
2B11	原 LY8	3105		5356		7022	
2A12	原 LY12	4A01	原 LT1	5456		7050	
2B12	原 LY9	4A11	原 LD11	5082		7075	
2A13	原 LY13	4A13	原 LT13	5182		7475	
2A14	原 LD10	4A17	原 LT17	5083	原 LF4	8A06	原 L6
2A16	原 LY16	4004		5183		8011	曾用 LT98
2B16	曾用 LY16-1	4032		5086		8090	
2A17	原 LY17	4043		6A02	原 LD2		

注：“原”指化学成分与新牌号的相同；“代”指与新牌号的化学成分相似；“曾用”指已经鉴定，工业生产时曾经用过的牌号。

1）强度。测定铝合金门窗的强度是在压力箱内进行的，通常用窗扇中央最大位移量小于窗框内沿高度的 1/70 时所能承受的风压等级表示。如 A 类（高性能窗）平开铝合窗的抗风压强度值为 3000～3500Pa。

2）气密性。气密性是指在一定压力差的条件下，铝合金门窗空气渗透性的大小。通常是放在专用压力试验箱中，使窗的前后形成 10Pa 以上的压力差，测定每平方米面积的窗在每小时内的通气量，如 A 类平开铝合金窗的气密性为0.5～1.0m^3/(m^2·h)，而 B 类（中等性能窗）为 1.0～1.5m^3/(m^2·h)。

3）水密性。水密性是指铝合金门窗在不渗漏雨水的条件下所能承受的脉冲平均风压值。通常在专用压力试验箱内，对窗的外侧施加周期为 2s 的正弦脉冲风压，同时向窗面以每分钟每平方米喷射 4L 的人工降雨，经连续进行 10min 的风雨交加试验，在室内一侧不应有可见的渗漏水现象。例如 A 类平开铝合金窗的水密性为 450～500Pa，而 C 类（低性能窗）为 250～350Pa。

4）隔热性。铝合金门窗的隔热性能常按其传热阻值（m^2·K/W）分为 3 级，即Ⅰ级＞0.50，Ⅱ级＞0.33，Ⅲ级＞0.25。

5）隔声性。铝合金门窗的隔声性能常用隔声量（dB）表示。它是在音响试验室内对其进行音响透过损失试验。隔声铝合金窗的隔声量在 26～40dB 以上。

6）开闭力。铝合金窗装好玻璃后，窗户打开或关闭所需的外力应在 49N 以下，以保证开闭灵活方便。

（2）铝合金门窗的技术标准

随着铝合金门窗生产和应用，我国已颁布了一系列有关铝合金门窗的国家标准，其中主要有：《铝合金门窗》GB/T 8478—2008、《推拉铝合金门》GB 8480—87、《推拉铝合金窗》GB 8481—87、《铝合金地弹簧门》GB 8482—87 等。

1）产品代号。根据有关标准规定，铝合金门窗的产品代号见表 6-15。

铝合金门窗产品代号 **表 6-15**

产品名称	平开铝合金窗		平开铝合金门		推拉铝合金窗		推拉铝合金门	
	不带纱窗	带纱窗	不带纱窗	带纱窗	不带纱窗	带纱窗	不带纱窗	带纱窗
代号	PLC	APLC	PLM	SPLM	TLC	ATLC	TLM	STLM

产品名称	滑轴平开窗	固定窗	上悬窗	中悬窗	下悬窗	主转窗
代号	HPLC	GLC	SLC	CLC	XLC	LLC

2）品种规格。平开铝合金门窗和推拉铝合金门窗的品种规格见表 6-16。

安装铝合金门窗采用预留洞口然后安装的方法，预留洞口尺寸应符合《建筑门窗洞口尺寸系列》GB 5824—1986 的规定。因此，设计选用铝合金门窗时，应注明门窗的规格型号。铝合金门窗的规格型号是以门窗的洞口尺寸表示的，例如洞口宽和高分别为 1800mm 和 2100mm 的门，规格型号为“1821”；若洞口宽、高均为 900mm 的窗，其规格型号则为“0909”。

铝合金门窗品种规格　　单位：mm　　　　表 6-16

名　称	洞口尺寸		厚度基本尺寸系列
	高	宽	
平开铝合金窗	600，900，1200，1500，1800，2100	600，900，1200，1500，1800，2100	40，45，50，55，60，65，70
平开铝合金门	2100，2400，2700	800，900，1000，1200，1500，1800	40，45，50，55，60，70，80
推拉铝合金窗	600，900，1200，1500，1800，2100	1200，1500，1800，2100，2400，2700，3000	40，50，60，70，80，90
推拉铝合金门	2100，2400，2700，3000	1500，1800，2100，2400，3000	70，80，90

3）产品分类及等级。铝合金门窗按其抗风压强度、气密性和水密性三项性能指标，将产品分为A、B、C三类，每类又分为优等品、一等品和合格品三个等级。另外，按隔声性能，凡空气计权隔声量≥25dB时为隔声门窗；按绝热性能，凡传热阻值≥0.25m^2·K/W时为绝热门窗。

4）技术要求。对铝合金门窗的技术要求包括材料、表面处理、装配要求和表面质量等几个方面。所用型材应符合《铝合金建筑型材》GB 5237—2004的有关规定。特别强调的是，选用的附件材料除不锈钢外，应经防腐蚀处理，以避免与铝合金型材发生接触腐蚀。

2. 铝合金装饰板

用于装饰工程的铝合金板，其品种和规格很多。按表面处理方法分有阳极氧化处理及喷涂处理的装饰板。按常用的色彩分有银白色、古铜色、金色、红色、蓝色等。按几何尺寸分，有条形板和方形板，条形板的宽度多为80～100mm，厚度为0.5～1.5mm，长度6.0m左右。按装饰效果分，则有铝合金花纹板、铝合金波纹板、铝合金压型板、铝合金浅花纹板、铝合金冲孔板等。

（1）铝合金压型板。铝合金压型板是目前应用十分广泛的一种新型铝合金装饰材料。它具有质量轻、外形美观、耐久性好、安装方便等优点，通过表面处理可获得各种色彩。主要用于屋面和墙面等。

（2）铝合金花纹板。铝合金花纹板是采用防锈铝合金等坯料，用特制的花纹轧辊轧制而成。花纹美观大方，不易磨损、防滑性能好、防腐蚀性能强、便于冲洗，通过表面处理可得到各种颜色。广泛用于公共建筑的墙面装饰、楼梯踏板等处。

6.8 金属材料的检测

学习目标

钢筋的力学性能检测；钢筋的工艺性能检测。

关键概念

拉伸强度；冷弯性能。

要求：了解钢筋拉伸过程的受力特性，软钢与硬钢在拉伸过程中应力—应变的变化规律，掌握万能材料试验机的工作原理和操作方法、试验过程中试样长度确定、试验数据的正确读取以及试验报告的正确填写。了解如何通过弯曲试验对钢筋的力学性能进行评价；了解弯曲试验的不同方法；掌握不同方法试验时试样长度的确定方法、试验过程中的注意事项和试验结果的正确评定。

本节试验采用的标准及规范：

(1)《金属材料　拉伸试验　第1部分：室温试验方法》GB/T 228.1—2010；

(2)《金属材料　弯曲试验方法》GB/T 232—2010；

(3)《钢筋混凝土用钢　第2部分：热轧带肋钢筋》GB 1499.2—2007；

(4)《钢筋混凝土用钢　第1部分：热轧光圆钢筋》GB 1499.1—2008；

(5)《低碳钢热轧圆盘条》GB/T 701—2008。

6.8.1 钢筋的取样方法及取样数量、复检与判定

(1) 钢筋应按批进行检查与验收，每批的总量不超过60t，每批钢材应由同一个牌号、同一炉罐号、同一规格、同一交货状态、同一进场（厂）时间为一验收批。

(2) 钢筋应有出厂质量证明书或试验报告单。验收时应抽样做拉伸试验和冷弯试验。钢筋在使用中若有脆断、焊接性能不良或力学性能显著不正常时，还应进行化学成分分析其他专项试验。

(3) 钢筋拉伸及冷弯试验的试件不允许进行车削加工，试验应在（20±10)℃的条件下进行，否则应在报告中注明。

(4) 验收取样时，自每批钢筋中任取两根截取拉伸试样，任取两根截取冷弯试样，在拉伸试验的试件中；若有一根试件的屈服点、拉伸强度和伸长率三个指标中有一个达不到标准中的规定值，或冷弯试验中有一根试件不符合标准要求，则在同一批

钢筋中再抽取双倍数量的试样进行该不合格项目的复检，复检结果中只要有一个指标不合格，则该试验项目判定不合格，整批钢筋不得交货。

拉伸和冷弯试件的长度 L 和 L_w，分别按下式计算后截取。

$$拉伸试件\ L=L_0+2h+2h_1$$

$$冷弯试件\ L_w=5a+150$$

式中　L、L_w——分别为拉伸和冷弯试件的长度，mm；

L_0——拉伸试件的标距长度，mm，取 $L_0=5a$ 或者 $L_0=10a$；

h、h_1——分别为夹具长度和预留长度，mm，$h_1=(0.5\sim1)a$；

a——钢筋的公称直径，mm。

6.8.2　钢筋拉伸试验

1. 试验目的

测定低碳钢的屈服强度、抗拉强度与延伸率。注意观察拉力与变形之间的变化。确定应力与应变之间的关系曲线，评定钢筋的强度等级。

2. 主要仪器设备

(1) 主要仪器设备：万能材料试验机，试验达到最大负荷时，最好使指针停留在度盘的第三象限内或者数显破坏荷载在量程的50%～75%之间；钢筋打点机或划线机、游标卡尺（精度为0.1mm)；引伸计精确度级别应符合《单轴试验用引伸计的标定》GB/T 12160—2002的要求。测定上屈服强度应使用不低于1级精确度的引伸计；测定抗拉强度、断后伸长率，应使用不低于2级精确度的引伸计。

(2) 万能材料试验机原理简介：在材料力学试验中，一般都要给试样（或模型）施加载荷，这种加载用的设备称为材料试验机。试验机根据所加载荷的性质可分为静荷试验机和动荷试验机；根据工作条件又可分为常温、高温和低温等试验机；按所加载荷形式分类则有拉力、压力和扭转等试验机。为了保证试验可靠，试验机要满足一定的技术条件。其标准由国家统一规定。安装时或使用一定期限后，都要进行校验(此项工作要由国家计量管理机关统一进行)。不合格者应进行检修。试验机的种类很多，但一般都是由下列两个基本部分所组成。

1) 加载部分。加载部分是对试样施加载荷的机构，例如图6-13的左边部分。所谓加载，就是利用一定的动力和传动装置强迫试样以产生变形，使试样受到力的作用。

图6-13中，在机器底座1上，装有两个固定立柱2，它承载着固定横头3和工作油缸4。开动电动机（1）18，带动油泵15，将油液压入油箱16经油管(1) 20送入工作油缸4，从而推动活塞5、横头6、活动立柱7和活动台8上升。若将试样14两端装在上下夹头9、10中（图6-14)，因下夹头10固定不动，当活动台上升时便使试样发生拉伸变形，承受拉力。若把试样放在活动台下垫板12上，当活动台上升时，就使试样与上垫板12接触而被压缩，承受压力。一般试验机在输油管路中都装置有进油阀门和回油阀门（在原理图6-13中未示出)。进油阀门用来控制进入工作油缸中的

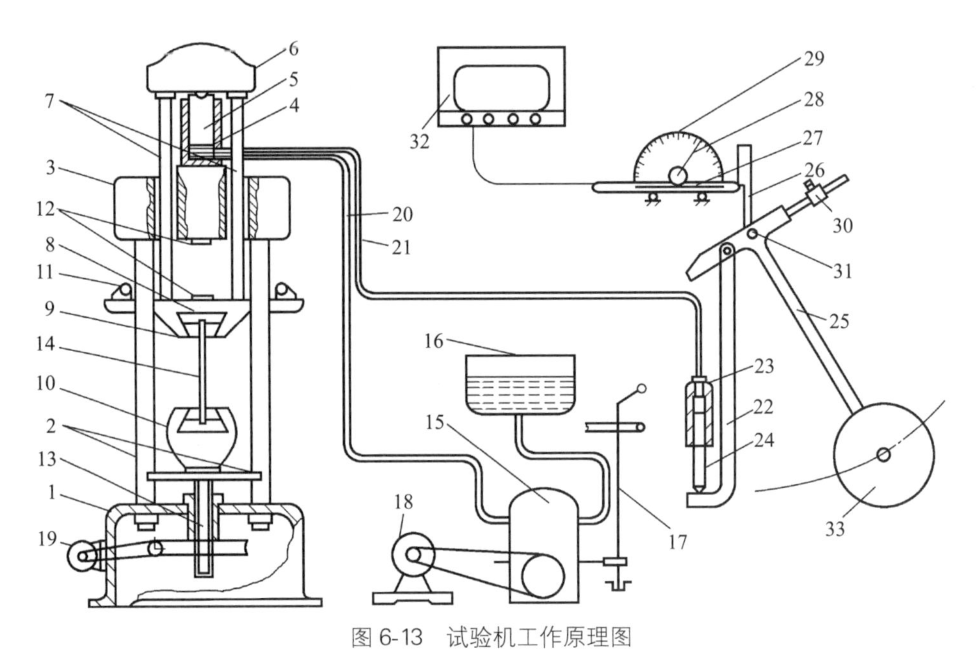

图 6-13　试验机工作原理图

1—底座；2—固定立柱；3—固定横头；4—工作油缸；5—活塞；6—横头；7—活动立柱；8—活动台；9—上夹头；10—下夹头；11—弯曲支座；12—上下垫板；13—螺柱；14—试样；15—油泵；16—油箱；17—油泵操纵机构；18—电动机（1）；19—电动机（2）；20—油管（1）；21—油管（2）；22—拉杆；23—测力油缸；24—测力活塞；25—摆杆；26—推杆；27—水平齿杆；28—指针；29—测力度盘；30—平衡砣；31—支点；32—计算机；33—摆锤

油量，以便调节试样变形速度。回油阀门打开时，则可将工作油缸中的油液泄回油箱，活动台由于自重而下落，回到原始位置。

如果拉伸试样的长度不同，可由电动机（2）（或人力）转动底座中的轴，使螺柱 13 上下移动，调节下夹头的位置。注意当试样已夹紧或受力后，不能再开电动机（2）19。否则，就要造成用下夹头对试样加载，以致损伤机件。活动台的行程有一定的限度，对试验机有关拉伸和压缩行程限度的规定，使用者必须遵守。

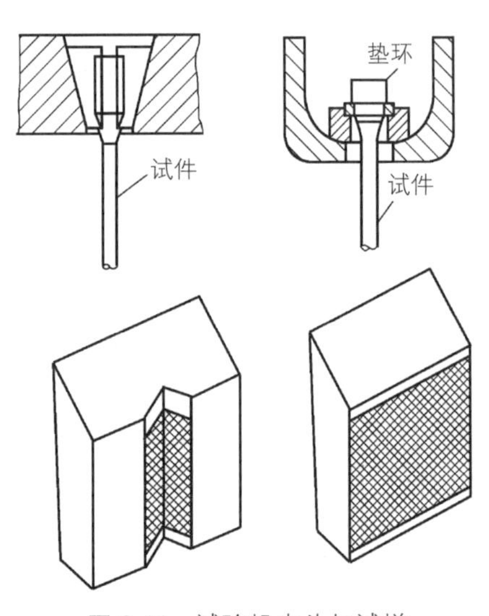

图 6-14　试验机夹头与试样

2）测力部分。测力部分是指示试样所受载荷大小的机构，采用计算机 32 连接液压机，可以精确地控制加载速度，自动形成荷载与变形曲线，自动计算出屈服强度、抗拉强度和伸长率等。

如果增加或减少摆锤的重量，当指针旋转同一角度时，所需的油压也就不同。换言之，即指针在同一位置所指示出的载荷的大小与摆锤重量有关。一般试验机可以更换三种锤重，测力度盘上也相应的有三种度盘。试验时，要根据试样所需载荷的大小，选择合宜的测力度盘，并在摆杆上放置相应重量的摆锤。有些试验机是采用调节摆杆长度的办法，而不是变更摆锤重量。

加载前，测力指针应指在度盘上的“零”点，否则应加以调整。调整时，先开动电动机（1）数分钟，检查运转是否正常，将活动台8升起1cm左右，然后稍微移动摆杆上的平衡砣30，使摆杆25保持铅直位置。再旋转度盘（或转动水平齿杆）使指针对准“零”点。所以先升起活动台调整零点的原因，是由于上横头、活动立柱和活动台等有相当大的重量，要有一定的油压才能将它们升起。但是这部分油压并未用来给试样加载，不应反映到试样载荷的读数中去。当调整零点时，活动台上升不宜过高。

操作过程中应注意检查试验机的试样夹头的形式和位置是否与试样配合、油路上各阀门应当关闭或者油泵操作机构在原始位置、保险开关是否有效以及自动给图器是否正常等。有的试验机附有可调的回油缓冲器，也须相应地调节好。回油缓冲器的作用是在泄油时或试样断裂时，使摆锤缓慢回落，避免突然下落撞击机身。压缩试样必须放置垫板。拉伸试样则须调整下夹头位置，使拉伸区间与试样长度适应。但试样夹紧后，就不得再调整下夹头了。调整好自动绘图器的传动装置和笔、纸等。开车前和停车后，进油一定要置于关闭位置。加载、卸载和回油均应缓慢进行。机器运转时，操纵者不得离开。试验时，不得触动摆锤。使用时，听见异声或发生任何故障应立即停车。

为保证机器安全和试验准确，其吨位选择最好是使试样达到最大荷载时，指针位于第三象限内（即180°～270°之间）。试验机的测力示值误差不大于1%。

3. 试样准备

抗拉试验用钢筋试样不进行车削加工，可以用钢筋试样标距仪标距出两个或一系列等分小冲点或细画线标出原始标距（标记不应影响试样断裂），测量标距长度 L_0（精确至0.1mm），如图6-15所示。计算钢筋强度所用横截面积采用表6-17所列公称横截面积。

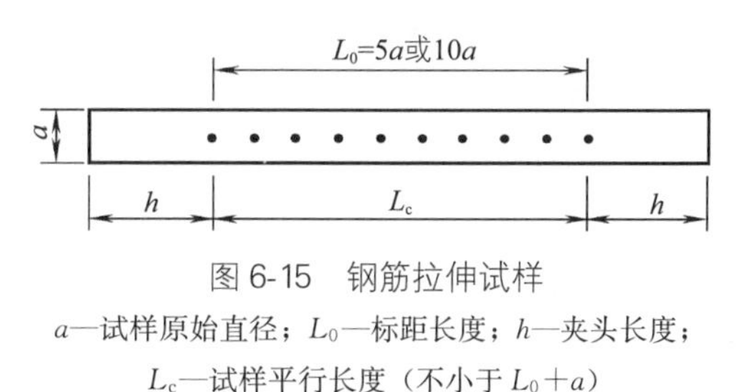

图6-15　钢筋拉伸试样

a—试样原始直径；L_0—标距长度；h—夹头长度；L_c—试样平行长度（不小于 L_0+a）

钢筋的公称横截面积　　**表6-17**

公称直径/mm	公称横截面积/mm²	公称直径/mm	公称横截面积/mm²
8	50.27	22	380.1
10	78.54	25	490.9
12	113.1	28	615.8
14	153.9	32	804.2
16	201.1	36	1018
18	254.5	40	1257
20	314.2	50	1964

4. 试验方法与步骤

(1) 试验一般在室温 10～35℃范围内进行，对温度要求严格的试验，试验温度应为 (23±5)℃；应使用楔形夹头、螺纹夹头或套环夹头等合适的夹具夹持试样。

(2) 做拉力试验时，按质量法求出横截面面积 $A(\mathrm{mm}^2)$：

$$A=m/(\rho L_0)\times 100 \tag{6-2}$$

式中 m——试样的质量，g；

ρ——试样的密度，g/cm^3；

L_0——试样原始标距，mm，测量精度达 0.1mm。

经车削加工的标准试样，用游标卡尺沿标距长度的中间及两端各测直径 1 处，每处应在两个互相垂直的方面各测一次，以其算术平均值作为该处的直径，用所测 3 处直径中的最小值作为计算横截面面积 A 的直径。

(3) 调整试验机测力度盘的指针，使其对准零点，并拨动副指针，使之与主指针重合。在试验机右侧的试验记录辊上夹好坐标纸及铅笔等记录设施；有计算机记录的，则应连接好计算机并开启记录程序。

(4) 将试样夹持在试验机夹头内。开动试验机进行拉伸，试验机活动夹头的分离速率应尽可能保持恒定，拉伸速度为屈服前应力增加速率按表 6-18 规定，并保持试验机控制器固定于这一速率位置上，直至该性能测出为止，屈服后只需测定抗拉强度时，试验机活动夹头在荷载下的移动速度不宜大于 $0.5L_c$/min，L_c 为试件两夹头之间的距离，如图 6-15 所示。

屈服前的加荷速率 **表 6-18**

金属材料的弹性模量/MPa	应力速率 (MPa/s)	
	最小	最大
<150000	2	20
≥150000	6	60

(5) 加载时要认真观测，在拉伸过程中测力度盘的主指针暂时停止转动时的恒定荷载，或主指针回转后的最小荷载，即为所求的屈服点荷载 F_s(N)。将此时的主指针所指度盘数记录在试验报告中。继续拉伸，当主指针回转时，副指针所指的恒定荷载即为所求的最大荷载 F_b(N)，由测力度盘读出副指针所指度盘数记录在试验报告中。

(6) 将已拉断试样的两段在断裂处对齐，尽量使其轴线位于一条直线上。如拉断处由于各种原因形成缝隙，则此缝隙应计入试样拉断后的标距部分长度内。待确保试样断裂部分适当接触后测量试样断后标距 L_1(mm)，要求精确到 0.1mm。L_1 的测定方法有以下两种：

1) 直接法 如拉断处到邻近的标距点的距离大于$\frac{1}{3}L_0$ 时，可用卡尺直接量出已

被拉长的标距长度 L_1。

2）移位法　如拉断处到邻近的标距端点的距离小于或等于$\frac{1}{3}L_0$，可按下述移位法确定 L_1：在长段上，从拉断处 O 取基本等于短段格数，得 B 点，接着取等于长段所余格数（偶数，如图 6-16（a）所示）之半，得 C 点；或者取所余格数（奇数，如图 6-16（b）所示）减 1 与加 1 之半，得 C 与 C_1 点。移位后的 L_1 分别为 $AO+OB+2BC$ 或者 $AO+OB+BC+BC_1$。

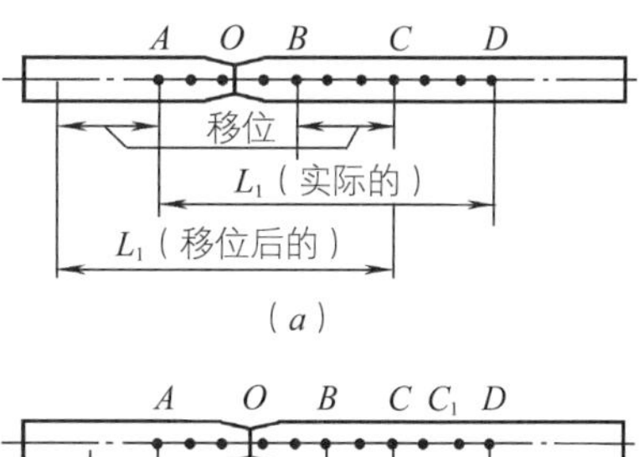

（a）

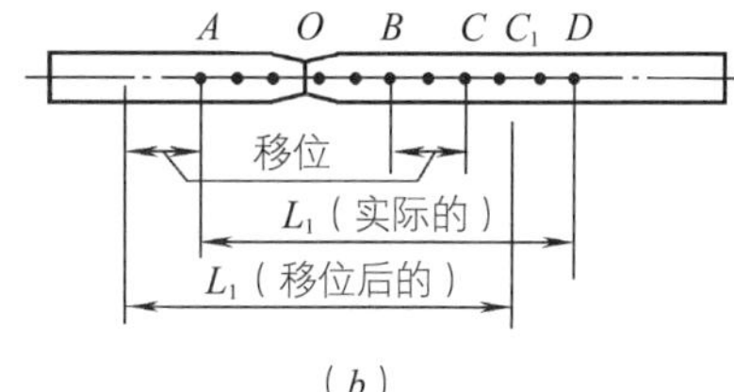

（b）

图 6-16　用移位法计算标距

（a）剩余段格数为偶数时；

（b）剩余段格数为奇数时

如果直接测量所求得的伸长率能达到技术条件的规定值，则可不采用移位法。如果试件在标距点上或标距外断裂，则测试结果无效，应重做试验。将测量出的被拉长的标距长度 L_1 记录在试验报告中。

5. 结果计算与数据处理

（1）屈服点强度：按式（6-3）计算试件的屈服强度 σ_s

$$\sigma_s = F_s / A \tag{6-3}$$

式中　σ_s——屈服点强度，MPa；

F_s——屈服点荷载，N；

A——试样原最小横截面面积，mm^2。

当 σ_s>1000MPa 时，应计算至 10MPa；σ_s 为 200～1000MPa 时，计算至 5MPa；$\sigma_s \leqslant$200MPa 时，计算至 1MPa。小数点数字按“四舍六入五单双法”处理。

（2）抗拉强度：按式（6-4）计算试件的抗拉强度

$$\sigma_b = F_b / A \tag{6-4}$$

式中　σ_b——抗拉强度，MPa；

F_b——试样拉断后最大荷载，N；

A——试样原最小横截面面积，mm^2。

σ_b 计算精度的要求同 σ_s。

（3）也可以使用自动装置（例如微处理机等）或自动测试系统测定屈服强度 σ_s 和抗拉强度 σ_b。

（4）伸长率 δ 按式（6-5）计算（精确至 1%）：

$$(\delta_{10}、\delta_5)\delta = (L_1 - L_0) / L_0 \times 100\% \tag{6-5}$$

式中　δ_{10}、δ_5——分别表示 $L_0 = 10d$ 或 $L_0 = 5d$ 时的伸长率；

L_0——原标距长度 $10d(5d)$，mm；

L_1——试样拉断后直接量出或按移位法确定的标距部分长度，mm。

在试验报告相应栏目中填入测量数据。填表时，要注明测量单位。此外，还要注意仪器本身的精度。在正常状况下，仪器所给出的最小读数，应当在允许误差范围之内。

6.8.3 钢筋冷弯试验

1. 试验目的

测定钢筋在冷加工时承受规定弯曲程度的弯曲变形能力，显示其缺陷，评定钢筋质量是否合格。

2. 主要仪器设备

压力机或万能材料试验机；附有两支辊，支辊间距离可以调节；还应附有不同直径的弯心，弯心直径按有关标准规定。本试验采用支辊弯曲。装置示意如图 6-17 所示。

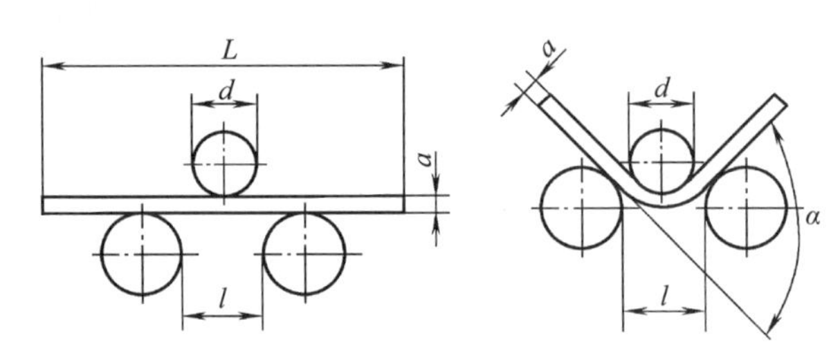

图 6-17 支辊式弯曲装置示意图

3. 试样准备

钢筋冷弯试件长度通常为 $L=0.5(d+a)+140$mm（L 为试样长度，mm；d 为弯心直径，mm；a 为试样原始直径，mm），试件的直径不大于 50mm。试件可由试样两端截取，切割线与试样实际边距离不小于 10mm。试样中间 1/3 范围之内不准有凿、冲等工具所造成的伤痕或压痕。试件可在常温下用锯、车的方法截取，试样不得进行车削加工。如必须采用有弯曲之试件时，应用均匀压力使其压平。

4. 试验方法与步骤

（1）试验前测量试件尺寸是否合格；根据钢筋的级别，确定弯心直径，弯曲角度，调整两支辊之间的距离。两支辊间的距离为：

$$l=(d+3a)\pm0.5a \qquad (6\text{-}6)$$

式中 d——弯心直径，mm；

a——钢筋公称直径，mm。

距离 l 在试验期间应保持不变（见图 6-17）。

（2）试样按照规定的弯心直径和弯曲角度进行弯曲，试验过程中应平稳地对试件施加压力。在作用力下的弯曲程度可以分为三种类型（见图 6-18），测试时应按有关标准中的规定分别选用。

1）达到某规定角度 α 的弯曲，如图 6-18（a）所示。

2）绕着弯心弯到两面平行时的程度，如图 6-18（b）所示。

3）弯到两面接触时的重合弯曲，如图 6-18（c）所示。

（3）重合弯曲时，应先将试样弯曲到图 6-18（b）的形状（建议弯心直径 $d=a$）。

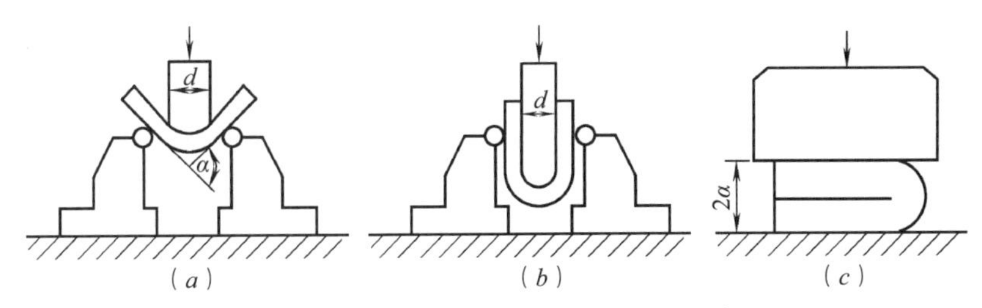

图6-18　钢材冷弯试验的几种弯曲程度
(a) 弯曲至某规定角度；(b) 弯曲至两面平行；(c) 弯曲至两面重合

然后在两平行面间继续以平稳的压力弯曲到两面重合。两压板平行面的长度或直径，应不小于试样重叠后的长度。

(4) 冷弯试验的试验温度必须符合有关标准规定。整个测试过程应在10～35℃或控制条件 (23±5)℃下进行。

5. 结果计算与数据处理

(1) 弯曲后检查试样弯曲处的外面及侧面，如无裂缝、断裂或起层等现象即认为试样合格。做冷弯试验的两根试样中，如有一根试样不合格，即为冷弯试验不合格。应再取双倍数量的试样重做冷弯试验。在第二次冷弯试验中，如仍有一根试样不合格，则该批钢筋即为不合格品。将上述所测得的数据进行分析试样属于哪级钢筋，是否达到要求标准。

(2) 将试验结果记录在试验报告中。

6.8.4　钢材的见证取样送样

1. 钢筋、焊接件及连接件的取样

(1) 热轧钢筋

1) 组批规则

以同一牌号、同一炉罐号、同一规格、同一交货状态，不超过60t为一批。

2) 取样方法

拉伸检验：任选两根钢筋切取两个试样，试样长500mm。

冷弯检验：任选两根钢筋切取两个试样，试长度按下式计算：

$$L=1.55\times(a+d)+140\text{mm}$$

式中　L——试样长度；

a——钢筋公称直径；

d——弯曲试验的弯心直径，按表6-19取用。

弯曲试验的弯心直径　　**表6-19**

钢筋牌号（强度等级）	HPB235（Ⅰ级）	HRB335	HRB400	HRB500
公称直径（mm）	8～20	6～25　28～50	6～25　28～50	6～25　28～50
弯心直径 d	1a	3a、4a	4a、5a	6a、7a

在切取试样时，应将钢筋端头的 500mm 去掉后再切取。

（2）低碳钢热轧圆盘条

1）组批规则

以同一牌号、同一炉罐号、同一品种、同一尺寸、同一交货状态，不超过 60t 为一批。

2）取样方法：

拉伸检验：任选一盘，从该盘的任一端切取一个试样，试样长 500mm。

弯曲检验：任选两盘，从每盘的任一端各切取一个试样，试样长 200mm。

在切取试样时，应将端头的 500mm 去掉后再切取。

（3）冷拔低碳钢丝

1）组批规则

甲级钢丝逐盘检验。乙级钢丝以同直径 5t 为一批任选三盘检验。

2）取样方法

从每盘上任一端截去不少于 500mm 后，再取两个试样一个拉伸，一个反复弯曲，拉伸试样长 500mm，反复弯曲试样长 200mm。

（4）冷轧带肋钢筋

1）冷轧带肋钢筋的力学性能和工艺性能应逐盘检验，从每盘任一端截去 500mm 以后，取两个试样，拉伸试样长 500mm，冷弯试样长 200mm。

2）对成捆供应的 550 级冷轧带肋钢筋应逐捆检验。从每捆中同一根钢筋上截取两个试样，其中，拉伸试样长 500mm，冷弯试样长 250mm。如果，检验结果有一项达不到标准规定。应从该捆钢筋中取双倍试样进行复验。

（5）钢筋焊接接头的取样

1）取样规定（根据《钢筋焊接及验收规程》JGJ 18—2012）

A. 钢筋闪光对焊接头取样规定

（A）在同一台班内，由同一焊工完成的 300 个同牌号、同直径钢筋焊接接头应作为一批。当同一台班内焊接的接头数量较少，可在一周之内累计计算；累计仍不足 300 个接头，应按一批计算。

（B）力学性能检验时，应从每批接头中随机切取 6 个试件，其中 3 个做拉伸试验，3 个做弯曲试验。

（C）焊接等长的预应力钢筋（包括螺钉端杆与钢筋）时，可按生产时同等条件制作模拟试件。

（D）螺钉端杆接头可只做拉伸试验。

（E）封闭环式箍筋闪光对焊接头，以 600 个同牌号、同规格的接头为一批，只做拉伸试验。

（F）当模拟试件试验结果不符合要求时，应进行复验。复验应从现场焊接接头中切取，其数量和要求与初始试验相同。

B. 钢筋电弧焊接头取样规定

(A) 在现浇混凝土结构中，应以 300 个同牌号、同形式接头作为一批；在房屋结构中，应在不超过二楼层中 300 个同牌号、同形式接头作为一批。每批随机切取 3 个接头，做拉伸试验。

(B) 在装配式结构中，可按生产条件制作模拟试件，每批 3 个，做拉伸试验。

(C) 钢筋与钢板电弧搭接焊接头可只进行外观检查。

(D) 模拟试件的数量和要求应与从成品中切取时相同。当模拟试件试验结果不符合要求时，复验应再从成品中切取，其数量和要求与初始试验时相同。

注：在同一批中若有几种不同直径的钢筋焊接接头，应在最大直径接头中切取 3 个试件。

C. 钢筋电渣压力焊接头取样规定

在现浇混凝土结构中，应以 300 个同牌号钢筋接头作为一批；在房屋结构中，应在不超过二楼层中 300 个同牌号钢筋接头作为一批；当不足 300 个接头时，仍应作为一批。每批接头中随机切取 3 个试件做拉伸试验。

注：在同一批中若有几种不同直径的钢筋焊接接头，应在最大直径接头中切取 3 个试件。

D. 钢筋气压焊接头取样规定

(A) 在现浇混凝土结构中，应以 300 个同牌号钢筋接头作为一批；在房屋结构中，应在不超过二楼层中 300 个同牌号钢筋接头作为一批；当不足 300 个接头时，仍应作为一批。

(B) 在柱、墙的竖向钢筋连接中，应从每批接头中随机切取 3 个接头做拉伸试验；在梁、板的水平钢筋连接中，应另切取 3 个接头做弯曲试验。

注：在同一批中若有几种不同直径的钢筋焊接接头，应在最大直径接头中切取 3 个试件

2) 试件长度（根据《钢筋焊接接头试验方法标准》JGJ/T 27—2014

A. 拉伸试件的最小长度（表 6-20）

钢筋焊接接头拉伸试件最小长度 **表 6-20**

接头形式	试件最小长度 (mm)
电弧焊 双面搭接、双面帮条	$8d+Lh+240$
单面搭接、单面帮条	$5d+Lh+240$
闪光对焊、电渣压力焊、气压焊	$8d+240$

注：Lh——帮条长度或搭接长度，钢筋帮条或搭接长度应符合表 6-21 要求。

钢筋帮条或搭接长度 **表 6-21**

钢筋牌号	焊接形式	帮条长度或搭接长度 Lh
HBP235	单面焊	$\geqslant 8d$
	双面焊	$\geqslant 4d$
HRB335、HRB400、RRB500	单面焊	$\geqslant 10d$
	双面焊	$\geqslant 5d$

切取试件时，应使焊缝处于试件长度的中间位置。

B. 弯曲试件长度按下式计算：

$$L=D+2.5d+150\text{mm}$$

式中 L——试件长度；

D——弯心直径（mm）；

d——钢筋直径（mm）。

切取试件时，焊缝应处于试件长度的中央。

弯心直径 D 按表 6-22 规定确定。

钢筋焊接接头弯曲试验弯心直径 **表 6-22**

钢筋直径	≤25mm	>25mm
钢筋级别	弯心直径 D(mm)	
Ⅰ级	$2d$	$3d$
Ⅱ级	$4d$	$5d$
Ⅲ级	$5d$	$6d$
Ⅳ级	$7d$	$8d$

（6）机械连接接头（根据《钢筋机械连接通用技术规程》JGJ 107—2016）

1）钢筋连接工程开始前及施工过程中，应对每批进场钢筋进行接头工艺检验，取样按以下进行：

A. 每种规格钢筋的接头试件不应少于 3 根；

B. 钢筋母材抗拉强度试件不应少于 3 根，且应取接头试件的同一根钢筋；

2）接头的现场检验按验收批进行。同一施工条件下采用同一批材料的同等级、同形式、同规格接头，以 500 个为一个验收批进行检验与验收，不足 500 个也作为一个验收批。对接头的每一验收批，必须在工程结构中随机截取 3 个试件作单向拉伸试验。

3）接头试件尺寸

试件长度如下所示：

$$L_1=L+8d+2h$$

式中 L——接头试件连件长度；

d——钢筋直径；

h——试验机夹具长度，当 $d<20\text{mm}$ 时，h 取 70mm，当 $d\geqslant 20\text{mm}$ 时，h 取 100mm；

L_1——试件长度。

在取有于工艺检验的接头试件时，每个试件尚应取一根与其母材处于同一根钢筋的原材料试件做力学性能试验。

2. 钢材的见证送样

见证送样必须逐项填写检验委托单中的内容，如委托单位、建设单位、施工单位、工程名称、工程部位、见证单位、见证人、送样人、送样日期、钢筋类别、级别或牌号、炉批号、试件规格、检测项目、样品状态、样品数量、执行标准等。

钢筋焊接或机械连接接头检测还应填写接头形式、焊工姓名及考试合格证号、机械连接还应填写接头等级等。

单元小结

人类文明的发展和社会的进步同金属材料关系十分密切。继石器时代之后出现的铜器时代、铁器时代，均以金属材料的应用为其时代的显著标志。现代，种类繁多的金属材料已成为人类社会发展的重要物质基础。金属材料的使用性能是指在使用条件下，金属材料表现出来的性能，它包括力学性能、物理性能、化学性能等。金属材料使用性能的好坏，决定了它的使用范围与使用寿命。随着全球应用技术研究的深入以及新型防火涂料和隔热材料的不断问世，钢结构作为建筑结构的一种形式，以其强度高、自重轻、有优越的变形性能和抗震性被世人瞩目，从施工角度上，有施工周期短，结构形式灵活等优点，因而在建筑行业尤其在高层乃至超高层建筑中得到了广泛的应用，显示出了其强大的生命力。然而这一切都要建立在对金属材料的科学合理的使用上。因此一定要全面、正确的掌握金属材料的技术特性、检测方法、应用要点。

练习题

一、基础题

（一）名词解释

沸腾钢、镇静钢、碳素钢、低合金钢、冷加工强化、时效、HRB335

（二）是非题

1. 钢材的含碳量越大，其强度越高。(　　)
2. 钢筋冷弯是指钢筋在负温下承受弯曲作用的能力。(　　)

3. 钢材是按硫、磷两种有害元素的含量高低来划分质量等级的。(　　)
4. 钢材在设计中一般以抗拉强度作为强度取值的依据。(　　)
5. 硫和磷是钢中的有害元素，含量稍多即会严重影响钢材的塑性和韧性。(　　)
6. 低合金钢的塑性和韧性较差。(　　)
7. 随含碳量提高，建筑钢材的强度、硬度均提高，塑性和韧性降低。(　　)
8. 沸腾钢最适合用于低温下承受动载的焊接钢结构。(　　)
9. 钢材的 $\delta_5=\delta_{10}$ (　　)
10. 沸腾钢是用强脱氧剂，脱氧充分液面沸腾，故质量好。(　　)
11. 钢是铁碳合金。(　　)
12. 钢材的强度和硬度随含碳量的提高而提高。(　　)
13. 牌号为 Q235-A・F 的钢材，其性能较 Q235-D 的钢差。(　　)
14. 由于合金元素的加入，钢材强度提高，但塑性却大幅下降。(　　)
15. 伸长率越大，钢材的塑性越好。(　　)
16. 钢材的屈强比越大，则其利用率越高而安全性小。(　　)
17. 钢结构设计时是以抗拉强度确定钢材容许应力的。(　　)
18. 钢结构设计时，对直接承受动荷载的结构应选用沸腾钢。(　　)
19. 低合金钢比碳素结构钢更适合于高层及大跨度结构。(　　)
20. 钢的含碳量增大使可焊性降低，增加冷脆性和时效敏感性，降低耐大气腐蚀性。(　　)
21. 钢筋经冷拉强化处理后，其强度和塑性显著提高。(　　)

(三) 填空题

1. 建筑钢材的三大技术指标有________、________、________。
2. 建筑钢材的冶炼方法可分为__________、__________和____________三种。其中，________法炼出的钢质量最好。
3. 根据脱氧程度的不同，钢材可分为________、________、________。
4. 根据化学成分的不同，钢材可分为________和________两类；根据含磷和硫的多少不同，钢材可分为________、________和________三类；根据用途的不同，钢材分为________、________、________三类。
5. 钢材中除含铁元素外，还含有少量的____________、____________、__________及__________、________、________、________等元素。
6. 钢材经冷加工时效处理后，其__________、__________、________进一步提高，而________、________进一步降低。
7. 钢筋进行冷加工时效处理后屈强比__________。
8. 钢材的拉伸试验可分为________、______、______和________四个阶段。
9. 钢材中元素 S 主要会使钢的__________增大，元素 P 主要会使钢的__________增大。
10. 钢的牌号 Q235-AF 中 A 表示________________________________。

11. ________和________是衡量钢材强度的两个重要指标。
12. 建筑钢材随着含碳量的增加，其强度________、塑性________。
13. 随着含碳量的增加，建筑钢材的可焊性________________。
14. 低合金高强度结构钢与碳素结构钢相比，其机械强度较高，抗冲击能力________。
15. 钢材中________元素含量较高时，易导致钢材在________温度范围以下呈脆性，这称为钢材的低温冷脆性。
16. 钢材的 δ_5 表示____________。

（四）选择题

1. 低碳钢的含碳量一般（　　）。

A. 小于0.25%　　B. 0.25%～0.60%
C. 大于0.60%　　D. 大于0.80%

2. 钢筋冷拉后（　　）明显提高。

A. σ_s　　B. σ_b　　C. σ_s 和 σ_b　　D. δ_5

3. 热轧带肋钢筋进行拉伸试验时，其伸长率记为（　　）。

A. δ_5　　B. δ_{10}　　C. δ_{100}　　D. δ_{200}

4. 钢筋拉伸试验可以测定的三项技术指标是（　　）。

A. 屈服强度　　B. 冲击韧性　　C. 硬度　　D. 抗拉强度
E. 伸长率

5. 某直径为20mm的钢筋拉伸试验时测得断后标距间长度为132mm，则该伸长率 δ_5 为（　　）。

A. 112　　B. 20%　　C. 32%.　　D. 11.2%

6. 下列碳素结构钢中含碳量最高的是（　　）。

A. Q235-AF　　B. Q215　　C. Q255　　D. Q275

7. 下列钢材中，塑性及可焊性均最好的为（　　）。

A. Q215　　B. Q275　　C. Q235　　D. Q255

8. 低温焊接钢结构宜选用的钢材为（　　）。

A. Q195　　B. Q235-AF　　C. Q235-D　　D. Q235-B

9. 普通碳素钢按屈服点、质量等级及脱氧方法分为若干牌号，随牌号提高，钢材（　　）。

A. 强度提高，伸长率提高　　B. 强度降低，伸长率降低
C. 强度提高，伸长率降低　　D. 强度降低，伸长率提高

10. 以下哪种钢筋材料不宜用于预应力钢筋混凝土结构中？（　　）

A. 热处理钢筋　　B. 冷拉HRB400级钢筋
C. 冷拔低碳钢丝　　D. 高强钢绞线

11. 钢筋经冷拉和时效处理后，其性能的变化中，以下何种说法是不正确的？（　　）

A. 屈服强度提高　　B. 抗拉强度提高
C. 断后伸长率减小　　D. 冲击吸收功增大

12. 钢材牌号的质量等级中，表示钢材质量最好的等级是（　　）。

A. A　　B. B　　C. C　　D. D

13. 某碳素结构钢的牌号为 Q235-BZ，其中“B”表示（　　）。

A. 质量等级为 B 级　　B. 碳元素含量

C. 半镇静钢　　D. 屈服点

14. 对钢材进行冷拉处理，目的是为了提高钢材的（　　）。

A. 屈服强度　　B. 韧性　　C. 加工性能　　D. 塑性

15. 随碳素结构钢的牌号增大，则其（　　）。

A. σ_s、σ_b 增大，δ 减小　　B. 可焊性降低

C. δ 增大　　D. A、B 两项均选

16. 严寒地区受动荷载作用的焊接结构钢宜选用（　　）牌号钢材。

A. Q235-AF　　B. Q275-D　　C. Q235-B　　D. Q235-D

17. 钢材抵抗冲击荷载的能力称为（　　）。

A. 塑性　　B. 冲击韧性　　C. 弹性　　D. 硬度

18. 铝合金的性质特点是（　　）。

A. 强度低　　B. 弹性模量大　　C. 耐蚀性差　　D. 低温性能好

（五）问答题

1. 根据脱氧程度的不同，钢材可分为哪几类？脱氧程度对钢材性能有什么影响？
2. 建筑钢材的机械性能有哪些？
3. 伸长率表示钢材的什么性质？如何计算？对同一种钢材来说，δ_5 和 δ_{10} 哪个值大？
4. 画出低碳钢的应力—应变曲线图，在图上标注出 σ_s 和 σ_b，并阐述 σ_s、σ_b、δ 三者的实际意义。
5. 冷弯性能如何评定？它表示钢材的什么性质？什么是钢材的可焊性？
6. 什么是钢材的冷加工强化与时效处理？钢材冷加工后性质有何变化？再经时效处理后性质又发生什么变化？采取此措施对工程有何实际意义？
7. 碳素结构钢的牌号如何表示？为什么 Q235 钢广泛用于建筑工程中？
8. 低合金结构钢的主要用途及被广泛使用的原因是什么？
9. 混凝土结构用钢主要有哪些种类？熟悉它们的技术性能及应用。
10. 试述钢材锈蚀的原因及如何防止锈蚀？
11. 为什么钢材需要防火？防火应采取哪些措施？
12. 简述铝合金的分类。建筑工程中常用的铝合金制品有哪些？其主要技术性能如何？

二、应用题

1. 从新进场的一批直径 20mm 的热轧钢筋中抽样，截取两根做拉伸试验，测行结果如下：达到屈服点时读数分别为 125、115kN，达到破坏时读数分别为 168、

160kN，拉断后标距长度分别为120、122mm。试判断该批钢筋的级别。

2. 何谓屈强比？说明钢材的屈服点和屈强比的实用意义，并解释$\sigma_{0.2}$的含义。

3. 解释下列钢牌号的含义：

(1) Q235-A·F；(2) Q255-B；(3) Q215-B·Z；(4) Q345(16Mn)

4. 某热轧Ⅱ级钢筋试件，直径为18mm，做拉伸试验，屈服点荷载为95kN，拉断时荷载为150kN，拉断后，测得试件断后标距伸长量为$\Delta l=27$mm，试求该钢筋的屈服强度、抗拉强度、断后伸长率δ_5和屈强比，并说明该钢材试件的有效利用率和安全可靠程度。

单元课业

课业名称：完成钢筋力学与工艺性能检测报告

学生姓名：

自评成绩：

任课教师：

时间安排：安排在开课10～12周后，用2天时间完成。

开始时间：

截止时间：

一、课业说明

本课业是为了完成钢筋材料的制样、性能检测等全套工作而制定的。根据“金属材料的检测与应用”的能力要求，需要根据金属材料的检查验收规范，正确实施金属材料性能检测。包括进行钢筋检测，编制、填写检测报告，依据检测报告提出实施意见。

二、背景知识

教材：单元6　金属材料的检测与应用

6.2　钢材的主要技术性能

6.8　金属材料的检测

根据所学内容和要求，查阅钢筋材料性能检测标准和规范，编写钢筋材料性能检测表格，检测步骤，经指导教师审核后，进行钢筋材料试样制作、性能检测试验，填写检测报告，就各项指标，评定试验用钢筋材料是否符合标准要求。

三、任务内容

包括：钢筋材料标准、规范查阅，标准和规范中各项技术指标及其检测方法的正确解读，制定钢筋材料性能检测表格和检测步骤，编制检测报告，实施钢筋材料试样制作，进行相关的检测，填写检测报告，评定钢筋材料的实施结果。

小组任务：

全班可分若干个小组，每组 5～6 名成员，集体协商，分工负责，群策群力，搞好课业工作。

组内每个成员的任务：

每个人都必须在自己的课业中完成以下方面的内容：

1. 查阅钢筋材料性能检测标准和规范，并且要求是最新颁布实施。
2. 根据标准和规范制定钢筋材料性能检测表格和检测方法、步骤。
3. 进行钢筋材料各项技术指标实验，填写检测报告。

四、课业要求

具体完成时间、上交时间、上交地点、是否打印及格式等，让学生自己制订计划表上交。

完成时间：

上交时间：

打　　印：A4 纸打印。

五、试验报告参考样本

钢筋力学与工艺性能测试报告

一、试验内容

二、主要仪器设备及规格型号

三、试验记录

（一）钢筋拉伸试验

试验日期：__________ 气温 /室温：__________ 湿度：__________

钢材类型：____________________。

钢筋拉伸试验记录表　　表 6-23

屈服点和抗拉强度测定	公称直径 ϕ/mm	截面面积 S/mm²	屈服荷载 /N	极限荷载 /N	屈服点 σ_s /MPa		抗拉强度 σ_s /MPa	
					测定值	平均值	测定值	平均值
伸长率测定	公称直径 ϕ/mm	原始标距长度 /mm	拉断后标距长度 /mm	拉伸长度 /mm	伸长率 δ/%			
					测定值		平均值	

结果评定

根据国家标准，所测定的钢筋抗拉性能是否合格?

（二）钢筋冷弯性能测试

试验日期：__________ 气温 /室温：__________ 湿度：__________

钢材类型：____________________。

钢材冷弯性能测试记录表　　表 6-24

试件编号	钢材型号	钢材直径（或厚度）/mm	冷弯角度	弯心直径与钢材直径（或厚度）的比值	冷弯后钢材的表面状况	冷弯性能是否合格
1						
2						

四、试验小结

六、评价

评价内容与标准

技　能	评价内容	评价标准
查阅钢筋材料相关标准规范	1. 查阅规范准确、可靠、实用 2. 能够迅速、准确、及时的查阅跟踪标准	1. 规范要新，不能过时、失效 2. 跟踪标准是主标准的必要补充
制定钢筋材料性能检测表格和检测方法、步骤	钢筋材料性能检测表格规范、正确，检测方法合理、实用、可行	能够正确规范地编制钢筋材料性能检测表格，准确、无误地确定检测性能指标
编制检测报告	报告形式简洁、规范、明晰	报告内容、格式一目了然，版面均衡
进行各项技术性能实验，填写检测报告	实验正确、报告规范	操作仪器正确，检测数据准确，填写报告精确

能力的评定等级

4	C. 能高质、高效地完成此项技能的全部内容，并能指导他人完成 B. 能高质、高效地完成此项技能的全部内容，并能解决遇到的特殊问题 A. 能高质、高效地完成此项技能的全部内容
3	能圆满完成此项技能的全部内容，并不需任何指导
2	能完成此项技能的全部内容，但偶尔需要帮助和指导
1	能完成此项技能的部分内容，但须在现场的指导下，能完成此项技能的全部内容

课业成绩评定

教师评语及改进意见	学生对课业成绩的反馈意见

注：不合格：不能达到3级。　　合格：全部项目都能达到3级水平。
　　良好：60%项目能达到4级水平。　　优秀：80%项目能达到4级水平。

单元7

建筑防水材料检测与应用

引　言

建筑防水是保证建筑物（构筑物）的结构不受水的侵袭、内部空间不受水的危害的一项重要工作，建筑防水在整个建筑工程中占有重要的地位。

建筑防水涉及建筑物（构筑物）的地下室、墙地面、墙身、屋顶等诸多部位，其功能就是要使建筑物或构筑物在设计耐久年限内，防止雨水及生产、生活用水的渗漏和地下水的浸蚀，确保建筑结构、内部空间不受到污损，为人们提供一个舒适和安全的生活空间环境。

本章主要介绍防水材料的分类、组成、技术性质、性能检测及应用等方面的知识。

学习目标

通过本章的学习你将能够：

掌握防水材料的分类、组成和用途；

掌握建筑防水材料的技术指标及相应的检测方法；

了解防水材料的技术要求与选用。

建筑防水，一般是用防水材料在屋面等部位做成均匀性被膜，利用防水材料的水密性有效地隔绝水的渗透通道。所以建筑防水材料是用于防止建筑物渗漏的一大类材料，被广泛应用于建筑物的屋面、地下室以及水利、地铁、隧道、道路和桥梁等其他有防水要求的工程部位。

建筑防水历来是人们十分关心的问题。随着社会的发展，防水材料也在不断更新换代，但房屋渗漏问题仍普遍存在。建设部文件规定，新建房屋要保证三年不漏；防水材料要保证十年不渗漏。但长期以来，房屋建筑工程中的防水技术却不尽人意，存在着严重的渗漏现象。建设部曾组织抽查，抽查结果表明：屋面不同程度渗漏的占抽查工程数的35%，厕浴间不同程度渗漏的占抽查工程数的39.2%。不少房屋建筑同时存在着屋面、厕浴间和墙面的渗漏现象。有14个城市存在不同程度的渗漏，无一渗漏的只有一个城市。

防水是一个涉及设计、材料、施工和维护管理的复杂系统工程，但材料是防水工程的基础，防水材料质量的优劣直接影响建筑物的使用性和耐久性。随工程性质和结构部位的不同，对防水材料的品种、形态和性能的要求也不同。按防水材料的力学性能，可分为刚性防水材料和柔性防水材料两类。本节主要介绍柔性防水材料。目前，常用的柔性防水材料按形态和功能可分为防水卷材、防水涂料和防水密封材料等几类。为了适应不同要求，各种防水材料不断涌现，新型防水材料也在迅速发展。

7.1 防水材料的基本材料

学习目标

石油沥青的组成和性能特点；改性沥青的性能特点及其原理；合成高分子防水材料的种类和性能特点。

关键概念

黏滞度、针入度、延度；改性。

生产防水材料的基本材料有石油沥青、煤沥青、改性沥青以及合成高分子材料等。

7.1.1 沥青

沥青是一种有机胶凝材料，它是复杂的大分子碳氢化合物及非金属（氧、硫、氮等）衍生物的混合物。在常温下为黑色或黑褐色液体、固体或半固体，具有明显的树脂特性，能溶于二硫化碳、四氯化碳、苯及其他有机溶剂。沥青与许多材料表面有良好的粘结力，它不仅能粘附于矿物材料表面上，而且能粘附在木材、钢铁等材料表面。沥青是一种憎水性材料，几乎不溶于水，而且构造密实，是建筑工程中应用最广泛的一种防水材料；沥青能抵抗一般酸、碱、盐等侵蚀性液体和气体的侵蚀，故广泛应用于防水、防潮、防腐方面。它的资源丰富、价格低廉、施工方便、实用价值很高。在建筑工程上主要用于屋面及地下建筑防水或用于耐腐蚀地面及道路路面等，也可用于制造防水卷材、防水涂料、嵌缝油膏、粘合剂及防锈防腐涂料。沥青已成为建筑中不可缺少的建筑材料。一般用于建筑工程的有石油沥青和煤沥青两种。

1. 石油沥青

石油沥青是由石油原油经蒸馏等炼制工艺提炼出各种轻质油（汽油、煤油、柴油等）和润滑油后的残余物，经再加工后的产物。石油沥青的化学成分很复杂，很难把其中的化合物逐个分离出来，且化学组成与技术性质间没有直接的关系，因此，为了便于研究，通常将其中的化合物按化学成分和物理性质比较接近的，划分为若干组分(又称组丛)。

(1) 石油沥青的组分

1) 油分

油分为流动至黏稠的液体，颜色为无色至浅黄色，有荧光，密度 0.6～1.00g/cm^3，分子量为 100～500，是沥青分子中分子量最低的化合物，能溶于大多数有机溶剂，但不溶于酒精。在石油沥青中，油分的含量为 40%～60%。油分使石油沥青具有流动性。在 170℃加热较长时间可挥发。含量越高，沥青的软化点越低，沥青流动性越大，但温度稳定性差。

2) 树脂

树脂为红褐色至黑褐色的黏稠半固体，密度 1.00～1.10g/cm^3，分子量 650～1000，能溶于大多数有机溶剂，但在酒精和丙酮中的溶解度极低，熔点低于 100℃。在石油沥青中，树脂的含量为 15%～30%，它使石油沥青具有良好的塑性和粘结性。

3) 地沥青质

地沥青质为深褐色至黑色的硬、脆的无定形不溶性固体，密度 1.10～1.15g/cm^3，分子量 2000～6000。除不溶于酒精、石油醚和汽油外易溶于大多数有机溶剂。在石油沥青中，地沥青质含量为 10%～30%。地沥青质是决定石油沥青热稳定性和黏性的重要组分，含量越多，软化点越高，也越硬、脆。对地沥青加热时会分解，逸出气体而成焦炭。

此外，石油沥青中往往还含有一定量的固体石蜡，是沥青中的有害物质，会使沥青的粘结性、塑性、耐热性和稳定性变坏。

石油沥青的性质与各组分之间的比例密切相关。液体沥青中油分、树脂多，流动性好，而固体沥青中树脂、地沥青质多，特别是地沥青质多，热稳定性和黏性好。

石油沥青中的这几个组分的比例，并不是固定不变的，在热、阳光、空气和水等外界因素作用下，组分在不断改变，即由油分向树脂、树脂向地沥青质转变，油分、树脂逐渐减少，而地沥青质逐渐增多，使沥青流动性、塑性逐渐变小，脆性增加直至脆裂。这个现象称为沥青材料的老化。

(2) 石油沥青的主要技术性质

1) 黏滞性

黏滞性是指石油沥青在外力作用下抵抗变形的性能。黏滞性的大小，反映了胶团之间吸引力的大小，即反映了胶体结构的致密程度。当地沥青质含量较高，有适量树脂，但油分含量较少时，黏滞性较大。在一定温度范围内，当温度升高时，黏滞性随之降低，反之则增大。

表征沥青黏滞性的指标，对于液体沥青是黏滞度，它表示液体沥青在流动时的内部阻力。测试方法是液体沥青在一定温度（25℃或60℃）条件下，经规定直径（3.5或10mm）的孔漏下50mL所需的秒数。其测试示意如图7-1所示。黏滞度大时，表示沥青的稠度大，黏性高。

表征半固体沥青、固体沥青黏滞性的指标是针入度。它是表征某种特定温度下的相对黏度，可看作是常温下的树脂黏度。测试方法是在温度为25℃的条件下，以质量100g的标准针，经5s沉入沥青中的深度（每0.1mm称1度）来表示。针入度测定示意图如图7-2所示。针入度值大，说明沥青流动性大，黏滞性越小。针入度范围在5～200度之间。它是很重要的技术指标，是沥青划分牌号的主要依据。

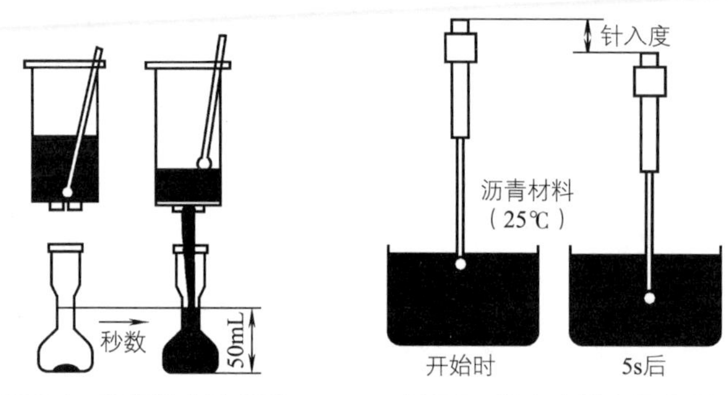

图7-1　黏度测定示意图　　图7-2　针入度测定示意图

2) 塑性

塑性是指石油沥青在外力作用时产生变形而不破坏的性能，沥青之所以能被制成性能良好的柔性防水材料，在很大程度上取决于这种性质。石油沥青中树脂含量大，其他组分含量适当，则塑性较高。温度及沥青膜层厚度也影响塑性。温度升高，塑性增大；膜层增厚，则塑性也增大。在常温下，沥青的塑性较好，对振动和冲击作用有一定承受能力，因此常将沥青铺作路面。

沥青的塑性用延度（延伸度）表示，常用沥青延度仪来测定。具体测试是将沥青制成8字形试件，试件中间最窄处横断面积为1cm^2。一般在25℃水中，以每分钟5cm的速度拉伸，至拉断时试件的伸长值即为延度，单位为厘米。其延度测试见图7-3。延度越大，说明沥青的塑性越好，变形能力强，在使用中能随建筑物的变形而变形，且不开裂。

3）温度敏感性（温度稳定性）

温度敏感性是指石油沥青的黏滞性和塑性随温度升降而变化的性质。温度敏感性越大，则沥青的温度稳定性越低。温度敏感性大的沥青，在温度降低时，很快变成脆硬的物体，受外力作用极易产生裂缝以致破坏；而当温度升高时即成为液体流淌，失去防水能力。因此，温度敏感性是评价沥青质量的重要性质。

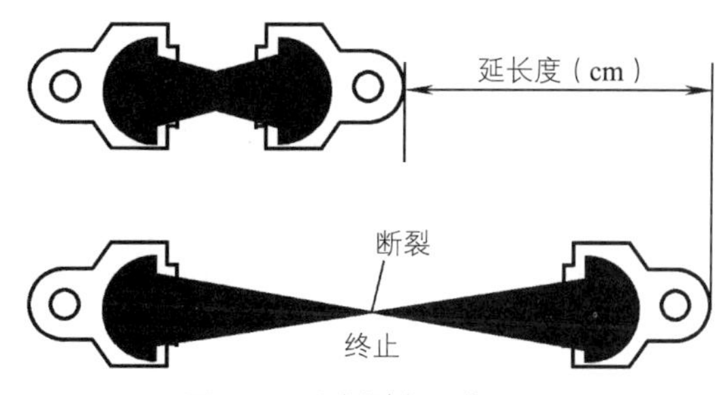

图 7-3　延度测定示意图

沥青的温度敏感性通常用“软化点”表示。软化点是指沥青材料由固体状态转变为具有一定流动性膏体的温度。软化点可通过“环球法”试验测定（图7-4）。将沥青试样装入规定尺寸的铜杯中，上置规定尺寸和质量的钢球，放在水或甘油中，以每分钟升高 5℃ 的速度加热至沥青软化下垂达 25.4mm 时的温度（℃），即为沥青软化点。

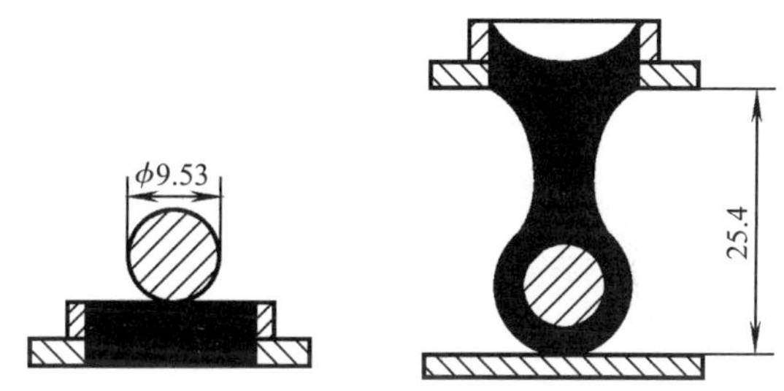

图 7-4　软化点测定示意图

不同的沥青软化点不同，大致在 25～100℃之间。软化点高，说明沥青的耐热性好，但软化点过高，又不易加工；软化点低的沥青，夏季易产生变形，甚至流淌。所以，在实际应用中，总希望沥青具有高软化点和低脆化点（当温度在非常低的范围时，整个沥青就好像玻璃一样的脆硬，一般称作“玻璃态”，沥青由玻璃态向高弹态转变的温度即为沥青的脆化点）。为了提高沥青的耐寒性和耐热性，常常对沥青进行改性，如在沥青中掺入增塑剂、橡胶、树脂和填料等。

4）大气稳定性

大气稳定性是指石油沥青在热、阳光、水分和空气等大气因素作用下性能稳定的能力，也即沥青的抗老化性能，是沥青材料的耐久性。在自然气候的作用下，沥青的化学组成和性能都会发生变化，低分子物质将逐渐转变为大分子物质，流动性和塑性逐渐减小，硬脆性逐渐增大，直至脆裂，甚至完全松散而失去粘结力。

石油沥青的大气稳定性常用蒸发损失和针入度变化等试验结果进行评定。蒸发损失少，蒸发后针入度变化小，则大气稳定性高，即老化较慢。测定方法是：先测定沥青试样的重量和针入度，然后将试样置于加热损失专用烘箱内，在 160℃ 下蒸发 5h，待冷却后再测定其重量及针入度。计算蒸发损失占原重量的百分数称为蒸发损失；计算蒸发后针入度占原针入度的百分数，蒸发损失越小，蒸发后针入度比越大，表示大气稳定性越高，老化越慢。石油沥青技术标准规定：160℃、5h 的加热损失不超过 1.0%，蒸发后与蒸发前的针入度之比不小于 60%。

表 7-1

各品种石油沥青的技术标准

质量指标	道路石油沥青（NB/SH/T 0522—2010）					建筑石油沥青（GB/T 494—2010）			防水防潮沥青（SH/T 0002—1990）			
	200 号	180 号	140 号	100 号	60 号	10 号	30 号	40 号	3 号	4 号	5 号	6 号
针入度（25℃，100g，1/10mm）	201～300	150～200	110～150	80～110	50～80	10～25	26～35	36～50	25～45	20～40	20～40	30～50
延度（25℃），不小于（cm）	20	100	100	90	70	1.5	2.5	3.5	—	—	—	—
软化点（环球法）（℃）	30～48	35～48	38～51	42～55	45～58	≮95	≮75	≮60	≮85	≮90	≮100	≮95
针入度指数，不小于	—	—	—	—	—	—	—	—	3	4	5	6
溶解度（三氯乙烯，三氯甲烷或苯），不小于（%）	99.0	99.0	99.0	99.0	99.0	99.0	99.0	99.0	98	98	95	92
蒸发损失（163℃，5h），不大于（%）	1	1	1	1	1	1	1	1	1	1	1	1
蒸发后针入度比，不小于（%）	50	60	60	—	—	65	65	65	—	—	—	—
闪点（开口），不低于（℃）	180	200	230	230	230	260	260	260	250	270	270	270
脆点，不高于（℃）	—	—	—	—	—	报告	报告	报告	−5	−10	−15	−20

2. 石油沥青的分类、标准及应用

(1) 石油沥青的分类及技术标准

根据中国现行标准，石油沥青按用途和性质分为道路石油沥青、建筑石油沥青、防水防潮石油沥青和普通石油沥青四类。各类按技术性质划分牌号。各牌号的主要技术指标见表 7-1。

从表 7-1 可知，道路石油沥青、建筑石油沥青和普通石油沥青的牌号主要是依据针入度大小来划分的。牌号越大，沥青越软；牌号越小沥青越硬。随着牌号增大，沥青的黏性变小，塑性增大，温度敏感性增大（软化点降低）。防水防潮沥青是按针入度指数划分牌号的，它增加了保证低温变形性能的脆点指标。随着牌号增大，温度敏感性减小，脆点降低，应用温度范围扩大。

(2) 石油沥青的应用

1) 石油沥青的简易鉴别

使用石油沥青时，应对其牌号加以鉴别。在施工现场的简易鉴别方法见表 7-2 和表 7-3。

石油沥青外观简易鉴别 **表 7-2**

沥青形态	外观简易鉴别
固体	敲碎，检查新断口处，色黑而发亮的质好，暗淡的质差
半固体	即膏状体。取少许，拉成细丝，越细长，质量越好
液体	黏性强，有光泽，没有沉淀和杂质的较好。也可用一根小木条，轻轻搅动几下后提起，成细丝越长的质量越好

石油沥青牌号简易鉴别 **表 7-3**

牌 号	简易鉴别方法
140～100	质软
60	用铁锤敲，不碎，只变形
30	用铁锤敲，成为较大的碎块
10	用铁锤敲，成为较小的碎块

2) 石油沥青的应用

沥青在使用时，应根据当地气候条件、工程性质（房屋、道路、防腐）、使用部位（屋面、地下）及施工方法具体选择沥青的品种和牌号。对一般温暖地区、受日晒或经常受热部位，为防止受热软化，应选择牌号较小的沥青；在寒冷地区，夏季暴晒、冬季受冻的部位，不仅要考虑受热软化，还要考虑低温脆裂，应选用中等牌号沥青；对一些不易受温度影响的部位，可选用牌号较大的沥青。当缺乏所需牌号的沥青时，可用不同牌号的沥青进行掺配。

道路石油沥青黏度低，塑性好，主要用于配制沥青混凝土和沥青砂浆，用于道路路面和工业厂房地面等工程。

建筑石油沥青黏性较大，耐热性较好，塑性较差，主要用于生产防水卷材、防水涂料、防水密封材料等，广泛应用于建筑防水工程及管道防腐工程。一般屋面用的沥青，软化点应比本地区屋面可能达到的最高温度高20～25℃，以避免夏季流淌。

防水防潮石油沥青质地较软，温度敏感性较小，适于做卷材涂复层。

普通石油沥青因含蜡量较高，性能较差，建筑工程中应用很少。

3）石油沥青的掺配

当一种牌号的沥青不能满足使用要求时，可采用两种或两种以上不同牌号沥青掺配后使用。两种牌号的沥青掺配时，参照下式计算：

$$\text{较软沥青掺量}=\frac{\text{较硬沥青软化点}-\text{欲配沥青软化点}}{\text{较硬沥青软化点}-\text{较软沥青软化点}}\times 100\%$$

$$\text{较硬沥青掺量}=100\%-\text{较软沥青掺量}$$

三种沥青掺配时，先求出两种沥青的配比，再与第三种沥青进行配比计算。

按计算结果试配，若软化点不能满足要求，应进行调整。

试配调整时，应以计算的掺配比例及相邻的掺配比例分别测出软化点，绘制“掺配比—软化点”曲线，从线上即可确定掺配比。

3. 煤沥青

煤沥青是将煤在隔绝空气的条件下，高温加热干馏得到的黏稠状煤焦油后，再经蒸馏制取轻油、中油、重油、蒽油，所得残渣为煤沥青。实际上是炼制焦炭或制造煤气时所得到的副产品。其化学成分和性质类似于石油沥青，但其质量不如石油沥青，韧性较差，容易因变形而开裂；温度敏感性较大，夏天易软化而冬天易脆裂；含挥发性成分和化学稳定性差的成分多，大气稳定性差，易老化；加热燃烧时，烟呈黄色，含有蒽、萘和酚，有刺激性臭味，有毒性，具有较高的抗微生物腐蚀作用；含表面活性物质较多，与矿物粒料表面的粘附能力较好。煤沥青在一般建筑工程上使用的不多，主要用于铺路、配制粘合剂与防腐剂，也有的用于地面防潮、地下防水等方面。按软化点的不同，煤沥青分为低温沥青、中温沥青和高温沥青，其技术标准GB/T 2290—2012见表7-4。

煤沥青的技术条件 **表7-4**

指标名称		低温沥青		中温沥青		高温沥青	
		1号	2号	1号	2号	1号	2号
软化点/℃		35～45	46～75	80～90	75～95	95～100	95～120
甲苯不溶物含量/%		—	—	15～25	≤25	≥24	—
灰分/%	≤	—	—	0.3	0.5	0.3	—
水分/%	≤	—	—	5.0	5.0	4.0	5.0
喹啉不溶物含量/%	≤	—	—	10	—	—	—
结焦值/%	≥	—	—	45	—	52	—

煤沥青的主要组分为油分、软树脂、硬树脂、游离碳和少量酸和碱物质等。煤沥

青是一个复杂的胶体结构，在常温下，游离碳和硬树脂被软树脂包裹成胶团，分散在油分中，当温度升高时，油分的黏度明显下降，也使软树脂的黏度下降。

煤沥青与石油沥青在外观上有些相似，如不加以认真鉴别，易将它们混存或混用，造成防水材料的品质变坏，鉴别法见表7-5。

煤沥青与石油沥青的简易鉴别法　　表7-5

鉴别方法	煤沥青	石油沥青
密度（g/cm³）	约1.25	接近于1.0
锤击	韧性差（性脆），声音清脆	韧性较好，有弹性感，声哑
燃烧	烟呈黄色，有刺激性臭味	烟无色，无刺激性臭味
溶液颜色	用30～50倍汽油或煤油溶化，用玻璃棒沾一点滴于滤纸上，斑点内棕外黑	按左法试验，斑点呈棕色

如石油沥青的某些性质达不到要求时，可用煤沥青掺配到石油沥青中制成混合沥青。混合沥青是煤沥青与石油沥青的相互有限互溶的分散体系。体系的稳定性与分散介质的表面张力有关，二者的表面张力越小，混合体系越稳定。随着温度升高，煤沥青与石油沥青的表面张力减小，在接近闪点时它们的表面张力最小，最易混合均匀，如超过闪点易发生火灾，因此混合温度以不超过闪点为宜。如将煤沥青与石油沥青分别溶解在溶剂里配成表面张力接近的溶液，或制成表面张力相近的乳状液和悬浮液，也可配成混合均匀的混合沥青。

4. 改性沥青

沥青具有良好的塑性，能加工成良好的柔性防水材料。但沥青耐热性与耐寒性较差，即高温下强度低，低温下缺乏韧性。这是沥青防水屋面渗漏现象严重、使用寿命短的原因之一。如前所述，沥青是由分子量几百到几千的大分子组成的复杂混合物，但分子量比通常高分子材料（几万到几百万或以上）小得多，而且其分子量最高（几千）的组分在沥青中的比例比较小，决定了沥青材料的强度不高，弹性不好。为此，常添加高分子的聚合物对沥青进行改性。高分子的聚合物分子和沥青分子相互扩散、发生缠结，形成凝聚的网络混合结构，因而具有较高的强度和较好的弹性。按掺用高分子材料的不同，改性沥青可分为橡胶改性沥青、树脂改性沥青和橡胶树脂共混改性沥青3类。

（1）橡胶改性沥青

在沥青中掺入适量橡胶后，可使沥青的高温变形性小，常温弹性较好，低温塑性较好。常用的橡胶有SBS橡胶、氯丁橡胶和废橡胶等。

（2）树脂改性沥青

在沥青中掺入适量树脂后，可使沥青具有较好的耐高低温性、粘结性和不透气性。常用树脂有APP（无规聚丙烯）、聚乙烯和聚丙烯等。

（3）橡胶和树脂共混改性沥青

在沥青中掺入适量的橡胶和树脂后，沥青兼具橡胶和树脂的特性，常见的有氯化聚乙烯—橡胶共混改性沥青及聚氯乙烯—橡胶共混改性沥青等。

7.1.2 合成高分子材料

合成高分子用于防水材料，具有抗拉强度高、延伸率大、弹性强、高低温特性好、防水性能优异的特性。合成高分子防水材料中常用的高分子有三元乙丙橡胶、氯丁橡胶、有机硅橡胶、聚氨酯、丙烯酸酯及聚氯乙烯树脂等。

7.2 防水卷材

学习目标

防水卷材的种类与技术性质指标；防水卷材的检测与应用。

关键概念

不透水性；耐热度；柔度。

防水卷材是一种具有一定宽度和厚度的能够卷曲成卷状的带状定型防水材料。防水卷材是建筑防水工程中应用的主要材料，约占整个防水材料的90%。防水卷材的品种很多，一般每一种防水卷材均使用多种原材料制成，如沥青防水卷材会用到沥青、纸或纤维织物（作基材）、聚合物（作改性材料）等。可以根据防水卷材中构成防水膜层的主要原料将防水卷材分成沥青防水卷材、高分子改性沥青防水卷材和合成高分子防水卷材3类。

7.2.1 沥青防水卷材

沥青防水卷材是以沥青（石油沥青或煤焦油、煤沥青）为主要防水材料，以原纸、织物、纤维毡、塑料薄膜和金属箔等为胎基（载体），用不同矿物粉料或塑料薄膜等作隔离材料所制成的防水卷材，通常称之为油毡。胎基是油毡的骨架，使卷材具有一定的形状、强度和韧性，从而保证了在施工中的铺设性和防水层的抗裂性，对卷材的防水效果有直接影响。沥青防水卷材由于卷材质量轻、价格低廉、防水性能良好、施工方便、能适应一定的温度变化和基层伸缩变形，故多年来在工业与民用建筑的防水工程中得到了广泛应用。目前，我国大多数屋面防水工程仍采用沥青防水卷材。通常根据沥青和胎基的种类对油毡进行分类，如石油沥青纸胎油毡和石油沥青玻纤油毡等。

1. 石油沥青纸胎油纸、油毡

凡用低软化点热熔沥青浸渍原纸而制成的防水卷材称油纸；在油纸两面再浸涂软化点较高的沥青后，撒上防粘物料即成油毡。表面撒石粉作隔离材料的称为粉毡，撒云母片作隔离材料的称为片毡。

油纸主要用于建筑防潮和包装，也可用于多叠层防水层的下层或刚性防水层的隔离层。油毡适用面广，但石油沥青纸胎油毡的防水性能差、耐久年限低。建设部于1991 年 6 月颁发的《关于治理屋面渗漏的若干规定》的通知中已明确规定："屋面防水材料选用石油沥青油毡的，其设计应不少于三毡四油"。所以，纸胎油毡按规定一般只能作多叠层防水；片毡用于单层防水。石油沥青纸胎油毡按卷重和物理性能分为Ⅰ型、Ⅱ型、Ⅲ型。Ⅰ型、Ⅱ型油毡适用于辅助防水、保护隔离层、临时性建筑防水、防潮及包装等。Ⅲ型油毡适用于屋面工程的多层防水。石油沥青油毡的技术性能见表 7-6。

各种类型的石油沥青油毡的物理性能（GB 326—2007）　　表 7-6

项目		指标		
		Ⅰ型	Ⅱ型	Ⅲ型
单位面积浸涂材料总量（g/m²） ≥		600	750	1000
不透水性	压力/MPa ≥	0.02	0.02	0.10
	保持时间/min ≥	20	30	30
吸水率/% ≤		3.0	2.0	1.0
耐热度		(85±2)℃，2h 涂盖层无滑动、流淌和集中性气泡		
拉力（纵向）(N/50mm) ≥		240	270	340
柔度		(18±2)℃，绕 ϕ20mm 棒或弯板无裂缝		

2. 煤沥青纸胎油毡

煤沥青纸胎油毡（以下简称油毡）采用低软化点煤沥青浸渍原纸，然后用高软化点煤沥青涂盖油纸两面，再涂或撒隔离材料所制成的一种纸胎防水材料。

油毡幅宽为 915mm 和 1000mm 两种规格。

油毡按技术要求分为一等品（B）和合格品（C）；按所用隔离材料分为粉状面油毡（F）和片状面油毡（P）两个品种。

油毡的标号分为 200 号、270 号和 350 号三种。即以原纸每平方米质量克数划分标号。各等级各标号油毡的技术性质应符合 JC 505—1992 规定，见表 7-7。

各标号各等级的煤沥青纸胎油毡的物理性能　　表 7-7

指标名称 \ 等级 \ 标号	200 号	270 号		350 号	
	合格品	一等品	合格品	一等品	合格品
可溶物含量（g/m²） ≥	450	560	510	660	600

续表

指标名称	标号/等级	200 号 合格品	270 号 一等品	270 号 合格品	350 号 一等品	350 号 合格品
不透水性	压力 /MPa ≥	0.05	0.05		0.10	
	保持时间 /min ≥	15	30	20	30	15
		不渗漏				
吸水率 /%（常压法）≤	粉毡	3.0				
	片毡	5.0				
耐热度 /℃		70±2	75±2	70±2	75±2	70±2
		受热 2h 涂盖层应无滑动和集中性气泡				
拉力 /N（25℃±2℃时，纵向）≥		250	330	300	380	350
柔度 /℃ ≤		18	16	18	16	18
		绕 ϕ20mm 圆棒或弯板无裂纹				

3. 其他纤维胎油毡

这类油毡是以玻璃纤维布、石棉布、麻布等为胎基，用沥青浸渍涂盖而成的防水卷材。与纸胎油毡相比，其抗拉强度、耐腐蚀性、耐久性都有较大提高。

1）沥青玻璃布油毡

沥青玻璃布油毡是用中蜡石油沥青或用高蜡石油沥青经氧化锌处理后，再配低蜡沥青，用它涂盖玻璃纤维两面，并撒上粉状防粘物料而制成的，它是一种使用无机纤维为胎基的沥青防水卷材。这种油毡的耐化学侵蚀好，玻璃布胎不腐烂，耐久性好，抗拉强度高，有较高的防水性能。

沥青玻璃布油毡按幅宽可分为 900mm 和 1000mm 两种规格。

沥青玻璃布油毡的物理性质应符合表 7-8 所规定的技术指标。

石油沥青玻璃布油毡技术性能（JC/T 84—2003） **表 7-8**

项目	等级	一等品	合格品
可溶物含量，g/m² ≥		420	380
耐热度（85±2℃），2h		无滑动、起泡现象	
不透水性	压力，MPa	0.2	0.1
	时间不小于 15min	无渗漏	
拉力（25±2)℃时纵向，N ≥		400	360
柔度	温度,℃ ≤		
	弯曲直径 30 mm	无裂纹	
耐霉菌腐蚀性	重量损失,% ≤	2.0	
	拉力损失,% ≤	15	

2）沥青玻纤胎油毡

沥青玻纤胎油毡是以无定向玻璃纤维交织而成的薄毡为胎基，用优质氧化沥青或改性沥青浸涂薄毡两面，再以矿物粉、砂或片状沙砾作撒布料制成的油毡。沥青玻纤胎油毡由于采用 200 号石油沥青或渣油氧化成软化点大于 90℃、针入度大于 25 的沥青（或经改性的沥青），故涂层有优良的耐热性和耐低温性，油毡有良好的抗拉强度，其延伸率比 350 号纸胎油毡高一倍，吸水率也低，故耐水性好，因此，其使用寿命大大超过纸胎油毡。另外，玻纤毡优良的耐化学性侵蚀和耐微生物腐烂，使耐腐蚀性大大提高。沥青玻纤毡油毡的防水性能优于玻璃布胎油毡。

沥青玻纤胎油毡按单位面积质量分为 15 号、25 号两个标号，按力学性能分为Ⅰ、Ⅱ型，可用于屋面及地下防水层、防腐层及金属管道的防腐层等。由于沥青玻纤油毡质地柔软，用于阴阳角部位防水处理，边角服帖、不易翘曲、易于粘结牢固。石油沥青玻纤胎防水卷材物理性能见表 7-9。

石油沥青玻纤胎防水卷材的物理性能（GB/T 14686—2008）　　表 7-9

<table>
<tr><th rowspan="2">序号</th><th colspan="3" rowspan="2">项目</th><th colspan="2">指标</th></tr>
<tr><th>Ⅰ类</th><th>Ⅱ类</th></tr>
<tr><td rowspan="3">1</td><td rowspan="3">可溶物含量，g/m²</td><td rowspan="3">≥</td><td>15 号</td><td colspan="2">700</td></tr>
<tr><td>25 号</td><td colspan="2">1200</td></tr>
<tr><td>试验现象</td><td colspan="2">胎基不燃</td></tr>
<tr><td rowspan="2">2</td><td rowspan="2">拉力，N/50mm</td><td rowspan="2">≥</td><td>纵向</td><td>350</td><td>500</td></tr>
<tr><td>横向</td><td>250</td><td>400</td></tr>
<tr><td rowspan="2">3</td><td colspan="3" rowspan="2">耐热性</td><td colspan="2">85℃</td></tr>
<tr><td colspan="2">无滑动、流淌、滴落</td></tr>
<tr><td rowspan="2">4</td><td colspan="3" rowspan="2">低温柔度</td><td>10℃</td><td>5℃</td></tr>
<tr><td colspan="2">无裂缝</td></tr>
<tr><td>5</td><td colspan="3">不透水性</td><td colspan="2">0.1MPa，30min 不透水</td></tr>
<tr><td>6</td><td colspan="2">钉杆撕裂强度/N</td><td>≥</td><td>40</td><td>50</td></tr>
<tr><td rowspan="5">7</td><td rowspan="5">热老化</td><td colspan="2">外观</td><td colspan="2">无裂纹、无起泡</td></tr>
<tr><td>拉力保持率/%</td><td>≥</td><td colspan="2">85</td></tr>
<tr><td>质量损失/%</td><td>≤</td><td colspan="2">2.0</td></tr>
<tr><td colspan="2" rowspan="2">低温柔度</td><td>15℃</td><td>10℃</td></tr>
<tr><td colspan="2">无裂缝</td></tr>
</table>

7.2.2　合成高分子改性沥青防水卷材

随着科学技术的发展，除了传统的沥青防水卷材外，近年来研制出不少性能优良的新型防水卷材：如各种弹性或弹塑性的高分子改性沥青防水卷材以及橡胶改性沥青为主的新型防水材料，他们具有使用年限长、技术性能好、冷施工、操作简单、污染性低等特点。可以克服传统的纯沥青纸胎油毡低温柔性差、延伸率较低、拉伸强度及耐久性比较差等缺点，改善其各项技术性能，有效提高防水质量。

合成高分子改性沥青防水卷材，是以合成高分子聚合物改性沥青为涂盖层，纤维织物或纤维毡为胎体，粉状、粒状、片状和薄膜材料为覆盖面制成的可卷曲的片状防水材料，属新型中档防水卷材。

1. 合成高分子改性沥青防水卷材的质量要求

合成高分子改性沥青防水卷材规格、外观质量、物理性能要求见表 7-10～表 7-12 所示。

合成高分子改性沥青防水卷材规格　单位：mm　表 7-10

厚度	宽度	每卷长度/m
2.0	≥1000	15.0～20.0
3.0	≥1000	10.0
4.0	≥1000	7.5
5.0	≥1000	5.0

合成高分子改性沥青防水卷材的外观质量要求　表 7-11

项　目	外观质量要求
断裂、皱折、孔洞、剥离	不允许
边缘不整齐、沙砾不均匀	无明显差异
胎体未浸透、露胎	不允许
涂盖不均匀	不允许

合成高分子改性沥青防水卷材的物理性能　表 7-12

项　目		性能要求			
		Ⅰ类	Ⅱ类	Ⅲ类	Ⅳ类
拉伸性能	拉力/N	≥400	≥400	≥50	≥200
	延伸率/%	≥30	≥5	≥200	≥3
耐热度（85℃±2℃，2h）		不流淌，无集中性气泡			
柔性（－5～－25℃）		绕规定直径圆棒无裂纹			
不透水性	压力	≥0.2MPa			
	保持时间	≥30min			

注：1. Ⅰ类指聚酯毡胎体，Ⅱ类指麻布胎体，Ⅲ类指聚乙烯膜胎体，Ⅳ类指玻纤毡胎体。
　　2. 表中柔性的温度范围系表示不同档次产品的低温性能。

2. SBS 改性沥青防水卷材

SBS 改性沥青防水卷材是以聚酯纤维无纺布为胎体，以苯乙烯—丁二烯—苯乙烯弹性体改性沥青为浸渍涂盖层，以塑料薄膜或矿物细料为隔离层制成的防水卷材。这类卷材具有较高的弹性、延伸率、耐疲劳性和低温柔性，主要用于屋面及地下室防水，尤其适用寒冷地区。以冷法施工或热熔铺贴，适于单层铺设或复合使用。这类卷材的物理性能及其他技术指标见表 7-13、表 7-14。

弹性体改性沥青防水卷材的物理性能（GB 18242—2008）　　表 7-13

序号	项目		指标				
			I		II		
			PY	G	PY	G	PYG
1	可溶物含量（g/m^2）≥	3mm	2100				—
		4mm	2900				—
		5mm	3500				
		试验现象	—	胎基不燃	—	胎基不燃	—
2	耐热性	℃	90		105		
		≤mm	2				
		试验现象	无流淌、滴落				
3	低温柔性/℃		−20		−25		
			无裂缝				
4	不透水性 30min		0.3MPa	0.2MPa	0.3MPa		
5	拉力	最大峰拉力（N/50mm）≥	500	350	800	500	900
		次高峰拉力(N/50mm) ≥	—	—	—	—	800
		试验现象	拉伸过程中，试件中部无沥青涂盖层开裂或与胎基分离现象				
6	延伸率	最大峰时延伸率/% ≥	30	—	40	—	—
		第二峰时延伸率/% ≥	—		—		15
7	浸水后质量增加/% ≤	PE、S	1.0				
		M	2.0				
8	热老化	拉力保持率/% ≥	90				
		延伸率保持率/% ≥	80				
		低温柔性/℃	−15		−20		
			无裂缝				
		尺寸变化率/% ≤	0.7	—	0.7	—	0.3
		质量损失/% ≤	1.0				
9	渗油性	张数 ≤	2				
10	接缝剥离强度（N/mm）≥		1.5				
11	钉杆撕裂强度[a]/N ≥		—				300
12	矿物粒料粘附性[b]/g ≤		2.0				
13	卷材下表面沥青涂盖层厚度[c]/mm ≥		1.0				
14	人工气候加速老化	外观	无滑动、流淌、滴落				
		拉力保持率/% ≥	80				
		低温柔性/℃	−15		−20		
			无裂缝				

续表

序号	项目	指标				
		I		II		
		PY	G	PY	G	PYG

a. 仅适用于单层机械固定施工方式卷材。
b. 仅适用于矿物粒料表面的卷材。
c. 仅适用于热熔施工的卷材。

注：表中 PY—聚酯毡；G—玻纤毡；PYG—玻纤增强聚酯毡；PE—聚乙烯膜；S—细砂；M—矿物粒料。

弹性体和塑性体改性沥青防水卷材的面积质量、面积及厚度　　表 7-14

规格（公称厚度）/mm		3			4			5		
上表面材料		PE	S	M	PE	S	M	PE	S	M
下表面材料		PE	PE、S		PE	PE、S		PE	PE、S	
面积 (m^2/卷)	公称面积	10、15			10、7.5			7.5		
	允许偏差	±0.10			±0.10			±0.10		
单位面积质量/(kg/m^2) ≥		3.3	3.5	4.0	4.3	4.5	5.0	5.3	5.5	6.0
厚度/mm	平均值≥	3.0			4.0			5.0		
	最小单值	2.7			3.7			4.7		

3. APP 改性沥青防水卷材

APP 改性沥青防水卷材是以 APP（无规聚丙烯）树脂改性沥青浸涂玻璃纤维或聚酯纤维（布或毡）胎基，上表面撒以细矿物粒料，下表面覆以塑料薄膜制成的防水卷材。这类卷材弹塑性好，具有突出的热稳定性和抗强光辐射性，适用于高温和有强烈太阳辐射地区的屋面防水。单层铺设，可冷、热施工。其物理力学性能及技术指标见表 7-14 和表 7-15。

塑性体改性沥青防水卷材的物理性能（GB 18243—2008）　　表 7-15

序号	项目		指标				
			I		II		
			PY	G	PY	G	PYG
1	可溶物含量 (g/m^2) ≥	3mm	2100				—
		4mm	2900				—
		5mm	3500				
		试验现象	—	胎基不燃	—	胎基不燃	—
2	耐热性	℃	110		130		
		≤mm	2				
		试验现象	无流淌、滴落				

续表

序号	项目			指标				
				Ⅰ		Ⅱ		
				PY	G	PY	G	PYG
3	低温柔性/℃			−7		−15		
				无裂缝				
4	不透水性 30min			0.3MPa	0.2MPa	0.3MPa		
5	拉力	最大峰拉力（N/50mm）	≥	500	350	800	500	900
		次高峰拉力（N/50mm）	≥	—	—	—	—	800
		试验现象		拉伸过程中，试件中部无沥青涂盖层开裂或与胎基分离现象				
6	延伸率	最大峰时延伸率/%	≥	25	—	40	—	—
		第二峰时延伸率/%	≥	—		—		15
7	浸水后质量增加/% ≤		PE、S	1.0				
			M	2.0				
8	热老化	拉力保持率/%	≥	90				
		延伸率保持率/%	≥	80				
		低温柔性/℃		−2		−10		
				无裂缝				
		尺寸变化率/%	≤	0.7	—	0.7	—	0.3
		质量损失/%	≤	1.0				
9	接缝剥离强度/（N/mm）		≥	1.0				
10	钉杆撕裂强度[a]/N		≥	—				300
11	矿物粒料粘附性[b]/g		≤	2.0				
12	卷材下表面沥青涂盖层厚度[c]/mm		≥	1.0				
13	人工气候加速老化	外观		无滑动、流淌、滴落				
		拉力保持率/%	≥	80				
		低温柔性/℃		−2		−10		
				无裂缝				

a. 仅适用于单层机械固定施工方式卷材。
b. 仅适用于矿物粒料表面的卷材。
c. 仅适用于热熔施工的卷材。

4. 铝箔面石油沥青防水卷材

铝箔面石油沥青防水卷材是以玻璃纤维毡为胎基，用石油沥青为浸渍涂盖层，以银白色铝箔为上表面反光保护层，以矿物粒料和塑料薄膜为底面隔离层制成的防水卷材。

这种卷材对阳光的反射率高，具有一定的抗拉强度和延伸率，弹性好，低温柔性好，在−20～80℃温度范围内适应性较强，抗老化能力强，具有装饰功能，适用于外露防水面层，并且价格较低，是一种中档的新型防水材料。

铝箔面石油沥青防水卷材的物理性能应符合表 7-16 规定的要求。

铝箔面石油沥青防水卷材的物理性能（JC/T 504—2007）　　表 7-16

项目	指标	
	30 号	40 号
可溶物含量，g/m^2　≥	1550	2050
拉力，N/50mm　≥	450	500
柔度，℃	5	
	绕半径 35mm 圆弧无裂纹	
耐热度	(90±2)℃，2h 涂盖层无滑动，无起泡、流淌	
分层	(50±2)℃，7d 无分层现象	

铝箔面石油沥青防水卷材的配套材料见表 7-17。

铝箔面石油沥青防水卷材的配套材料　　表 7-17

名称	包装	用量
基层处理剂（底子油）	180kg/桶	$0.2kg/m^2$
氯丁系粘结剂（如 404 胶等）	15kg/桶	$0.3kg/m^2$
接缝嵌缝膏 CSPE-A	330mL/筒	20m/筒

其他常见的还有再生橡胶改性沥青防水卷材、丁苯橡胶改性沥青防水卷材、PVC 改性煤焦油防水卷材等。

7.2.3　合成高分子防水卷材

合成高分子防水卷材是以合成橡胶、合成树脂或它们两者的共混体为基材，加入适量的化学助剂和填充料等，经过塑炼、混炼、压延或挤出成型、硫化、定型、检验、分卷以及包装等工序加工制成的无胎防水材料。具有抗拉强度高、断裂延伸率大、抗撕裂强度好、耐热耐低温性能优良、耐腐蚀、耐老化、单层施工及冷作业等优点。是继石油沥青防水卷材之后发展起来的性能更优的新型高档防水材料，目前成为仅次于沥青防水卷材的又一主体防水材料，在屋面、地下及水利工程中均有广泛应用，特别是在中、高档建筑物防水方面更显示其优异性。我国虽仅有十余年的发展史，但发展十分迅猛。现在可生产三元乙丙橡胶、丁基橡胶、氯丁橡胶、再生橡胶、聚氯乙烯、氯化聚乙烯和氯磺化聚乙烯等几十个品种。其总体的外观质量、规格和物理性能应分别符合表 7-18～表 7-20 的要求。

合成高分子防水卷材外观质量　　表 7-18

项　目	判断标准
折痕	每卷不超过 2 处，总长度不超过 20mm
杂质	颗粒不允许大于 0.5mm
胶块	每卷不超过 6 处，每处面积不大于 $4mm^2$
缺胶	每卷不超过 6 处，每处不大于 7mm，深度不超过本身后度的 30%

合成高分子防水卷材规格　　表 7-19

厚度 /mm	宽度 /mm	长度 /m
1.0	≥1000	20
1.2	≥1000	20
1.5	≥1000	20
2.0	≥1000	10

合成高分子防水卷材的物理性能　　表 7-20

项　目			性能要求		
			Ⅰ类	Ⅱ类	Ⅲ类
拉伸强度 /MPa		≥	7.0	2.0	9.0
断裂伸长率 /% ≥	加筋		—	—	10
	不加筋		450	100	—
低温弯折性 /℃		无裂纹	−40	−20	—
不透水性	压力 /MPa	≥	0.3	0.2	0.3
	保持时间 /min	≥	—	30	—
热老化保持率 /% (80±2)℃，168h	拉伸强度	≥	80%		
	断裂伸长率	≥	70%		

1. 三元乙丙橡胶防水卷材

三元乙丙橡胶防水卷材是以乙烯、丙烯和双环戊二烯三种单体共聚合成的三元乙丙橡胶为主体，掺入适量的丁基橡胶、硫化剂、促进剂、软化剂、补强剂和填充剂等，经密炼、拉片、过滤、挤出（或压延）成型、硫化、检验、分卷、包装等工序加工制成的高弹性防水材料。三元乙丙橡胶防水卷材，与传统的沥青防水材料相比，具有防水性能优异、耐候性好、耐臭氧及耐化学腐蚀性强、弹性和抗拉强度高，对基层材料的伸缩或开裂变形适应性强，质量轻、使用温度范围宽（−60～+120℃）、使用年限长（30～50 年）、可以冷施工、施工成本低等优点。适宜高级建筑防水，单层使用，也可复合使用。施工用冷粘法或自粘法。其物理性能见表 7-21。

三元乙丙橡胶防水卷材的物性要求　　表 7-21

项目			指标值	
			JL1	JF1
断裂拉伸强度/MPa	常温	≥	7.5	4.0
	60℃	≥	2.3	0.8
扯断伸长率/%	常温	≥	450	450
	−20℃	≥	200	200
撕裂强度（kN/m）		≥	25	18
不透水性，30min 无渗漏			0.3MPa	0.3MPa
低温弯折/℃		≤	−40	−30
加热伸缩量/mm	延伸	<	2	2
	收缩	<	4	4
热空气老化（80℃×168h）	断裂拉伸强度保持率（%）	≥	80	90
	扯断伸长率保持率（%）	≥	70	70
	100%伸长率外观		无裂纹	无裂纹
耐碱性［10% $Ca(OH)_2$ 常温×168h］	断裂拉伸强度保持率（%）	≥	80	80
	扯断伸长率保持率（%）	≥	80	90
臭氧老化（40℃×168h）	伸长率 40%，500pphm		无裂纹	无裂纹
	伸长率 20%，500pphm		—	—
	伸长率 20%，200pphm		—	—
	伸长率 20%，100pphm		—	—

注：JL1—硫化型三元乙丙；JF1—非硫化型三元乙丙。

2. 聚氯乙烯（PVC）防水卷材

聚氯乙烯防水卷材是以聚氯乙烯树脂为主要原料，加入一定量的稳定剂、增塑剂、改性剂、抗氧剂及紫外线吸收剂等辅助材料，经捏合、混炼、造粒、挤出或压延等工序制成的防水卷材，是我国目前用量较大的一种卷材。这种卷材具有较高的拉伸和撕裂强度，延伸率较大，耐老化性能好，耐腐蚀性强。其原料丰富，价格便宜，容易粘结。适用屋面、地下防水工程和防腐工程。单层或复合使用，冷粘法或热风焊接法施工。

聚氯乙烯防水卷材，按有无复合层分类，无复合层的为均质卷材（代号 H）、用纤维单面复合的为带纤维背衬卷材（代号 L）、织物内增强卷材（代号 P）、玻璃纤维内增强卷材（代号 G）、玻璃纤维内增强带纤维背衬卷材（代号 GL）。

卷材长度规格为：15、20、25m。

卷材公称宽度规格为 1.00、2.00m。

卷材厚度规格为：1.2、1.5、1.8、2.0mm。

聚氯乙烯防水卷材的物理力学性能应符合《聚氯乙烯防水卷材》GB 12952—2011 规定，见表 7-22。

聚氯乙烯防水卷材的物理力学性能　　表7-22

序号	项目		指标				
			H	L	P	G	GL
1	中间胎基上面树脂层厚度/mm ≥		—		0.40		
2	拉伸性能	最大拉力/N/cm ≥	—	120	250	—	120
		拉伸强度/MPa ≥	10.0	—	—	10.0	—
		最大拉力时伸长率/% ≥	—	—	15	—	—
		断裂伸长率/MPa ≥	200	150	—	200	100
3	热处理尺寸变化率/% ≤		2.0	1.0	0.5	0.1	0.1
4	低温弯折性		−25℃无裂纹				
5	不透水性		0.3MPa，2h不透水				
6	抗冲击性能		0.5kg·m，不渗水				
7	抗静态荷载		—	—	20kg不渗漏		
8	接缝剥离强度/N/mm ≥		4.0或卷材破坏		3.0		
9	直角撕裂强度/N/mm ≥		50	—	—	50	—
10	梯形撕裂强度/N ≥		—	150	250	—	220
11	吸水率（70℃，168h）/%	浸水后 ≤	4.0				
		晾置后 ≥	−0.40				
12	热老化（80℃）	时间/h	672				
		外观	无起泡、裂纹、分层、粘结和孔洞				
		最大拉力保持率/% ≥	—	85	85	—	85
		拉伸强度保持率/% ≥	85	—	—	85	—
		最大拉力时伸长率保持率/% ≥	—	—	80	—	—
		断裂伸长率保持率/% ≥	80	80	—	80	80
		低温弯折性	−20℃无裂纹				
13	耐化学性	外观	无起泡、裂纹、分层、粘结和孔洞				
		最大拉力保持率/% ≥	—	85	85	—	85
		拉伸强度保持率/% ≥	85	—	—	85	—
		最大拉力时伸长率保持率/%	—	—	80	—	—
		断裂伸长率保持率/%	80	80	—	80	80
		低温弯折性	−20℃无裂纹				
14	人工气候加速老化	时间/h	1500				
		外观	无起泡、裂纹、分层、粘结和孔洞				
		最大拉力保持率/% ≥	—	85	85	—	85
		拉伸强度保持率/% ≥	85	—	—	85	—
		最大拉力时伸长率保持率/% ≥	—	—	80	—	—
		断裂伸长率保持率/% ≥	80	80	—	80	80
		低温弯折性	−20℃无裂纹				

3. 氯化聚乙烯防水卷材

氯化聚乙烯防水卷材，是以含氯量为30%～40%的氯化聚乙烯树脂为主要原料，掺入适量的化学助剂和大量的填充材料，采用塑料（或橡胶）的加工工艺，经过捏合、塑炼及压延等工序加工而成。属于非硫化型高档防水卷材。

氯化聚乙烯防水卷材按有无复合层分类，无复合层的为 N 类、用纤维单面复合的为 L 类、织物内增强的为 W 类。每类产品按理化性能分为Ⅰ型和Ⅱ型。

卷材长度规格为：10m，15m，20m。

卷材厚度规格为：1.2，1.5，2.0mm。

N 类无复合层氯化聚乙烯防水卷材的物理力学性能应符合《氯化聚乙烯防水卷材》GB 12953—2003 规定，见表 7-23。

N 类无复合层氯化聚乙烯防水卷材的物理力学性能　　表 7-23

序号	项目		Ⅰ型	Ⅱ型
1	拉伸强度 /MPa　≥		5.0	8.0
2	断裂伸长率 /%　≥		200	300
3	热处理尺寸变化率 /%　≤		3.0	纵向 2.5 横向 1.5
4	低温弯折性		−20℃无裂纹	−25℃无裂纹
5	抗穿孔性		不渗水	
6	不透水性		不透水	
7	剪切状态下的粘合性（N/mm）　≥		3.0 或卷材破坏	
8	热老化处理	外观	无起泡，裂纹、粘结与孔洞	
		拉伸强度变化率 /%	+50 −20	±20
		断裂伸长率变化率 /%	+50 −30	±20
		低温弯折性	−15℃无裂纹	−20℃无裂纹
9	人工气候加速老化	拉伸强度变化率 /%	+50 −20	±20
		断裂伸长率变化率 /%	+50 −30	±20
		低温弯折性	−15℃无裂纹	−20℃无裂纹
10	耐化学侵蚀	拉伸强度变化率 /%	±30	±20
		断裂伸长率变化率 /%	±30	±20
		低温弯折性	−15℃无裂纹	−20℃无裂纹

L 类纤维单面复合及 W 类织物内增强的卷材的物理力学性能应符合《氯化聚乙烯防水卷材》GB 12953—2003 规定，见表 7-24。

L 类及 W 类氯化聚乙烯防水卷材的物理力学性能　　表 7-24

序号	项目	Ⅰ型	Ⅱ型
1	拉力（N/cm）　≥	70	120
2	断裂伸长率 /%　≥	125	250
3	热处理尺寸变化率 /%　≤	1.0	
4	低温弯折性	−20℃无裂纹	−25℃无裂纹
5	抗穿孔性	不渗水	

续表

序号	项目		Ⅰ型	Ⅱ型
6	不透水性		不透水	
7	剪切状态下的粘合性（N/mm）　≥	L类	3.0或卷材破坏	
		W类	6.0或卷材破坏	
8	热老化处理	外观	无起泡，裂纹、粘结和孔洞	
		拉力（N/cm）　≥	55	100
		断裂伸长率/%	100	200
		低温弯折性	−15℃无裂纹	−20℃无裂纹
9	人工气候加速老化	拉力（N/cm）　≥	55	100
		断裂伸长率/%	100	200
		低温弯折性	−15℃无裂纹	−20℃无裂纹
10	耐化学侵蚀	拉力（N/cm）　≥	55	100
		断裂伸长率/%	100	200
		低温弯折性	−15℃无裂纹	−20℃无裂纹

4. 氯化聚乙烯—橡胶共混防水卷材

氯化聚乙烯—橡胶共混防水卷材是以氯化聚乙烯树脂与合成橡胶为主体，加入硫化剂、促进剂、稳定剂、软化剂及填料等，经塑炼、混炼、过滤、压延或挤出成型及硫化等工序制成的防水卷材。

这类卷材既具有氯化聚乙烯的高强度和优异的耐久性，又具有橡胶的高弹性和高延伸性以及良好的耐低温性能。其性能与三元乙丙橡胶卷材相近，使用年限保证十年以上，但价格却低得多。与其配套的氯丁粘结剂，较好地解决了与基层粘结问题。属中、高档防水材料，可用于各种建筑、道路、桥梁、水利工程的防水，尤其是适用寒冷地区或变形较大的屋面。单层或复合使用，冷粘法施工。

5. 氯磺化聚乙烯防水卷材

氯磺化聚乙烯防水卷材是以氯磺化聚乙烯橡胶为主，加入适量的软化剂、胶粘剂、填料、着色剂后，经混炼、压延或挤出、硫化等工序加工而成的弹性防水卷材。

氯磺化聚乙烯防水卷材的耐臭氧、耐老化、耐酸碱等性能突出，且拉伸强度高、耐高低温性好、断裂伸长率高，对防水基层伸缩和开裂变形的适应性强，使用寿命为15年以上，属于中高档防水卷材。氯磺化聚乙烯防水卷材可制成多种颜色，用这种彩色防水卷材做屋面外露防水层可起到美化环境的作用。氯磺化聚乙烯防水卷材特别适宜用于有腐蚀介质影响的部位做防水与防腐处理，也可用于其他防水工程。

氯磺化聚乙烯防水卷材的技术要求主要有不透水性、断裂伸长率、低温柔性及拉伸强度等。

7.2.4　防水卷材检测

要求：了解防水卷材拉伸试验的方法和试验原理，并能根据试验结果评定卷材的质量等级。了解防水卷材不透水性测定的意义所在，掌握不透水仪的使用方法和工作原理。

本节检测采用的标准及规范：

《石油沥青纸胎油毡》GB 326—2007；

《建筑防水卷材试验方法》GB/T 328.1～27—2007。

本检测主要测试石油沥青防水卷材。

1. 石油沥青防水卷材抽样的规定

(1) 石油沥青油毡抽样

组批条件：同一生产厂，同品种，同标号，同等级；验收批量：1500 卷。

(2) 抽样具备条件

有说明书，当年形式检验报告，产品合格证（包括产品名称，产品标记，商标，制造厂名，厂址，生产日期，批号，产品标准）；通过规格尺寸和外观质量检验后抽样。

2. 试验的一般规定

(1) 试样在试验前应原封放于干燥处并保持在 15～30℃范围内一定时间。试验温度：(25±2)℃。

(2) 将取样的一卷卷材切除距外层卷头 2500mm 后，顺纵向截取长度为 500mm 的全幅卷材两块，一块作物理性能试验试件用，另一块备用。

(3) 按图 7-5 所示部位及表 7-25 规定尺寸和数量切取试件。

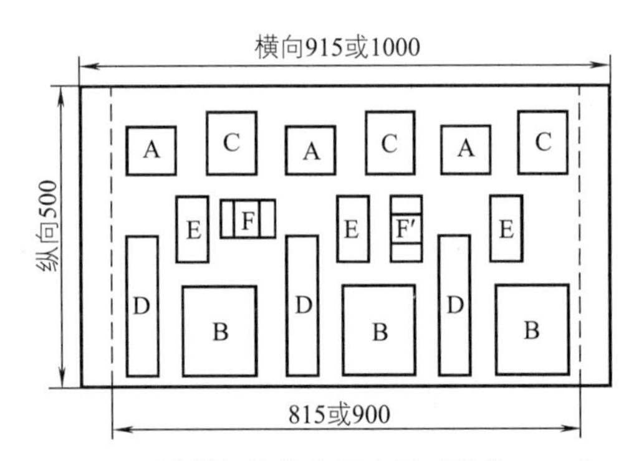

图 7-5　试样切取部分示意图（单位：mm）

试样尺寸和数量表　　**表 7-25**

试件项目		试件部位	试件尺寸（mm×mm）	数量/块
浸料材料总量		A	100×100	3
不透水性		B	150×150	3
吸水性		C	100×100	3
拉力		D	250×50	3
耐热度		E	100×50	3
柔度	纵向	F	60×30	3
	横向	F′	60×30	3

(4) 物理性能试验所用的水应为蒸馏水或洁净的淡水(饮用水)。

(5) 各项指标试验值除另有注明外，均以平均值作为试验结果。

(6) 物理性能试验时如由于特殊原因造成试验失败，不能得出结果，应取备用样重做，但须注明原因。

3. 拉力测试

(1) 主要仪器设备

1) 拉力机：测量范围 0～1000N 或 0～2000N，最小读数为 5N，夹具夹持宽不小于 5cm。拉力机在无负荷情况下，空夹具自动下降速度为 40～50mm/min。

2) 量尺(精确度 0.1cm)。

(2) 试样准备

试件尺寸、形状、数量及制备见表 7-26。

(3) 试验方法与步骤

1) 将试件置于拉力试验机相同温度的干燥处不少于 1h。

2) 调整好拉力机后，将定温处理的试件夹持在夹具中心，并不得歪扭，上、下夹具之间的距离为 180mm，开动拉力机使受拉试件被拉断为止。

3) 读出拉断时指针所指数值即为试件的拉力。如试件断裂处距夹具小于 20mm 时，该试件试验结果无效；应在同一样品上另行切取试件，重做试验。

(4) 结果计算与数据处理

取三块试件的拉力平均值作为该试样的拉力值。将试验结果记录在试验报告中。

4. 耐热度测试

(1) 主要仪器设备

1) 电热恒温箱：带有热风循环装置。

2) 温度计：0～150℃，最小刻度 0.5℃。

3) 干燥器：直径 250～300mm。

4) 表面皿：直径 60～80mm。

5) 试件挂钩：洁净无锈的细钢丝或回形针。

(2) 试验方法与步骤

1) 在每块试件距短边一端 1cm 处的中心打一小孔。

2) 用细钢丝或回形针穿挂好试件小孔，放入已定温至标准规定温度的电热恒温箱内。试件的位置与箱壁距离不应小于 50mm，试件间应留一定距离，不致粘结在一起，试件的中心与温度计的水银球应在同一水平位置上，距每块试件下端 10mm 处，各放一表面皿用以接收淌下的沥青物质。

(3) 结果计算与数据处理

在规定温度下加热 2h 后，取出试件，及时观察并记录试件表面有无涂盖层滑动和集中性气泡。集中性气泡系指破坏油毡涂盖层原型的密集气泡。将试验结果记录在试验报告中。

5. 不透水性测试

(1) 主要仪器设备

1) 不透水仪：具有三个透水盘的不透水仪，它主要由液压系统、测试管理系统、夹紧装置和透水盘等部分组成，透水盘底座内径为 92mm，透水盘金属压盖上有 7 个均匀分布的直径 25mm 透水孔。压力表测量范围为 0～0.6MPa，精度 2.5 级。

2) 定时钟（或带定时器的油毡不透水测试仪）。

(2) 试验准备

1) 水箱充水：将洁净水注满水箱。

2) 放松夹脚：启动油泵，在油压的作用下，夹脚活塞带动夹脚上升。

3) 水缸充水：先将水缸内的空气排净，然后水缸活塞将水从水箱吸入水缸，完成水缸充水过程。

4) 试座充水：当水缸储满水后，由水缸同时向三个试座充水，三个试座充满水并已接近溢出状态时，关闭试座进水阀门。

5) 水缸二次充水：由于水缸容积有限，当完成向试座充水后，水缸内储存水已近断绝，需通过水箱向水缸再次充水，其操作方法与第一次充水相同。

(3) 试验方法与步骤

1) 安装试件：将三块试件分别置于三个透水盘试座上，涂盖材料薄弱的一面接触水面，并注意“O”形密封圈应固定在试座槽内，试件上盖上金属压盖（或油毡透水测试仪的探头），然后通过夹脚将试件压紧在试座上。如产生压力影响结果，可向水箱泄水，达到减压目的。

2) 压力保持：打开试座进水阀，通过水缸向装好试件的透水盘底座继续充水，当压力表达到指定压力时，停止加压，关闭进水阀和油泵，同时开动定时钟或油毡透水测试仪定时器，随时观察试件有否渗水现象，并记录开始渗水时间。在规定测试时间出现其中一块或二块试件有渗漏时，必须关闭控制相应试座的进水阀，以保证其余试件能继续测试。

3) 卸压：当测试达到规定时间即可卸压取样，启动油泵，夹脚上升后即可取出试样，关闭油泵。

(4) 结果计算与数据处理

检查试件有无渗漏现象。将试验结果记录在试验报告中。

6. 柔度测试

(1) 主要仪器设备

1) 柔度弯曲器：ϕ25、ϕ20、ϕ10mm 金属圆棒或 R 为 12.5、10、5mm 的金属柔度弯板。

2) 温度计：0～50℃，精确度 0.5℃。

3) 保温水槽或保温瓶。

(2) 试验方法与步骤

将呈平板状无卷曲试件和圆棒（或弯板）同时浸泡入已定温的水中，若试件有弯曲则可稍微加热，使其平整。试件经30min浸泡后自水中取出，立即沿圆棒（或弯板）在约2s时间内按均衡速度弯曲折成180°。

（3）结果计算与数据处理

用肉眼观察试件表面有无裂纹。将试验结果记录在试验报告中。

7.3 建筑防水涂料

学习目标

建筑防水涂料的种类与技术性质指标；建筑防水涂料的应用。

关键概念

固体含量；干燥时间；粘结强度。

建筑防水涂料在常温下呈液态或无固定形状黏稠体，涂刷在建筑物表面后，由于水分或溶剂挥发，或成膜物组分之间发生化学反应，形成一层完整坚韧的膜，使建筑物的表面与水隔绝起防水密封作用。有的防水涂料还兼具装饰功能或隔热功能。

7.3.1 防水涂料的特点与分类

防水涂料大致有如下几个特点：

（1）整体防水性好。能满足各类屋面、地面、墙面的防水工程的要求。在基材表面形状复杂的情况下，如管道根、阴阳角处等，涂刷防水涂料较易满足使用要求。为了增加强度和厚度，还可以与玻璃布、无纺布等增强材料复合作用，如一布四涂、二布六涂等，更增强了防水涂料的整体防水性和抵抗基层变形的能力。

（2）温度适应性强。因为防水涂料的品种多，用户选择余地很大，可以满足不同地区气候环境的需要。防水涂层在−30℃低温下不开裂，在80℃高温下不流淌。溶剂型涂料可在负温下施工。

（3）操作方便，施工速度快。涂料可喷可刷，节点处理简单，容易操作。水乳型涂料在基材稍潮湿的条件下仍可施工。冷施工不污染环境，比较安全。

（4）易于维修。当屋面发生渗漏时，不必完全铲除整个旧防水层，只需在渗漏部位进行局部修理，或在原防水层上重做一层防水处理。

防水涂料目前主要按成膜物质分类。大致可分为3类，一类是沥青与改性沥青防水涂料，按所用分散介质又可分为水乳型和溶剂型两种。二类是合成树脂和橡胶系防水涂料，按所用的分散介质也可分为溶剂型和水乳型两种。第三类是无机系防水材料，如水泥类、无机铝盐类等。其中以粉末形式存放的，都在现场配制。

根据涂层外观又可分为薄质防水涂料和厚质防水涂料。前者常温时为液体，具有流平性；后者常温时为膏状或黏稠体，不具有流平性。

7.3.2 水乳型沥青基防水涂料

水乳型沥青基防水涂料是以水为介质，采用化学乳化剂和/或矿物乳化剂制得的沥青基防水涂料。产品按性能分为 H 型和 L 型，其技术性能要求见表 7-26。

水乳型沥青基防水涂料物理力学性能（JC/T 408—2005） **表 7-26**

<table>
<tr><th colspan="2">项目</th><th>L</th><th>H</th></tr>
<tr><td colspan="2">固体含量/% ≥</td><td colspan="2">45</td></tr>
<tr><td colspan="2" rowspan="2">耐热度/℃</td><td>80±2</td><td>110±2</td></tr>
<tr><td colspan="2">无流淌、滑动、滴落</td></tr>
<tr><td colspan="2">不透水性</td><td colspan="2">0.10MPa，30min 无渗水</td></tr>
<tr><td colspan="2">粘结强度/MPa ≥</td><td colspan="2">0.30</td></tr>
<tr><td colspan="2">表干时间/h ≤</td><td colspan="2">8</td></tr>
<tr><td colspan="2">实干时间/h ≤</td><td colspan="2">24</td></tr>
<tr><td rowspan="4">低温柔性[a]/℃</td><td>标准条件</td><td>−15</td><td>0</td></tr>
<tr><td>碱处理</td><td rowspan="3">−10</td><td rowspan="3">5</td></tr>
<tr><td>热处理</td></tr>
<tr><td>紫外线处理</td></tr>
<tr><td rowspan="4">断裂伸长率/%≥</td><td>标准条件</td><td colspan="2" rowspan="4">600</td></tr>
<tr><td>碱处理</td></tr>
<tr><td>热处理</td></tr>
<tr><td>紫外线处理</td></tr>
</table>

供需双方可以商定温度更低的低温柔度指标。

水乳型沥青基防水涂料，施工安全不污染环境。施工应用特点如下：

（1）施工温度一般要求在 0℃以上，最好在 5℃以上；贮存和施工时防止受冻。

（2）对基层表面的含水率要求不很严格，但应无明水，下雨天不能施工，下雨前 2h 也不能施工。

（3）不能与溶剂型防水涂料混用，也不能在料桶中混入油类溶剂，以免破乳影响涂料质量。施工时应注意涂料产品的使用要求，以便保证施工质量。

7.3.3 溶剂型沥青防水涂料

溶剂型沥青防水涂料是以沥青、溶剂、改性材料和辅助材料所组成，主要用于防水、防潮和防腐，其耐水性、耐化学侵蚀性均好，涂膜光亮平整，丰满度高。主要品种有：冷底子油、再生橡胶沥青防水涂料、氯丁橡胶沥青防水涂料和丁基橡胶沥青防水涂料等。其中，除冷底子油不能单独用作防水涂料，仅作为基层处理剂以外，其他均为较好的防水涂料。具有弹性大、延伸性好、抗拉强度高，能适应基层的变形，并有一定的抗冲击和抗老化性。但由于使用有机溶剂，不仅在配制时易引起火灾，且施工时要求基层必须干燥。由于有机溶剂挥发时，还引起环境污染，加之目前溶剂价格不断上扬，因此，除特殊情况外，已较少使用。近年来，着力发展的是水性沥青防水涂料。

7.3.4　合成树脂和橡胶系防水涂料

属合成高分子防水涂料，是以合成橡胶或合成树脂为主要成膜物质，加入其他辅料而配制成的单组分或多组分防水涂膜材料。此种涂料的产品质量应符合表 7-27 的要求。

合成树脂和橡胶系防水涂料　　**表 7-27**

项　目		质量要求	
		Ⅰ类	Ⅱ类
固体含量/%，≥		94	65
拉伸强度/MPa，≥		1.65	0.5
断裂延伸率/%，≥		300	400
柔性		−30℃，弯折，无裂纹	−20℃，弯折，无裂纹
不透水性	压力/MPa，≥	0.3	0.3
	保持时间/min，≥	30 不渗透	30 不渗透

注：Ⅰ类为反应固化型防水涂料；Ⅱ类为挥发固化型防水涂料。

合成树脂和橡胶系防水涂料的品种很多，但目前应用比较多的主要有以下几种：

1. 聚氨酯防水涂料

聚氨酯防水涂料有单组分（S）和多组分（M）两种。其中单组分涂料的物理性能和施工性能均不及双组分涂料，故我国自 20 世纪 80 年代聚氨酯防水涂料研制成功以来，主要应用双组分聚氨酯防水涂料。双组分聚氨酯防水涂料产品，由甲、乙组分组成，甲组分是聚氨酯预聚体，乙组分是固化剂等多种改性剂组成的液体；两者按一定的比例混合均匀，经过固化反应，形成富有弹性的整体防水膜。

聚氨酯防水涂料按基本性能分为Ⅰ、Ⅱ和Ⅲ型聚氨酯防水涂料。

这三类聚氨酯防水涂料形成的薄膜具有优异的耐候性、耐油性、耐碱性、耐臭氧性以及耐海水侵蚀性，使用寿命为 9～15 年，而且强度高、弹性好、延伸率大（可达 250%～500%）。其基本性能应符合《聚氨酯防水涂料》GB/T 19250—2013 标准，见表 7-28。

聚氨酯防水涂料与混凝土、锦砖、大理石、木材、钢材、铝合金粘结良好，且耐久性较好。并且聚氨酯防水涂料色浅，可制成铁红、草绿、银灰等彩色涂料，涂膜反应速度易于控制，属于高档防水涂料。主要用于中高级建筑的屋面、外墙、地下室、卫生间、贮水池及屋顶花园等防水工程。

聚氨酯防水涂料基本性能 **表 7-28**

序号	项目			技术指标		
				Ⅰ	Ⅱ	Ⅲ
1	固体含量/%	单组分	≥	85.0		
		多组分	≥	92.0		
2	表干时间/h		≤	12		
3	实干时间/h		≤	24		
4	流平性[a]			20min 时，无明显齿痕		
5	拉伸强度/MPa		≥	2.00	6.00	12.0
6	断裂伸长率/%		≥	500	450	250
7	撕裂强度/(N/mm)		≥	15	30	40
8	低温弯折性			−35℃，无裂纹		
9	不透水性			0.3MPa，120min 不透水		
10	加热伸缩率/%			−4.0～+1.0		
11	粘接强度/MPa		≥	1.0		
12	吸水率/%		≤	5.0		
13	定伸时老化	加热老化		无裂纹及变形		
		人工气候老化[b]		无裂纹及变形		
14	热处理（80℃，168h）	拉伸强度保持率/%		80～150		
		断裂伸长率/%	≥	450	400	200
		低温弯折性		−30℃，无裂纹		
15	碱处理［0.1% NaOH + 饱和 $Ca(OH)_2$ 溶液，168h］	拉伸强度保持率/%		80～150		
		断裂伸长率/%	≥	450	400	200
		低温弯折性/℃	≤	−30℃，无裂纹		
16	酸处理（2% H_2SO_4 溶液，168h）	拉伸强度保持率/%		80～150		
		断裂伸长率/%	≥	450	400	200
		低温弯折性/℃	≤	−30℃，无裂纹		
17	人工气候老化[b]（1000h）	拉伸强度保持率/%		80～150		
		断裂伸长率/%	≥	450	400	200
		低温弯折性/℃	≤	−30℃，无裂纹		
18	燃烧性能[b]			B_2-E（点火 15s，燃烧 20s，F_s≤150mm，无燃烧低落物引燃滤纸）		

a 该项性能不适用于单组份和喷涂施工的产品。流平性时间可根据工程要求和施工环境由供需双方商定并在订货合同与产品包装上明示。

b 仅外露产品要求测定。

2. 丙烯酸酯防水涂料

丙烯酸酯防水涂料是以丙烯酸树脂乳液为主，加入适量的颜料、填料等配置而成的水乳型防水涂料。具有耐高低温性好、不透水性强、无毒、无味、无污染、操作简单等优点，可在各种复杂的基层表面上施工，并具有白色、多种浅色、黑色等，使用寿命 10～15 年。丙烯酸防水涂料广泛应用于外墙防水装饰及各种彩色防水层。丙烯酸涂料的缺点是延伸率较小，为此可加入合成橡胶乳液予以改性，使其形成橡胶状弹性涂膜。丙烯酸防水涂料按产品的理化性能分为Ⅰ型和Ⅱ型，其性能指标见表 7-29。

丙烯酸防水涂料的性能指标　　**表 7-29**

项目	性能指标	
	Ⅰ型	Ⅱ型
断裂伸长率 /%	>400	>300
抗拉强度 /MPa	>0.5	>1.6
粘结强度 /MPa	>1.0	>1.2
低温柔性 /℃	−20	−20
固含量 /%	>65	
耐热性	80℃，5h，合格	
表干时间 /h	4	
实干时间 /h	20	

3. 硅橡胶防水涂料

硅橡胶防水涂料是以硅橡胶乳液以及其他乳液的复合物为基料，掺入无机填料及各种助剂配制而成的乳液型防水涂料。该涂料兼有涂膜防水和渗透性防水材料的优良特性，具有良好的防水性、渗透性、成膜性、弹性、粘结性、延伸性、耐高低温性、抗裂性、耐氧化性和耐候性。并且无毒、无味、不燃、使用安全。适用于地下室、卫生间、屋面以及地上地下构筑物的防水防渗和渗漏水修补等工程。

硅橡胶防水涂料由冶金部建筑研究总院研制生产，于 1991 年列入建设部科技成果重点推广项目。

硅橡胶防水涂料共有Ⅰ型涂料和Ⅱ型涂料两个品种；Ⅱ型涂料加入了一定量的改性剂，以降低成本，但性能指标除低温韧性略有升高以外，其余指标与Ⅰ型涂料都相同。Ⅰ型涂料和Ⅱ型涂料均由 1 号涂料和 2 号涂料组成，涂布时进行复合使用，1 号、2 号均为单组分，1 号涂布于底层和面层，2 号涂布于中间加强层。硅橡胶防水涂料的物理性能见表 7-30。

硅橡胶建筑防水涂料物理性能　　**表 7-30**

项　目		性　能	
		Ⅰ型	Ⅱ型
外观（均匀、细腻、无杂质、无结皮）		乳白色	乳白色
固体含量 /%，≤	1 号胶	40	40
	2 号胶	60	60
固化时间 /h，≤	表干：1 号、2 号胶	1	1
	实干：1 号、2 号胶	10	10
粘结强度 /MPa（1 号胶与水泥砂浆基层的粘结力）≥		0.4	0.4
抗裂性（涂膜厚 0.5～0.8mm，当基层裂缝小于 2.5mm 时）		涂膜无裂缝	涂膜无裂缝
扯断强度 /MPa，≥		1.0	1.0
扯断伸长率 /%，≥		420	420
低温柔性 /℃，绕 ϕ10mm 圆棒		−30 不裂	−20 不裂

续表

项　目	性　能	
	Ⅰ型	Ⅱ型
耐热性（延伸率保持率/%），(80℃，168h)≥	80，外观合格	80，外观合格
耐湿性（延伸率保持率/%），≥	80，外观合格	80，外观合格
耐老化（延伸率保持率/%），≥	80，外观合格	80，外观合格
耐碱性（延伸率保持率/%），≥ [饱和 $Ca(OH)_2$ 和 0.1NaOH 混合溶液浸泡 15d，恒温 15℃]	80，外观合格	80，外观合格
不透水性/MPa，(涂膜厚 1mm，0.5h)≥	0.3	0.3

7.3.5　无机防水涂料和有机无机复合防水涂料

1. 水泥基高效无机防水涂料

水泥基高效无机防水涂料，大都是一类固体粉末状无机防水涂料。使用时，有的需加砂和水泥，再加水配置涂料；有的直接加水配成涂料。无毒、无味、不污染环境、不燃、耐腐蚀、粘结力强（能与砖、石、混凝土、砂浆等结合成牢固的整体，涂膜不剥落、不脱离），防水、抗渗及堵漏功能强；在潮湿面上能施工。操作简单，背水面迎水面都有同样效果。适合于新老屋面、墙面、地面、卫生间和厨房的堵漏防水及各种地下工程、水池等堵漏防水和抗渗防潮，还可以粘贴瓷砖和锦砖等材料。主要研制生产单位有中国建筑材料科学研究院水泥所等。

2. 溶剂型铝基反光隔热涂料

该涂料适用于各种沥青材料的屋面防水层，起反光隔热和保护作用；涂刷在工厂架空管道保温层表面起装饰保护作用；在金属瓦楞板、纤维瓦楞板、白铁泛水及天沟等表面涂刷，起防锈防腐作用。其技术性能：外观为银白色漆状液体，黏度为 25～50s，遮盖力 $60g/m^2$，附着力 100%。生产厂家有上海市建筑防水材料厂等。

3. 水泥基渗透结晶型防水材料（适用《水泥基渗透结晶型防水材料》GB18445—2012 标准）

水泥基渗透结晶型防水涂料是以普通硅酸盐材料为基料，掺有多种特殊的活性化学物质的粉末状材料。其中的活性化学物质能利用混凝土本身固有的化学特性及多孔性，在水的引导下，以水为载体，借助强有力的渗透作用，在混凝土微孔及毛细管中随水压逆向进行传输、充盈，催化混凝土内微粒再次发生水化作用，而形成不溶于水的枝蔓状结晶体，封堵混凝入中微孔和毛细管及微裂缝，并与混凝土接合成严密的整体，从而使来自任何方向的水及其他液体被堵住和封闭，达到永久性的防水、防潮目的。

性能特点：

(1) 能穿透深入混凝土中毛细管地带及收缩裂缝，增强混凝土的抗渗性能。

(2) 在表面受损的情况下，其防水及抗化学特性仍能保持不变，具有对毛细裂缝的自修复功能。

(3) 与混凝土、砖块、灰浆及石质材料均100%相容。

(4) 不影响混凝土透气，不让水蒸气积聚，使混凝土保持全面干爽。

(5) 无毒、无害、无味、无污染，可安全应用于饮水和食品工业建筑结构。

(6) 可在迎水面或背水面施工，也可在混凝土初凝潮湿时直接干撒，随结构一起养护。大底板浇捣前2小时的干撒，无需养护便可达到同样效果。可在48小时后回填。当进行回填土、扎钢筋、强化网或其他惯常程序时，无须做保护层。

4. 聚合物水泥防水涂料

聚合物水泥防水涂料（简称JS防水涂料）是近年来发展较快，应用广泛的新型建筑防水材料。该涂料以丙烯酸等聚合物乳液和水泥为主要原料，加入其他外加剂制得的双组分水性建筑防水涂料，可在干燥或稍潮湿的砖石、砂浆、混凝土、金属、木材、硬塑料、玻璃、石膏板、泡沫板、沥青、橡胶及SBS、APP、聚氨酯等防水材料基面上施工，对于新旧建筑物（房屋、地下工程、隧道、桥梁、水池、水库等）均可使用。同时，也可用作粘结剂及外墙装饰涂料。

产品按物理力学性能分为Ⅰ型、Ⅱ型和Ⅲ型，Ⅰ型是以聚合物为主的防水涂料，主要用于活动量较大的基层；Ⅱ型和Ⅲ型是以水泥为主的防水涂料，适用于活动量较小的基层。物理力学性能应符合表7-31的要求。

聚合物水泥防水涂料物理力学性能（GB/T 23445—2009）　表7-31

序号	试验项目		技术指标		
			Ⅰ型	Ⅱ型	Ⅲ型
1	固体含量/% ≥		70	70	70
2	拉伸强度	无处理/MPa ≥	1.2	1.8	1.8
		加热处理后保持率/% ≥	80	80	80
		碱处理后保持率/% ≥	60	70	70
		浸水处理后保持率/% ≥	60	70	70
		紫外线处理后保持率/% ≥	80	—	—
3	断裂伸长率	无处理/% ≥	200	80	30
		加热处理/% ≥	150	65	20
		碱处理/% ≥	150	65	20
		浸水处理/% ≥	150	65	20
		紫外线处理/% ≥	150	—	—
4	低温柔性（ϕ10mm棒）		−10℃无裂纹	—	—
5	粘结强度 ≥	无处理/MPa ≥	0.5	0.7	1.0
		潮湿基层/MPa ≥	0.5	0.7	1.0
		碱处理/MPa ≥	0.5	0.7	1.0
		浸水处理/MPa ≥	0.5	0.7	1.0
6	不透水性（0.3MPa，30min）		不透水	不透水	不透水
7	抗渗性（砂浆背水面）/MPa ≥		—	0.6	0.8

7.4 防水密封材料

学习目标

防水密封材料的种类与技术性质指标；防水密封材料的应用。

关键概念

挤出性；适用期；拉伸粘结性能；拉伸一压缩循环性能。

防水密封材料是指嵌填于建筑物接缝、裂缝、门窗框和玻璃周边以及管道接头处起防水密封作用的材料。此类材料应具有弹塑性、粘结性、施工性、耐久性、延伸性、水密性、气密性、贮存及耐化学稳定性，并能长期经受抗拉与压缩或振动的疲劳性能而保持粘附性。

防水密封材料分为定型密封（密封带、密封条止水带等）与不定型密封材料（密封膏）。

7.4.1 不定型密封材料

不定型密封材料通常为膏状材料，俗称密封膏或嵌缝膏。该类材料应用非常广泛，如屋面、墙体等建筑物的防水堵漏，门窗的密封及中空玻璃的密封等。与定型密封材料配合使用既经济又有效。

不定型密封材料的品种很多，仅建筑窗用弹性密封胶就包括硅酮、改性硅酮、聚硫、聚氨酯、丙烯酸、丁基、丁苯和氯丁等合成高分子材料为基础的弹性密封胶（不包括塑性体或以塑性为主要特征的密封剂及密封腻子。也不包括水下、防火等特种门窗密封胶和玻璃胶粘剂）。建筑窗用弹性密封胶的物理力学性能必须符合表 7-32 的要求。

建筑窗用弹性密封胶的物理力学性能要求（JC/T 485—2007）　　表 7-32

序号	项　目		1 级	2 级	3 级
1	密度（g/cm³）		规定值±0.1		
2	挤出性（ml/min）	≥	50		
3	适用期（h）	≥	3		
4	表干时间（h）	≤	24	48	72
5	下垂度（mm）	≤	2		

续表

<table>
<tr><th>序号</th><th colspan="2">项　　目</th><th>1级</th><th>2级</th><th>3级</th></tr>
<tr><td>6</td><td colspan="2">拉伸粘结性能（MPa）　≤</td><td>0.40</td><td>0.50</td><td>0.60</td></tr>
<tr><td>7</td><td colspan="2">低温贮存稳定性[a]</td><td colspan="3">无凝胶、离析现象</td></tr>
<tr><td>8</td><td colspan="2">初期耐水性[a]</td><td colspan="3">不产生混浊</td></tr>
<tr><td>9</td><td colspan="2">污染性[a]</td><td colspan="3">不产生污染</td></tr>
<tr><td>10</td><td colspan="2">热空气—水循环后定伸性能（%）</td><td>100</td><td>60</td><td>25</td></tr>
<tr><td>11</td><td colspan="2">水—紫外线辐照后定伸性能（%）</td><td>100</td><td>60</td><td>25</td></tr>
<tr><td>12</td><td colspan="2">低温柔性（℃）</td><td>−30</td><td>−20</td><td>−10</td></tr>
<tr><td>13</td><td colspan="2">热空气—水循环后弹性恢复率（%）≥</td><td>60</td><td>30</td><td>5</td></tr>
<tr><td rowspan="2">14</td><td rowspan="2">拉伸—压缩循环性能</td><td>耐久性等级</td><td>9030</td><td>8020、7020</td><td>7010、7005</td></tr>
<tr><td>粘结破坏面积（%）≤</td><td colspan="3">25</td></tr>
</table>

a. 仅对乳液品种产品。

1. 改性沥青基嵌缝油膏

改性沥青基嵌缝油膏是以石油沥青为基料，加入橡胶改性材料及填充料等混合制成的冷用膏状材料。油膏按耐热和低温柔性分为702和801两个标号，具有优良的防水防潮性能，粘结性好，延伸率高，能适应结构的适当伸缩变形，能自行结皮封膜。可用于嵌填建筑物的水平、垂直缝及各种构件的防水，使用很普遍。

2. 聚氯乙烯建筑防水接缝材料

聚氯乙烯建筑防水材料是以聚氯乙烯树脂为基料，加以适量的改性材料及其他添加剂配制而成的（简称PVC接缝材料），按耐热性（80℃）和低温柔性(分−10℃和−20℃)分为801和802两个型号、按施工工艺分为热塑性和热熔型两种。通常称热塑性为聚氯乙烯胶泥（J型），热熔型为塑料油膏（G型）。聚氯乙烯胶泥和塑料油膏是由煤焦油和聚氯乙烯树脂和增塑剂及其他填料加热塑化而成。胶泥是橡胶状弹性体，塑料油膏是在此基础上改进的热施工塑性材料，施工使用热熔后成为黑色的黏稠体。其特点是耐温性好，使用温度范围广，适合我国大部分地区的气候条件和坡度，粘结性好，延伸回复率高，耐老化，对钢筋无锈蚀。适用于各种建筑、构筑物的防水、接缝。

聚氯乙烯胶泥和塑料油膏原料易得，价格较低，除适用于一般性建筑嵌缝外，还适用于有硫酸、盐酸、硝酸和氢氧化钠等腐蚀性介质的屋面工程和地下管道工程。

3. 丙烯酸酯建筑密封膏

丙烯酸酯建筑密封膏是以丙烯酸乳液为胶粘剂，掺入少量表面活性剂、增塑剂、改性剂及颜料、填料等配制而成的单组分水乳型建筑密封膏。这种密封膏具有优良的耐紫外线性能和耐油性、粘结性、延伸性、耐低温性、耐热性和耐老化性能，并且以水为稀释剂，黏度较小，无污染、无毒、不燃，安全可靠，价格适中，可配成各种颜色，操作方便、干燥速度快，保存期长。但固化后有15%～20%的收缩率，应用时应予事先考虑。该密封膏应用范围广泛，可用于钢、铝、混凝土、玻璃和陶瓷等材料的嵌缝防水以及用作钢窗、铝合金窗的玻璃腻子等。还可用于各种预制墙板、屋面板、门窗和卫生间等的接缝密封防水及裂缝修补。

我国制定了《丙烯酸酯建筑密封膏》JC/T 484—2006 行业标准。产品系列代号为“AC”，按拉伸一压缩循环性能，有 7020、7010 和 7005 三个级别，分为优等品、一等品和合格品。产品外观应为无结块、无离析的均匀细腻的膏状体。产品颜色以供需双方商定的色标为准，应无明显差别。产品理化性能应符合表 7-33 的要求。

丙烯酸酯建筑密封膏理化性能要求（JC/T 484—2006）　表 7-33

序号	项目			技术要求		
				优等品	一等品	合格品
1	密度（g/cm³）			规定值±0.1		
2	挤出性（mL/min）		≥	100		
3	表干时间（h）		≤	24		
4	渗出性指数		≤	3		
5	下垂度（mm）		≤	3		
6	初期耐水性			无浑浊液		
7	低温贮存稳定性			不凝固、离析		
8	收缩率（%）		≤	30		
9	低温柔性，(ϕ6)，℃			−20	−30	−40
10	粘结拉伸强度（MPa）			0.02～0.15		
11	最大伸长率（%）		≥	400	250	150
12	弹性恢复率（%）		≥	75	70	65
13	拉伸一压缩循环性能	级别		7020	7010	7005
		平均破坏面积（%）	≤	25		

4．聚氨酯建筑密封胶

聚氨酯建筑密封胶是由多异氰酸酯与聚醚通过加聚反应制成预聚体后，加入固化剂、助剂等在常温下胶粘固化成的高弹性建筑用密封膏。这类密封膏分单、双组分 2 种规格。我国制定的《聚氨酯建筑密封胶》JC/T 482—2003 的行业标准，适用于以氨基甲酸酯聚合物为主要成分的单组分（Ⅰ）和多组分（Ⅱ）建筑密封胶。按产品的流动性分为非下垂型（N 型）和自流平型（L）两类。按拉伸模量分为高模量（HM）和低模量（LM）两个次级别。产品外观应为细腻、均匀膏状物或黏稠液，不应有气泡，无结皮凝胶或不易分散的固体物。聚氨酯建筑密封胶的理化性能必须符合表 7-34 的规定。

聚氨酯建筑密封胶的物理力学性能（JC/T 482—2003）　表 7-34

序号	试验项目	技术指标		
		20HM	25LM	20LM
1	密度，g/cm³	规定值±0.1		

续表

序号	试验项目			技术指标	
			20HM	25LM	20LM
2	挤出性[1]，ml/min　≥		80		
3	适用期[2]/h　≥		1		
4	流动性	下垂度（N型）/mm　≤	3		
		流平性（L型）	光滑平整		
5	表干时间/h　≤		24		
6	弹性恢复率/%　≥		70		
7	拉伸模量/MPa	23℃	>0.4 或 >0.6	≤0.4 和 ≤0.6	
		−20℃			
8	定伸粘结性		无破坏		
9	浸水后定伸粘结性　≥		无破坏		
10	冷拉—热压后的粘结性		无破坏		
11	质量损失率/%　≤		7		

注：1. 此项仅适用于单组分产品。
2. 此项仅适用于多组分产品，允许采用供需双方商定的其他指标值。

这类密封胶弹性高、延伸率大、粘结力强、耐油、耐磨、耐酸碱、抗疲劳性和低温柔性好，使用年限长。适用于各种装配式建筑的屋面板、楼地板、墙板、阳台、门窗框和卫生间等部位的接缝及施工密封，也可用于贮水池、引水渠等工程的接缝密封、伸缩缝的密封和混凝土修补等。

5. 聚硫建筑密封胶

聚硫建筑密封胶是以液态聚硫橡胶为基料和金属过氧化物等硫化剂反应，在常温下形成的弹性体。有单组分和双组分两类。我国制定了双组分型《聚硫建筑密封胶》JC/T 483—2006的行业标准。产品按流动性分为非下垂型（N）和自流平型（L）两个类型；按位移能力分为25、20两个级别；按拉伸模量分为高模量（HM）和低模量（LM）两个次级别。产品性能应符合表7-35的规定。这类密封膏具有优良的耐候性、耐油性、耐水性和低温柔性，能适应基层较大的伸缩变形，施工适用期可调整，垂直使用不流淌，水平使用时有自流平性，属于高档密封材料。除适用于标准较高的建筑密封防水外，还用于高层建筑的接缝及窗框周边防水、防尘密封；中空玻璃、耐热玻璃周边密封；游泳池、贮水槽、上下管道以及冷库等接缝密封。

聚硫建筑密封胶的物理力学性能（JC/T 483—2006）　　表7-35

序号	项目		技术指标		
			20HM	25LM	20LM
1	密度（g/cm³）		规定值±0.1		
2	流动性	下垂度（N型），mm　≤	3		
		流平性（L型）	光滑平整		

续表

序号	项目		技术指标		
			20HM	25LM	20LM
3	表干时间/h ≤		24		
4	适用期/h ≥		2		
5	弹性恢复率/% ≥		70		
6	拉伸模量/MPa	23℃	＞0.4 或＞0.6		≤0.4 和≤0.6
		−20℃			
7	定伸粘结性		无破坏		
8	浸水后定伸粘结性		无破坏		
9	冷拉—热压后粘结性		无破坏		
10	质量损失率/% ≤		5		

注：适用期允许采用供需双方商定的其他指标值。

6. 有机硅密封膏

有机硅密封膏分单组分与双组分。单组分有机硅橡胶密封膏是以有机硅氧烷聚合物为主，加入硫化剂、硫化促进剂、增强填料和颜料等成分组成；双组分的主剂虽与单组分相同，而硫化剂及其机理却不同。该类密封膏具有优良的耐热性、耐寒性和优良的耐候性。硫化后的密封膏可在−20℃～250℃范围内长期保持高弹性和拉压循环性。并且粘结性能好，耐油性、耐水性和低温柔性优良，能适应基层较大的变形，外观装饰效果好。

按硫化剂种类，单组分型有机硅密封膏又分为醋酸型、醇型、酮肟型等。模量分为高、中、低三档。高模量有机硅密封膏主要用于建筑物结构型密封部位，如高层建筑物大型玻璃幕墙粘结密封，建筑物门、窗、柜周边密封等。中模量的有机硅密封膏，除了具有极大伸缩性的接缝不能使用之外，在其他场合都可以使用。低模量有机硅密封膏，主要用于建筑物的密封部位，如预制混凝土墙板的外墙接缝、卫生间的防水密封等。有机硅密封膏的性能指标见表7-36和表7-37。

单组分有机硅橡胶密封膏性能指标 **表7-36**

指标名称	高模量		中模量	低模量
	醋酸型	醇型	醇型	酰胺型
颜色	透明、白、黑、棕、银灰	透明、白、黑、棕、银灰	白、黑、棕、银灰	
稠度	不流动，不崩塌	不流动，不崩塌	不流动，不崩塌	
操作时间/min	7～10	20～30	30	
指干时间/min	30～60	120		
完全硫化时间/h	7	7	2	
抗拉强度/MPa	2.5～4.5	2.5～4.0	1.5～4.0	1.5～2.5

续表

指标名称	高模量		中模量	低模量
	醋酸型	醇型	醇型	酰胺型
延伸率/%	100～200	100～200	200～600	
硬度/邵氏	30～60	30～60	15～45	
永久变形率/%	<5	<5	<5	

注：为成都有机硅应用研究中心产品性能。

双组分有机硅密封膏性能指标 **表7-37**

指标名称	指标数据				生产单位（包括单组分产品）
	QD231	QD233	X—1	S—S	
外观	无色透明	白（可调色）	白（可调色）		北京化工二厂 北京建工研究院 广东省江门市精普化工实业有限公司 成都有机硅应用研究中心 上海橡胶制品研究所 化学工业部星光化工院一分院
流动性	流动性好	不流动	不流动		
抗拉强度/MPa	4～5	4～6	1.2～1.8	0.85～2.0	
延伸率/%	200～250	350～500	400～600	150～300	
硬度/邵氏	40～50	50		40～50	
模量	高	高	低		
粘结性	良好	良好	良好		
表干时间/h				7	
施工期/h				≥3	
低温柔性				−40℃	
密度（g/cm^3）				1.36	

注：QD231、QD233和X—1为北京化工二厂产品；S—S为北京市建研院产品。

7.4.2 定型密封材料

将具有水密、气密性能的密封材料按基层接缝的规格制成一定形状（条状、环状等），以便于对构件接缝、穿墙管接缝、门窗框密封、伸缩缝、沉降缝及施工缝等结构缝隙进行防水密封处理的材料称为定型密封材料。有遇水非膨胀型定型密封材料和遇水膨胀型定型密封材料2类。这2类密封材料的共同特点是：

- 具有良好的弹塑性和强度，不因由于构件的变形、振动、移位而发生脆裂和脱落。
- 具有良好的防水、耐热及耐低温性能。
- 具有良好的拉伸、压缩和膨胀、收缩及回复性能。
- 具有优异的水密、气密及耐久性能。
- 定型尺寸精确，应符合要求，否则影响密封性能。

1. 遇水非膨胀型定型密封材料

(1) 聚氯乙烯胶泥防水带

聚氯乙烯胶泥防水带是以煤焦油和聚氯乙烯树脂为基料，按一定比例加入增塑剂、稳定剂和填充料，混合后再加热搅拌，在130～140℃温度下塑化成型，有一定的规格，即为聚氯乙烯胶带，与钢材有良好的粘结性。其防水性能好，弹性大，高温不流，低温不脆裂，能适应大型墙板因荷重和温度变化等原因引起的构型变形，可用于混凝土墙板的垂直和水平接缝的防水工程，以及建筑墙板、屋面板、穿墙管、厕浴间等建筑接缝密封防水。其主要性能指标见表7-38。

聚氯乙烯胶泥防水带的性能指标 **表7-38**

指标名称	指标数据	主要生产单位
抗拉强度/MPa	20℃>0.5　　-25℃>1	上海汇丽化学建材总厂 湖南湘潭市新型建筑材料厂
延伸率/%	>200	
粘结强度/MPa	>0.1	
耐热性/℃	>80	
长度/m	1～2	
截面尺寸/cm	2×3　　2×3	

注：规格尺寸也可以按具体要求进行加工。

(2) 塑料止水带

塑料止水带是以聚氯乙烯树脂、增塑剂、稳定剂和防老化剂等原料，经塑炼、挤出和成型等工艺加工而成的带状防水隔离材料。其特点是原料充足、成本低廉、耐久性好、强度高、生产效率高，物理力学性能满足使用要求，可节约相同用途的橡胶止水带和紫铜片。用于工业与民用建筑地下防水工程、隧道、涵洞、坝体、溢洪道和沟渠等水工构筑物的变形缝隔离防水。

(3) 止水橡皮和橡皮止水带

止水橡皮和橡皮止水带系采用天然橡胶或合成橡胶及优质添加剂为基料压制而成。品种规格很多，有P型、R型、Φ型、U型、Z型、L型、J型、H型、E型、Ω型、桥型和山型等；另还可按具体要求规格制作。其特点是具有良好的弹性、耐磨、耐老化和耐撕裂性能，适应结构变形能力强，防水好。是水电工程、堤坝、涵洞、农用水利、建工构件、人防工事等防止漏水、渗水、减振缓冲、坚固密封、保证工程及其设备正常运转不可缺少的部件。

2. 遇水膨胀型定型密封材料

该材料是以改性橡胶为主要原料（以多种无机及有机吸水材料为改性剂）而制成的一种新型条状防水止水材料。改性后的橡胶除保持原有橡胶防水制品优良的弹性、延伸性和密封性以外，还具有遇水膨胀的特性。当结构变形量超过止水材料的弹性复原时，结构和材料之间就会产生一道微缝，膨胀止水条遇到缝隙中的渗漏水后，其体积能在短时间内膨胀，将缝隙涨填密实，阻止渗漏水通过。所以，膨胀止水条能在其膨胀倍率范围内起到防水止水的作用。

（1）SWER水膨胀橡胶

SWER水膨胀橡胶是以改性橡胶为基本材料而制成的一种新型防水材料。其特点是既具有一般橡胶制品优良的弹性、延伸性和反压缩变形能力，又能遇水膨胀，膨胀率可在100%～500%之间调节，而且不受水质影响。它还有优良的耐水性、耐化学性和耐老化性，可以在很广的温度范围内发挥防水效果；同时，可根据用户需要制成各种不同形状的密封嵌条或密封卷，可以与其他橡胶复合制成复合型止水材料。适用于工农业给排水工程，铁路、公路、水利工程及其他工程中的变形缝、施工缝、伸缩缝、各种管道接缝及工业制品在接缝处的防水密封。

（2）SPJ型遇水膨胀橡胶

SPJ型遇水膨胀橡胶采用亲水性聚氨酯和橡胶为原料，用特殊方法制得的结构型遇水膨胀橡胶。在膨胀率100%～200%之内能起到以水止水的作用。遇水后，体积得到膨胀，并充满整个接缝内不规则基面、空穴及间隙，同时产生一定的接触压力足以阻止渗漏水通过；高倍率的膨胀，使止水条能够在接缝内任意自由变形；能长期阻挡水分和化学物质的渗透，材料膨胀性能不受外界水质的影响，比任何普通橡胶更具有可塑性和弹性，有很高的抗老化性和良好的耐腐蚀性；具备足够的承受外界压力的能力和优良的机械性能，并能长期保持其弹性和防水性能；材料结构简单，安装方便、省时、安全，不污染环境；它不但能做成纯遇水膨胀橡胶制品，而且能与普通橡胶复合做成复合型遇水膨胀型橡胶制品，降低了材料成本。该材料适用于地下铁道、涵洞、山洞、水库、水渠、拦河坝、管道和地下室钢筋混凝土施工缝等建筑接缝的密封防水。

（3）BW遇水膨胀止水条

BW遇水膨胀止水条是用橡胶膨润土等无机及有机吸水材料、高黏性树脂等十余种材料经密炼挤制而成的自黏性遇水膨胀型条状密封材料。其特点为：

1）可依靠自身黏性直接粘贴在混凝土施工缝基面上，施工方便、快速简捷；

2）遇水后即可在几十分钟内逐渐膨胀，形成胶黏性密封膏，一方面堵塞一切渗水孔隙，另一方面与混凝土接触面粘贴得更加紧密，从根本上切断渗水通道；

3）主体材料为无机矿物料，所以耐老化、抗腐蚀、抗渗能力不受温湿度交替变化的影响，具有可靠的耐久性；

4）具有显著的自愈功能，当施工缝出现新的微小缝隙时止水条可继续吸水膨胀，进一步堵塞新的微缝，自动强化防水效果。

BW遇水膨胀止水条适用于地下建筑外墙、底板、地脚或地台、游泳池、厕浴间等混凝土施工缝中进行密封防水处理。在有约束的条件下能良好地发挥其遇水膨胀止水防渗的作用。

7.5 屋面防水工程对材料的选择及应用

学习目标

防水材料的选择；防水材料的应用。

关键概念

防水等级；防水年限；结构形式。

屋面工程的防水设防，应根据建筑物的防水等级、防水耐久年限、气候条件、结构形式和工程实际情况等因素来确定防水设计方案和选择防水材料，并应遵循“防排并举、刚柔结合、嵌涂合一、复合防水、多道设防”的总体方针进行设防。

7.5.1 根据防水等级进行防水设防和选择防水材料

对于重要或特别重要的防水等级为Ⅰ级、Ⅱ级的建筑物，除了应做二道、三道或三道以上复合设防外，每道不同材质的防水层都应采用优质防水材料来铺设。这是因为，不同种类的防水材料，其性能特点、技术指标和防水机理都不尽相同，将几种防水材料进行互补和优化组合，可取长补短，就能达到理想的防水效果。多道设防，既可采用不同种防水卷材（或其他同种防水卷材）进行多叠层设防，又可采用卷材、涂膜和刚性材料进行复合设防，并且是最为理想的防水技术措施。当采用不同种类防水材料进行复合设防时，应将耐老化、耐穿刺的防水材料放在最上面。面层为柔性防水材料时，一般还应用刚性材料作保护层。如人民大会堂屋面防水翻修工程，其复合设防方案是：第一道（底层）为补偿收缩细石混凝土刚性防水层；第二道（中间层）为2mm厚的聚氨酯涂膜防水层；第三道（面层）为氯化聚乙烯—橡胶共混防水卷材（或三元乙丙橡胶防水卷材）防水层；再在面层上铺抹水泥砂浆刚性保护层。

对于防水等级为Ⅲ级、Ⅳ级的一般工业与民用建筑、非永久性建筑，可按表7-39中的要求选择防水材料和进行防水设防。

屋面防水等级和设防要求 表 7-39

项目	屋面防水等级			
	Ⅰ级	Ⅱ级	Ⅲ级	Ⅳ级
建筑物类别	特别重要或对防水有特殊要求的建筑	重要的建筑和高层建筑	一般的建筑	非永久性的建筑
防水层合理使用年限	25年	15年	10年	5年
防水层选用材料	宜选用合成高分子防水卷材、高聚物改性沥青防水卷材、金属板材、合成高分子防水涂料、细石防水混凝土等材料	宜选用高聚物改性沥青防水卷材、合成高分子防水卷材、金属板材、高聚物改性沥青防水涂料、细石防水混凝土、平瓦、油毡瓦等材料	宜选用高聚物改性沥青防水卷材、合成高分子防水卷材、三毡四油沥青防水卷材、金属板材、高聚物改性沥青防水涂料、合成高分子防水涂料、细石防水混凝土、平瓦、油毡瓦等材料	可选用二毡三油沥青防水卷材、高聚物改性沥青防水涂料等材料
设防要求	三道或三道以上防水设防	二道防水设防	一道防水设防	一道防水设防

7.5.2 根据气候条件进行防水设防和选择防水材料

一般来说，北方寒冷地区可优先考虑选用三元乙丙橡胶防水卷材和氯化聚乙烯—橡胶共混防水卷材等合成高分子防水卷材，或选用SBS改性沥青防水卷材和焦油沥青耐低温卷材，或选用具有良好低温柔韧性的合成高分子防水涂料和高聚物改性沥青防水涂料等防水材料。南方炎热地区可选择APP改性沥青防水卷材和合成高分子防水卷材和具有良好耐热性的合成高分子防水涂料，或采用掺入微膨胀剂的补偿收缩水泥砂浆和细石混凝土刚性防水材料作防水层。

7.5.3 根据湿度条件进行防水设防和选择防水材料

对于我国南方地区处于梅雨区域的多雨、多湿地区宜选用吸水率低、无接缝、整体性好的合成高分子涂膜防水材料作防水层、或采用以排水为主、防水为辅的瓦屋面结构形式，或采用补偿收缩水泥砂浆细石混凝土刚性材料作防水层。如采用合成高分子防水卷材作防水层，则卷材搭接边应切实粘结紧密、搭接缝应用合成高分子密封材料封严；如用高聚物改性沥青防水卷材作防水层，则卷材的搭接边宜采用热熔焊接，尽量避免因接缝不好而产生渗漏。梅雨地区不得采用石油沥青纸胎油毡作防水层，因纸胎吸油率低，浸渍不透，长期遇水，会造成纸胎吸水腐烂变质而导致渗漏。

7.5.4 根据结构形式进行防水设防和选择防水材料

对于结构较稳定的钢筋混凝土屋面，可采用补偿收缩防水混凝土作防水层，或采用合成高分子防水卷材、高聚物改性沥青防水卷材和沥青防水卷材作防水层。

对于预制化、异型化、大跨度和频繁振动的屋面，容易增大移动量和产生局部变形裂缝，就可选择高强度、高延伸率的三元乙丙橡胶防水卷材和氯化聚乙烯一橡胶共混防水卷材等合成高分子防水卷材，或具有良好延伸率的合成高分子防水涂料等防水材料作防水层。

7.5.5 根据防水层暴露程度进行防水设防和选择防水材料

用柔性防水材料作防水层，一般应在其表面用浅色涂料或刚性材料作保护层。用浅色涂料作保护层时，防水层呈“外露”状态而长期暴露于大气中，所以应选择耐紫外线、热老化保持率高和耐霉烂性相适应的各类防水卷材或防水涂料作防水层。

7.5.6 根据不同部位进行防水设防和选择防水材料

对于屋面工程来说，细部构造（如檐沟、变形缝、女儿墙、水落口、伸出屋面管道、阴阳角等）是最易发生渗漏的部位。对于这些部位应加以重点设防。即使防水层由单道防水材料构成，细部构造部位亦应进行多道设防。贯彻“大面防水层单道构成，局部（细部）构造复合防水多道设防”的原则。对于形状复杂的细部构造基层(如圆形、方形、角形等)，当采用卷材作大面防水层时，可用整体性好的涂膜作附加防水层。

7.5.7 根据环境介质进行防水设防和选择防水材料

某些生产酸、碱化工产品或用酸、碱产品做原料的工业厂房或贮存仓库，空气中散发出一定量的酸碱气体介质，这对柔性防水层有一定的腐蚀作用，所以应选择具有相应耐酸、耐碱性能的柔性防水材料作防水层。

7.5.8 防水材料的取样

1. 防水卷材

(1) 凡进入施工现场的防水卷材应附有出厂检验报告单及出厂合格证，并注明生产日期、批号、规格、名称。

(2) 同一品种、牌号、规格的卷材，抽样数量为大于 1000 卷抽取 5 卷；500～1000 卷抽取 4 卷；100～499 卷抽取 3 卷；小于 100 卷抽取 2 卷，进行规格和外观质量检验。

(3) 对于弹性体改性沥青防水卷材和塑性体改性沥青防水卷材，在外观质量达到合格的卷材中，将取样卷材切除距外层卷头 2500mm 后，顺纵向切取长度为 800mm 的全幅卷材试样 2 块进行封扎，送检物理性能测定；对于氯化聚乙烯防水卷材和聚氯乙烯防水卷材，在外观质量达到合格的卷材中，在距端部 300mm 处裁取约 3m 长的卷材进行封扎，送检物理性能测定。

(4) 胶结材料是防水卷材中不可缺少的配套材料，因此必须和卷材一并抽检。抽样方法按卷材配比取样。同一批出厂，同一规格标号的沥青以 20t 为一个取样单位，不足20t按一个取样单位。从每个取样单位的不同部位取五处洁净试样，每处所取数量大致相等共1kg左右，作为平均试样。

2. 防水涂料

(1) 同一规格、品种、牌号的防水涂料，每10t为一批，不足10t者按一批进行抽检。取2kg样品，密封编号后送检。

(2) 双组分聚氨酯中甲组分5t为一批，不足5t也按一批计；乙组分按产品重量配比相应增加批量。甲、乙组分样品总量为2kg，封样编号后送检。

3. 建筑密封材料

(1) 单组分产品以同一等级、同一类型的3000支为一批，不足3000支也作为一批。

(2) 双组分产品甲组分以同一等级、同一类型的1t为一批，不足1t按一批进行检验；乙组分按产品重量配比相应增加批量，样品密封编号后送检。

4. 进口密封材料

(1) 凡进入现场的进口防水材料应有该国国家标准、出厂标准、技术指标、产品说明书以及我国有关部门的复检报告。

(2) 现场抽检人员应分别按照上述要求对卷材、涂料、密封膏等规定的方法进行抽检。抽检合格后方可使用。

(3) 现场抽检必检项目应按我国国家标准或有关其他标准，在无标准参照的情况下，可按该国国家标准或其他标准执行。

(4) 建筑幕墙用的建筑结构胶、建筑密封胶绝大部分是采用进口密封材料，应按照《玻璃幕墙工程技术规范》JGJ 102—2003检验。

单元小结

防水是一个涉及设计、材料、施工和维护管理的复杂系统工程，但材料是防水工程的基础，防水材料质量的优劣直接影响建筑物的使用性和耐久性。因此，要保证防水工程的质量必须从源头抓起，首先要全面了解防水材料的性能特点、技术指标，在此基础上合理选用，正确施工，完善维护管理，才能够确保防水工程的系统质量。

练习题

一、基础题

(一) 名词解释

1. 沥青的延性
2. 乳化沥青
3. 沥青的大气稳定性
4. 沥青的温度敏感性
5. 高聚物改性沥青防水卷材
6. 合成高分子防水卷材

(二) 是非题

1. 当采用一种沥青不能满足配制沥青胶所要求的软化点时，可随意采用石油沥青与煤沥青掺配。(　　)
2. 沥青本身的黏度高低直接影响着沥青混合料黏聚力的大小。(　　)
3. 夏季高温时的抗剪强度不足和冬季低温时的抗变形能力过差，是引起沥青混合料铺筑的路面产生破坏的重要原因。(　　)
4. 石油沥青的技术牌号愈高，其综合性能就愈好。(　　)
5. 具有溶胶结构的沥青，流动性和塑性较好，开裂后自愈能力较强。(　　)
6. 石油沥青比煤油沥青的毒性大，防腐能力也更强。(　　)
7. 合成高分子防水卷材属于低档防水卷材。(　　)
8. 因氯化聚乙烯防水卷材具有热塑性特性，所以可用热风焊施工，不污染环境。(　　)
9. 选用石油沥青时，在满足要求的前提下，尽量选用牌号小的，以保证有较长使用年限。(　　)
10. 地沥青质是乳化沥青组成中的关键成分，它是表面活性剂。(　　)
11. 石油沥青中油分的含量越大，则沥青的温度感应性越大。(　　)
12. 石油沥青的软化点越低，温度稳定性越小。(　　)
13. 防水砂浆属于刚性防水。(　　)

14. 三元乙丙橡胶卷材适合用于重要的防水工程。(　　)
15. 标号为500粉毡的沥青油毡较标号为350粉毡的防水性差。(　　)
16. 聚氯乙烯接缝材料的密封性较聚氨酯建筑密封膏好。(　　)
17. 石油沥青的温度敏感性用针入度表示。(　　)
18. 沥青的牌号越高，则沥青的塑性越小。(　　)
19. 石油沥青中树脂的含量越高，沥青的使用年限越短。(　　)

(三) 填空题

1. 石油沥青四组分分析法是将其分离为________、________、________和________四个主要组分。
2. 沥青混合料是指________与沥青拌和而成的混合料的总称。
3. 煤沥青与石油沥青比较，其性质特点是________。
4. 沥青的牌号越高，则软化点越________，使用寿命越________。
5. 当沥青中树脂（沥青脂胶）组分含量较高时，沥青的塑性________，粘结性________。
6. 沥青的大气稳定性（即抗老化能力），用________和________表示。
7. ________是乳化沥青组成中的关键成分，它是表面活性剂。
8. 石油沥青四组分分析法是将其分离为______、______、________和________四个主要组分。
9. 在针入度、延度不变的情况下，石油沥青的软化点越低，应用性能________。
10. 与牌号为30号的石油沥青相比，牌号为90号的石油沥青延度较________，软化点较________。
11. 建筑石油沥青的牌号越大，则沥青的黏（滞）性______、塑性______、温度敏感性______。

(四) 选择题（多项选择）

1. 沥青混合料的技术指标有（　　）。
   A. 稳定度　　B. 流值
   C. 空隙率　　D. 沥青混合料试件的饱和度
   E. 软化点
2. 沥青的牌号是根据以下（　　）技术指标来划分的。
   A. 针入度　　B. 延度　　C. 软化点　　D. 闪点
3. 建筑石油沥青的黏性是用（　　）表示的。
   A. 针入度　　B. 黏滞度　　C. 软化点　　D. 延伸度
4. 石油沥青的大气稳定性越高，(　　)。
   A. 蒸发损失越小和蒸发后针入度比越大　　B. 蒸发损失越大和蒸发后针入度比越大
   C. 蒸发损失越小和蒸发后针入度比越小　　D. 蒸发损失越大和蒸发后针入度比越小

5. 乳化沥青的主要组成为（　　）。

A. 沥青、水、乳化剂　　B. 沥青、汽油、乳化剂

C. 沥青、汽油　　D. 沥青、矿物粉

6. 沥青胶的标号是根据（　　）划分的。

A. 耐热度　　B. 针入度　　C. 延度　　D. 软化点

7. 热用沥青玛琋脂（即沥青胶）的组成材料为沥青和（　　）。

A. 粉状材料　　B. 有机溶剂

C. 纤维状材料和砂　　D. （A+B）

8. 石油沥青中油分、树脂和地沥青质含量适中时，所形成的胶体结构类型是（　　）。

A. 溶胶型　　B. 溶-凝胶型　　C. 凝胶型　　D. 非胶体结构类型

9. 在进行沥青试验时，要特别注意的试验条件为（　　）。

A. 试验温度　　B. 试验湿度

C. 试件养护条件　　D. 实验室的温、湿度条件

10. 炎热地区的屋面防水工程中，应优先使用（　　）。

A. APP 改性沥青防水卷材　　B. SBS 改性沥青防水卷材

C. 纸胎沥青防水卷材（油毡）　　D. 沥青玻璃布油毡

11. 石油沥青油毡的标号是以（　　）来划分的。

A. 耐热温度　　B. 抗拉强度

C. 单位重量　　D. 所用纸胎原纸的单位质量

12. 石油沥青中地沥青质含量较少，油分和树脂含量较多时，所形成的胶体结构类型是（　　）。

A. 溶胶型　　B. 溶凝胶型　　C. 凝胶型　　D. 非胶体结构类型

13. 以下哪种指标并非石油沥青的三大指标之一？（　　）

A. 针入度　　B. 闪点　　C. 延度　　D. 软化点

14. 下列选项中，除（　　）以外均为改性沥青。

A. 氯丁橡胶沥青　　B. 聚乙烯树脂沥青　　C. 沥青胶　　D. 煤沥青

15. 石油沥青的软化点是衡量沥青（　　）的指标。

A. 黏滞性　　B. 塑性　　C. 温度敏感性　　D. 大气稳定性

16. 石油沥青的牌号是按（　　）大小划分的。

A. 延伸度　　B. 针入度　　C. 软化点　　D. 防水性

17. 石油沥青在使用过程中，随着环境温度的降低，沥青的（　　）。

A. 黏性增大，塑性减小　　B. 黏性增大，塑性增大

C. 黏性减小，塑性增大　　D. 黏性减小，塑性减小

18. 冷底子油主要用作（　　）。

A. 作屋面防水层　　B. 嵌缝材料

C. 涂刷防水工程的底层　　D. 粘贴防水卷材

19. 建筑石油沥青牌号的数值表示的是（　　）。

A. 针入度平均值　　B. 软化点平均值
C. 延度值　　D. 沥青中的油分含量

20. 屋面防水材料主要要求其（　　）性质。

A. 黏性　　B. 黏性和温度稳定性
C. 大气稳定性　　D. B、C两项均选

（五）问答题

1. 土木工程中选用石油沥青牌号的原则是什么？在地下防潮工程中，如何选择石油沥青的牌号？
2. 请比较煤沥青与石油沥青的性能与应用的差别。
3. 在粘贴防水卷材时，一般均采用沥青胶而不是沥青，这是为什么？
4. 石油沥青的成分主要有哪几种？各有何作用？
5. 石油沥青牌号用何表示？牌号与其主要性能间的一般规律如何？
6. 石油沥青的组分有哪些？各组分的性能和作用如何？
7. 说明石油沥青的技术性质及指标。
8. 什么是沥青的老化？
9. 要满足防水工程的要求，防水卷材应具备哪几方面的性能？
10. 与传统沥青防水卷材相比较，高聚物改性沥青防水卷材、合成高分子防水卷材各有什么突出的优点？
11. 防水涂料应具备哪几方面的性能？石油沥青的三大指标之间的相互关系如何？
12. 如何延缓沥青的老化？
13. 为什么要对石油沥青改性？有哪些改性措施？
14. 常用的防水涂料有哪些？如何选用？
15. 石油沥青油纸和油毡的标号如何划分？其主要用途有哪些？
16. 改性沥青防水卷材有何优点？其主要用途有哪些？
17. 沥青胶的标号如何划分？性质及应用如何？掺入粉料及纤维材料的作用是什么？
18. 沥青嵌缝油膏的性能要求及使用特点是什么？
19. 高分子防水卷材有哪些优点？常用高分子防水卷材有哪些品种？
20. 高聚物改性沥青的主要品种有哪些？常用高聚物改性沥青材料及其对沥青主要性能的影响如何？
21. 沥青嵌缝作为密封材料，应具有哪些技术性质？使用时应注意哪些事项？
22. 石油沥青延度指标反映了沥青的什么性质？沥青的延度偏低，用于屋面防水工程上会产生什么后果？

二、应用题

1. 某防水工程需石油沥青30t，要求软化点不低于80℃，现有60号和10号石油沥

青，测得他们的软化点分别是 49℃和 98℃，问这两种牌号的石油沥青如何掺配?

2. 某工地夏季屋面最高温度为 55℃，要求配制 25t 适合屋面用的石油沥青。工地材料库存情况见表 7-40。

工地材料库存　　表 7-40

石油沥青	软化点	数量
10 号	95℃	大量
30 号	77℃	15t
60 号甲	69℃	15t

单元课业

课业名称：完成沥青卷材技术性能检测报告

学生姓名：

自评成绩：

任课教师：

时间安排：安排在开课 12～14 周后，用 2 天时间完成。

开始时间：

截止时间：

一、课业说明

本课业是为了完成沥青卷材材料的制样、性能检测等全套工作而制定的。根据“建筑防水材料检测与应用”的能力要求，需要根据防水材料的检查验收规范，正确实施防水材料性能检测。包括进行卷材检测，编制、填写检测报告，依据检测报告提出实施意见。

二、背景知识

教材：单元 7　建筑防水材料检测与应用

7.2　防水卷材

根据所学内容和要求，查阅防水卷材性能检测标准和规范，编写防水卷材性能检测表格，检测步骤，经指导教师审核后，进行卷材材料试样制作、性能检测试验，填写检测报告，就各项指标，评定试验用防水材料是否符合标准要求。

三、任务内容

包括：防水卷材标准、规范查阅，标准和规范中各项技术指标及其检测方法的正确解读，制定防水卷材性能检测表格和检测步骤，编制检测报告，实施卷材材料试样制作，进行相关的检测，填写检测报告，评定防水卷材的检测结果。

小组任务：

全班可分若干个小组，每组 5～6 名成员，集体协商，分工负责，群策群力，搞好课业工作。

组内每个成员的任务：

每个人都必须在自己的课业中完成以下方面的内容：

1. 查阅防水材料性能检测标准和规范，并且要求是按最新颁布的实施。
2. 根据标准和规范制定防水卷材性能检测表格和检测方法、步骤。
3. 进行防水卷材各项技术指标实验，填写检测报告。

四、课业要求

具体完成时间、上交时间、上交地点、是否打印及格式等，让学生自己制定计划表上交。

完成时间：

上交时间：

打　　印：A4 纸打印。

五、试验报告参考样本

沥青卷材基本性能测试报告

一、试验内容

二、主要仪器设备及规格型号

三、试验记录

石油沥青防水卷材性能检测

试验日期：__________气温 /室温：__________湿度：__________

卷材种类：__________卷材标号：__________

沥青防水卷材性能检测表 **表 7-41**

检测项目	检测值		平均值	标准规定值	检测项目	检测值		平均值	标准规定值
不透水性测试	1				拉力测试	1			
	2					2			
	3					3			
耐热度测试	1				柔度测试	1			
	2					2			
	3					3			

结果评定

根据国家标准，所测沥青卷材的各项性能指标是否合格?

四、试验小结

六、评价

评价内容与标准

技　能	评价内容	评价标准
查阅防水材料相关标准规范	1. 查阅规范准确、可靠、实用 2. 能够迅速、准确、及时的查阅跟踪标准	1. 规范要新，不能过时、失效 2. 跟踪标准是主标准的必要补充
制定防水材料性能检测表格和检测方法、步骤	防水材料性能检测表格规范、正确，检测方法合理、实用、可行	能够正确规范的编制防水材料性能检测表格，准确、无误的确定检测性能指标
编制检测报告	报告形式简洁、规范、明晰	报告内容、格式一目了然，版面均衡
进行各项技术性能实验，填写检测报告	实验正确、报告规范	操作仪器正确，检测数据准确，填写报告精确

能力的评定等级

4	C. 能高质、高效的完成此项技能的全部内容，并能指导他人完成 B. 能高质、高效的完成此项技能的全部内容，并能解决遇到的特殊问题 A. 能高质、高效的完成此项技能的全部内容
3	能圆满完成此项技能的全部内容，并不需任何指导
2	能完成此项技能的全部内容，但偶尔需要帮助和指导
1	能完成此项技能的部分内容，但须在现场的指导下，能完成此项技能的全部内容

课业成绩评定

教师评语及改进意见	学生对课业成绩的反馈意见

注：不合格：不能达到 3 级。　　合格：全部项目都能达到 3 级水平。

良好：60%项目能达到 4 级水平。　　优秀：80%项目能达到 4 级水平。

参 考 文 献

1. 陈俊玉，刘建平．建筑材料．北京：中国矿业大学出版社，1999.
2. 西安建筑科技大学等合编．建筑材料．北京：中国建筑工业出版社，1999.
3. 刘麟瑞，高树生．新编建筑工程常用材料手册．第2版．北京：冶金工业出版社，2000.
4. 李业兰．建筑材料．北京：中国建筑工业出版社，1998.
5. 葛勇，张宝生．建筑材料．北京：中国建材工业出版社，2000.
6. 符芳．建筑装饰材料．南京：东南大学出版社，2001.
7. 朱馥林．建筑防水新材料及防水施工新技术．北京：中国建筑工业出版社，1998.
8. 唐传森．建筑工程材料．重庆大学出版社，1997.
9. 胡春芝．现代建筑新材料手册．南宁：广西科学技术出版社，1996.
10. 王社欣等编．建筑新技术．江西建筑技术人员继续教育教材，2000.
11. 高琼英．建筑材料．武汉：武汉工业大学出版社，1999.
12. 李业兰．建筑材料．北京：中国建筑工业出版社，1999.
13. 王春阳．建筑材料．北京：高等教育出版社，2002.
14. 黄伟典．建筑材料．北京：电力出版社，2003.
15. 苏达根．水泥与混凝土工艺．北京：化学工业出版社，2004.
16. 杨静．建筑材料．北京：水利电力出版社，2004.
17. 张海梅，袁雪峰．建筑材料．北京：科学出版社，2005.
18. 王秀花．建筑材料．北京：机械工业出版社，2005.
19. 蔡丽朋．建筑材料．北京：化学工业出版社，2005.
20. 王燕谋．中国水泥发展史．北京：中国建材工业出版社，2005.
21. 张士林，任颂赞．简明铝合金手册．上海：上海科学技术文献出版社，2001.
22. 王忠德，张彩霞，方碧华等．实用建筑材料试验手册．北京：中国建筑工业出版社，2003.
23. 卢经扬，赵建民．建筑材料．北京：煤炭工业出版社，2004.
24. 卢经扬，余素萍．建筑材料．北京：清华大学出版社，2006.
25. 张健．建筑材料与检测．北京：化学工业出版社，2008.
26. 魏鸿汉．建筑材料．北京：中国建筑工业出版社，2007.